Die Deutsche Bibliothek - CIP-Einheitsaufnahme
Kiefner, Ralf: Wale & Delphine weltweit / Ralf Kiefner.
- Hamburg : Jahr Top Special Verlag, 2002
(Ein Buch der Zeitschrift Tauchen)
ISBN 3-86132-620-5

Jahr Top Special Verlag GmbH & Co.
D-22767 Hamburg
Telefon 040/38906-0
Telefax 040/38906-302

Layout & Zusammenstellung/Bearbeitung der Bildgeschichten: **Helmut Debelius**
Text-Überarbeitung, Satz & Übersetzungen: **Ralf Michael Hennemann**
Lithos und Herstellung: **Grupo M&G Difusión, S.L.**

Soweit die Herkunft des Bildmaterials in diesem Buch nicht anders ausgewiesen ist, entstammen die Fotos dem Unterwasserarchiv IKAN, Frankfurt am Main.
Zoogeographische Karten: Luís Carlos Mendes da Costa.

Fotonachweis Titel, von links nach rechts:
Physeter catodon – Howard Hall
Tursiops aduncus – Helmut Debelius
Orcinus orca – Francois Gohier
Megaptera novaeangliae – Ralf Kiefner
Phocoena phocoena – Florian Graner
Delphinus delphis – Ralf Kiefner

Rücktitel: *Tursiops truncatus* – Donald Tipton
Vor- & Nachsatz: Boris Paulmann

Ralf Kiefner

WALE & DELPHINE WELTWEIT

Pazifischer Ozean • Indischer Ozean
Rotes Meer • Atlantischer Ozean • Karibik
Arktis • Antarktis

Über 500 Farbfotos
aus dem natürlichen Lebensraum
der Cetaceen

JAHR TOP SPECIAL VERLAG

JAHR TOP SPECIAL VERLAG HAMBURG

INHALT

BILDGESCHICHTEN

EINLEITUNG und GLOSSAR

"Dem Delphin allein hat die Natur gegeben, wonach die besten Philosophen trachten: Freundschaft um der Freundschaft Willen. Denn obwohl er den Menschen auf keinerlei Weise braucht, ist er ihm ein treuer Freund und hat schon manchem geholfen..." Plutarch, 46-119 n. Chr.

Jedem von uns sind Wale und Delphine in irgendeiner Form bekannt. Diese teilweise sehr großen und intelligenten Meeressäuger sind uns aus unzähligen Spielfilmen, Tierdokumentationen, Literatur, Geschichte und Kunst seit Jahrtausenden vertraut. Schon für den griechischen Naturkundler und Philosophen Aristoteles (384-322 v. Chr.) waren sie Gegenstand von wissenschaftlichen Beobachtungen. Er erkannte schon damals, daß Wale und Delphine Säugetiere sind, und er schrieb in seiner "Naturgeschichte der Meere": "Der Delphin, der Wal und alle Meeressäugetiere - also alle, die ein Blasloch haben anstelle von Kiemen - sind lebendgebärend. Alle Tiere, die lebendgebärend sind, haben Brüste, zum Beispiel alle Tiere, die behaart sind wie der Mensch, das Pferd und die Meeressäugetiere."

Schon seit Jahrtausenden spielen Wale und Delphine in unzähligen Mythen, Sagen und Geschichten eine besondere Rolle: Im antiken Griechenland, im alten Rom, bei den Indianern Nord- und Südamerikas, sowie den Ureinwohnern Australiens. Und für Menschen in Küstenregionen stellten Wale schon vor Jahrtausenden eine wichtige Beute dar. So bedeutete z.B. ein gestrandeter Pottwal für ein ganzes Dorf Nahrung für viele Wochen. Auch die industrielle Revolution hätte es ohne Walfang wohl nicht in dieser Form gegeben.

Bis heute ist unser Wissen über Wale und Delphine immer noch lückenhaft, zum Teil sogar widersprüchlich, und hat den Wissensstand über Landsäugetiere noch lange nicht erreicht. Und so unglaublich es klingt, selbst im Zeitalter der Raumfahrt und Computer gibt es immer noch Wale auf unserem Planeten, deren Aussehen unbekannt ist. Bis heute bewundern und verehren die Menschen Delphine und sind sowohl von ihrer "Intelligenz" als auch ihrer Eleganz und Schnelligkeit fasziniert. Wale und Delphine sind das Sinnbild für Schönheit und Vielfalt des Lebens in allen Ozeanen. Sie spiegeln aber auch den respektlosen Umgang der Menschheit mit der Natur wider. Alles Leben dieser Erde entstand bekanntlich im Meer. Im Laufe von Jahrmillionen entwickelten sich einige Meeresbewohner durch Evolution zu Landlebewesen. Einige dieser Landtiere kehrten im Laufe ihrer Entwicklung wegen der unerschöpflichen marinen Nahrungsvorkommen wieder zurück ins Meer. Die "Ur-Urform" aller heutigen Wale ist in der Gruppe der Mesonychidae, die vor mehr als 70 Millionen Jahren lebte, zu suchen. Biochemische und genetische Untersuchungen bestätigten bereits 1950 die Vermutung des Wissenschaftlers Flower aus dem Jahre 1883, daß die heutigen Meeressäugetiere mit den Paarhufern verwandt sind.

Wale und Delphine (Cetaceen) sind Säugetiere, die sich im Laufe der Evolution viele ökologischen Nischen in allen Weltmeeren, von den Tropen bis zu den Polen, erschlossen haben. Sie haben die unterschiedlichsten und unwirtlichsten Regionen besiedelt und sind sogar in Tiefen vorgedrungen, in denen viele ursprüngliche Meerestiere nicht leben können. Wale und Delphine sind die intelligentesten Lebewesen im Wasser, die effektivsten Nahrungsverwerter und die schnellsten Schwimmer. Sie besitzen die intensivsten sozialen Bindungen und entwickelten Formen, die sehr unterschiedliche Anpassungen und Spezialisierungen an den jeweiligen Lebensraum ermöglichten. Um in der ökologischen Nische "Meer" zu überleben, mussten sich die Urwale immer besser an das marine Leben

LIONEL POZZOLI

Anmutig und verspielt: Buckelwale.

anpassen. Die dringendste physiologische Anpassung war die Adaption von Augen und Nieren an den Salzgehalt des Wassers. Das Haarkleid wurde überflüssig und durch eine wesentlich effektivere Wärme-Isolierung ersetzt: Eine dicke Speckschicht (Blubber), die gleichzeitig auch als Nahrungsdepot für Mangelzeiten diente.

An Land würden die meisten Wale von ihrem eigenen Gewicht erdrückt werden und ersticken. Da sie im Wasser aber von der Schwerkraft befreit waren, konnten sie fast beliebig wachsen und mit dem Blauwal das größte Lebewesen, das jemals auf unserem Planeten gelebt hat, hervorbringen. Durch das Riesenwachstum einiger Arten ging ihre Schnelligkeit verloren, wodurch eine weitere Spezialisierung im Jagd- und Ernährungsverhalten unumgänglich wurde. Besonders die großen **Bartenwale** spezialisierten sich immer mehr auf die Jagd von langsam schwimmenden Kleintier-Schwärmen (Zooplankton) und kleinen Schwarmfischen, die in unvorstellbarer Menge in den polaren Gewässern leben. Für die Jagd auf Krillschwärme entwickelten sie riesige Mäuler mit hornartigen Platten (Barten). Diese Hornplatten, die unter allen Säugetieren eine einmalige Neuentwicklung darstellen, wirken wie ein Filter. Bartenwale besitzen nur noch im Embryonalstadium Anlagen von Zähnen, die jedoch sehr früh restlos abgebaut werden. **Zahnwale** besitzen anstelle von Barten Zähne und ernähren sich überwiegend von Fischen und Kopffüßern (Tintenfischen), die sie unzerkaut schlucken.

Für ein erfolgreiches Überleben im Wasser musste der Wasserwiderstand auf ein Minimum reduziert und eine möglichst strömungsgünstige Körperform entwickelt werden. Die Vorderextremitäten (Arme) wurden zu Brustflossen (Flippern) umgebildet. Als Antrieb sind sie ohne Bedeutung, ihnen kommt aber die Aufgabe der Steuerung und Stabilisierung zu. Als zusätzlicher Stabilisator hat sich bei den meisten (schnellschwimmenden) Walen und Delphinen eine skelettfreie Rückenfinne entwickelt. Auch die hinteren Extremitäten (Beine) wurden überflüssig. Rudimentäre Becken- und Oberschenkelknochen sind heute zwar noch im Skelett der Wale vorhanden, sie erfüllen jedoch keinerlei Funktion mehr und sind auch nicht mit dem übrigen Skelett verbunden. Alle übrigen äußeren strömungsungünstigen Körperteile, die nicht zurückgebildet werden konnten, wurden im Laufe der Entwicklung in das Körperinnere verlegt. So wurden z.B. die männlichen Geschlechtsorgane und die Brustdrüsen der Weibchen in Hautfalten des Hinterleibs verborgen.

Als eigentliches Fortbewegungsorgan dient allen Walen und Delphinen eine waagrecht liegende Schwanzflosse (Fluke). Die Fluke der Wale beinhaltet keinerlei Skeletteile oder Muskeln. Es handelt sich hierbei um eine Neubildung aus Bindegewebe, das überwiegend aus fein miteinander verwobenen kollagenen Fasern besteht. Die waagerechte Fluke der Cetaceen bringt große Vorteile mit sich, wenn die Tiere zum Atmen auftauchen: Bei einer senkrechten Schwanzflosse würde der obere Teil der Schwanzflosse aus dem Wasser ragen und somit wirkungslos für den Vortrieb sein.

Im Laufe der Entwicklung ist der Kopf immer mehr mit dem Rumpf zu einer einzigen Bewegungseinheit verschmolzen. Die Halswirbel wurden stark verkürzt und sind bei den meisten Arten fest miteinander verschmolzen. Durch die versteiften Halswirbel bleibt der Kopf immer in einer geraden, strömungsgünstigen Position ausgerichtet, ohne daß dabei Muskelkraft eingesetzt werden muß.

Wie bei den meisten Landsäugern, lagen auch bei den landlebenden Vorfahren der Wale die Nasenöffnungen ursprünglich an der Vorderspitze des Schädels. Im Laufe der Entwicklungsgeschichte "wanderten" die Atemöffnungen immer weiter über den Nasenrücken hinweg bis an den höchsten Punkt des Kopfes. Durch diese Umbildung des Schädels, die eine der wichtigsten Anpassungen an ein Leben im Wasser war, wurde eine perfekte, strömungsgünstige Schwimmlage erreicht. Der höchste Punkt des Kopfes mit den Atemöffnungen erscheint nun zuerst an der Wasseroberfläche, wenn der Wal auftaucht.

Diese Entwicklung läßt sich heute noch, sozusagen im Zeitraffer, am Ablauf der embryonalen Schädelentwicklung nachvollziehen. Im frühen Embryonalstadium befinden sich die Nasenöffnungen bei Walen noch an der Schnauzenspitze, sozusagen "mitten im Gesicht". Sie verlagern sich erst mit zunehmender Entwicklung des Embryos zum höchsten Punkt des Schädels.

Die drei für Landsäugetiere wichtigsten Sinnessysteme, der **Geruchs-, Tast-** und **Geschmackssinn**, sowie bei einigen Delphinen das **Sehvermögen**, haben sich zurückentwickelt. Im Gegensatz bildete sich der **Gehörsinn** zum lebenswichtigsten System aus. Zusätzlich wurde die Fähigkeit zur **Echolokalisation** und der **magnetische Sinn** entwickelt:

Der **Geruchssinn** hat sich im Laufe der Evolution zurückgebildet. Für Lebewesen, die ausschließlich im Wasser leben, spielt der Verlust des Geruchssinns keine große Rolle, denn Gerüche verbreiten sich in der Luft besser als im Wasser.

Der **Tastsinn** ist bei Walen und Delphinen recht gut ausgeprägt. Bei einigen Walarten sind sogenannte Tastborsten an der Spitze des Rostrums vorhanden. Rezeptoren in der Haut optimieren energiesparendes, schnelles Schwimmen bei Delphinen, indem die Haut Wasserwirbel elastisch mit Wellenbewegungen ausgleicht. Auch im täglichen sozialen Leben spielt der Tastsinn eine sehr wichtige Rolle, Körperkontakte untereinander sind in freier Wildbahn besonders bei Mutter-Kind-Beziehungen sehr häufig zu beobachten. Zudem reagiert die Haut sehr sensibel auf Berührungsreize, denn für Meeressäuger ist es lebenswichtig zu wissen, wann die Nase zum Atmen über Wasser ist und wann nicht.

DOUG PERRINE

Delphine sind hochentwickelte Säugetiere und für viele Menschen Sinnbild eines besseren Daseins (Streifendelphine, Azoren).

Der **Geschmackssinn** ist vermutlich gut erhalten geblieben, obwohl er im Wasser relativ unbedeutend ist. In welcher Weise sich die Geschmackspapillen, die auf der Zunge vorhanden sind, auf die Nahrungs-Auswahl auswirken, ist bis heute noch nicht völlig geklärt. Delphine in Delphinarien zeigen jedenfalls Vorlieben für bestimmte Nahrung.

Das **Sehvermögen** spielt für Wasserlebewesen nur eine untergeordnete Rolle. Es kommt in den oberen Wasserschichten, also maximal bis etwa 300 m Tiefe zum Einsatz. Das Sehvermögen der Cetaceen unterscheidet sich von dem der Landsäuger dadurch, daß viele gleich gut über und unter Wasser sehen können. Da Wasser wesentlich dichter als Luft ist und einen höheren Brechungsindex hat, können Menschen unter Wasser nur mit Hilfe einer Tauchermaske klar und deutlich sehen. Beim menschlichen Auge wird das scharfe Bild nicht auf die Netzhaut, sondern als unscharfes Bild hinter die Netzhaut projiziert. Wale und Delphine verfügen im Gegensatz zu Menschen über eine weiche, sehr elastische Linse, deren Form sie den unterschiedlichen Sehbedingungen anpassen können.

Der **Gehörsinn** ist für die Orientierung unter Wasser ganz besonders wichtig. Im Gegensatz zu Licht, das von Wasser stark absorbiert wird, breitet sich Schall im Wasser sehr viel weiter und schneller aus. Aus diesem Grunde musste das Ohr der Cetaceen umgewandelt werden. Für menschliche Ohren ist Richtungshören unter Wasser nicht möglich: In der Luft breitet sich Schall mit einer Geschwindigkeit von 330 m/sec aus. Den Schall nehmen wir über Trommelfell und Innenohr wahr. Weil er an der Luft mit einer Zeitdifferenz von etwa 1/5.000 sec auf beide Ohren trifft, können wir die Richtung bestimmen, aus der ein akustisches Signal kommt. Untergetaucht umgibt Wasser unseren Körper und füllt auch den äußeren Gehörgang komplett bis zum Trommelfell aus. Wenn wir nun im Wasser von Schallwellen getroffen werden, reagiert unser Körper, der zum größten Teil auch aus Wasser besteht, wie seine Umgebung. Der Schall wird nicht mehr wie an der Luft reflektiert, sondern absorbiert und direkt über die Gewebe und den Schädelknochen an das Innenohr übertragen. Da bei Menschen das Innenohr jedoch nicht vom Schädelknochen isoliert, sondern von ihm umgeben ist, beträgt die Zeitdifferenz, mit der Schallwellen auf die Ohren treffen, unter Wasser weniger als 1/10.000 sec. Daher können Menschen unter Wasser die Richtung nicht orten, aus der Schall kommt.

Echolokalisation ist die wohl wichtigste Sinnesleistung der (Zahn-)Wale. Delphine besitzen das am höchsten entwickelte "Echolotsystem" aller Lebewesen. Sie sind in der Lage, hochfrequente Schallwellen auszusenden und deren Echos wieder zu empfangen. Diese für Menschen unvorstellbare Eigenschaft wird auch als **"Sonar"** (engl.: **so**und **na**vigation and **r**anging) bezeichnet. Mit Hilfe von Klicklauten und deren Echos erhalten Delphine ein sehr präzises "akustisches Bild" ihrer Umwelt. Hierfür werden Signale mit der Melone ausgesendet. Wenn diese von einem Gegenstand oder Tier reflektiert werden, werden die Echos empfangen und in ein "akustisches Bild" umgewandelt.

Der **magnetische Sinn** dient der Navigation und funktioniert bei Walen und Delphinen über das Erdmagnetfeld, ähnlich wie dies von Fledermäusen, Vögeln, Fischen, Meeresschildkröten oder auch unterirdisch lebenden Nagetieren bekannt ist. Durch Eisenoxydkristalle (Magnetit) im Kopf können Wale und Delphine Schwankungen im Erdmagnetfeld erkennen und deuten. Die genaue Funktion und Lage des entsprechenden Sinnesorgans ist noch nicht ganz geklärt. Man geht davon aus, daß Wale und Delphine ihre Eisenoxydkristalle im Kopf ähnlich zur magnetischen Orientierung nutzen wie z.B. Unechte Karettschildkröten *(Caretta caretta)*, denen eine Magnetfeldkarte angeboren ist, die ihnen als Wegweiser auf den Wanderungen durch die Weltmeere dient. Der Biologe Kenneth Lohmann von der Carolina Universität (USA) konnte im Jahre 2001 mit seinen Kollegen nachweisen, daß Karettschildkröten nicht nur die Himmelsrichtungen erkennen, sondern daß sie regelrechte "imaginäre" Karten von regionalen Magnetfeldern der Erde von Geburt an zu besitzen scheinen. Diese Karten sind typisch für eine bestimmte Region der Erde.

Danksagung

Dieses Buch widme ich meinen Eltern, ohne die dieses Buch nicht möglich gewesen wäre. Mein besonderer Dank gilt all denjenigen, die mich bei der Erstellung dieses Buches tatkräftig unterstützt haben und ohne deren Hilfe dieses Buch niemals entstanden wäre. Stellvertretend für alle wissenschaftlichen Institutionen möchte ich hier das Smithsonian Institute in Washington (USA), die Dalhousie Universität (Nova Scotia, Kanada) sowie Nigel Robinson von *Biosis* und die University of California in Santa Cruz besonders hervorheben. Mein Dank gilt weiterhin den vielen Whale-Watching-Veranstaltern und ihren Bootsführern, die mich auf unzähligen Ausfahrten begleitet und unermüdlich mit ihrem praktischen Wissen und ihrer Begeisterung unterstützt haben. Ebenso möchte ich den vielen Autoren und Fotografen danken, die ihre Arbeiten und Erlebnisse für dieses Buch zur Verfügung gestellt haben. Mein ganz besonderer Dank gebührt der Biologin Andrea Ramalho, die mir bei der Recherche zu diesem Buch und bei fachlichen Fragen immer beratend zur Seite stand.

GLOSSAR

Abschöpfen - Das typische Freßverhalten einiger Bartenwale (z.B. Glattwale), auch "Schöpffiltern" genannt. Dabei schwimmen die Wale mit leicht geöffnetem Maul durch nahrungsreiches Wasser und schöpfen es ab.

adult - Erwachsen, geschlechtsreif, kann sich vermehren.

Ambra - Wachsartige, dunkel gefärbte Substanz aus unverdauten Tintenfischschnäbeln aus dem Darm von Pottwalen.

amphibisch - Lebt im Wasser und an Land.

agonistisches Verhalten - Konfliktverhalten.

Atemlöcher - Nasenöffnungen oben auf dem Kopf; Bartenwale haben zwei, Zahnwale eine.

Barten - Hornplatten, die vom Oberkiefer der Bartenwale hängen und einen Filterapparat zur Nahrungsgewinnung bilden.

benthisch - Am Meeresboden lebend, Gegensatz zu pelagisch.

Blas - Eine Wolke aus ausgeatmeter Luft und kondensiertem Wasserdampf. Viele Wale erzeugen eine charakteristische Ausatemwolke.

Blubber - Dicke Unterhaut-Fettschicht, Nahrungsspeicher und Kälteisolierung.

Breaching - Sprungverhalten von Walen.

Brustflosse - Flipper, zur Flosse umgewandelte Vorderextremität (mit Skelett).

Cetaceen - Die wissenschaftliche Bezeichnung für alle Wale und Delphine.

Cephalopoden - Kopffüßer. Weichtiere mit Tentakeln (Fangarmen) am Kopf und einem inneren Tintenbeutel (zur Feindabwehr), z.B. Kalmare, Kraken und Sepien.

Copepoden - Ruderfußkrebse. Kleine Krebstiere im Plankton.

Crustaceen - Krebse. Unterstamm der Gliederfüßer. Meist im Wasser lebende Wirbellose, z.B. Hummer, Krabben, Garnelen, Krill und Flohkrebse.

Cyamidae - Eine Familie der Flohkrebse, deren Mitglieder parasitisch auf der Haut von Walen als sogenannte "Walläuse" leben.

dorsal - Rückenseitig, auf dem Rücken, dem Rücken zugewandt.

Echolokalisation - Echoortung, Echoorientierung, Echolot. Orientierung mit Hilfe von hochfrequenten Schallwellen, die ausgesendet werden und deren Echo empfangen wird.

Ektoparasit - Schmarotzer auf der äußeren Haut.

endemisch - Ausschließlich in einem bestimmten Gebiet vorkommend.

epimelitisches Verhalten - Fürsorge oder Hilfeleistung für verletzte Mitgliedern der eigenen Art, gelegentlich auch für artfremde Tiere.

Euphausiaceen - Wenige cm lange Leuchtgarnelen, allgemein als Krill bekannt.

Diatomeen - Kieselalgen.

Finne - Auch Rückenfinne genannt. Unpaare bindegewebige Rückenflosse (ohne Skelett), die als Stabilisator beim schnellen Schwimmen dient.

Fischbein - Das für die Herstellung halbelastischer Gegenstände verwendbare Hornmaterial aus den Barten der Bartenwale.

Fluke - Auch Schwanzflosse, Schwanzfluke genannt. Waagerecht liegende, bindegewebige Schwanzflosse (ohne Skelett), die zum Vortrieb auf und ab bewegt wird.

Geschlechtsdimorphismus - Geschlechtsspezifische Unterschiede in Körpergröße, Pigmentierung oder der Extremitäten.

Hybride - Auch Bastard. Das Ergebnis artübergreifender Kreuzungen.
juvenil - Jung, noch nicht geschlechtsreif.
Karussell - Jagdtechnik, mit der Schwarmfische durch Warnrufe, Blasennetze und Schwimmmanöver erschreckt und dicht zusammengetrieben werden.
Kontinentalschelf - Flachsee um die Kontinente, vom Ufer bis ca. 200 m Tiefe.
Krill - Kleine Krebstiere, z.B. der Gattung *Euphausia*, die zum Zooplankton gehören.
Lobtailing - Walverhalten, das Schlagen mit der Fluke auf die Wasseroberfläche.
Logging - Verhalten, bei dem Wale völlig ruhig an der Oberfläche verharren.
Matriarchalische Gruppe - Gruppe wird von einem Weibchen geleitet.
Mandibula - Unterkieferknochen.
Maxillare - Oberkieferknochen.
median - In der Mitte gelegen, mittig oder der Mitte zugewandt.
Melone - Stirnwölbung vieler Zahnwale aus Fettgewebe und Luftsäcken (Erweiterung der oberen Nasengänge). Dient der gerichteten Aussendung von Schallwellen zu Orientierung und Kommunikation, bei Pottwal auch hydrostatisches Organ, das Auf- und Abtrieb regelt.
Migration - Saisonbedingte Wanderung von einer Region zur anderen.
monophydont - Mit nur einer Generation von Zähnen.
morphologisch - Die äußere Gestalt betreffend.
Ohrpfropf - Verhärteter Verschluß des äußeren Gehörganges, dessen Zuwachsschichten bei Bartenwalen zur Altersbestimmung genutzt werden können.
Myoglobin - Ein mit dem Hämoglobin verwandtes Protein in der Muskulatur, das wie dieses Sauerstoff an sich binden kann.
patriarchalische Gruppe - Von einem Männchen geleitete Gruppe.
pelagisch - Auf offener See lebend, Gegensatz zu benthisch.
Plankton - Frei im Wasser schwebende, pflanzliche und tierische Mikroorganismen, die passiv in der Strömung treiben, z.B. einzellige Algen, Tierlarven und Krill.
Phytoplankton - Frei im Wasser schwebende pflanzliche Einzeller (Bakterien, Algen). Es bildet die Basis der Nahrungskette im Meer und hat die Fähigkeit, Sonnenlicht in chemische Energie umzuwandeln und als organische Substanzen (z.B. Zucker) zu speichern.
Pod - Eine Gruppe von Walen oder Delphinen.
Polygamie - Paarungsverhalten, bei dem sich ein Tier während einer Paarungszeit mit mehreren Partnern paart. Ein Männchen befruchtet mehrere Weibchen aus seinem "Harem", um die es oft erbittert mit anderen Männchen kämpft.
Polygynie - "Vielweiberei". Das polygyne Paarungsverhalten z.B. der Buckelwale besteht darin, daß ein Männchen nur für die einmalige Paarung um ein bestimmtes Weibchen kämpft und seine Rivalen möglichst fernhält. Nach erfolgreicher Paarung versuchen beide Beteiligten, mit anderen Partnern zu kopulieren.
Population - Eine mehr oder weniger isolierte Gruppe von Tieren einer Art.
Porpoising - Beim schnellen Schwimmen aus dem Wasser schnellen (z.B. der Delphine).
Promiskuität - Mehrere Männchen befruchten mehrere Weibchen. Der Fortbestand der Art hat dabei Vorrang vor dem individuellen Wunsch, seine Gene weiterzugeben.
Rete Mirabile (Pl. Retia Mirabilia) - Das sogenannte "Wundernetz" ist ein Knäuel aus stark verästelten, gewundenen, feinen Blutgefäßen. Es dient bei Walen zum Druckausgleich im Blutgefäßsystem, indem es beliebig stark mit Blut gefüllt werden kann.
Rostrum - Schnauze, Schnabel. Eigentlich nur der verlängerte Oberkiefer von Walen, meist im erweiterten Sinne für den gesamten vorspringenden Oberkieferschädel benutzt.
rudimentär - Nur im Embryonalstadium angelegt, bis zur Geburt zurückgebildet.
Schluckfiltern - Typisches Freßverhalten der meisten Furchenwale: Sie nehmen portionsweise große Mengen an Wasser und Nahrung auf, schließen zwischendurch immer wieder das Maul und drücken das Wasser mit der Zunge durch die Barten aus dem Maul.
Sonar - "SOund NAvigation and Ranging". Kunstwort, engl. Abkürzung für Echoortung.
Spermaceti, Walrat - Von den alten Walfängern fälschlicherweise für "Walsamen" gehalten. Tatsächlich ist es eine ölhaltige, wachsartige Substanz, die sich im Spermaceti-Organ, einem Hohlraum im Schädel von Walen befindet (beim Pottwal besonders groß).
Spritzwachen - Blasloch-Spritzschutz.
Spyhopping - Walverhalten: Der Kopf wird zum Umschauen aus dem Wasser gestreckt.
terrestrisch - An Land lebend.
teutophag - Kopffüßer bzw. Cephalopoden fressend.
Tuberkel - Lat. tuberculum, kleine Knochenhöcker oder Hautknoten (z.B. Buckelwal).
ventral - Bauchseitig, auf dem Bauch, dem Bauch zugewandt.
Vibrissen - Tast- und Spürhaare in der Mund- und Nasengegend, in der Funktion vergleichbar mit den Schnurrhaaren der Katze.
Zooplankton - Frei im Wasser schwebende Tiere, meist Mikroorganismen. Zooplankton frißt Phytoplankton, bildet also die zweite Stufe der Nahrungskette im Meer.

Rechte Seite: Zwei Nördliche Entenwale im kanadischen Atlantik. Foto: Boris Paulmann

Ein Grauwal taucht an der Küste Kaliforniens auf. Deutlich sieht man seine Barten. Francois Gohier

GRAUWALE ESCHRICHTIIDAE

Einzige Art: Grauwal, *Eschrichtius robustus*

Besondere Erkennungsmerkmale dieser Familie
Ihr Körper ist stromlinienförmig, aber kräftig. Sie besitzen keine ausgeprägte Rückenflosse, ein leicht gebogenes Rostrum und eine bogenförmig geschwungene Mundlinie. Sie haben 2-5 v-förmig oder parallel verlaufende Kehlfurchen auf ihrer Unterseite. Die Haut ist auffällig grau gesprenkelt.

Grauwal, Gray Whale, *Eschrichtius robustus*

Besondere Erkennungsmerkmale
Neben der grau gesprenkelten Haut sind das bogenförmige Rostrum mit der ebenso bogenförmig geschwungenen Mundlinie sowie die fehlende Rückenflosse die auffälligsten Erkennungsmerkmale.

Beschreibung
Der Körper der Grauwale ist stromlinienförmig, aber doch recht kräftig. Im Durchschnitt erreichen sie eine Länge von 12-14 m und ein Gewicht zwischen 15 und 35 t. Sie besitzen keine ausgeprägte Rückenflosse, sondern lediglich einen dorsalen Buckel oder Kamm sowie ein leicht gebogenes Rostrum. Ihr Kopf ist, ebenso wie ihre Mundlinie, von den Blaslöchern nach vorne hin gekrümmt.

Grauwale fressen auch am Meeresboden. Kalifornien. Howard Hall

Bis auf 2-5 tiefe ventrale Kehlfurchen ist ihre Unterseite glatt. Diese Kehlfurchen können v-förmig oder parallel sein. Ihre Brustflossen sind recht klein und paddelförmig mit spitzen Enden. Ihre Fluke ist in Relation zum Körper mit bis zu 3 m Spannweite recht groß. Die etwas ausgefranste Hinterkante ist konvex, mit deutlicher Einkerbung in der Mitte.

Grauwale haben mit 130 Barten je Kieferseite die geringste Anzahl an Barten von allen Bartenwalen. Die Barten sind mit 0,5 m recht kurz, dafür aber sehr derb und kräftig, Größe und Anzahl sind eng mit Ernährungsweise und bevorzugtem Beutetyp verbunden. Wie bei allen Bartenwalen sind die Blaslöcher paarig. Ihr Blas ist 3-4 m hoch und buschig, herz- oder v-förmig geformt.

Grauwale sind mehr als die meisten anderen Wale von auffälligen äußeren Parasiten wie Walläusen und Seepocken befallen. Die Haut ist grau gesprenkelt und kann auch blaugrau oder marmorweiß sein.

Leicht zu verwechseln mit

Grauwale haben bei ungenauer Betrachtung sowohl mit Glattwalen als auch mit Furchenwalen eine gewisse Ähnlichkeit. Grundsätzlich sind Grauwale aber aufgrund ihrer speziellen optischen Erscheinung (Kopfform und Färbung) sowie ihres Verhaltens und besonders wegen ihrer geographischen Verbreitung sehr leicht und eindeutig zu identifizieren.

Andere Namen

Kalifornischer Grauwal (deutsch); Devilsfish, Musseldigger, Scrag Whale, Californian Grey Whale (engl.); Gray Whale (USA); Baleine Grise (franz.); Balena Grigia (ital.); Ballena Gris (span.); Baleia Cinzenta, Baleia Cinzenta do Pacífico (port.); Grijze Walvis (niederl.); Gråhval (norweg.); Harmaavalas (finn.); Gråval (schwed.); Gråhval (dän.).

Bedeutung des wissenschaftlichen Namens

Eschrichtius robustus (Lilljeborg 1861) – Der lateinische Gattungsname *Eschrichtius* steht zu Ehren des dänischen Zoologen Eschricht. Der lateinische Artname *robustus* bedeutet soviel wie "robust" oder "kräftig" und beschreibt die Barten.

Verhalten

Grauwale sind bei Walbeobachtern wegen ihres Spieltriebs und ihrer Freundlichkeit und Neugier Booten gegenüber besonders beliebt. Zwischen Dezember und April sind sie sehr zahlreich in ihren Paarungs-, Geburts- und Aufzuchtsgebieten in den flachen Buchten der mexikanischen Halbinsel Baja California (Pazifikseite) anzutreffen.

Grauwale gehören in dieser Zeit zu den aktivsten Großwalen. Häufig kann man beobachten, daß sie springen, mit Fluke oder Brustflosse schlagen oder sich umschauen (Spyhopping). Oft schwimmen sie sehr nahe an Boote heran und lassen sich manchmal sogar streicheln. Einigen Berichten zufolge scheinen sie offensichtlich auch das Wellenreiten in den Brandungszonen zu genießen.

Mit über 20.000 km pro Jahr gehören die Wanderungen der Grauwale zu den längsten Wanderungen aller Säugetiere. In ihren Freß- und Weidegründen in der Bering-, Chukchi- und Beaufortsee halten sie sich zwischen April und November auf. Bei ihrer 8.000-9.500 km langen Wanderung zu ihren südlichen Fortpflanzungsgebieten an der Baja California schwimmen sie von Oktober bis Februar dicht an der Westküste Nordamerikas entlang. Während der Wanderung trennen sich die Grauwale vorübergehend nach Geschlecht, Alter und Reproduktionsstatus.

Zuerst brechen die Walkühe auf, denen bald die Niederkunft bevorsteht. Jede dieser Walkühe wandert für sich allein. Danach folgen der Reihe nach die fruchtbaren Weibchen, die geschlechtsreifen Bullen und zum Schluß die unreifen Männchen, die meist in kleinen Gruppen von 2-3 Tieren schwimmen.

Fast alle Tiere passieren die Küste vor Monterey in weniger als 1,5 km Distanz.

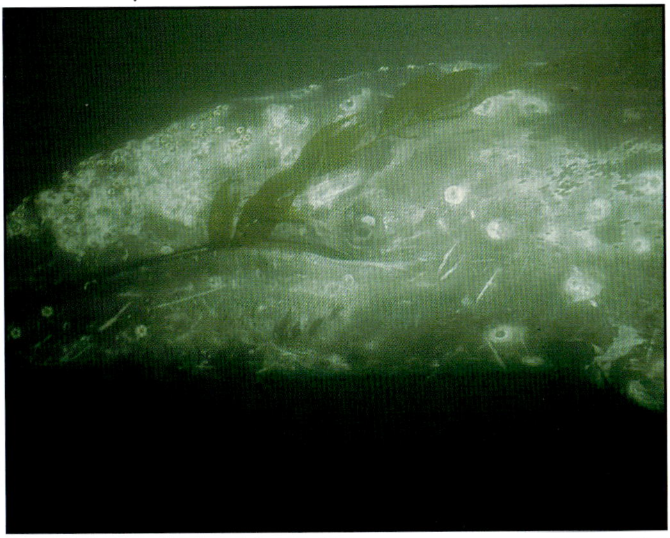

Auch Kaliforniens Kelp gehört zur Nahrung. Howard Hall

Grauwal beim "Spyhopping". Baja California, Mexiko. Howard Hall

Ihre durchschnittliche Reisegeschwindigkeit während dieser Wanderung beträgt selten mehr als 8 km/h, so daß sie knapp 200 km pro Tag zurücklegen können.

Zwischen Dezember und April halten sie sich in den mexikanischen Fortpflanzungsgebieten auf. Die meisten Babys werden zwischen Januar und Mitte Februar geboren. Die Walmütter suchen sich hierfür flache, geschützte Buchten aus. Der übrige Bestand überwintert meist außerhalb dieser flachen Buchten.

Auf der Rückreise in die Nahrungsgründe zwischen März und Juli schwimmen die Walkühe und der Nachwuchs bei ihrer langsameren Wanderung in den Norden ebenfalls dicht an der Küste. Auch auf dieser Wanderung halten sie eine genaue Reihenfolge ein. Zuerst beginnen die gerade trächtig gewordenen Walkühe ihre Heimkehr zu den Freß- und Weidegründen, gefolgt von den nicht trächtigen Weibchen, den geschlechtsreifen Bullen und den noch nicht fortpflanzungsfähigen Walen. Als letzte, mit etwa einem Monat Verspätung, begeben sich die Walkühe mit ihrem erst wenige Monate alten Nachwuchs auf die Reise in die Arktis.

Tauchen

Die Tauchsequenzen in den Paarungsgebieten sind sehr unregelmäßig. Die Wale ändern dabei oft ihren Kurs und bleiben meist nicht länger als 18 min untergetaucht. Zur Nahrungssuche tauchen sie bis zu etwa 100 m tief, bevorzugen aber meist seichtere Gewässer.

Auf den Wanderungen atmen sie meist 3-6 mal in kurzen Abständen, bevor sie für 3-5 min abtauchen. Ihre Reisegeschwindigkeit ist bei der Wanderung nach Norden mit Rücksicht auf ihren Nachwuchs deutlich niedriger als bei der Reise nach Süden in ihre angestammten Fortpflanzungsgebiete.

Beim Atmen erscheint die Schnauzenspitze meist nicht über der Oberfläche. Der Rücken wird erst sichtbar, wenn der Blas untergetaucht ist. Kurz vor dem Abtauchen werden der Rücken und die Schwanzwurzel stark gekrümmt, und anschließend wird die Fluke komplett aus dem Wasser gehoben.

Zahlen & Fakten Grauwal

Länge: 12-14 m
Gewicht: 15-35 t
Lebenserwartung: Bis 40 Jahre
Geschlechtsreife: Mit 6-9 Jahren
Paarungszeit: November-Dezember
Tragzeit: 12-13 Monate
Geburtslänge: 4-5 m
Geburtsgewicht: 0,5 t
Säugezeit: 6-9 Monate
Tauchtiefe: Bis 120 m
Tauchzeit: Bis 18 min
Höchstgeschwindigkeit: Bis 15 km/h
Barten: 130 derbe, kurze Barten (0,5 m) je Kieferseite
Blas: Buschig, herz- oder v-förmig, 3-4 m hoch
Gruppengröße: 1-3 Exemplare, selten auch in größeren Gruppen
Population: 20.000-25.000 im Nordostpazifik

Schnell-Erkennung Grauwal

graue, gesprenkelte Farbe

recht kräftiger, stromlinienförmiger Körper

keine Rückenfinne, stattdessen kleiner Buckel

langer, schmaler, leicht gebogener Kopf

ebenso leicht gekrümmte Mundlinie

Seepockenbewuchs, vor allem am Kopf

niedriger, v- oder herzförmiger Blas

wirft Fluke häufig hoch in die Luft

sehr zutraulich und sehr oberflächenaktiv

Die elastischen Barten aller Bartenwale filtern Nahrungstiere aus dem Wasser. Francois Gohier

Nahrung

Der Speisezettel der Grauwale umfaßt mehr als 100 verschiedene Arten benthischer und pelagischer Organismen sowie einen kleinen vegetarischen Anteil. Algen, die oft in ihren Mägen gefunden werden, machen bis zu 35 % des Mageninhaltes aus. Einige Wissenschaftler glauben, daß Grauwale die Algen nur zufällig mit der Beute aufnehmen, andere sind dagegen davon überzeugt, daß sie diese Algen bewußt abweiden.

In den arktischen Freß- und Weidegründen besteht ihre Nahrung aus zahllosen, bodennah lebenden Organismen wie Meerasseln (Isopoden), Schwebegarnelen (Mysidaceen), Röhrenwürmern (Polychaeten) und besonders Flohkrebsen (Amphipoden, z. B. Gammariden) sowie diversen anderen Wirbellosen.

Während der Sommermonate fressen sie mindestens 61.000 kg dieser winzigen Krebstiere. In dieser Zeit verdoppeln sich ihre Fettreserven von 16 % auf über 30 %. Dies entspricht einer Gewichtszunahme von 5 t.

Im Gegensatz zu früheren Theorien, nach denen Grauwale in ihren Paarungs- und Aufzuchtsgebieten keine Nahrung aufnehmen, weiß man heute, daß sie sich auch in den Lagunen der Baja California vor allem von pelagischen Arten wie bestimmten Krabben, Euphausiaceen (Leuchtgarnelen), Kalmaren und Sardinen ernähren. Gelegentlich nehmen sie auch Organismen, die auf Seetang leben, zu sich.

Grauwal aus der Luft vor der USA-Westküste. Marty Snyderman

Grauwale sind die einzigen Bartenwale, die ihre Nahrung auch vom Meeresgrund aufnehmen. Sie drehen sich dabei meist auf ihre rechte Seite und durchpflügen den Meeresboden nach Kleinkrebsen, Würmern und anderen im Boden lebenden Organismen.

Sie ziehen dabei häufig eine dicke Schlammwolke hinter sich her. Das Wasser und der Bodenschlamm werden dabei mit der Nahrung ins Maul aufgenommen und mit Hilfe der Zunge durch die Barten hinausgedrückt und gefiltert. Die hornartigen Barten sind aus diesem Grunde auf der rechten Seite meist kürzer und abgenutzter als auf der linken Seite, und die rechte Kopfseite ist meist mehr zerkratzt als die linke (sofern der betreffende Wal nicht ausnahmsweise "Linkshänder" ist und sich bevorzugt auf die linke Seite dreht, was allerdings nur selten vorkommt). Für diese einzigartige Technik sind kurze, derbe Barten von Vorteil. Durch diese Freßweise nehmen Grauwale oft Sand, Steine und andere Gegenstände vom Meeresgrund auf.

Wenn Grauwale den Meeresboden nach Nahrung durchwühlen, erfüllen sie automatisch eine wichtige ökologische Funktion. Sie wirbeln dabei in jeder Freßsaison schätzungsweise bis zu 160 Millionen Tonnen Sediment vom Meeresboden auf und bringen dadurch wichtige Nährstoffe wieder in Lösung, die unter anderem das Wachstum von Phytoplankton anregen.

Allgemeine Info

Grauwale waren die ersten Wale, die intensiv beobachtet und studiert wurden. Im Jahre 1861 wurden sie von W. Lilljeborg erstmals als neue Art beschrieben. Basierend auf den subfossilen Resten aus Schweden, die er für seine Beschreibung zur Verfügung hatte, gab er ihr den Namen *Balaenoptera robusta*. Im Jahre 1864 führte Gray dann den Namen *Eschrichtius* ein. Später fand der wissenschaftliche Name *Eschrichtius robustus* für diese Art allgemeine Anerkennung (daher auch die Klammer um Erstbeschreiber und Jahr hinter dem wissenschaftlichen Namen, siehe oben).

Die frühen Yankee-Walfänger bezeichneten Grauwale als "Teufelsfische" (Devilsfish), weil die Walmütter die Walfangboote oft heftig attackierten und ihren Nachwuchs vehement verteidigten. Oft gingen dabei die Boote der Walfänger zu Bruch. Heute sind Grauwale bei Walbeobachtern als sehr gutmütige und freundliche Wale bekannt.

Bis zum 17. Jahrhundert gab es auch im Nordatlantik Grauwale. Doch mit Beginn des kommerziellen Walfangs wurde der atlantische Bestand schnell völlig ausgerottet. Heute lebt die Art nur noch im nördlichen Pazifik und der Arktis (siehe unten).

Grauwale waren die ersten Wale, deren Bestand bereits 1920 bis auf wenige 100 Exemplare reduziert war. Sie wurden als erste Walart überhaupt im Jahre 1946 unter Schutz gestellt. Der ostpazifische Bestand hat sich inzwischen wieder erholt und zählt etwa 20.000-25.000 Tiere. Die weniger als 100 westpazifischen Grauwale haben wegen der Umweltzerstörung entlang der asiatischen Küsten und der offensichtlichen Nahrungsknappheit kaum eine Überlebenschance.

Das Tonrepertoire von Grauwalen wird als Stöhnen, Knarren, Pfeifen und Grummeln beschrieben. Die Töne sind verhältnismäßig tief und liegen meist im Bereich von 15 Hz bis 2 kHz. Der gesamte Frequenzbereich der Grauwallaute umfaßt 15 Hz bis 20 kHz.

Wo & Wann

Grauwale leben nur auf der Nordhemisphäre, bevorzugt in den seichten Küstengewässern des nördlichen Ostpazifiks und der Arktis. Je nach Jahreszeit bevorzugen sie unterschiedliche Gebiete. Grauwale sind für ihre langen Wanderungen in Küstennähe bekannt.

Von April-November leben sie in ihren arktischen Freß- und Weidegründen in der Bering-, Chukchi- und Beaufortsee. Von Oktober bis Februar ziehen sie auf ihrer 8.000-9.500 km langen Wanderung zu ihren südlichen Paarungs- und Aufzuchtsgebieten der Baja California (Mexiko) dicht an der Küste Nordamerikas vorbei. Zwischen Dezember und April halten sie sich in den mexikanischen Fortpflanzungsgebieten an der Halbinsel Baja California auf. Ihre bevorzugten Aufenthaltsorte dort sind San Ignacio, Magdalena Bay und Scammons Bay. Zwischen März und Juli kann man sie bei der langsameren Wanderung mit ihrem Nachwuchs in den Norden sehr gut vom Ufer aus in Küstennähe beobachten.

Subpopulationen, bestehend aus nur sehr wenigen Tieren, leben möglicherweise bei Korea oder im Ochotskischen Meer.

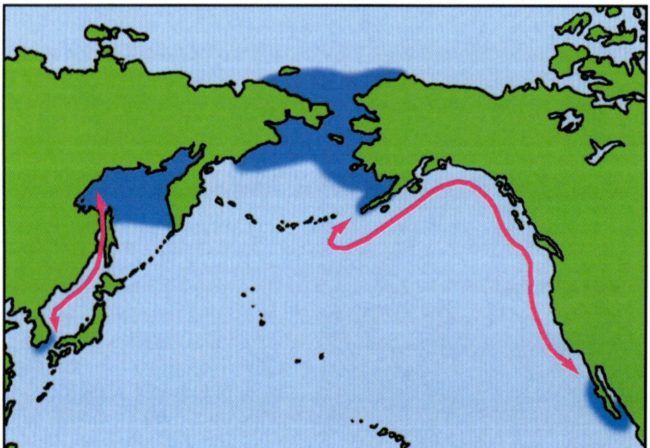

Grauwal, Verbreitung und Wanderrouten: Flache Küstengewässer im Nordostpazifik (im Sommer auch im arktischen Pazifik).

GRAUWAL-KLAPS

Viele Tierfreunde meinen, Wale und Delphine seien grundsätzlich wohlwollende Kreaturen und ihre großen Gehirne weniger von Gewalt und Dummheit besessen, die oft das Verhalten von Menschen bestimmen. Manche glauben sogar, daß diese Tiere uns als intelligente Lebewesen erkennen und sie wie wir in irgendeiner Weise das Dasein jenseits der Gesetze des Überlebens erfassen, welche die weniger komplexen Lebensformen beherrschen. Nun, vielleicht ist das so. Der bekannte UW-Filmer Howard Hall berichtet von einer sehr persönlichen Erfahrung hierzu.

Es könnte sein, daß sich manche Menschen in ihrer Einsamkeit und ihrem Hunger nach Versöhnung des individuellen menschlichen Potentials mit der Flut sozialer Einfalt der falschen Hoffnung hingeben, Wale seien etwas anderes als wilde Tiere, die in einer feindlichen Umwelt ums Überleben kämpfen. Von diesen aus der Spekulation über die Intelligenz der Cetaceen geborenen Ideologien gibt es viele Abstufungen. Mein guter Freund Hardy Jones hat sich aufs Filmen von Meeressäugern spezialisiert. Er träumt davon, eines Tages die Brücke zwischen dem Verstand dieser Tiere und unserem zu finden. Er glaubt, wenn eine klare Kommunikation zwischen unseren Arten möglich sei, wäre die Tragweite der Erkenntnisse für die Menschheit unabsehbar. Er hat viele Erdteile bereist, um Wale zu beobachten und in ihren Augen den Funken der Erkenntnis zu suchen. Vor kurzem habe ich eine Frau vom anderen Ende des Spektrums der Walfreunde getroffen. Sie glaubt, Wale hätten ihren Ursprung im Weltraum und diese "Wesen" wären zur Erde gekommen, um passiv die Entwicklung der Menschheit zu überwachen. Variationen dieser Art von Theorie sind überraschend, ja erschreckend häufig.

Der Glaube an eine Philosophie, die besagt, Wale sind intelligent und daher gutmütig, ist sicher harmlos genug. Tatsächlich hat die Zunahme solcher Ideologien aller Art dazu beigetragen, viele Cetaceenarten vor der möglichen Ausrottung zu bewahren. Wenn man jedoch als Taucher unter Wasser auf eine Gruppe von Tieren zuschwimmt, die mehrere hundertmal größer sind als man selbst, kann ein solcher Glaube einfach nur gefährlich sein. Die Erinnerung an eine solche Begegnung, die zweifellos von einer optimistischen Einstellung gegenüber Walen beeinflußt war, läßt meine Nackenhaare sich noch immer sträuben und erzeugt einen dumpfen, fernen Schmerz in Arm und Schulter meiner linken Seite. Der "Vorfall" war das Resultat von Umständen, die etwas komplizierter waren, als daß ein leichtgläubiger Dummkopf losschwamm, um einen 40-Tonnen-Riesen zu streicheln. Marty Snyderman und ich sollten für eine deutsche Filmproduktion Grauwale in der Lagune von San Ignacio an der Pazifikküste von Baja California in Mexiko filmen.

Am Tag unseres ersten Treffens mit den Filmproduzenten erklärten unsere Auftraggeber beim Frühstück, daß wir laut Vertrag diverse UW-Szenen zu liefern hatten, die verschiedene Formen des Verhaltens von Walen zeigen. Mr. Lazi erläuterte, was unbedingt dazuzählte: Wale beim Fressen, bei der Paarung, eine Geburt und schließlich ein springender Wal. Wohlgemerkt, alles aus der UW-Perspektive. Marty wäre fast an seinem Rührei erstickt, und ich blies mir den letzten Schluck Kaffee in die Nebenhöhlen. Nach dem ersten Schock erklärte ich, daß diese Planung einige Fehler enthielt. Erstens sind Grauwale unter Wasser

FOTOS: HOWARD HALL & MARTY SNYDERMAN

Ein Grauwal schaut über die Wasseroberfläche der San Ignacio-Lagune von Baja California, Mexiko.

extrem schwierig anzuschwimmen; zweitens reicht die Sicht in der Lagune von Null bis zu trüben 5 m - an einem wirklich schönen Tag! Ein UW-Kameramann müßte also unter optimalen Bedingungen auf 2 m an einen Wal heran, um gute Aufnahmen zu bekommen.

Für gute Filmaufnahmen ist die Sicht im Wasser der Lagune eigentlich zu schlecht.

Klare Filmaufnahmen von Grauwalen beim Fressen wären daher das reinste Wunder. Der Taucher müßte genau an der richtigen Stelle sein, wenn der Wal aus dem Nichts kommt und den Schlamm vom Boden der Lagune dicht vor der Kamera aufnimmt. Grauwale fressen bodenlebende Krebse, indem sie sich auf die Seite drehen, am Grund entlangschwimmen und ihr Maul wie eine Schaufel einsetzen. Eine Walgeburt zu filmen, wäre ähnlich unwahrscheinlich. Nicht nur müßte man einen Wal beim Gebären finden (ein Vorgang, der in der Lagune nur sehr selten beobachtet wird), sondern der Wal müßte dem Kameramann auch gestatten, in dem extrem trüben Wasser nur wenige Meter von ihm entfernt auf die Geburt zu warten. Keine Chance. Sich paarende Wale zu filmen, sagte ich, wäre auch mehr als schwierig, da die Balz ziemlich aggressiv verläuft und daran drei Wale (ein Weibchen und zwei Männchen) beteiligt sind, die alle wild um sich schlagen. Ich gab zu, daß mich die Vorstellung, zwischen den massiven Körpern sich glückselig knuddelnder Wale eingequetscht zu werden, ein bißchen mehr als nervös machte.

Die letzte Einstellung - unter Wasser einen Sprung zu filmen - war jedoch die verrückteste Idee, die ich je gehört hatte. Einen Walsprung bei einer Sichtweite von 60 m zu filmen, wäre eine Teleaufnahme. In der trüben San Ignacio-Lagune ist eine derartige Idee einfach nur lächerlich. Selbst unter der Annahme, es wäre möglich, einen Grauwal unter Wasser bei einer Sichtweite von 3 m dabei zu filmen, wie er komplett aus dem Wasser springt, gab ich etwas zu bedenken: Die Chancen, die zerschmetterten Reste der Filmkamera (und des noch weniger brauchbaren und nicht minder beschädigten Kameramanns) unter den schlechten Sichtbedingungen in der Lagune zu bergen, nachdem das 40-Tonnen-Ungetüm ins Wasser zurückgefallen war, seien doch ziemlich klein.

Das einzige, was ein UW-Fotograf in der San Ignacio-Lagune wahrscheinlich zustande bringen kann, ist, die Gesichter "freundlicher" Wale zu filmen, wenn sie sich neugierig dem Boot nähern. Das macht am besten ein Taucher, der sich über den Bootsrand lehnt und nur Kopf und Kamera ins Wasser hält. Eine sehr anmutige und reizvolle Tätigkeit.

Ein paar Wochen später fanden sich Marty und ich trotz meiner negativen Kommentare bezüglich der UW-Aufnahmen in einem kleinen Schlauchboot unter der stechenden Sonne von San Ignacio treibend und auf einen "freundlichen" Wal wartend wieder. Die Produzenten hatten eingeräumt, daß Paarung, Fressen, Geburt und Sprung zu filmen, doch etwas unrealistisch sei, und beschlossen, daß irgendeine UW-Szene mit einem Wal ihrem Projekt nutzen würde.

Leider waren schon zwei Tage vergangen, und unsere Kameras waren bislang trocken geblieben. Mr. Lazi und sein Assistent sahen mit wachsendem Frust zu, wie überall um uns herum Wale hin- und herschwammen und mehrfach nur ein paar hundert Meter entfernt balzten oder sprangen. Nach zwei Tagen unter der gnadenlosen Sonne fingen unsere Produzenten an, sich über die Inaktivität ihres heldenhaften UW-Teams zu wundern. Gelegentlich rieten sie uns, doch einen Wal zu filmen, der gerade langsam (höchstens drei- oder viermal so schnell, wie ein Taucher schwimmen kann) am Boot vorbeischwamm oder in 500 m Entfernung sprang. Wieder erklärte ich, daß es reine Zeitverschwendung sei, bei 3 m Sichtweite irgend etwas in über 2 m Entfernung filmen zu wollen, und schlicht unmöglich, ein UW-Bild aus mehreren hundert Meter Entfernung zu bekommen. "Aber ihr könnt es doch versuchen", bat Mr. Lazi. "Wir haben genug Film. Hängt einfach die Kamera rein und versucht es einmal!" Ich schüttelte nur den Kopf, während der Wal, den er beobachtete, nur 30 m entfernt das Boot passierte.

Ein Tourist streichelt einen "freundlichen" Grauwal.

"Freundliches" Verhalten wurde in San Ignacio zuerst in den späten Siebziger Jahren beobachtet, als die Wale anfingen, sich den kleinen Walbeobachtungsbooten zu nähern und den Passagieren erlaubten, sie zu berühren. Seitdem wurde dieses Verhalten immer häufiger und trat auch in Gebieten außerhalb der Lagune auf. Niemand weiß genau, warum die Wale diesen Kontakt suchen. Die meisten glauben, die Wale seien neugierig auf Menschen, mögen vielleicht die Zuneigung, mit der sie überschüttet werden. Wahr aber ist, daß sich die Wale nicht um die Menschen im Boot scheren, sondern das Boot selbst ihr Interesse weckt. Genauer gesagt ist es das Geräusch des Außenbordmotors. Grauwale, so scheint es, lieben die "Musik" eines 20 PS-Außenborders! Was immer der Grund sein mag, eine "freundliche" Begegnung kann eine der aufregendsten und schönsten Erfahrungen des Lebens sein. Schnorchelnd und mich seitlich am Schlauchboot festhaltend habe ich schon bis zu drei Wale gleichzeitig beobachtet, die sich von einer auf die andere Seite wiegten, als würden sie zur Melodie des Außenborders tanzen. Ein Walauge rollte bis auf Armeslänge herauf, dann wieder hinunter, und ein paar Sekunden später schaute ich in das andere Auge. Bei jeder Rolle verfehlte die Brustflosse das Boot nur um Zentimeter. Manchmal hielten das die Wale über eine Stunde lang durch und pausierten nur alle paar Minuten, um Atem zu holen. Wurde aber der Außenborder abgestellt, verloren sie schnell das Interesse und verschwanden.

Adulte Wale rollen unter dem Boot, die Kälber jedoch drehen sich manchmal senkrecht im Wasser. Sie scheinen auf ihrer Fluke zu stehen und rotieren sehr schnell mit fast 60 Umdrehungen pro Minute, oft mit dem Kopf über dem Wasser und direkt neben dem Boot. Diese Art von Begegnung war, was Marty und ich mit wachsender Verzweiflung suchten. Trotz der Gewißheit, daß wir unser Bestes taten (was leider gerade mal war, gar nichts zu tun), fingen Marty und ich an, uns wegen unserer Untätigkeit schuldig zu fühlen. Als schließlich drei

"Für einen Sekundenbruchteil hatten wir Augenkontakt. Was ich im Auge des Tieres sah, war Angst."

"Links von mir sah ich flüchtig die riesige Fluke, bevor sie mich traf."

balzende Wale etwa 50 m von uns auftauchten, entschlossen wir uns, loszuschwimmen und zu sehen, wie nahe wir herankommen würden. Wir wußten, daß es eine reine, wenn nicht gar gefährliche Zeitverschwendung war. Aber alles war besser, als Mr. Lazis Betteln ("Versucht's doch einfach!") zu ertragen. Unter dem fröhlichen Grinsen unserer Produzenten nahmen Marty und ich Maske, Flossen, Schnorchel und die Kameras und glitten mit den Füßen voran ins Wasser. Dort konnte ich meine Knöchel gerade noch erkennen, aber die Spitzen meiner Flossen verschwanden schon im Trüben. Ha! Einen Moment lang wollte ich hinunterschwimmen, aus etwa 2 m Entfernung den Schlammboden filmen und unseren Produzenten dann erzählen, es sei ein schlafender Wal. Ich glaube, niemand hätte den Unterschied bemerkt.

Während wir auf die drei Wale zuschwammen (extrem langsam, jeder hoffte, der andere würde die Führung übernehmen), konnten wir gelegentlich die gewaltigen Platscher der riesigen Fluken sehen. Die Wale schwammen langsam im Kreis. Langsam für Wale ist jedoch immer noch viel schneller, als ein Taucher schwimmen kann. Ich glaubte nicht ernsthaft, daß wir nahe an die Tiere herankommen könnten. So etwas hatten wir schon oft vergeblich versucht. Entweder würden die Wale langsam (aber schneller als wir) davonschwimmen oder uns akustisch mit einer Art der passiven oder aktiven Echoortung (was bislang noch nicht genau erforscht ist) wahrnehmen und das Feld räumen. Aber diesmal kam alles anders. Als ich nach den Walen Ausschau hielt, sah ich, daß sie rasch auf uns zukamen. Während ich vorher noch gedacht hatte, wir hätten keine Chance für eine Nahaufnahme, schien ein Treffen jetzt unvermeidlich. Nur 30 m vor uns kam ein großer Wal hoch, blies und tauchte wieder- direkt auf mich zu. Ich entsicherte den Auslöser der Kamera, atmete schnell dreimal tief durch und tauchte ab. Verflixt, genau dafür sind wir angeheuert worden, dachte ich.

In etwa 10 m Tiefe stoppte ich und wartete bewegungslos. Die Dunkelheit des trüben, grünen Wassers war überaus bedrückend. Ich hing zwischen der Oberfläche 10 m über und dem Schlammgrund irgendwo unter mir und wünschte, meine Augen würden sich schneller an die Dunkelheit gewöhnen. Die sonst so verläßlichen Sinne versagten einem hier ihren Dienst. Ich konnte nichts hören und kaum ein paar Meter weit sehen. Wäre ich dort gewesen, um Haie oder irgendwelche anderen großen, potentiell gefährlichen Meeresbewohner zu filmen, wäre ich vielleicht so schnell wie möglich zum Boot zurückgeschwommen. Aber es ging um Wale, und meinem Instinkt zum Trotz sagte ich mir, Wale sind sanft und verletzen Menschen nicht. Plötzlich waren da Schatten, große, ominöse, wirbelnde Schatten, und ich wußte, da waren riesige, sich schnell bewegende Kreaturen nur wenige Meter von mir. Doch die Schatten hatten keine Form. Ich blinzelte in die Dunkelheit, um Umrisse auszumachen, um eine Idee zu bekommen, wohin

Ein Grauwal-Männchen zeigt beim Rollen an der Oberfläche seinen Penis.

ich die Kamera halten könnte. Ich drückte den Auslöser und zielte (ziemlich willkürlich) vor mich, fast hoffend, daß mir der Film ausgehen würde, bevor etwas passierte, und ich zum Boot zurückkehren konnte.

Einen Augenblick später wurde einer der Schatten dunkler und verwandelte sich in einen riesigen, grauen Fleischberg. Das Gesicht eines Wals materialisierte sich plötzlich, und ich starrte direkt in das Auge eines Leviathans nur 2 m vor mir. Für den Bruchteil einer Sekunde hatten wir Augenkontakt. Was ich im Auge des Tieres sah, jagte meinen Adrenalinspiegel hoch, wie nichts, was ich je zuvor gesehen hatte. Ich sah Angst. Unmittelbar nachdem wir uns ins Auge geschaut hatten, lief ein deutlicher Schauer durch den Körper des Wals, er drehte ab und schoß davon. Für etwa zwei Sekunden war ich allein, spürte aber instinktiv, daß ich in großer Gefahr schwebte. Ich fühlte mich wie die Maus, die den Elefanten erschreckt hatte, der daraufhin einen Luftsprung machte und sie beim Runterkommen zerquetschen würde. Ich hatte mich zu einer Kugel eingerollt und hielt die Kamera an meine Brust gepreßt, als der Aufschlag kam.

Vier Dinge passierten fast gleichzeitig. Ich sah etwas, das wie ein weiß leuchtender Lichtbogen aussah und aus der Ferne vor mir bis zu meiner Linken reichte. Links von mir sah ich flüchtig die riesige Fluke, als sie mit der Kante voran gegen mich schlug. In meinem Kopf war der Knall einer Explosion, als hätte mir jemand eine Schrotflinte ins Ohr abgefeuert. Dann wurde es dunkel.

Halb bewußtlos kämpfte ich mich irgendwie zur Oberfläche. Marty kam schnell herbei und fragte "Bist du o.k.?" "Ja", erwiderte ich. "Nein, bist du nicht", sagte Marty, packte meinen Arm und brachte mich zum Boot zurück. Ich hatte meine Maske und einen Handschuh verloren, zwei Rippen und etwas in meinem linken Arm waren gebrochen. Zum Glück hatte ich noch die Filmkamera, aber nur, weil sie mit einem Strick an meinem Handgelenk befestigt war. Innerhalb weniger Stunden war ich an Bord eines Sportfischerbootes auf dem Weg nach San Diego. Ich lag in einer warmen, komfortablen Koje und genoß in Ruhe die Wirkung einer leichten Überdosis Kodein.

Im Rückblick wurde in den folgenden Monaten einiges klarer. Und ich hatte allen Grund, über den Angriff nachzudenken, denn unsere Produzenten hatten Marty und mir mitgeteilt, daß wir im nächsten Jahr in die Lagune zurückkehren mußten, um das Filmprojekt zu vollenden. "Angriff" ist das richtige Wort für diesen Vorfall. Grauwale sind relativ langsame Tiere und eine leichte Beute für Schwertwale und Haie. In der Lagune sieht man häufig Walfluken mit üblen, roten, halbmondförmigen Bißmarken. Freßfeinde plagen die Wale und machen sie gegenüber anderen Kreaturen in ihrer Nähe wachsam. Um mit dieser Bedrohung fertigzuwerden, nutzen Grauwale ihre Fluken zu gigantischen Karateschlägen, die mit ungeheurer Kraft und Präzision geführt werden. Der Wal, der mich attackiert hatte, war eigentlich mit der Balz beschäftigt und hatte mich erst bemerkt, als wir uns Auge in Auge gegenüber waren. Diese plötzliche Konfrontation mit einem fremden Wesen erschreckte das Tier, und daher griff es an. Der helle Lichtbogen, den ich kurz vor dem Blackout gesehen hatte, war der Blasenwirbel hinter der Fluke gewesen, als diese seitlich auf mich zukam.

Eine letzte Bemerkung zu meinem unangenehmen Erlebnis in der Lagune von San Ignacio (an das ich zu oft erinnert werde). Mehrere Monate nach unserer Reise dorthin kam Mr. Lazi voll der Begeisterung und des Lobes nach San Diego. "Ihr müßt euch den Film ansehen", triumphierte er. "Wir haben eine Paarung, wir haben eine Paarung." Marty und ich schauten uns verständnislos an. Wir hatten keine Ahnung, wovon er überhaupt sprach. Als aber der Film vorgeführt wurde, erschien flüchtig ein enormer, biegsamer, rosafarbener, 4 m langer Penis auf der Leinwand! Weder Marty noch ich wollten diese Aufnahme für sich beanspruchen. Keiner von uns erinnerte sich, das Ding unter Wasser gesehen zu haben (und daran hätten wir uns erinnert). Aber unsere Produzenten waren geradezu außer sich vor Freude. Das war eine Paarungsszene unter Wasser - eine Premiere! Plötzlich dämmerte es mir. Es war gut möglich, daß das meine Aufnahme war und ich meine allerbeste Szene gedreht hatte, während ich bewußtlos mit einer Kamera vom Handgelenk baumelnd durchs Wasser getrieben war.

FLITTERWOCHEN

"Die Einsamkeit von Tonga wird Ihre Sinne überfallen... Dies ist der Südpazifik der Reiseprospekte mit seinen Koralleninseln, farbenprächtigen Lagunen und Riffen, kilometerlangen, einsamen, weißen Stränden, umringt von Kokospalmen..." Schon beim Landeanflug wird klar, daß der Reiseführer nicht übertrieben hat. Der Autor hat sich auf den Weg ins Königreich Tonga gemacht, um die Flitterwochen der Buckelwale zu erleben.

FOTOS: RALF KIEFNER

Der stürmische Liebhaber taucht mit lautem Schnaufen auf.

Die größtenteils unbewohnten Inseln und Inselchen Tongas sind wirklich von paradiesischer Schönheit, wie es nur wenige Plätze auf der Erde gibt. Diese atemberaubende, fast kitschige "Südsee-Idylle" ist ideal für ruhe- und erholungssuchende Urlauber. Bisher finden zum Glück nur wenige Touristen, meist Lust- und Hochzeitsreisende, ihren Weg in das südpazifische Königreich.

Dabei ist die Idee, Flitterwochen in diesen malerischen Buchten und um die einsamen Inseln zu verbringen, gar nicht so neu. Während sich nur wenige Menschen jemals solch ein Vergnügen leisten können, tummeln sich schon seit Tausenden von Jahren im südpazifischen Winter zwischen Juni und November in den geschützten Buchten um Tonga die Buckelwale der südlichen Hemisphäre.

Jedes Jahr wiederholen sie ihre "Hochzeitsreise" von der Antarktis nach Tonga zu Paarung, Geburt und Aufzucht der Jungen. Immer wenn in der Antarktis die langen Winternächte anbrechen und das Eis sich ausbreitet, beenden sie ihre viermonatige Freßorgie, reisen in die Wärme und wenden sich anderen Aktivitäten zu.

Für diese Wanderung müssen sie rundherum reichlich mit Fett gepolstert sein, denn für die nächste Zeit ist Fasten angesagt. Während die anderen, meist ebenfalls wohlbeleibten, sonnenhungrigen Winterflüchtlinge hier nur ans Vergnügen denken, kommt für die Wale zuerst der unangenehmere Teil: Die Walkühe bringen in den warmen Buchten vor Tonga ihre Jungen zur Welt. Die anfangs noch sehr zart und klein wirkenden Kälber sind bei der Geburt immerhin schon 4-5 Meter groß und wiegen etwa 1-2 Tonnen, also ungefähr so viel wie einige Kleinwagen zusammen!

Das wärmeisolierende Fettpolster, ohne das sie in der Antarktis nicht überleben würden, müssen sie sich mit Mutters fettreicher Milch jedoch erst noch zulegen. Schon in den ersten Lebensmonaten macht das Walbaby dabei sehr viele aufregende Erfahrungen. Es erlebt stürmische Liebhaber, die seine Mutter heftig bedrängen. Es betrachtet neugierig kleine und unbeholfene Wesen mit Schnorchel, Maske und Flossen oder hört merkwürdige Geräusche unter Wasser und schmiegt sich lieber ängstlich an die Mutter. Ist es Kampfgeschrei oder Liebesgeflüster?

Dieses melodische Pfeifen, Knarren, Brummen, Stöhnen, Seufzen und Quietschen, welches wir oft bis in die Kajüten unseres Schiffes hören, gilt den Weibchen und ist - auf CD gebrannt - inzwischen zum meistverkauften Welthit geworden. Der Bulle, der mit seinen Gesängen das Herz seiner angebeteten

Walbraut erreicht, kann eine Familie gründen. Wenn sein Gesang der Mutter gefällt, wird sie sich nach dem Verursacher umschauen.

Plötzlich kommt er ins Blickfeld. Groß wie eine Lokomotive schwebt der einsame Sänger kopfüber mit weit ausgebreiteten Brustflossen im Wasser. Wenn er nach einiger Zeit das Vorspiel für beendet hält, will er schnell zur Sache kommen. Wild bedrängt er dann die Angebetete und umkreist sie mit aufdringlichem Imponiergehabe. Bei ihrem stürmischen Liebeswerben kommen die Walbullen unserem Boot oft beängstigend nahe. Einmal haben sie uns dabei sogar fast gerammt. Geschickt hält die unwillige Walkuh ihren Verehrer auf Distanz - noch. Immer wieder nutzt sie unser Boot als Barriere zwischen sich und dem ungestümen Lover.

Auch die Anwesenheit der Schnorchler im Wasser scheint der Mutter eine willkommene Unterbrechung und Ablenkung für ihren liebestollen Begleiter zu sein. Neugierig schwimmt sie immer wieder dicht an uns vorbei und scheint uns genau zu betrachten. Mehrfach haben wir zuvor schon Buckelwale vom Boot aus deutlich im klaren Wasser, dicht neben dem Boot gesehen. Ihre wahre Größe und Anmut offenbaren sie jedoch erst dem Schnorchler unter Wasser.

Der einsame Sänger schwebt kopfüber mit weit ausgebreiteten Brustflossen im Wasser.

Das Baby schmiegt sich meist dicht an die Mutter, wenn sie an uns vorbeigleitet. Bei der zweiten Umrundung der Mutter wagt sich das Walkind schließlich doch ein wenig aus ihrem sicheren Schutz und schwimmt etwas näher an die Schnorchler heran. Es beäugt uns kurz und beschließt dann doch, sicherheitshalber wieder Schutz "bei Muttern" zu suchen. Der enge Körperkontakt zur Mutter ist ein wichtiges Kommunikations- und Schutzverhalten junger Wale.

Das Baby beweist mehr Mut als der anfangs noch so stürmische Liebhaber. Er hält sich in größerer Entfernung hinter der Mutter auf und scheint sich regelrecht vor uns zu verstecken. Er muß sich wohl erst einmal abkühlen, um einen klaren Gedanken fassen zu können. Doch schließlich reißt ihm der Geduldsfaden. Trotz der Schnorchler im Wasser faßt er allen Mut zusammen und bedrängt seine Angebetete wieder heftig.

Für Schnorchler und Walbaby ist es jetzt besser, auf Abstand zu gehen. Der Sog der riesigen Schwanzflossen wirbelt selbst das etwa 5-6 Meter lange Walbaby herum. Ein Vorhang aus Luftblasen nimmt uns die Sicht. Wenn zwei sattelschleppergroße Vierzigtonner im Liebesrausch die Welt um sich herum vergessen und das Wasser förmlich zu kochen scheint, ist es einfach besser, sich zurückzuziehen und das Geschehen aus sicherer Entfernung vom Boot aus zu beobachten. Inzwischen sind weitere liebestolle Bullen auf das "Hochzeits-Paar" aufmerksam geworden und versuchen nun auch mitzumischen. Laut ist das Schnaufen über Wasser zu hören. Gigantisch!

Wenn die Erfolgskomponisten feststehen und die Vaterschaft geklärt ist, kehrt Ruhe ein, und auch die Wale scheinen das Leben hier im warmen Wasser in vollen Zügen zu genießen. Broterwerb steht für die "Kleinen" noch nicht auf dem Programm. Genüßlich trinken sie die fettreiche Muttermilch. Sie haben eigentlich nichts weiter zu tun, als möglichst schnell zu wachsen und möglichst viel Fett anzulegen.

Das Kleine schmiegt sich ängstlich an seine Mutter.

Bald müssen sie groß und kräftig genug für die weite und gefährliche Reise in die kalten Gewässer der Antarktis sein.

Unser Boot fährt langsam zu der Stelle, an der gerade ein Buckelwal mit seinem Baby abgetaucht ist. Der kreisrunde Fleck von aufstrebenden Wassermassen (engl. 'footprint' genannt) markiert die Abtauchstelle deutlich. Als wir vom Boot ins Wasser schauen, trauen wir unseren Augen nicht. Im glasklaren Wasser erkennen wir die helle Flukenunterseite der Mutter direkt unter dem Boot. Hektik macht sich plötzlich im Boot breit.

Jeder schnappt sich Maske, Schnorchel, Flossen und Kamera und gleitet so leise wie möglich in das warme Wasser des Südpazifiks. Die Mutter ist immer noch da. Sie steht kopfüber etwa 15 Meter unter uns bewegungslos im Wasser. Entweder ruht sie sich aus und hat uns nicht bemerkt, oder wir sind ihr völlig gleichgültig. Deutlich erkenne ich, daß sie mit ihrer "Nasenspitze" knapp über dem hellen, mindestens 40 Meter tiefen Sandgrund schwebt. Unfaßbar! Wie ein gewaltiges U-Boot steht sie regungslos, kopfüber mit weit ausgebreiteten Brustflossen im Wasser.

Erst jetzt erkenne ich das Baby. Es lugt vorsichtig unter ihrer rechten Brustflosse zu uns herauf. Es scheint zwischen Neugier und Unsicherheit unschlüssig abzuwägen, ob diese merkwürdigen Wesen mit ihren bunten Flossen nun ein

Oben: Ein seltenes Dokument: Die Walkuh schwebt mit dem Kopf nach unten knapp über dem Sandgrund und säugt ihr Baby. **Rechts:** "Big Mama" hebt beim Abtauchen ihre gewaltige Fluke aus dem Wasser.

Mutter und Kind tauchen auf.

neues Spielzeug sind oder nicht. Das Baby wirkt neben seiner Mutter klein und zerbrechlich. Da es noch häufiger zum Atmen an die Oberfläche kommen muß als die Mutter, nimmt es nun allen Mut zusammen und schwimmt zu uns herauf. Langsam, fast ohne Bewegung der Schwanzflosse gleitet es heran. Erst jetzt erkenne ich seine wahre Größe. Das Walkind ist immerhin schon 5 bis 6 Meter lang! Es kommt direkt auf uns zugeschwommen. Kurz vor den Schnorchlern dreht es ab und taucht in einiger Entfernung auf. Es atmet kurz durch und taucht sofort wieder zur Mutter ab, um Schutz unter ihren gewaltigen Brustflossen zu suchen. Nachdem sich dieser Vorgang einige Male wiederholt hat, kommt plötzlich Bewegung in den riesigen Körper der Mutter. Mit einem Schwung ihrer weitausladenden Brustflossen bringt sie ihren Körper in die Waagerechte und gleitet fast mühelos zum Atmen zur Oberfläche. Obwohl sie ihre Schwanzflosse kaum bewegt, können wir ihr und dem Walkind nicht folgen.

Zurück im Boot sind wir immer noch völlig sprachlos von dieser Begegnung, als Kapitän Keith erneut stoppt und uns zu verstehen gibt, daß er die Walmutter mit ihrem Baby wieder direkt unter dem Boot erkennen kann. Schnell gleiten wir wieder zurück ins Wasser. Und tatsächlich, da steht sie wieder, mit weit ausgebreiteten "Schwingen" kopfüber im Wasser.

Bei der ersten Begegnung mit der vertikal treibenden Walkuh war ich so ergriffen, daß ich die Szenerie vor mir nur regungslos und ungläubig bestaunte. Es gibt keine Worte, um meine Gefühle auszudrücken, die ich in diesem Moment empfand. Jedenfalls hatte ich völlig vergessen zu fotografieren. Es gibt nichts, daß mich auf das hätte vorbereiten können, was ich nun vor mir sehe. Anstatt mit gleichbleibenden Bewegungen an mir vorbeizuschwimmen, steht die Walmutter direkt unter mir regungslos kopfüber im Wasser und säugt ihr Junges. Doch diesmal beginne ich, die Kamera zu betätigen.

Deutlich erkenne ich, wie das Baby etwa 15 Meter unter uns immer wieder sein Maul öffnet. Nach einiger Zeit versucht es, die Kopfüber-Position der Mutter einzunehmen - vergeblich.

Als die Schnorchlerin mit ihrer Videokamera Kuh und Kalb filmen will, versteckt sich das Baby unter seiner Mutter.

An der Oberfläche wagt sich das Walkind aus dem Schutz der Kuh...

Dies scheint offensichtlich doch nicht ganz so einfach zu sein. Immer wieder kippt es dabei um, umkreist den Kopf seiner Mutter und versucht es erneut.

Schließlich schaut das Baby wieder zur Oberfläche und beschließt, zu den Schnorchlern heraufzukommen, obwohl es erst kurz vorher zum Atmen an der Oberfläche war. Offensichtlich scheint es nun doch Interesse an den Menschen zu haben. Es scheint gerade so, als wolle es seine neuen "Spielgefährten" erkunden. Immer wieder schwimmt es um uns herum, rollt sich auf die Seite und zeigt uns seinen weißen Bauch mit den Kehlfurchen.

"Big Mama" scheint dies alles nicht zu interessieren. Bewegungslos verharrt sie immer noch kopfüber im Wasser. Erst als auch sie wieder zum Atmen hoch muß, gleitet sie ruhig zur Oberfläche, atmet kurz durch und schwimmt dann langsam vor uns her. Das Baby scheint ihr nur unwillig zu folgen. Zu interessant scheinen die neuen Spielgefährten zu sein. Doch wir brauchen "Mama" nicht weit zu folgen.

In einiger Entfernung sehe ich beide Wale über Wasser. Die Mutter hebt ihre gewaltige Fluke aus dem Wasser und taucht langsam ab. Erst als ich meinen Kopf unter Wasser stecke, erkenne ich, daß sie eigentlich doch nicht so weit entfernt sind. Die Sichtweite muß mindestens 40 bis 50 Meter betragen. Wieder nimmt die Mutter ihre Kopfüber-Position ein und scheint offensichtlich damit einverstanden zu sein, daß ihr Nachwuchs sich mit uns die Zeit vertreibt.

An diesem Tag haben wir fast 7 Stunden mit diesen beiden Buckelwalen im Wasser zugebracht, wie unsere völlig sonnenverbrannten Schultern, Rücken und Beine verraten. Jedem von uns fehlen die Worte, um unsere Emotionen und Gedanken über das am Abend Erlebte zu beschreiben. Überall an Bord blicke ich in die leuchtenden Augen und begeisterten Gesichter meiner Mitreisenden.

Auch an den nächsten beiden Tagen läßt die Mutter ihren Nachwuchs wieder mit uns schwimmen. Ständig wiederholt sich das gleiche Spiel. Die Mutter taucht ab, verharrt in gewohnter Manier kopfüber unter uns im Wasser und läßt ihr Baby ungehindert zu uns auftauchen, säugt es, taucht dann schließlich kurz zum Atmen vor uns auf, um in unmittelbarer Nähe wieder abzutauchen. Sooft ich an diesem und den nächsten beiden Tagen "unsere" Mutter treffe, reagiere ich immer gleich: Mit weit geöffneten Augen versuche ich, die magische Szenerie vor mir regelrecht in mich hineinzusaugen. Nichts, keine Sekunde will ich vermissen. Nach drei Tagen ist "unsere" Mutter mit ihrem Baby verschwunden.

Einige Tage später taucht direkt neben unserem Boot unvermittelt eine andere Buckelwalkuh mit ihrem Baby auf, umrundet das Boot und taucht ab. Gespannt versuchen wir wieder unser Glück. Und tatsächlich verharrt auch sie in 20-30 Meter Tiefe regungslos mit weit ausgebreiteten Flossen. Nur daß sie nicht kopfüber im Wasser steht, sondern waagerecht liegt. Auch hier lugt das Baby nach einiger Zeit vorsichtig unter den Brustflossen zu uns herauf. Sicherlich überlegt es sich, wie und ob es überhaupt zum Atmen an die Oberfläche kommen soll. Schließlich nimmt es allen Mut zusammen und taucht wie "unser" Walkind der vergangenen Tage zu uns herauf, atmet und taucht sofort zu seiner Mutter zurück, um Schutz unter ihrem massigen Körper zu suchen. Aber irgendwie scheint auch bei ihm die Neugier zu überwiegen. Es liegt nun auf dem Kopf der Mutter und schaut zu uns herauf. Als die Mutter zum Atmen zur Oberfläche will, schiebt sie das Baby mit ihrer Nase förmlich zu uns herauf.

...und beäugt seine neuen "Spielgefährten".

Kurz bevor sie aufsteigt, dreht sie sich etwas zur Seite, taucht dann direkt neben uns auf, atmet einige Male kräftig durch und taucht in einiger Entfernung vor uns wieder ab. Auch sie verharrt danach wieder waagerecht im Wasser. Sicherlich hat sie uns längst bemerkt. Und offensichtlich scheint auch sie keinerlei Einwände gegen unsere Anwesenheit zu haben. Auch sie erlaubt uns, einige Tage mit ihr und ihrem Nachwuchs im Wasser zu verbringen.

Bei einer unserer zahllosen Begegnungen mit diesen herrlichen Geschöpfen kommt es fast zu einer Kollision mit der Mutter. Überraschenderweise versucht die Walkuh jedoch, die Kollision ihrer rechten Brustflosse mit mir zu vermeiden. Ohne es zu bemerken, sind wir uns so nahe gekommen, daß ich direkt in ihre sanftmütigen Augen schauen kann. Deutlich erkenne ich die Hell-Dunkel-Pigmentierung, die senkrecht durch das Auge verläuft. Nach vorne hin ist die Umgebung ihres Auges grau, nach hinten hin weiß. Sie hat sich etwas auf die Seite gedreht, wohl um mich besser in Augenschein zu nehmen.

Nun, da sie sich offensichtlich wieder zurückdrehen will, bin ich ihrer Brustflosse im Wege. Ich sehe, wie die für Buckelwale typische, etwa 5 Meter lange Brustflosse von unten direkt auf mich zukommt. "Wenn sie diese Bewegung fortsetzt, wird sie mich wohl rammen", denke ich und versuche, so gut ich kann, dieser Kollision auszuweichen. Doch diese "Big Mama" hat die Situation längst erkannt und bewegt ihre Brustflosse in einem großen Bogen, erst unter mir durch, dann hinter mir vorbei nach oben, bis die Flosse über mir ist. Erst jetzt setzt sie ihre Drehbewegung fort und schwimmt mit langsamen, kaum wahrnehmbaren Bewegungen ihrer Schwanzflosse davon und verschwindet im türkisfarbenem Wasser aus meinem Blickfeld.

Als wären die Buckelwale im pazifischen Winterurlaub, verbringen sie ihre Zeit hier in Tonga mit Schlafen, Singen, Spielen und der Fortpflanzung. Die Jungen schauen sich offensichtlich die Lebensfreude bei den Eltern ab. Auch für die Spezies "Whale-Watcher" ist es ein unglaubliches Spektakel, wenn die "Leviathane" ihre 40 Tonnen Gewicht komplett aus dem Wasser wuchten und für kurze Zeit mit weit ausgebreiteten "Flügeln" fast schwerelos durch die Luft fliegen, bevor ihre gewaltigen Körper mit unglaublicher Wucht wieder auf das Wasser klatschen.

Wir können mehrfach dieses unbeschreibliche Schauspiel vom Boot aus beobachten. Ein Walkind versucht einmal, es seiner Mutter gleichzutun, und springt etwa fünfzigmal in einiger Entfernung zum Boot. Immer wieder versucht es vergeblich, sich mit dem ganzen Körper und weit ausgebreiteten Brustflossen komplett aus dem Wasser zu schrauben.

Übermütig wie ein Kind in der Badewanne tollt es im Wasser umher, fast so, als wüßte es nicht wohin mit sich und all seiner überschüssigen Kraft und Lebensfreude. Es schlägt zwischen den Sprüngen mit der Schwanzflosse und den Brustflossen auf das Wasser und springt erneut. Es scheint ihm offensichtlich viel Freude zu machen. Genau wie den Betrachtern auf dem Boot, die bei jedem gelungenen Sprung laut jubeln.

Diese paradiesische Südsee-Stimmung scheint offensichtlich alle, Reisende und "Honeymooner" gleichermaßen, in ihren Bann zu ziehen und mit ihrer Lebensfreude zu verzaubern.

Besondere Erkennungsmerkmale dieser Familie
Die Familie der Furchenwale umfaßt einige der größten Wale überhaupt. Sowohl Blau-, Finn-, Bryde- und Seiwal als auch der mit bis zu 7 m Länge viel kleinere Zwergwal und der Buckelwal gehören zu dieser Familie.

Das gemeinsame Hauptkennzeichen dieser Familie ist eine große Anzahl von längs verlaufenden Kehlfurchen. Diese namensgebenden Kehlfurchen beginnen unmittelbar am Kinn und reichen bis hinter die Brustflossen, teilweise sogar bis zum Nabel. Die Anzahl der Furchen ist arttypisch und reicht von 20 beim Buckelwal über 50 beim Seiwal bis zu 90 beim Blauwal. Diese Furchen ermöglichen ein "ziehharmonikaähnliches" Aufblähen von Kehlkopf- und Schlundregion. Auf diese Weise können unglaubliche Wasser- und Nahrungsmengen im Maul aufgenommen werden und der darin befindliche Krill durch die Barten herausgefiltert werden.

Alle Furchenwale haben kurze, breite Barten, deren rechte und linke Seite an der Oberkieferspitze zusammenlaufen. Außerdem haben alle Furchenwale einen schlanken, stromlinienförmigen Körper mit zugespitztem Kopf und eine deutlich ausgeprägten Rückenfinne. Die Fluke hat ganz leicht gebogene Spitzen und eine mediane (mittige) Einkerbung. Alle Furchenwale zeigen einen deutlichen Geschlechtsdimorphismus: Die Weibchen sind etwas größer als die Männchen.

UNTERFAMILIE Furchenwale, Balaenopterinae

5 Arten: Zwergwal, *Balaenoptera acutorostrata*
Seiwal, *Balaenoptera borealis*
Brydewal, *Balaenoptera edeni*
Blauwal, *Balaenoptera musculus*
Finnwal, *Balaenoptera physalus*

Besondere Erkennungsmerkmale dieser Unterfamilie
Alle Vertreter dieser Unterfamilie haben einen auffallend langen, stromlinienförmigen Körper, sowie die für diese Familie üblichen Kehlfurchen. Alle besitzen eine sichelförmig gekrümmte Rückenfinne, aber keine Tuberkeln am Kopf oder an den Brustflossen. Alle oben genannten Arten haben auf dem Kopf eine mediane, längs verlaufende Kopfleiste, die von der Schnauzenspitze bis zu den Blaslöchern reicht. Nur Brydewale zeigen neben dieser mittig verlaufenden Kopfleiste jeweils rechts und links eine weitere, parallel zur Mittelleiste verlaufende Kopfleiste. Vor dem paarigen Blasloch befindet sich bei allen Vertretern dieser Unterfamilie ein kleiner Wulst als Spritzschutz ("Spritzwachen", engl. splash guards).

Der größte Furchenwal der Welt, der Blauwal, vor den Azoren im Atlantik. Ralf Kiefner

Zwergwal, Minke Whale, *Balaenoptera acutorostrata*

Zwergwal am Great Barrier Reef von Australien. Doug Perrine

Besondere Erkennungsmerkmale

Die auffälligsten Erkennungsmerkmale der Zwergwale sind ihre relativ geringe Größe, die spitze Kopfform sowie die charakteristische Färbung ihrer Brustflossen (mit weißem Band oder Fleck) und ihr neugieriges Verhalten.

Beschreibung

Wie bei allen Furchenwalen ist der Körper der Zwergwale sehr schlank und stromlinienförmig. Sie sind die kleinsten Vertreter dieser Familie. Im Durchschnitt erreichen sie eine Länge von 8,5-10 m und ein Gewicht von 4-7,5 t. Tiere der Nordhemisphäre scheinen etwas kleiner zu sein. Wie bei allen Furchenwalen werden die Weibchen größer als die Männchen (Geschlechtsdimorphismus).

Von oben betrachtet ist der Kopf sehr schmal, mit fast dreieckiger Form. Er weist oben eine deutlich abgesetzte Mittelleiste auf, die von der Schnauzenspitze bis zu den Blaslöchern verläuft. Hinter dem spitzen Kopf ist häufig eine winkelförmige Zeichnung (wie bei Finnwalen) zu erkennen. Bemerkenswerterweise ragt der Unterkiefer über den Oberkiefer hinaus.

Die Rückenfinne ist sehr weit hinten angesetzt, etwa im letzten Körperdrittel. Sie ist stark sichelförmig gekrümmt und beim Schwimmen an der Oberfläche gut zu erkennen. Im Verhältnis zur Körpergröße haben Zwergwale die größte Finne aller Furchenwale. Ihre schlanken Brustflossen haben spitze Enden und sind mit etwa 1/8 der Körperlänge relativ klein.

Ihr Rücken ist grau bis schwarz, wird jedoch zu den Seiten hin heller. Die Bauchseite und die Brustflossenunterseiten sind weiß bis hellgrau. Als einzige Bartenwale haben die meisten Zwergwale einen weißen Fleck bzw. ein unterschiedlich breites, weißes Band auf den Oberseiten ihrer Brustflossen. Nur bei einigen wenigen Zwergwalen der Südhemisphäre fehlt diese weiße Färbung auf der Brustflossenoberseite, bei ihnen können die Brustflossen auf der Oberseite völlig dunkel sein. Es wird vermutet, daß es sich hierbei möglicherweise um eine Unterart handelt. Die Flukenunterseite ist bei allen Zwergwalen immer hell blaugrau bis weiß mit dunklem Rand. Die Flukenhinterkante ist leicht konkav mit einer Einkerbung in der Mitte.

Die 50-70 weißen Kehlfurchen können manchmal leicht rosafarben sein. Sie enden nicht wie bei allen anderen Furchenwalen hinter dem Nabel, sondern kurz davor. Auf jeder Oberkieferseite haben Zwergwale 260-360 gelblichweiße oder weiße Barten, die max. 23 cm lang und weniger als 10 cm breit sind. Der Blas ist 2-3 m hoch und unauffällig.

Leicht zu verwechseln mit
Schnabelwalen, Zwergglattwal und mit kleineren (jungen) Exemplaren von Sei-, Finn- und auch Brydewal.

Das deutlichste Unterscheidungsmerkmal der Zwergwale zu allen anderen Walen ist ein weißer Fleck oder weißes Band auf der Brustflossenoberseite. Dank ihrer einzigartigen, dreieckigen, spitzen Kopfform mit nur einer längs verlaufenden Kopfleiste und ihrer normalerweise unzerkratzten Haut lassen sie sich gut von Schnabelwalen, durch ihre gerade Mundlinie von Zwergglattwalen unterscheiden.

Obwohl Zwergwale eine ähnliche Körperzeichnung auf dem Rücken haben wie Finnwale, sind Verwechslungen durch ihre unterschiedliche Größe nur in Ausnahmefällen mit nicht ausgewachsenen Finnwalen möglich. Jedoch tauchen junge Finnwale nicht ohne Begleitung ihrer Mutter auf.

Zwergwale können schon aus größerer Entfernung wegen ihres typischen Tauchverhaltens bzw. ihrer Tauchsequenzen leicht von Finn-, Sei- und Brydewalen unterschieden werden. Beim Auftauchen durchbricht zuerst die spitze Schnauze die Wasseroberfläche in einem flachen Winkel. Oft beginnen sie schon mit dem Ausatmen, bevor die Blaslöcher an der Oberfläche sind. Blas und Finne sind gleichzeitig zu sehen.

Andere Namen
Minkwal (deutsch); Little Piked Whale, Pike Whale, Sharpheaded Finner, Lesser Rorqual, Little Finner, Lesser Finback (engl.); Petit Rorqual, Rorqual à Museau Pointu (franz.); Balenottera Minore (ital.); Rorcual Enano (span.); Baleia Minke, Baleia Anã, Roal (port.); Dwergvinvis (niederl.); Vågehval, Minkehval (norweg.); Lahtivalas (finn.); Vikval (schwed.); Vågehval, Sildepisker (dän.); Minku, Koiwashi Kujira (japan.); Malyy, Polosatik, Minke (russ.); Ballena Minke, Ballena Enana, Rorcual Pequeño (Lateinamerika).

Bedeutung des wissenschaftlichen Namens
Balaenoptera acutorostrata Lacépède 1804 – Der Gattungsname *Balaenoptera* setzt sich aus dem lateinischen Wort *balaena,* was soviel wie “Wal” bedeutet, und dem griechischen Wort *pteron* für “Flügel” zusammen, womit die relativ große Finne gemeint ist. Der lateinische Artname *acutorostrata* bedeutet soviel wie “mit spitzer Schnauze”.

Verhalten
Normalerweise leben Zwergwale einzeln oder in Gruppen von 2-3 Tieren zusammen. In sehr ergiebigen Nahrungsgründen können auch Gruppen von bis zu mehreren Hundert Tieren angetroffen werden.

Bei ihren Wanderungen erfolgt eine Trennung nach Geschlechtern. Während die Weibchen eher dazu neigen, in Fjorde einzuwandern, bleiben die Männchen meist im offenen Wasser. Die jeweiligen Wintermonate verbringen sie zur Paarung, Geburt und Aufzucht der Jungen in subtropischen und tropischen Gewässern. Die jeweiligen Sommermonate verbringen sie zur Nahrungsaufnahme in gemäßigten und polaren Meeren.

Über ihr Sozialverhalten ist nicht viel bekannt. Die Tatsache, daß sie meist solitär oder in kleinen Gruppen leben und nur eine sehr kurze Säugezeit haben, läßt vermuten, daß es weniger stark ausgeprägt ist als bei anderen Walen.

Ihr Verhalten Booten gegenüber schwankt von neugierig bis scheu, je nachdem, wie regelmäßig sie in der jeweiligen Region bejagt werden. Oft tauchen sie unvermittelt neben dem Boot auf, um es kurz zu inspizieren. Gelegentlich schwimmen sie auch einige Zeit neben dem Boot her. Dieses Neugierverhalten ist besonders bei jungen und unerfahrenen Zwergwalen zu beobachten.

Als schnelle Schwimmer machen sie oft unvorhersehbare Richtungsänderungen unter Wasser. Sie scheinen nicht ganz so gerne zu springen wie ihre größeren Verwandten. Wenn sie springen, steigen sie normalerweise mit dem Rücken nach oben in einem spitzen Winkel von ungefähr 45° aus dem Wasser empor und landen mit einem Bauchklatscher, ohne sich zu drehen. Dabei verlassen sie das Wasser meist bis zur Schwanzwurzel, also fast ganz.

Tauchen
Bei ihren Wanderungen atmen Zwergwale zwischen den Tauchgängen meist nur 1-2 mal, bevor sie für etwa 1-10 min abtauchen. Im Ruhezustand dauern die Atem- oder Auftauchphasen etwa 5-8 Atemzüge. Ihre Tauchgänge können bis zu max. 20 min andauern.

Die Tauchsequenzen der Zwergwale sind unverkennbar. Beim Auftauchen durchbricht zuerst die spitze Schnauze die Wasseroberfläche in einem flachen Winkel. Oft beginnen sie schon mit dem Ausatmen, bevor die Blaslöcher an der Oberfläche sind, und erzeugen dadurch kräftige Blasen unter Wasser.

Blas und Finne sind gleichzeitig zu sehen. Bevor Zwergwale abtauchen, krümmen sie Rücken und Schwanzwurzel stärker als Seiwale. Sie heben dabei ihre Fluke aber ebenfalls nicht aus dem Wasser.

Nahrung

Zwergwale werden als "Schlinger" (swallower) bezeichnet, die gelegentlich sogar zum Fressen aus dem Wasser springen, fast wie Buckelwale beim "lunge feeding". Pelagische Krebstiere wie Krill, auch als Euphausiaceen (Leuchtgarnelen) bekannt, und kleinere Schwarmfische wie Lodde und Hering machen den Hauptteil ihrer Nahrung aus. Daneben ernähren sie sich aber auch von verschiedenen anderen Krebs- und Fischarten (Kabeljau, Makrele, Schellfisch, Köhler, Rotbarsch, Sandaal) sowie von Flügelschnecken. Die Tiere auf der Südhemisphäre ernähren sich überwiegend von Leuchtgarnelen, die Tiere im Norden zusätzlich auch von Schwarmfischen.

Allgemeine Info

Die Erstbeschreibung dieser Art stammt aus dem Jahre 1804 von Lacépède, der dieser Art schon damals ihren noch heute gültigen wissenschaftlichen Namen gab.

Da ihr Aussehen stark variiert, werden Zwergwale von einigen Systematikern in 4 Unterarten unterteilt: Eine nördliche Variante, zwei südliche Varianten und eine Zwergform, die vor Südafrika und Australien lebt und max. 7,5 m lang wird.

Es gibt 3 geographisch voneinander isoliert lebende Populationen: Die nordpazifische, die nordatlantische und die der Südhemisphäre. Die Tiere im nördlichen Pazifik haben gelbliche Barten, die im nördlichen Atlantik dagegen weißliche. Auf der Südhemisphäre sind die Barten vorne weiß und werden nach hinten dunkelgrau.

Das Alter von Zwergwalen läßt sich wie bei allen anderen Furchenwalen am besten anhand der Zuwachsschichten der Ohrpfropfen ermitteln. Ihre Lebensdauer beträgt demnach 30-50 Jahre.

Unter den Walfängern gibt es viele verschiedene Namen für Zwergwale. Der im Englischen am meisten verwendete Name "Minke Whale" (eingedeutscht: Minkwal) ist eigentlich norwegischen Ursprungs und wurde von der Internationalen Walfangkommission (IWC) auf dem Sondertreffen 1975 in Montreal als gültiger Populärname anerkannt.

Zu Beginn des kommerziellen Walfangs wurden Zwergwale wegen ihrer zu geringen Größe kaum bejagt. Das änderte sich jedoch, als die Bestände der Großwale für eine effektive Jagd zu stark dezimiert worden waren. Heute werden Zwergwale am intensivsten bejagt, da sie zu den am häufigsten vorkommenden Walen zählen. Unter Walfängern ist bekannt, daß ein etwa 8 m langer Zwergwal durchschnittlich etwa 2.500 kg Fleisch und 1.000 kg Blubber liefert.

Das Lautrepertoire der Art besteht aus Grunz- und Ratschlauten. Deren Frequenzbereich reicht von 80 Hz bis 20 kHz. Einige der Laute dauern nur 30 ms an.

Zahlen & Fakten Zwergwal

Länge: 7-10 m
Gewicht: 4-7,5 t
Lebenserwartung: Etwa 30-50 Jahre
Geschlechtsreife: Mit 7 Jahren, Weibchen mit 7,3 m, Männchen mit 6,7 m Länge
Paarungszeit: Nordhemisphäre: Oktober-März; Südhemisphäre: Juni-Dezember
Tragzeit: Etwa 10 Monate
Geburtszyklus: Alle 2 Jahre
Geburtslänge: 2,4-2,8 m
Geburtsgewicht: 200-300 kg
Säugezeit: 4-5 Monate
Tauchtiefe: Bis 200 m
Tauchzeit: 20 min
Höchstgeschwindigkeit: 30 km/h
Barten: 260-360 auf jeder Seite, max. 23 cm lang und bis 10 cm breit
Blas: 2-3 m hoch, unauffällig
Kehlfurchen: 50-70, Kehlfurchen enden meist kurz hinter den Brustflossen
Gruppengröße: Oft Einzelgänger oder zu zweit, in ergiebigen Nahrungsgebieten auch in Gruppen mit über 100 Tieren
Population: Etwa 400.000-900.000; werden noch zu "wissenschaftlichen Zwecken" gejagt!

Schnell-Erkennung Zwergwal

je ein weißer Fleck oder weißer Streifen auf den Brustflossenoberseiten

Blaslöcher und Finne sind zugleich sichtbar

die Schnauze ist stark zugespitzt

Schnauzenspitze taucht zuerst auf

Unterkiefer ragt über den Oberkiefer hinaus

flacher, unauffälliger Blas

meist unzerkratzte Haut

oft leicht zugänglich

Ausatmen beginnt schon unter Wasser

Zwergwal an der Oberfläche, bei den Malediven im Indischen Ozean fotografiert. Das typische Erkennungsmerkmal der Art ist die weiße Binde auf den Brustflossen. Helmut Debelius

Wo & Wann

Zwergwale sind weltweit in nahezu allen Meeren auf beiden Hemisphären zu Hause. Sie leben meist in Küstennähe und bewohnen sowohl alle tropischen als auch alle gemäßigten und polaren Meere von der Arktis bis zur Antarktis. Ihre nördliche und südliche Verbreitungsgrenze reicht jeweils bis zum Eisrand. Sie scheinen kälteres Wasser wärmeren Gebieten vorzuziehen.

Ihre Wanderungen sind sehr variabel: In den Sommermonaten trifft man größere Ansammlungen in den oberen, im Winter eher in den unteren Breitengraden. Im Nordatlantik scheinen sie im Sommer meist in Gebieten des Kontinentalschelfs und in seichten Gewässern vorzukommen. In den Sommermonaten trifft man sie oft fressend in der Nähe kleinerer Inseln oder Landzungen an.

Einige der Populationen scheinen ortstreu zu sein, andere dagegen eher weniger. Zwergwale schwimmen sogar gelegentlich in Buchten oder Meeresarme.

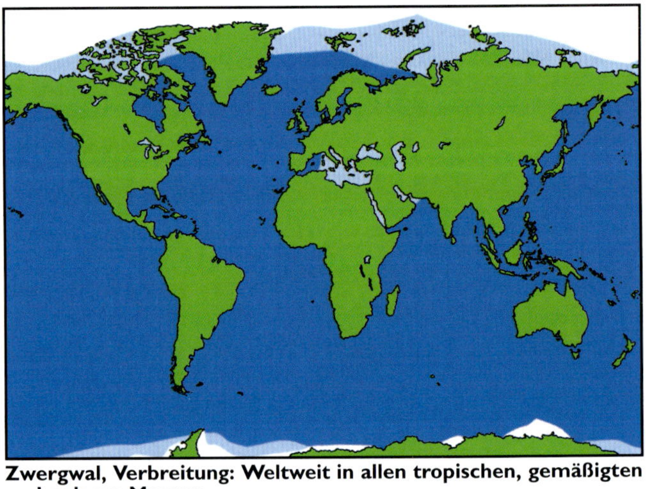

Zwergwal, Verbreitung: Weltweit in allen tropischen, gemäßigten und polaren Meeren.

Seiwal, Sei Whale, *Balaenoptera borealis*

Ein Seiwal vor den Azoren im Atlantik. Doug Perrine

Besondere Erkennungsmerkmale

Seiwale sind leicht an ihrem dunklen, schlanken, stromlinienförmigen Körper und ihrer auffallend großen Rückenfinne zu erkennen. Eine weitere eindeutige Identifizierungshilfe ist ihr charakteristisches Schwimmverhalten. Sie schwimmen meist ohne Richtungsänderungen dicht unter der Oberfläche und hinterlassen dabei kreisrunde Flukenabdrücke (engl. "Footprints") auf dem Wasser.

Beschreibung

Der Körper der Seiwale ist sehr schlank und stromlinienförmig. Im Durchschnitt erreichen sie Längen von 15-18 m, die Obergrenze liegt bei 21 m. Wie bei allen Furchenwalen gibt es auch bei ihnen Geschlechtsdimorphismus: Die Weibchen werden etwas größer und schwerer als die Männchen. Das durchschnittliche Gewicht von Seiwalen beträgt 20-25 t.

Der schlanke Kopf ist, besonders zur Schnauzenspitze hin, ein wenig nach unten gebogen. Von oben betrachtet haben Seiwale nur eine mediane, längs verlaufende Kopfleiste. Sie reicht von den Blaslöchern bis zur Schnauzenspitze. An der Spitze des Unterkiefers befinden sich 20-30 kurze Haare, die möglicherweise die Funktion von Tasthaaren haben.

Die beidseitig dunklen, schmalen Brustflossen sind mit etwa 10 % der Körperlänge kürzer als bei Finn- und Blauwalen. Die sichelförmig gebogene Rückenfinne ist deutlich ausgeprägt und mit bis zu 61 cm Höhe im Vergleich zu allen anderen Furchenwalen sehr groß. Seiwale sind, wie ihre hohe Rückenfinne vermuten läßt, extrem schnelle Schwimmer und gelten mit geschätzten Spitzengeschwindigkeiten von 50-60 km/h als die schnellsten Großwale. Die Finne sitzt am Beginn des hinteren Körperdrittels und damit weiter vorne als bei allen anderen Furchenwalen.

In Bezug auf die Färbung gibt es beträchtliche Variationen. Der Rücken ist meist dunkelgrau bis schwarz und zeigt manchmal auch eine leicht bläuliche Tönung, die sich bis auf die Seiten hinunterzieht. Die Bauchseite ist deutlich heller. Der Körper ist oft von weißen Flecken überzogen. Dies sind Narben, die von Rundmäulern (primitiven Fischen mit Saugmaul) oder von parasitären Kopepoden (Ruderfußkrebsen) stammen. Im Gegensatz zu Finnwalen weist ihr Unterkiefer keine asymmetrische Färbung auf.

Die beidseitig dunkle Fluke ist in Relation zum Körper eher klein. Ihre Enden sind spitz, die Hinterkante ist fast gerade, hat jedoch eine mediane Einkerbung.

Die Barten an der Maulspitze sind manchmal weiß oder cremefarben. Auf jeder Seite des Oberkiefers befinden sich 300-400 auffallend seidige Barten mit einer Länge von max. 77,5 cm.

Die 38-60 ausgeprägten Kehlfurchen sind hellgrau bis weißlich und enden meist unmittelbar hinter den Brustflossen. Anders als Brydewale haben Seiwale keine Lücke zwischen den Furchen beider Seiten. Ihr Blas ist dem der Blau- und Finnwale ähnlich, mit 4-5 m Höhe jedoch viel kleiner.

Leicht zu verwechseln mit
Seiwale können besonders leicht mit Bryde- und aus größerer Entfernung auch mit kleineren Finn- und Blauwalen verwechselt werden.

Lange Zeit wurden Sei- und Brydewale für eine einzige Art gehalten. In Größe und Aussehen ähnlich, können sie sehr leicht miteinander verwechselt werden. Die besten Unterscheidungsmerkmale sind Tauchverhalten, Verbreitungsgebiet und auf dem Kopf zu erkennen, wenn man diesen von oben betrachten kann. Seiwale haben nur eine mittige, längs verlaufende Kopfleiste. Sie verläuft von den Blaslöchern bis zur Schnauzenspitze. Die sonst in Größe und Färbung ähnlich aussehenden Brydewale besitzen dagegen 3 längs verlaufende Kopfleisten.

Während Seiwale in den gemäßigten Breiten aller Weltmeere anzutreffen sind, bevorzugen Brydewale ausschließlich die tropischen und warmen Zonen des Pazifischen, Atlantischen und Indischen Ozeans. Die von Seiwalen bevorzugten Wassertemperaturen liegen zwischen 8 und 25 °C, die von Brydewalen betragen 20-30 °C. Im Gegensatz zu Seiwalen krümmen Brydewale ihre Schwanzwurzel, bevor sie abtauchen.

Von Finnwalen sind Seiwale gut durch ihre beiden symmetrischen, dunkel gefärbten Kopfseiten zu unterscheiden. Im Gegensatz zu Finn- und Blauwalen besitzen Seiwale eine sehr viel deutlicher ausgeprägte, höhere, sichelförmige Finne. Auch in Bezug auf Färbung und Verhalten unterscheiden sie sich von den deutlich größeren Finn- und Blauwalen. Weitere Unterscheidungsmerkmale zu Finn- und Blauwalen sind die kleineren Brustflossen.

Andere Namen
Köhlerwal, Sardinenwal (deutsch); Rudolphi's Rorqual, Pollack Whale, Japan Finner, Coalfish Whale (engl.); Rorqual de Rudolphi, Rorqual Boréal (franz.); Balenottera Boreale (ital.); Rorcual del Norte (span.); Baleia Sardinheira, Baleia Boreal, Baleia Sei, Espadarte (port.); Noordse Vinvis (niederl.); Seihval (norweg.); Seitivalas (finn.); Sejval (schwed.); Sejhval (dän.); Iwashi Kujira (japan.); Ballena Boba, Ballena Boreal (Lateinamerika).

Bedeutung des wissenschaftlichen Namens
Balaenoptera borealis Lesson 1828 – Der Gattungsname *Balaenoptera* setzt sich zusammen aus dem lateinischen Wort *balaena,* was soviel wie "Wal" bedeutet, und dem griechischen Wort *pteron* für "Flügel", womit die hohe Finne gemeint ist. Der lateinische Artname *borealis* bedeutet "nördlich" und beschreibt damit nur einen Teil des Verbreitungsgebiets dieser Art.

Die typische Silhouette eines Seiwals vor der Azoreninsel Pico. Ralf Kiefner

Zahlen & Fakten Seiwal
Länge: 15-20 m
Gewicht: 20-25 t
Lebenserwartung: Etwa 54-70 Jahre
Geschlechtsreife: Mit 8 Jahren, ab 13 m Länge
Paarungszeit: April-August
Tragzeit: 11-12 Monate
Geburtszyklus: Alle 2 Jahre
Geburtslänge: 4,5-4,8 m
Geburtsgewicht: 780 kg
Säugezeit: 6 Monate, bis etwa 8,5 m Länge und 3,8 t Gewicht
Tauchtiefe: Bis 300 m
Tauchzeit: Bis über 20 min
Höchstgeschwindigkeit: Bis 60 km/h
Barten: 300-400 auf jeder Seite, max. Länge 77,5 cm
Blas: Hohe, schmale Säule von 4-5 m Höhe
Kehlfurchen: 38-60, Kehlfurchen enden meist direkt hinter den Brustflossen
Gruppengröße: 2-5, in ergiebigen Nahrungsgebieten sehr selten auch bis zu 30 Tiere
Population: Geschätzt etwa 30.000, der Bestand gilt als stark bedroht!

Schnell-Erkennung Seiwal

Blaslöcher und Finne sind an der Oberfläche gleichzeitig zu sehen

ausgeprägte, hohe, sichelförmige Finne

nur eine mediane, längs verlaufende Kopfleiste

beide Kopfseiten symmetrisch und dunkel gefärbt

tauchen meist dicht unter der Oberfläche ("Footprints")

heben zum Abtauchen fast nie die Fluke aus dem Wasser

keine Richtungs- oder Geschwindigkeitsänderungen

Verhalten

Das Schwimmverhalten der Seiwale ist sehr charakteristisch. Wenn sie nicht gejagt werden, tauchen sie meist dicht unter der Wasseroberfläche. Ihre "Footprints" sind dabei oft weithin deutlich an der Oberfläche sichtbar. Selten ändern sie ihre Richtung.

Seiwale sind mit 50-60 km/h die schnellsten Großwale. Zum Abtauchen heben sie fast nie ihre Fluke aus dem Wasser. Booten gegenüber sind sie gleichgültig, wenn sie nicht von ihnen gejagt werden. Obwohl ihre "Footprints" meist deutlich an der Wasseroberfläche zu sehen sind und sie ihre Schwimmrichtung meist beibehalten, sind sie mit Booten wegen ihrer hohen Schwimmgeschwindigkeit nur sehr schwer zu verfolgen.

Bei ihren Wanderungen und in den Fortpflanzungsgebieten leben sie in Gruppen von 2-5 Tieren zusammen. Die Zusammensetzung der Gruppen ergibt sich aus Alter, Geschlecht und Fortpflanzungsstatus oder möglicherweise auch aus anderen, individuellen Bedürfnissen der Tiere. In den Nahrungsgründen zerfallen diese Familien, und es bilden sich neue Gruppierungen. In ergiebigen Nahrungsgebieten können diese Gruppen größer sein und bis zu 30 Individuen umfassen.

Seiwale gelten als weit wandernde Art, die vorwiegend auf offener See lebt und nur sehr selten in Küstennähe vorkommt; Strandungen sind sehr selten. Die von dieser Art bevorzugten Wassertemperaturen liegen bei 8-25 °C.

"Footprint" einer Seiwal-Fluke, Azoren. Ralf Kiefner

Bei der Nahrungsaufnahme beträgt die Schwimmgeschwindigkeit der Seiwale 2-6,5 km/h, während der Wanderungen kann sie aber bis zu 30 km/h erreichen. Die Höchstgeschwindigkeit liegt bei etwa 60 km/h (siehe oben).

Das Oberflächenverhalten der Seiwale ist für Bartenwale sehr unauffällig, und auch kommunikatives Verhalten wie z.B. Fluke- und Brustflossenschlagen wurde bei ihnen bisher noch nicht beobachtet. Sprungaktivitäten werden bei Seiwalen nur sehr selten beobachtet. Wenn sie springen, durchstoßen sie die Wasseroberfläche in einem

Seiwal-Mutter mit ihrem Kalb, Azoren. Doug Perrine

flachen Winkel und landen mit einem Bauchklatscher. Nach meist nur einem einzigen Sprung tauchen sie sofort wieder ab.

Seiwale geben nur wenige Töne von sich. Dabei handelt es sich um "metallisch" klingende Laute mit einer Maximalfrequenz von 3 kHz. Jeder Einzellaut dauert nur etwa 4 Millisekunden.

Tauchen

Erfahrene Walfänger erkennen Seiwale an ihrer eindrucksvollen Geschwindigkeit und an ihren unberechenbaren Richtungsänderungen. Für Walbeobachter, die Wale ja bekanntlich nicht jagen, sind Seiwale dagegen besonders leicht zu verfolgen (nur wenn sie langsam schwimmen!). Normalerweise tauchen sie dicht unter der Oberfläche, ohne dabei ihre Richtung oder Geschwindigkeit zu ändern. Ihre "Footprints" sind in regelmäßigen Abständen deutlich vom Boot aus zu erkennen. Zum Abtauchen heben sie fast nie ihre Fluke aus dem Wasser.

Der normale Atemrhythmus liegt während der Ruhephase bei 0,7-1,4 Atemzüge pro Minute. Nach einem Tauchgang steigt diese Frequenz auf 1-2 Atemzüge pro Minute. Ein Tauchgang dauert normalerweise nur bis zu 5 min, kann aber auch über 20 min lang sein. Ihre maximale Tauchtiefe liegt vermutlich bei etwa 300 m.

Nahrung

Die Nahrungsauswahl der Seiwale ist vorwiegend an die Schwarmbildung ihrer Beute gebunden. Durch ihre relativ feinen Barten können sie alles von kleinsten Ruderfußkrebsen bis hin zu Schwarmfischen von 30 cm Länge aufnehmen. Ihr weit gefächertes Nahrungsspektrum umfaßt Kopepoden (Ruderfußkrebse), Euphausiaceen (Leuchtgarnelen) und kleine Schwarmfische sowie gelegentlich auch Tintenfische.

Der durchschnittliche Tagesbedarf beträgt etwa 4 % ihres Körpergewichts. Bei 20 t Gewicht ergibt dies eine tägliche Nahrungsmenge von 800 kg. Ihre Nahrung nehmen sie, wie Brydewale auch, häufig in Seitenlage zu sich.

Das Freßverhalten von Seiwalen liegt zwischen "Schlucken", das typisch für Furchenwale ist, und "Abschöpfen", das für Glattwale charakteristisch ist. Die beiden unterschiedlichen Freßtechniken sind abhängig von der Kieferform, dem Bartentyp und der Dehnungsfähigkeit der Kehlfurchen. Die sogenannten "Abschöpfer" oder "Schöpfer" schwimmen mit weit geöffnetem Maul durch nahrungsreiches Wasser, während "Schlucker" portionsweise große Mengen an Wasser und Nahrung aufnehmen, das Maul schließen und dann das Wasser zwischen den Barten hindurch wieder aus dem Maul drücken.

Die Nahrungsaufnahme nach der "Schluck"-Technik eignet sich besser für ein dicht auftretendes Nahrungsangebot, während die "Schöpf"-Technik sich besser für geringe Nahrungsdichten eignet. Seiwale sind als Nahrungsopportunisten die einzigen Bartenwale, die beide Methoden nutzen.

Allgemeine Info

Bereits im Jahre 1822 beschrieb Rudolphi erstmals diese Art anhand eines Skeletts von einem Jungtier, welches am 21.2.1819 in der Nähe von Gormitz in der Lübecker Bucht (Ostsee) strandete. Er nannte sie *Balaena rostrata.* Wie sich sehr bald herausstellte, war dieser Name jedoch schon früher anderweitig belegt worden und mußte geändert werden.

Im darauffolgenden Jahr beschrieb Cuvier einen Schädel dieser Art aus dem Berliner Museum. Er erkannte die Unterschiede zur Gattung *Balaena,* also den Walen ohne Kehlfurchen, und nannte sie "Nördlicher Furchenwal". Erst im Jahre 1828 erhielt die Art ihren gegenwärtigen Namen durch den französischen Zoologen René Lesson, der seine Diagnose hauptsächlich auf den Beschreibungen von Rudolphi und Cuvier aufbaute und diese mit seinen Beobachtungen an einem Exemplar, das am 10.3.1827 auf der Ile d'Oléron (Frankreich) strandete, verglich.

Der heutige wissenschaftliche Name bezieht sich auf den Erstfund auf der Nordhemisphäre (in der Ostsee, Deutschland) und beschreibt fälschlicherweise nur einen Teil des Verbreitungsgebiets; Seiwale sind auf beiden Hemisphären verbreitet.

Es ist erstaunlich, wie wenig bis heute über Seiwale bekannt ist, obwohl sie mit einer durchschnittlichen Länge von 15-18 m zu den Großwalen gehören und in allen Weltmeeren verbreitet sind. Dies mag wohl zum Teil daran liegen, daß sie sehr schwer zu identifizieren sind bzw. sehr leicht mit Brydewalen verwechselt werden können und zu den schnellsten Bartenwalen gehören.

Es wird vermutet, daß die Nördlichen und Südlichen Seiwale verschiedenen Unterarten zuzuordnen sind und daß es kaum bzw. gar keinen Kontakt zwischen beiden Populationen gibt. Die Unterart *Balaenoptera borealis borealis* umfaßt demnach die Individuen der Nordhemisphäre und *B. b. schlegelii* die Tiere der Südhemisphäre.

Südliche Seiwale werden mit max. 21 m Länge etwas größer als die Nördlichen mit max. 18 m. Außerdem gibt es Unterschiede in der Anzahl der Barten und der Kehlfurchen: Nördliche Seiwale haben 320-340 Barten auf jeder Oberkieferseite, ihre südlichen Verwandten dagegen etwa 300-410.

Das Alter von Seiwalen läßt sich wie bei allen anderen Furchenwalen am besten anhand der Zuwachsschichten der Ohrpfropfen ermitteln. Die Lebensdauer für Bewohner der Nordhemisphäre beträgt demnach mindestens 54 Jahre. Für Tiere der Südhalbkugel wird eine Lebenserwartung von bis zu 70 Jahren angenommen. Die Milch der Seiwal-Kühe hat mit 26 % einen sehr hohen Fettgehalt und ermöglicht den Babys ein sehr schnelles Wachstum. In den 1960ern und 1970ern wurde der Seiwal-Bestand durch den Walfang auf ein kritisches Niveau reduziert. Er scheint sich jedoch bis heute wieder recht gut erholt zu haben.

Wo & Wann

Als pelagisch lebende Art ist der Seiwal in allen Weltmeeren, besonders aber in den gemäßigten Breiten beider Hemisphären bei Wassertemperaturen von 8-25 °C anzutreffen. Nur selten kommt er in Küstennähe. Gelegentlich kann die Art auch in subtropischen Breiten, ja sogar am Äquator beobachtet werden. Im Mittelmeer fehlt sie.

Auf der Nordhemisphäre halten sich Seiwale vorwiegend im tiefen Freiwasser auf, während sie auf der Südhemisphäre gelegentlich auch in Küstennähe auftauchen.

Wie alle Furchenwale ziehen sie im Sommer in die kühleren Nahrungsgebiete und im Winter in wärmere Gewässer. Das Wanderverhalten ist jedoch nicht genau bekannt bzw. unregelmäßig. Kontakte zwischen Nord- und Südpopulation scheint es wegen gleichzeitiger saisonaler Wanderungen nicht zu geben.

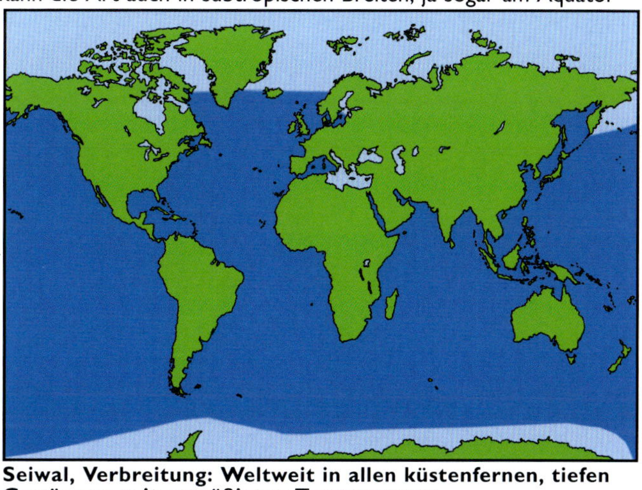

Seiwal, Verbreitung: Weltweit in allen küstenfernen, tiefen Gewässern mit gemäßigten Temperaturen.

DAS ERSTE MAL

Die erste Begegnung mit einem Großwal ist für jeden Walbeobachter ein unvergeßliches und einschneidendes Erlebnis, auch wenn man sich vorher noch so intensiv darauf vorbereitet hat, denn ihre reale Größe und Anmut sind unbeschreiblich. Der Autor erzählt von seiner ersten Begegnung mit einem der "Giganten der Meere".

FOTOS: RALF KIEFNER

Ihre wahre Kraft zeigen Glattwale, wenn sie ihren 40 Tonnen-Körper aus dem Wasser katapultieren.

Nie werde ich vergessen, wie gespannt ich nach der langen, anstrengenden Anreise war. Werden die Wale auch wirklich da sein, so wie es mir vor meiner Abreise nach Argentinien versprochen worden war? Ich konnte es kaum glauben. Wie wird es wohl sein, diesen "Giganten der Meere" Auge in Auge gegenüber zu stehen?

Durch persönliche Kontakte meines einheimischen Freundes Henry gelingt es mir, eine Sondergenehmigung der argentinischen Umweltschutz-Behörde zur Walbeobachtung zu erlangen. In Argentinien sind Wale seit 1977 von der Regierung unter Naturschutz gestellt, und Walbeobachtungen durch Touristen werden nur noch kontrolliert erlaubt.

In weiter Ferne springt ein übermütiger Wal immer wieder aus dem Wasser. Der donnergleiche Aufprall seines mehr als 40 Tonnen schweren Körpers auf die Oberfläche ist kilometerweit über die Bucht zu hören. Möchte er uns seine wahre Kraft und Größe demonstrieren oder ist es einfach nur Übermut? Noch bevor wir uns entschließen können, zu diesem Wal zu fahren, entdecken wir nicht weit von uns entfernt eine Walkuh mit ihrem Baby. Für kurze Zeit steht der v-förmige Blas einige Meter über den beiden Tieren. Der Wind trägt den Geruch und die winzigen Wassertröpfchen aus ihrem Blas zu uns herüber, bis wir und unsere Kameras mit einer dünnen, feuchten und leicht öligen Schicht überzogen sind.

Der Blas eines Wals besteht zum größten Teil aus Wasserdampf, der in der kalten Außenluft kondensiert, wenn große Mengen warmer Atemluft unter starkem Druck entweichen. Außerdem enthält der Blas geringe Mengen an Salzwasser, die sich oberhalb der verschlossenen Blaslöcher angesammelt haben, sowie feinste Tröpfchen eines ölhaltigen "Netzmittels", welches die Lungen, die Nebenhöhlen und die übrigen Atemwege auskleidet und eine Reduzierung der Oberflächenspannung der Lunge bewirkt. Durch dieses Netzmittel wird der Gasaustausch in der Lunge beschleunigt. Einige Walfänger haben früher fälschlicherweise geglaubt, daß der Blas giftig sei.

In ausreichender Entfernung stellen wir den Motor unseres Schlauchbootes aus und wollen abwarten, bis uns der schwache Wind langsam zu den beiden Walen hintreibt. Wir bemühen uns, keinen Laut von uns zu geben. Aber als wir nur noch knapp 30 Meter von ihnen entfernt sind, haben sie uns offensichtlich doch bemerkt.

Das "Kleine", es ist etwa 7 Meter lang, hebt unvermittelt den Kopf aus dem Wasser, um nach uns Ausschau zu halten. Eine Mischung aus Angst und Neugier erfaßt mich, als sich nun auch die Walkuh, ihrem Baby folgend, auf uns zu bewegt. Immer näher kommen sie. "Hoffentlich haben sie uns auch wirklich bemerkt", denke ich, als die mindestens 15 Meter lange Walkuh mit ihren wohl 40 Tonnen Gewicht im letzten Moment kurz vor unserem Schlauchboot dann doch noch in einem eleganten Bogen nach unten abtaucht.

Als ihr riesiger Körper langsam, wie in Zeitlupe versinkt und der vorbeigleitende Körper kaum enden will, wird mir zum ersten Mal drastisch klar, wie klein wir doch im Verhältnis zu den Walen in Wirklichkeit sind. Allein ihr Kopf ist größer als unser Schlauchboot!

Als dann die Fluke der Walkuh unter uns ist und mit einer leichten Aufwärtsbewegung sanft unser Boot berührt, komme ich mir vor wie auf einer überdimensionalen Fliegenpatsche. Rechts und links vom Boot ragt jeweils noch ein Meter Fluke hervor. Unglaublich sind diese Dimensionen. Mit einem einzigen Schlag seiner Fluke könnte der Wal uns mitsamt dem Boot zermalmen!

Aber um richtig Angst zu bekommen, bleibt gar keine Zeit. Schon kommt das Walbaby auf uns zu, um auszuprobieren, wie man solch ein Schaukelboot wohl am besten als Spielzeug benutzen könnte. Erst mal bekommen wir einen heftigen, wahrscheinlich gutgemeinten Rempler mit dem Kopf ab. Danach werden wir vorsichtig ein wenig aus dem Wasser gehoben. “Bitte wirf uns nicht um!” flehe ich inbrünstig, als das Walbaby, nun schon wieder friedlicher, seinen Kopf an unserem Boot scheuert. Immer wieder reibt es den Kopf an der Gummiwand des Seitenschlauches, bis es quietscht.

Eigentlich darf man Wale nicht anfassen, aber dieses Walbaby scheint das Streicheln zu genießen.

Obwohl ich weiß, daß man Wale nicht anfassen sollte, strecke ich meine Hand nach dem Babywalkopf aus, um ihn zu berühren. Es ist unfaßbar, aber das Jungtier läßt sich offenbar gerne von uns am Kopf streicheln und scheint es auch sehr zu genießen, als wir ihm einige Walläuse vom Kopf entfernen. Walläuse sind etwa daumennagelgroße Krebstiere, die auf Walen leben wie auf ihrem eigenen kleinen Planeten, der sie schützt und mit sich herumträgt. Immer wieder schiebt sich der Kopf langsam gegen das Boot. Als ich ihn berühre, fühlt sich seine Haut ähnlich wie Hartgummi an.

Wie zum Dank öffnet das Walbaby plötzlich sein Maul, so daß wir seine riesige, von den Barten eingerahmte Zunge sehen können. Es läßt sogar zu, daß Henry seine Zunge berührt. Unglaublich! Immer wenn das Kleine sein Maul schließt, schwappt eine ordentlicher Wasserschwall aus dem Maul direkt in unser Boot.

Neugierig beäugt der Wal das Schlauchboot.

Erst nach einiger Zeit drängt sich die Mutter, die unser Treiben die ganze Zeit über aufmerksam aus der Distanz beobachtet hat, zwischen uns und ihr Kalb: “Genug gespielt für heute!” Da nützt auch die leichte, trotzige Gegenwehr des Babys nicht viel. Langsam, ohne jede Eile ziehen Mutter und Kind schließlich von dannen. Nachdem das Baby in der Ferne noch einige unbeholfene Sprungversuche unternommen hat, suchen sich die beiden nun wohl ein ruhiges Plätzchen für die Nacht.

MÖWEN-PICK

Es ist hinlänglich bekannt, daß die meisten Walarten in ihrem Bestand durch den Menschen bedroht sind. Daß den Riesen des Meeres aber auch von Möwen Gefahr drohen kann, wissen nur sehr wenige. Der Tierfotograf und Biologe Armin Maywald berichtet.

FOTOS: ARMIN MAYWALD & RALF KIEFNER

Kaum zeigt sich ein Südlicher Glattwal *(Eubalaena australis)*, lauern am Ufer bereits die Möwen.

Fasziniert drängen wir uns vor. Das Wesen hebt den monströsen Kopf, Wasser läuft an wuchtigen Hautwülsten vorbei, wir sehen ins rechte Auge, das unter einer weißen Beule sitzt, am Ende einer kühn geschwungenen Mundlinie. Die Kreatur mustert uns, röhrt und läßt Wasserdampf aus dem Kopf fauchen. Der Atem streift mein Gesicht, ich rieche Salz, Moder. Behäbig sinkt das Tier herab, die Konturen des dunklen Kopfes verschwimmen in der Tiefe, und nichts als ein Luftblasenwirbel zeugt von der Begegnung mit dem Giganten.

Ich schaue in die Gesichter um mich herum, sehe Freude, ergriffenes Staunen. Fröstelnd, aber mit dem Erlebten zufrieden beschließen wir, zurück nach Puerto Piramides zu fahren. Wir, das sind ein halbes Dutzend Walvernarrte, die gerade ihren ersten Südlichen Glattwal gesehen haben, einen 80-Tonner, dessen Gehirn nur sechs Pfund wiegt, dessen Hoden dagegen eine ganze Tonne auf die Waage bringen. Es ist eine Bartenwalart, die dem Menschen mit Neugier begegnet und deren eindrucksvolle Verhaltensweisen trotz jahrzehntelanger Forschung immer noch nicht endgültig erforscht sind. Ein sanfter Riese, der sich vom Aderlaß durch den Walfang etwas erholt hat, nun aber wieder durch Möwenattacken in Gefahr sein soll. Wir wollen jeden Tag zu den Glattwalen hinausfahren, sie beobachten und fotografieren - und mit ihnen tauchen, wenn sie es zulassen.

Wenn das Südpolarmeer die Speisekammer für Glattwale ist, dann schippern wir durch ihre Kinderstube. Im Mai erreichen die ersten Tiere die Buchten der argentinischen Halbinsel Valdes, aalen sich im warmen Wasser und ziehen in ruhige, abgelegene Buchten. Im August saugen die ersten Walbabys an ihren Müttern. Und im September treffen die ersten Walbeobachter in Puerto Piramides am Golfo Nuevo ein, Start und Ziel aller Waltouren und ein Kaff, das Gott

Auch als der Glattwal springt, wird er wird aufmerksam von einer Möwe beobachtet.

verlassen haben muß. Die Kirche hat er vor wenigen Jahren von einem Tornado abholen lassen. Alles in Puerto Piramides ist einfach, aber zweckmäßig: Zwei Hotels versorgen die Gäste, die wie wir länger bleiben, und eine Tankstelle hilft denen, die wieder weg wollen, sobald sie genug Wale gesehen und sich in einigen Bretterbuden mit T-Shirts und Nippes versorgt haben.

Einer der Übeltäter in Aktion: Kaum ist dieser Glattwal aufgetaucht, bekommt er 'Begleitschutz', ...

Puerto Piramides hat schon bessere Zeiten gesehen, als noch Robbenschläger dort hausten, die das Fett von See-Elefanten in Kesseln kochten und die Felle von Mähnenrobben verhökerten. Aber das ist lange vorbei, und Puerto Piramides wäre gänzlich verkommen, wären da nicht die Glattwale und die Halbinsel Valdes, Naturreservat und ein Stück patagonischer Ur-Natur: Meeresboden, den der Atlantik in Tausenden von Jahren zu einer Streitaxt gefräst hat, überzogen von Büschen und Gräsern, der Pampa. Wer an der Küste wandelt, spürt den Hauch der Erdgeschichte, sobald er über pfundschwere Austern stolpert, Millionen von Jahren alt, oder auf fossile Walknochen stößt, die das Meer aus einer Felswand nagt, wenige Bootsminuten von Puerto Piramides entfernt.

Fast jeden Abend sitzen wir im "Paradise", einem Muß für hungrige Whale Watcher. Hunderte von Gästen haben Visitenkarten und Zeichnungen hinterlassen, Fotos zeugen von einmaligen Erlebnissen und Begegnungen mit "ballenas" und "elefantes marinos". Walwirbel, groß wie Autoreifen, liegen auf dem Boden und erinnern an Zeiten, als Glattwale hier noch gejagt wurden. Die Südlichen Glattwale oder auch Südkaper gehören zusammen mit Nordkaper, Grönlandwal und Zwergglattwal zur Familie der Glattwale. Ihr Fleisch wurden schon im Jahre 1059 in Bayonne im französischen Baskenland gehandelt. Verkauft wurden damals Nordkaper, auch Biskayawale genannt, die auf ihrer Nord-Süd-Wanderung bis in die Biskaya vordrangen. Erst gegen Ende des 18. Jahrhunderts drangen Walfänger bis in die Gewässer der Subantarktis vor, wo sie auf alles einschlugen und -stachen, was sich verarbeiten ließ: See-Elefanten, Pelzrobben und natürlich Südliche Glattwale.

Alacran, unser Kapitän, steht hinter dem Fahrstand der "Cormoran", als könne ihn nichts erschüttern, wären da nicht die Zahnlücken und abgefaulten Stummel im Mund. Sie haben ihn etwas wortkarg gemacht, erst recht, wenn Frauen an Bord sind. Also zeigt Alacran lieber mit fragendem Blick nach rechts, dann nach links. Und ich soll entscheiden, wohin die Fahrt gehen soll. Der Wind weht schwach von Land, das Meer ist glatt und lädt zum Schnorcheln ein. Also nach Westen, dorthin, wo gestern Mütter und Babys gesichtet wurden.

...der zunächst im von parasitischen Krebsen wimmelnden Kopfbereich des Wals nach Nahrung sucht.

Wir halten und warten. Ein Wal taucht auf, schwimmt schnell, bläst kräftig, hebt den Kopf und geht unter. Dann taucht die mächtige Fluke auf, zieht einen Vorhang aus Wassersträhnen nach und versinkt im spitzen Winkel - wir wissen bereits,

Daß der gewitzte Seevogel nicht nur nützliche Putzeraktivitäten entfaltet, zeigt dieser Wundkrater. Die Gefahr ist groß, daß sich solche Wunden entzünden und die Glattwale schließlich abwandern.

wenn ein Wal so abtaucht, nimmt er Anlauf. Alacran bleibt dran, wir sehen nichts von dem Wal. Doch Alacran weiß, was er tut. Wir warten, 10 Sekunden, 15 Sekunden... "Perfecto!" ruft Alacran plötzlich gegen den Wind, und ich sehe, wie der Wal aus dem Wasser wächst, keine 30 Meter vor dem Boot, schräg und eigenartig langsam, die Brustflossen abgespreizt. Er steigt höher, ich sehe den weißen Bauchfleck, da biegt sich der Koloß kurz nach hinten und kracht mit Urgewalt auf das Wasser, als wolle er das Meer bestrafen. Wie aus Düsen schießt Wasser hoch, mehrere Meter, zu beiden Seiten des Wals, bis der Vorhang aus Gischt und Schaum über dem sinkenden Wal zusammenfällt.

Einhundert Meter weiter, 20 Sekunden später das Gleiche noch einmal: Aufsteigen, Drehen und Aufknallen, alles wie in Zeitlupe - ein gewaltiges Schauspiel. Bis zu zehn Mal hintereinander können Glattwale springen - nur warum tun sie das? Wohl nicht aus Lebensfreude, denn jeder Sprung kostet Kraft. Alacran erzählt uns, daß die Wale im September am häufigsten springen. Das könnte passen: Bis Ende September nimmt die Zahl der Glattwale um Valdes stetig zu. Die Bullen treffen ein, und die Paarungszeit beginnt. Das Springen ist womöglich eine akustische Anzeige im Kontakthof Meer: Hört her, hier bin ich! Das dumpfe Aufklatschen ist jedenfalls kilometerweit zu hören. Wie nüchtern klingt da das Angebot von Forschern, Glattwale würden sich der Walläuse entledigen, die dicht gedrängt auf deren Schwielen leben und am ganzen Körper herumkrabbeln. Womöglich ist es bloß ein angenehmer Nebeneffekt? Wie zur Bestätigung sehen wir, wie sich Dominikanermöwen auf der Eintauchstelle niederlassen und eifrig nach Parasiten und Hautfetzen picken. Und die sollen eine Gefahr für Glattwale sein? Wir können es nicht glauben.

Im Mittel alle drei Jahre bringt ein Glattwal-Weibchen ein Junges zur Welt. Das haben die Studien von Roger Payne ergeben. Mit fünf Metern Länge ist der "Kleine" noch unsicher, atmet stoßweise und unbeholfen. Immer schwimmt er dicht bei Muttern, zieht enge Kreise, berührt sie mit dem Unterkiefer oder liegt auf ihrem Rücken. Zum Saugen muß er zur Bauchseite der Mutter hinuntertauchen. Wahrscheinlich spritzt die Mutter ihre Milch aktiv in das Maul des Jungtiers. Erst nach drei Wochen traut sich der Nachwuchs zum ersten Mal, von der Mutter wegzuschwimmen, doch nur für kurze Zeit, schnell kehrt er wieder zurück. Mit den Wochen wird

Abtauchen ist des Wals einzige Verteidigung: Die Möwen müssen auffliegen. Doch sie haben häßliche, weithin sichtbare Wunden hinterlassen, eine Einladung für andere.

das Junge munterer, ungestümer. Sein Fort- und wieder Herbeischwimmen wird zum Spiel. Jetzt lernt es auch, sich selbständig auf den Rücken zu drehen. Mit eineinhalb Monaten hat es den Dreh raus. Flipper- oder Fluke-aufs-Wasser-Schlagen, daß es nur so kracht, sind weitere Übungen.

Tage später entdecken wir eine Walmutter mit ihrem Kalb. Es kann erst wenige Wochen alt sein und ist schon mit zahlreichen Schrammen übersät. Auf seinem Rücken entdecken wir zwei tellergroße Wunden, zwei bis drei Zentimeter tief. Hackstellen von Möwen, erklärt uns Alacran. Am Nachmittag sehen wir die Übeltäter in Aktion: Ein Glattwal taucht auf, sofort landen zwei Dominikanermöwen auf dem breiten Rücken und hacken wie besessen in die Haut. Der Wal hebt den Kopf, als wenn er nach hinten schauen wollte, und taucht ab. Die Möwen fliegen auf. Doch kaum ist der Wal wieder aufgetaucht, lassen sich die beiden Möwen erneut auf ihm nieder und versuchen mit kräftigen Schnabelhieben, Fetzen aus seiner Haut zu reißen. So entstehen häßliche Wunden, zu Fransen zerhacktes Walfleisch - weithin sichtbar und damit eine Einladung für andere Möwen, die Hackstelle zu erweitern.

Hier sind zwei Dominikanermöwen auf dem breiten Rücken eines Glattwals gelandet und hacken wie besessen in seine Haut.

Solche Wunden können sich entzünden, und die Gefahr ist groß, daß Krankheitskeime übertragen werden und die Glattwale wegen der andauernden Belästigung abwandern. Doch nicht die Dominikanermöwen trifft die Schuld: Möwenangriffe wurden bereits in den Achtziger Jahren beobachtet, wenn auch nur selten. Seither nahm die Bevölkerung an der Küste zu und mit den Menschen auch die Möwen: Diese leben in der Nähe menschlicher Siedlungen, holen sich Speisereste von Müllhalden und haben so ihre Zahl rasch verdreifacht. Dominikanermöwen sind wie unsere heimischen Silbermöwen intelligent, robust, anpassungsfähig und deshalb in der Lage, auch ungewöhnliche Nahrungsquellen zu erschließen. Wahrscheinlich haben sie schon immer abgestorbene Hautfetzen von Glattwalen aus dem Wasser gefischt. Dann müssen sie gelernt haben, auf dem Rücken der Wale zu reiten. Der Schritt von der Landung auf bis zum Picken in der Haut war für sie nicht weit. Und heranwachsende Artgenossen erlernten den Trick schnell durch Nachahmung.

Besonders leiden die erst wenige Tage alten Walbabys. Sie können noch keine längeren Strecken zurücklegen und auch noch nicht abtauchen. Völlig ohne Schutz sind sie den Attacken der Möwen ausgeliefert. Junge Wale, übersät mit Hackstellen und tellergroßen Wunden, sind keine Seltenheit mehr. "Wir befürchten, daß durch die Möwen mehr Walkälber sterben werden", schreibt Roger Payne vom *Whale Conservation Institute,* der das Phänomen untersucht. 20 Prozent ihrer Zeit verbringen die Wale damit, vor den Möwen zu fliehen. Ein Teil der Fettreserven der Walmütter wird für das Wachstum und die Entwicklung ihrer Jungen benötigt. Nun verbrauchen sie zusätzlich und unnötig Energie, um den Möwen zu entkommen. Und deshalb besteht die Gefahr, daß die Walmütter ihre angestammten Gewässer verlassen werden, in denen sie über Jahrtausende ihre Jungen bekommen haben.

Wir haben viel erfahren auf Valdes: Wale können in Menschen enorme Gefühle freisetzen. Sie beobachten und erleben zu dürfen, ist für viele in unserer Gruppe eine einmalige Erfahrung gewesen. Wir konnten dies alles erleben, weil der Walfang verboten worden ist und der Glattwalbestand sich etwas von den dadurch entstandenen Verlusten erholt hat. Doch die Angriffe der Dominikanermöwen haben uns auch gelehrt: Zu glauben, die Glattwale seien für immer gerettet, ist offenbar ein Trugschluß.

Brydewal (sprich: Braidwal), Bryde's Whale, *Balaenoptera edeni*

Brydewal vor der Pazifikküste Mexikos. Doc White/Seapics.com

Besondere Erkennungsmerkmale
Charakteristische Erkennungsmerkmale für Brydewale sind ihr Verbreitungsgebiet, ihr Schwimmverhalten und besonders ihre drei, bei Walen einzigartigen Kopfleisten.

Beschreibung
Im Durchschnitt erreichen Brydewale eine Länge von 12-15 m, ihr Durchschnittsgewicht beträgt 14-20 t. Wie bei allen Furchenwalen werden auch bei ihnen Weibchen größer als Männchen. Hauptmerkmal sind 3 längs verlaufende, etwa 1-2 cm hohe Kopfleisten. Brydewale haben als einzige Furchenwale diese 3 Kopfleisten, die nur sichtbar werden, wenn man den Kopf von oben betrachten kann: Ein großer, deutlich sichtbarer Kamm liegt zentral und verläuft von den Blaslöchern zur Maulspitze, die beiden anderen Leisten verlaufen beiderseits parallel dazu.

Der schlanke, torpedoähnliche Körper ist auf dem Rücken und an den Seiten dunkel gefärbt, je nach Lichteinfall kann er braun oder golden schimmern. Die Bauchseite ist hell-, creme- oder blaugrau gefärbt. Besonders auf der Bauchseite kann die Haut viele kleine, runde Narben haben und dadurch - ähnlich wie bei Seiwalen - gesprenkelt wirken. Diese Narben werden von Parasiten oder möglicherweise von kleinen Haien wie z.B. dem Plätzchenstecher-Leuchthai (Cookiecutter Shark, *Isistius brasiliensis*) verursacht. Die Finne ist bis 45 cm hoch, sitzt weit hinten am Rücken und ist sehr stark sichelförmig, manchmal fast hakenförmig gekrümmt. Die schlanken, spitzen Brustflossen sind beidseitig dunkel gefärbt und mit 10 % der Körperlänge eher kurz. Die breite Fluke weist eine leicht konkave Hinterkante und eine deutliche Einkerbung in der Mitte auf. Ihre Oberseite ist dunkel, die Unterseite kann schmutzig weiß sein. Die 40-70 Kehlfurchen sind weißlich oder gelblich und reichen bis an bzw. auch hinter den Bauchnabel. Die 250-360 Barten je Oberkieferseite sind 40 cm lang, grau und grob, zur Spitze hin können sie weißlich werden. Zwischen denen der rechten und der linken Seite klafft eine kleine Lücke. Der Blas ist 3-4 m hoch und schmal.

Leicht zu verwechseln mit
Bryde- und Seiwale sind aufgrund ihrer Ähnlichkeit in Größe und Färbung sehr leicht zu verwechseln und wurden früher sogar für eine Art gehalten. Eine Unterscheidung der Arten ist durch ihre Verbreitungsgebiete, ihr unterschiedliches Schwimmverhalten und besonders die Kopfleisten möglich. Brydewale haben als einzige Furchenwale 3 längs verlaufende Kopfleisten, alle anderen haben nur eine mediane Kopfleiste. Die bevorzugten Wassertemperaturen von Brydewalen liegen zwischen 20 und 30 °C, die bevorzugten Temperaturen von Seiwalen betragen dagegen 8-25 °C.

Aus größerer Entfernung sind Brydewale unter Umständen auch mit kleineren Finn- und eventuell auch mit kleineren Blauwalen zu verwechseln. Im Gegensatz zum Finnwal sind beim Brydewal beide Kopfseiten einheitlich dunkel gefärbt, im Gegensatz zu Finn- und Blauwal besitzen sie, wie Seiwale auch, eine deutlich ausgeprägte, höhere, sichelförmige Finne. Auch in Bezug auf Färbung und Verhalten unterscheiden sich Brydewale deutlich von den viel größeren Finn- und Blauwalen. Weitere Unterschiede zu Finn- und Blauwalen sind kleinere Brustflossen und Position der Finne.

Andere Namen
Brideswal (dt.); Tropical Whale (engl.); Rorqual de Bryde, Rorqual Tropical (franz.); Balenottera di Bryde (ital.); Rorcual Tropical (span.); Baleia de Bryde, Baleia de Brinde (port.); Bryde-vinvis (niederl.); Brydehval (norweg.); Brydenvalas (finn.); Brydes Fenval (schwed.); Brydeshval (dän.); Nitari Kujira (japan.).

Bedeutung des wissenschaftlichen Namens
Balaenoptera edeni (Anderson 1858) – Der Gattungsname *Balaenoptera* besteht aus dem lateinischen *balaena* für "Wal" und dem griechischen *pteron* für "Flügel" (die Rückenfinne). Der lat. Artname *edeni* steht zu Ehren eines Mister Eden. Er war ein britischer Kommissar des Staates Burma, der Anderson ein Exemplar für die Erstbeschreibung dieser Art im Jahre 1858 brachte.

Verhalten
Bisher ist erstaunlich wenig über das Verhalten von Brydewalen bekannt, obwohl sie zu den Großwalen gehören. Booten gegenüber sind sie gelegentlich neugierig. Sie umkreisen sie dann einige Male oder schwimmen für kurze Zeit parallel zu ihnen. Meist leben sie als Einzelgänger oder paarweise. Nur sehr selten, in ergiebigen Nahrungsgebieten, findet man Gruppen von bis zu 20 Tieren.

Oft springen sie nach Aktivitäten, sozusagen als Abschluß, fast senkrecht aus dem Wasser. Dabei verlassen sie das Wasser meist nicht ganz, das hintere Viertel bis zur Finne bleibt im Wasser. Beim Sprung krümmen sie manchmal ihren Rücken und fallen dann mit oder ohne Drehung zurück ins Wasser. Oft springen sie 2-3 mal, selten bis zu 12 mal oder mehr. Der Rekord von 70 Sprüngen wurde an einem Brydewal vor Ogata (Japan) beobachtet.

Brydewale fressen als einzige Bartenwale das ganze Jahr über. Es gibt bei ihnen keine festgelegten, jahreszeitlich bedingten Freßzeiten wie bei anderen Furchenwalen. Beim Fressen ändern sie sehr häufig und unregelmäßig ihre Richtung. Für einige Gebiete wird sogar vermutet, daß es auch keine festgelegten Paarungszeiten gibt, wie es für die meisten Bartenwale üblich ist. Dieser andere Paarungsrhythmus ist vermutlich mit dem ausschließlich tropischen Verbreitungsgebiet zu erklären. Die von Brydewalen bevorzugten Wassertemperaturen liegen zwischen 20 und 30 °C.

Tauchen
Brydewale atmen und tauchen unregelmäßiger als Seiwale. Besonders auffällig ist ihre Art abzutauchen: Dabei krümmen sie stark die Schwanzwurzel und heben nur selten die Fluke aus dem Wasser. Tauchsequenzen und Schwimmrichtung sind besonders beim Fressen sehr unregelmäßig, ebenso die Atemsequenzen. Normalerweise atmen sie 5-10 mal, bevor sie abtauchen. Die Tauchgänge dauern meist nur 2-5 min, können aber auch bis zu 20 min dauern und max. 300 m tief sein.

Nahrung
Schwarmfische wie Heringe, Makrelen, Sardellen und Sardinen sowie Euphausiaceen (Leuchtgarnelen)

Zahlen & Fakten Brydewal

Länge: 12-15 m
Gewicht: 14-20 t
Lebenserwartung: Etwa 50 Jahre
Geschlechtsreife: Weibchen mit 10 Jahren, Männchen mit 9-13 Jahren
Paarungszeit: Ganzjährig
Tragzeit: 11-12 Monate
Geburtszyklus: Alle 2 Jahre
Geburtslänge: 3,5 m
Geburtsgewicht: 800-900 kg
Säugezeit: 5-7 Monate
Tauchtiefe: Bis 300 m
Tauchzeit: Bis 20 min
Höchstgeschwindigkeit: 25-30 km/h
Barten: 250-370 auf jeder Seite
Blas: 3-4 m hoch und schmal
Kehlfurchen: 40-70, enden meist hinter Nabel
Gruppengröße: 1-30
Population: 40.000-80.000, Art bedroht?

Schnell-Erkennung Brydewal

drei zueinander parallele, längs verlaufende Kopfleisten

hohe, sichelförmige Finne

Bauchhaut dunkel, manchmal gesprenkelt

Finne und Kopf sind nicht gleichzeitig sichtbar

die Fluke wird zum Abtauchen meist nicht aus dem Wasser gehoben

der Rücken wird zum Abtauchen relativ stark gekrümmt

unregelmäßiges Schwimm- und Tauchverhalten

Gestrandeter Brydewal in Neuseeland. Ingrid Visser/Seapics.com

und in Schwärmen lebende Kalmare bilden ihre bevorzugte Nahrung. Wie Seiwale drehen sich auch Brydewale zur Nahrungsaufnahme auf die Seite.

Allgemeine Info

Viele Jahre lang wurden Bryde- und Seiwale wegen ihrer Ähnlichkeit in Größe und Färbung miteinander verwechselt und für eine Art gehalten. Erst 1913 erkannte Olsen den Unterschied und gab dem Brydewal den wissenschaftlichen Namen *Balaenoptera brydei.* Später wurde dieser Name in den heute gültigen wissenschaftlichen Namen *Balaenoptera edeni* abgeändert.

Um Südafrika herum wurden küstenferne und küstennahe Populationen mit unterschiedlichem Freß- und Fortpflanzungsverhalten beobachtet. Es dürfte tatsächlich zwei Unterarten mit voneinander abweichendem Wander- und Fortpflanzungsverhalten geben: Eine scheint vorwiegend auf offener See umherzuziehen, während die küstennahen Gruppen eher ortstreu sind. Die küstennahen Vertreter dieser Art sind meist kleiner, haben weniger Narben und kleinere Barten. Während die Hochseeform dieser Art schon seit 1930 nicht mehr gejagt werden darf, stellten ihr einige Küstennationen noch bis 1987 nach. Unbestätigt ist bisher, daß es bei den Salomonen-Inseln im Pazifik eine weitere "Zwerg-Ausführung" des Brydewals gibt.

Das Alter von Brydewalen läßt sich wie bei allen anderen Furchenwalen am besten anhand der Zuwachsschichten der Ohrpfropfen ermitteln. Höchstalter ist etwa 50 Jahre.

Wo & Wann

Weltweit in allen tropischen und warm gemäßigten Meeren. Bevorzugte Wassertemperatur ist 20-30 °C, daher am häufigsten zwischen 30° N und 30° S. Warme Strömungen können sie aber auch gelegentlich bis über 40° N/S auftauchen lassen. Im Verbreitungsgebiet jederzeit in Küstennähe oder auf offener See, die größten Chancen auf Sichtungen hat man vor Südafrika, Sri Lanka, Japan, Fidschi und Westaustralien.

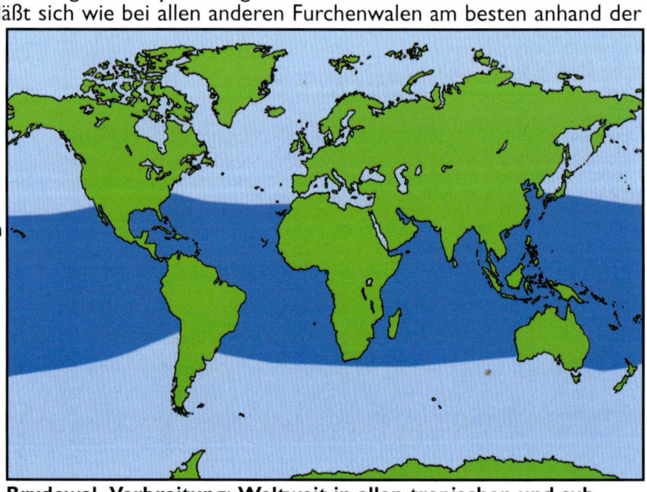

Brydewal, Verbreitung: Weltweit in allen tropischen und subtropischen sowie einigen warm gemäßigten Meeren.

TOD DER BLAUEN PRINZESSIN

Die Bucht von Prony liegt an der Westküste von Neukaledonien, etwa 50 km südwestlich der Hauptstadt Noumea. Eine phantastische Küsten-Trockenvegetation bedeckt die Hügel um das jadegrüne Lagunengebiet der Insel und bietet eine reizvolle Kulisse für Walbeobachtung. Eines Tages tauchte dort ein junger Blauwal auf. Während Pottwale ganzjährig am äußeren Barriereriff häufig sind, ist das Erscheinen eines Blauwals nicht nur selten, sondern jetzt in der Sommersaison auch ein Ereignis mit ungewissem Ausgang. So entwickelte sich eine Tragik, die der Biologe und UW-Filmer Eric Clua miterlebte.

FOTOS: PIERRE LARUE

Der junge Blauwal verbrachte seine letzten Tage in der schönen Bucht von Prony, direkt vor der Südwestküste der Hauptinsel Neukaledoniens.

Es ist Mittwoch, der 9. Januar 2002. In dem schmalen Zugang zur Lagunenbucht von Prony wird ein graziöser, langer Körper ausgemacht. Art und ungefähre Länge können nur vom Hubschrauber aus bestimmt werden, der dem konzentrischen Kreisen des Wals folgt. Ruhig dreht dieser seine Runden von mehreren hundert Metern Durchmesser in der Enge der Bucht. Alle 10 bis 15 Minuten verschiebt er das Zentrum seiner Kreise, die er so gut wie ausnahmslos im Uhrzeigersinn schwimmt. An der Oberfläche atmet er ruhig in regelmäßigen Intervallen zwei- bis dreimal nacheinander ein und aus, untergetaucht bleibt er jeweils nur etwa zwei Minuten. Zuerst erscheint die Oberseite des flachen Schädels, danach die eindrucksvollen Spritzwachen, die das Blasloch schützen. Vor jedem Abtauchen entlässt der Wal einen schnellen, geraden Blas. Der lange Rücken mit der kleinen Finne verschwindet mit der weichen, eleganten Geschmeidigkeit einer riesigen Schlange, ein Vergleich, der durch den abgemagerten Zustand des Tieres noch passender erscheint. Die Fluke ist nie zu sehen, bleibt immer unter Wasser, hinterläßt aber einen deutlichen Wirbel.

Wir, ein Team aus französischen Wissenschaftlern und Fotografen, suchen nach einer Erklärung: Was macht dieser Blauwal *(Balaenoptera musculus)* in einer derart engen Bucht Neukaledoniens mitten im Sommer der südlichen Halbkugel? Normalerweise fressen Blauwale in dieser Jahreszeit doch Krill in ihren üblichen Nahrungsgründen in weiter südlicheren Gewässern. Mit dem Wenigen, was wir über dieses Individuum wissen, konzentrieren wir uns darauf, was bereits andernorts über Blauwale und ihr Verhalten erforscht wurde. Wir kommen zu folgenden vier möglichen Hypothesen:

Erstens glauben wir, daß dieser Wal ein schwangeres Weibchen sein könnte, obwohl jetzt nicht die Jahreszeit dafür ist. Die Bucht von Prony und die umliegenden Gewässer werden von anderen Walen zum Gebären genutzt, daher könnten sie auch ein sicherer Ort für die Geburt eines Blauwals sein und den Nachwuchs vor Räubern wie dem Schwertwal *(Orcinus orca)* schützen.

Zweitens nehmen wir an, daß dieser Blauwal aus irgendwelchen Gründen von seiner normalen Wanderroute abgewichen ist, um Nahrung zu suchen. Krankheit könnte eine mögliche Ursache sein.

Drittens vermuten wir, daß dieser Wal Schutz vor einer Bedrohung sucht und auf der Flucht vor Räubern wie Haien oder Schwertwalen ist.

Oben: Der Kajak läßt die Wissenschaftler nahe genug an den Wal herankommen, um mit einer Armbrust DNS-Proben sammeln zu können. Links: Wegen seiner Unterernährung gleicht der Rücken des Tieres eher einer Schlange, die durchs Wasser schwimmt, als einem wohlgenährten Wal.

Die vierte und letzte Hypothese beinhaltet die Möglichkeit, daß dieser Wal noch ein Teenager ist und irgendwie seine Mutter verloren hat.

Die Suche für eine Erklärung verlangt weitere Nachforschungen. Als erstes versuchen wir, Länge und Größe des Blauwals zu bestimmen, was eine Altersabschätzung ermöglicht. Dies stellt sich jedoch als nicht so einfach heraus, da es an einem Vergleichsmaßstab fehlt und man die Größe des mager wirkenden Tieres vielleicht falsch einschätzt. Schließlich einigen wir uns auf eine Länge von 15-18 m, was Hypothese Nr. 1 ausschließt. Blauwale werden mit etwa 15 m Länge entwöhnt, aber erst mit 21-22 m geschlechtsreif. Zur Erinnerung, ein ausgewachsenes Weibchen ist etwa 30 m lang und wiegt zwischen 140 und 160 Tonnen, wovon allein 4 auf die Zunge entfallen. Das Herz eines solchen Weibchens ist so groß wie ein Auto, die Fluke ist 7 m breit und dutzende Quadratmeter groß. Also schließen wir daraus, daß wir einen Blauwal-Teenager vor uns haben, der sich schon selbst ernährt. Jedoch kann er, auch wenn wir sein Geschlecht nicht kennen, unter gar keinen Umständen schwanger sein. Also ist er auch nicht in der Bucht von Prony aufgetaucht, um Schutz für ein Neugeborenes zu suchen. Unsere Versuche, das Geschlecht des Tieres festzustellen, bleiben erfolglos. Das Wasser ist zu trüb, und der Wal läßt keine Taucher an sich heran.

17. Januar: Wir haben den Wal nun schon über eine Woche lang beobachtet. Seit der ersten Sichtung hat er weder gefressen noch nach Nahrung gesucht, auch können wir kein Anzeichen einer Darmentleerung entdecken. Um mehr über diesen Aspekt zu erfahren, stellen wir nachts Lampen zum Anlocken von Fischen wie Sardellen und anderen potentiellen kleinen Nahrungsorganismen auf. Dieses Experiment zeigt jedoch kein positives Ergebnis. Es gibt keine Wunden, körperliche Abnormitäten oder Deformationen, und das Tier verhält sich einfach wie ein junger, ruhig atmender und kreisender Wal. Würde es an irgendeiner Krankheit leiden, hätten wir eine viel schnellere Verschlechterung seines Zustandes erwartet. Damit streichen wir auch Hypothese Nr. 2, das Abweichen von der normalen Route wegen Nahrungsmangel und Krankheit.

Wieder sind einige Tage verstrichen (22. Januar), und der Wal zieht noch immer seine üblichen Kreise, atmet ruhig und regelmäßig, hat kein sichtbares Anzeichen einer Krankheit, frißt aber nicht und hat daher

Die "blaue Prinzessin" wird von einer Flotte von Schiffshaltern eskortiert.

einen alarmierenden Zustand der Unterernährung erreicht. Es wird offensichtlich, daß sich das Tier zu Tode hungert und sein Schicksal nicht ändern will, kann, oder akzeptiert hat. Daher verwerfen wir auch unsere Theorie, daß es sich hier vor großen Räubern versteckt, denn die Bucht von Prony bietet keine dauerhafte Lösung. Diesem Blauwal geht offensichtlich die Zeit aus. Mittlerweile glauben wir immer mehr, daß unsere letzte Theorie die überzeugendste ist. Aufgrund seines jugendlichen Alters nehmen wir an, daß der Blauwal noch nie die große saisonale Wanderung in Begleitung seiner Mutter gemacht hat. Wir haben keine Ahnung, wo er geboren wurde oder seine Nahrungsgründe lagen. Der nächste liegt südlich von Tasmanien, wo es in dieser Jahreszeit reichlich Krill gibt. In diesem Stadium seines Lebens die Mutter zu verlieren, kann fatal sein, da der Wal weder zu Nahrungsgründen noch zu seinen Verwandten finden kann. Ohne Orientierung mag er irgendwie an diesen geschützten Ort gelangt sein, wo ihn das Ende seines kurzen Lebens erwartet.

Auf der gesamten Südhalbkugel gibt es nur etwa 1.000 Individuen der Blauwal-Unterart *Balaenoptera musculus intermedia,* und jeder Verlust ist daher ein kleines ökologisches Desaster, das diesen alten Genpool verkleinert. Außerdem gibt es weitere 1.000 Individuen einer anderen Unterart *(B. m. brevicauda)* auf der Süd- und etwa 2.000 Exemplare des "eigentlichen" Blauwals *(B. m. musculus).* auf der Nordhalbkugel, insgesamt also wahrscheinlich weniger als 4.000 auf der ganzen Welt. Aber was können wir tun? Kann man hier irgendwie eingreifen und wenn ja, kann das sein Schicksal ändern? Die Möglichkeiten scheinen gering. Das Tier läßt niemanden an sich heran, hört nie auf zu schwimmen, und Sichtkontakt ist immer nur für wenige Sekunden bestenfalls etwa alle fünf Minuten möglich.

Die einzig mögliche Alternative, die uns einfällt, ist, von einem Schiff unter Wasser aufgezeichnete Blauwalgesänge zu senden, um das Tier zu dem Kanal zu lotsen, der aus der Bucht von Prony hinausführt. Ein von uns kontaktierter Spezialist für Walkommunikation sagt uns, daß die Gesänge der Blauwale leider weit weniger gut erforscht sind als die der Buckelwale. Daher sind die Chancen minimal, wenn nicht gleich Null, daß irgendein gesendetes Fragment eines aufgezeichneten Blauwalgesanges einen Erfolg haben könnte. Die Kommunikationsgesänge der Blauwale bestehen aus sehr niedrigen Frequenzen um die 20 Hz, die allerdings den Vorteil haben, sich unter Wasser sehr gut über tausende Kilometer fortzupflanzen. Der Nachteil ist, wir Menschen können sie praktisch nicht hören. Auch sind Geräte zum Aufspüren solcher Töne technisch sehr aufwendig und an Orten wie Neukaledonien nicht einfach aufzutreiben. Vielleicht hat dieser Blauwal Töne ausgesandt, um Freunde und Verwandte um Führung oder Schutz zu bitten. Außer dem wie so oft nur vagen Gefühl oder vielleicht sogar nur Wunschdenken, in seiner Nähe unter Wasser irgendetwas an Kommunikation zu empfangen, haben wir jedoch keinen Beweis für jedwede Kommunikationsversuche seinerseits. Mit der Zeit wird uns klar, daß wir diesem Wal in keiner Weise helfen können und alle Rettungsversuche Illusion bleiben und seine Überlebenschancen nicht verbessern. Dieses Tier kann alleine nicht überleben, denn überall kann es zur leichten Beute für große Haie und Schwertwale werden. Seine einzige Chance wäre, von einem erfahrenen Blauwal beschützt zu werden, der seine Anwesenheit auf dem gemeinsamen Weg zu den bitter benötigten Nahrungsgründen akzeptiert. Wenn man bedenkt, daß etwa 1.000 Individuen über Millionen km^2 Ozean verteilt sind und keiner davon näher als südlich von Tasmanien schwimmt, ist diese Chance nahe Null.

Es ist die Mitte seiner dritten Woche (25. Januar) in der Bucht von Prony. Der Blauwal hat seine Position gewechselt, ist aber in dem Lagunengebiet geblieben. Er schwimmt nach wie vor ohne Unterlaß im Uhrzeigersinn, und seine Unterernährung hat ein beängstigendes Ausmaß angenommen. Ich selbst habe ihn seit 3 Tagen nicht mehr gesehen, obwohl meine Kollegen seinen Kurs von Booten aus verfolgt haben. Wie üblich gleite ich ins Wasser, um an der Oberfläche vorsichtig auf sein Erscheinen zu warten. Ich habe herausgefunden, daß die Beobachtung des Wals aus etwa 400 m Entfernung ihn weder zu alarmieren noch zu stören scheint. Diesmal akzeptieren wir nach 20 Minuten die Gegenwart des anderen anscheinend so leicht wie selten zuvor. Ich versuche, ihm näherzukommen. Angesichts seiner Akzeptanz bewegen wir auch das Boot ins Zentrum seiner Routine-Kreise, um seine Position leichter überwachen zu können. Bei meinen allerersten, 8-10 m tiefen Freitauchgängen überhaupt kann ich ihm unter Wasser nahe genug kommen, um sein Geschlecht zu erkennen: Es ist ein Weibchen. Und um seinen Körper sorgfältig nach Anzeichen von Krankheit, Verfärbungen und Abnormalitäten zu untersuchen. Und wieder sehe ich außer der augenfälligen Abmagerung nur ein Dutzend Schiffshalter, die als blinde Passagiere an seiner Fluke hängen. Ich kann nur meine Augen schließen, um dieses majestätische Bild für immer zu behalten. In Gedanken bereit zum Aufstieg zurück zum Boot, läuft mir plötzlich eine Gänsehaut über den Rücken: Ich finde mich Aug' in Auge mit einem mächtigen Stierhai *(Carcharhinus leucas)*. Der Eindruck wird durch die schlechte Sicht noch verstärkt. Ich schaue weiter zu dem Hai hin und vermeide wegzuschwimmen und ihm so meinen Rücken zuzuwenden. Dann dreht er ab, offensichtlich völlig uninteressiert an mir, um weiter sein einziges Ziel, den Blauwal, zu beschatten. Es ist in der Tat keine Überraschung, daß die ungewöhnliche Präsenz und die regelmäßigen, aber zunehmend schwächeren Bewegungen dieses Blauwals Räuber angelockt haben.

Nachts wurde der Wal attackiert. Er verbrachte seine letzten Stunden unter einem traurigen Regenhimmel.

Erstes Ziel der Haie war die Schwanzpartie des Blauwals.

Zweifellos sendet der Wal die Signale einer leichten Beute aus, und Stierhaie schwimmen oft auch in Lagunen hinein...

Sicher sendet er die Signale einer leichten Beute aus. Außerdem ist der Stierhai bestens dafür bekannt, in Habitaten wie dieser Lagune vorzukommen, denn er kann sehr gut mit dem wechselnden Salzgehalt in Ozean-Küstenfluß-Mischgewässern fertigwerden. Wir sind überzeugt, daß der junge Wal der Anwesenheit des Hais gewärtig ist. Da er trotzdem bleibt, können wir nun auch unsere dritte Hypothese verwerfen.

Noch während wir uns fragen, wie lange das noch immer erstaunlich kräftige Blauwalweibchen Abstand zu den Freßfeinden halten kann, wird es in der Nacht vom 26. auf den 27. Januar von mindestens zwei

Seit Stunden lungern Tigerhaie in der Nähe herum, die jetzt die Stierhaie verjagen und deren blutige Arbeit übernehmen.

Stierhaien angegriffen. Bei ruhiger See und schlechter Sicht wegen heftigen Dauerregens attackieren sie in 4-5 m Tiefe zuerst seine Fluke, ein leichtes Ziel, auf dem stark blutende Bißwunden zurückbleiben. Auch der Rücken zwischen Finne und Fluke ist ein bevorzugtes Angriffsziel. Als nächstes wird seine weiche Bauchregion gebissen, was weitere, schlimm blutende Wunden hinterläßt. Ich konnte nicht widerstehen und mußte ins Wasser, um diesen grausamen, aber faszinierenden Kampf zwischen Räuber und Beute zu beobachten.

Andere Haie durften nicht mehr an den Kadaver heran, und zwischen den dominierenden Tigerhaien herrschte heftige Konkurrenz.

Noch lebt der Blauwal, zum erstenmal seit seiner Ankunft hat er aber aufgehört, sich zu bewegen. Ich schaue auf die vielen klaffenden Wunden, großen Fleischbrocken und Löcher, aus denen das Blut fließt und das umgebende Wasser färbt. Seine Augen sind geschlossen, als ich mich seinem Kopf nähere. Sanft berühre ich ihn, er zittert nur leicht. Plötzlich, als wolle der Wal seine letzten Reserven mobilisieren, beginnt sein Schwanz sich zu bewegen, und er verschwindet in der Tiefe, eine blutige Spur hinter sich zurücklassend.

Nach den erfolgreichen ersten Angriffen werden die Stierhaie jedoch immer mutiger und greifen wiederholt im Rudel an. Nur 15 Stunden nach der ersten Attacke stirbt der Blauwal schließlich und versinkt (27. Januar). Am 29. kommt der Kadaver um 8 Uhr morgens nach 36 Stunden wieder hoch, fast genau dort, wo er untergegangen ist. Jetzt geht die Freßorgie erst richtig los. Während den ersten und alle folgenden Angriffe bis zum endgültigen Tod des Blauwals nur Stierhaie ausgeführt hatten, übernehmen jetzt zwei Tigerhaie *(Galeocerdo cuvier)* das Regiment, die sich schon seit einigen Stunden in der Nähe herumgetrieben haben. Die Freßorgie wird ausschließlich von den Tigerhaien abgehalten, die jeden Stierhai sofort verjagen. Ohne Konkurrenz fressen die Tigerhaie für weitere 36 Stunden an der Beute. Von der Walleiche aus verbreiten sich gewaltige Mengen an Blut und Fett, die im meerwärts fließenden Wasser verdünnt werden. Nun kommen 15-20 weitere Haie hinzu, darunter zwei mächtige Weibchen von 4,5+ m Länge, sehr wahrscheinlich angezogen von den verdünnten Körperflüssigkeiten. Mit der Ankunft weiterer Tigerhaie wird die Freßorgie wieder und wieder belebt, so als ob jeder neue Konkurrent die Gier seiner Genossen weiter

Ein Tigerhai mit einem großen Happen Blubber im Maul.

anspornen würde. Für weitere drei Tage und Nächte attackieren rund 20 Tigerhaie das Fleisch und die Knochen. Die Höhepunkte der Freßorgie, wenn alle der Räuber daran beteiligt sind, liegen am frühen Morgen und späten Nachmittag. Dazwischen nähern sich einzelne Tigerhaie dem Kadaver und holen sich einen großen Happen. Am 2. Februar ist für keinen der Räuber mehr etwas übrig. Die Tigerhaie hatten alle anderen erfolgreich vom großen Fressen ausgeschlossen, die Stierhaie verjagt und auch einen Sandbankhai *(Carcharhinus plumbeus)* auf Distanz gehalten.

Viele Leute hatten mich gebeten, die "Blaue Prinzessin", wie sie unter Wal-Liebhabern genannt wurde, nach dem ersten Angriff zu töten, um ihr Leiden zu verkürzen. Abgesehen davon, daß man die angemessenen Mittel zur Verfügung haben muß, um dieses Vorhaben durchzuführen, wäre es illegal gewesen, denn Blauwale sind durch internationales Recht geschützt. Man benötigt immer eine offizielle Erlaubnis, die unter den gegebenen Umständen wohl kaum erteilt worden wäre. Dieses Ereignis, so tragisch oder sogar grausam es vielen erscheinen mag, war ein natürliches und daher Teil des ökologischen und trophischen Systems. Die kurze Lebensgeschichte dieses Blauwals, von der wir nur das Ende sahen, zeigt, daß es unsere Aufgabe und Verantwortung ist, die Habitate von Walen zu erhalten und zu schützen, das Ökosystem Meer zur Erhaltung seiner natürlichen Balance zu unterstützen, aber auch den Lauf der Natur zu respektieren.

Nur zwei einsame Wirbel zeugen noch vom Besuch der Blauen Prinzessin in einer Lagune Neukaledoniens.

Blauwal, Blue Whale, *Balaenoptera musculus*

Ein springender Blauwal in der Cortezsee, Mexiko. Francois Gohier

Besondere Erkennungsmerkmale
Das wohl auffälligste Erkennungsmerkmal der Blauwale ist ihre immense Größe. Auch ihre gesprenkelte Färbung ist bei der Identifizierung sehr hilfreich.

Beschreibung
Die durchschnittliche Länge des Blauwals beträgt 25, die maximale 30 m, das Durchschnittsgewicht 90-125 t. Wie bei allen Furchenwalen werden Weibchen etwas größer als Männchen.

Der Körper ist ausgesprochen lang, schlank und - wie bei allen Furchenwalen üblich - sehr stromlinienförmig. Von der Seite betrachtet fällt das breite, flache Rostrum auf. Im Gegensatz zu anderen Furchenwalen ist der Kopf recht breit und flach, also mehr u- als v-förmig. Eine deutlich abgesetzte, zentrale Leiste verläuft von der Schnauzenspitze zu den Blaslöchern.

An der Unterkieferspitze befinden sich einige kurze Haare, die möglicherweise als Tasthaare fungieren. Die paarigen Blaslöcher sind nach vorne durch einen großen, deutlich sichtbaren Spritzschutzwall, die sogenannten "Spritzwachen" (engl. splash guards) geschützt.

Auf jeder Oberkieferseite befinden sich 260-400 Barten, die mit 1 m zu den längsten in der Familie der Furchenwale zählen. An der Basis haben sie eine Breite von 85 cm und wirken dadurch fast dreieckig. Die 70-120 Kehlfurchen reichen vom Kinn bis kurz vor den Bauchnabel und ermöglichen eine maximale Wasser- und Nahrungsaufnahme im Schlund von bis zu 1.000 Litern.

Die Breite der Fluke kann bis zu 1/4 der Körperlänge erreichen. Die Fluke selbst hat eine glatte, leicht konkave Hinterkante mit schwacher medianer Einkerbung. Die Länge der schlanken Brustflossen kann bis zu 1/7 der Körperlänge betragen. Sie sind oft heller als der Rest des Tieres.

Die im Verhältnis zum Körper winzige Rückenfinne ist mit 45 cm Höhe sehr viel kleiner als bei anderen Furchenwalen. Sie sitzt auffällig weit hinten, am Beginn des letzten Körperviertels. Ihre Form variiert von sichelförmig mit oder ohne abgerundete Spitze bis fast dreieckig.

Die individuelle Färbung ist erstaunlich variabel. Meist sind die Tiere auf dem Rücken und an den Seiten stark gesprenkelt blaugrau bis hellblau, selten wenig gesprenkelt und fast einfarbig dunkelschiefergrau. Anders als beim deutlich kleineren Finnwal ist der Kopf einheitlich gefärbt.

Die Unterseite ist im Bereich der Kehlfurchen hell blaugrau bis weiß. Bei Blauwalen, die vorwiegend in kalten, polaren Gewässern leben, kann sie gelegentlich auch gelblich oder senffarben sein. Diese Verfärbung entsteht nicht durch Hautpigmente, sondern wird durch mikroskopisch kleine Kieselalgen (Diatomeen) der Art *Cocconeis ceticola* verursacht. Sie bewohnen kalte Gewässer und setzen sich am Körper der Wale fest. Ein derartig verfärbter Wal wird auch "Schwefelbauch" (Sulphur-Bottom) genannt.

Leicht zu verwechseln mit
Aus größerer Distanz und bei noch nicht ausgewachsenen Blauwalen sind am ehesten Verwechslungen mit Finnwalen möglich. Unterschiede zum Finnwal: Rücken deutlich gesprenkelt, Kopf nicht asymmetrisch gefärbt. Bei Finnwalen sind der rechte Unterkiefer und teilweise auch die Barten weiß, während beim Blauwal beide Kopfseiten gleich gefärbt sind.

Ein Pilot hat den Unterwasser-Filmer Howard Hall über Funk informiert, daß er vor der Küste Kaliforniens Blauwale beim Krill-Fressen beobachtet. Nach zwei Stunden ist das Filmteam vor Ort und taucht zu den Walen bei den Los Coronados-Inseln ab.

Oben: Pierre Larue
Links: Mark Conlin

Auch in ihrem Verhalten Booten gegenüber kann man beide Arten leicht unterscheiden: Während sich Finnwale überhaupt nicht um Boote kümmern, sind Blauwale manchmal recht zutraulich. Verwechslungen mit Sei- und Brydewalen sind durch deutliche Unterschiede in Größe, Färbung und Tauchverhalten sehr unwahrscheinlich.

Nur in den Tropen der Südhemisphäre sind Verwechslungen des Zwergblauwals *(Balaenoptera musculus brevicauda)* mit Sei-, Bryde- und Finnwalen möglich. Zwergblauwale sind mit Abstand die kleinsten Blauwale und in ihrem Verbreitungsgebiet nur sehr schwer von Sei-, Bryde- und Finnwalen zu unterscheiden.

Andere Namen
Großer Nördlicher Furchenwal, Sibbald's Furchenwal (deutsch); Sulphur-Bottom (engl.); Baleine Bleu, Rorqual Bleu, Grand Rorqual (franz.); Balenottera Azzurra (ital.); Ballena Azul (span.); Baleia

Azul (port.); Blauwe Vinvis (niederl.); Blåhval (norweg.); Sinivalas (finn.); Blåval (schwed.); Blåhval (dän.); Shiro Nagasu Kujira (japan.); Blyuval, Goluboy Kit (russ.).

Bedeutung des wissenschaftlichen Namens

Balaenoptera musculus (Linnaeus 1758) – Der Gattungsname *Balaenoptera* setzt sich zusammen aus dem lateinischen Wort *balaena* für "Wal" und dem griechischen Wort *pteron* für "Flügel", womit die Finne gemeint ist. Der lateinische Artname *musculus* bedeutet "Mäuschen" bzw. "Muskel" (gleiche Form!) und bezieht sich auf die unglaubliche Größe der Art.

Verhalten

Meist leben Blauwale als Einzelgänger oder aber in Gruppen von 2-3 Tieren zusammen. Nur in ergiebigen Nahrungsgründen kann man gelegentlich Gruppen von 5 oder gar mehr Exemplaren finden. Gelegentlich trifft man sie in der Gesellschaft von Finnwalen an.

Fangstatistiken von Walfangstationen belegen, daß 75 % aller Blauwale in tiefen Gewässern erlegt wurden. Sie treten demnach nur sehr selten in Küstenregionen auf und bevorzugen stattdessen eher eine pelagische Lebensweise.

Wie alle Furchenwale folgen Blauwale einem jährlichen Wanderschema: Im Sommer halten sie sich in den nahrungsreichen, polaren und subpolaren Gewässern auf. Im Winter bevorzugen sie zur Fortpflanzung die wärmeren, subtropischen und tropischen Gewässer. Da die Jahreszeiten auf beiden Hemisphären jeweils um 6 Monate gegeneinander verschoben sind, wandern alle Tiere beider Hemisphären gleichzeitig nach Süden bzw. nach Norden. Trotz überlappender Verbreitungsgebiete reduziert sich dadurch die Möglichkeit, daß sich die nördliche Unterart *(B. m. musculus)* mit der etwas größeren, südlichen Unterart *(B. m. intermedia)* vermischt und fortpflanzt.

Während erwachsene Tiere nur sehr selten springen, kann man dies bei Jungtieren recht häufig beobachten. Meist landen sie dabei auf ihrem Bauch oder der Seite. Ihr Verhalten gegenüber Booten ist sehr unterschiedlich. Einige Tiere sind nach einer gewissen Eingewöhnungszeit recht zugänglich, andere wiederum sind sehr scheu und tauchen schon bei der ersten vorsichtigen Annäherung ab, meist auf Nimmerwiedersehen. Unterwasserbegegnungen mit Blauwalen sind äußerst selten.

Tauchen

Normalerweise atmen Blauwale in entspanntem Zustand alle 10-20 sec und tauchen dann für 5-10 min in eine Tiefe von max. 200 m ab. Je nach den Aktivitäten des Wals kann sich das Tauch- und Atemverhalten jedoch erheblich ändern.

Zahlen & Fakten Blauwal

Länge: Durchschnittlich 25 bis max. 33,58 m
Gewicht: Durchschnittlich 90-125 t
Maximalgewicht: 190 t
Lebenserwartung: 80-90 Jahre
Geschlechtsreife: Mit 5-6 Jahren@23 m Länge
Paarungszeit: Nordhemisphäre: Herbst-Winter; Südhemisphäre: Winter
Tragzeit: Etwa 11 Monate
Geburtszyklus: Alle 2-3 Jahre
Geburtslänge: Etwa 7 m
Geburtsgewicht: 2,5 t
Säugezeit: 7 Monate
Tauchtiefe: Maximal 200 m
Tauchzeit: Bis 30 min
Höchstgeschwindigkeit: Bis 50 km/h
Barten: 260-400 je Seite, bis 1 m lang
Blas: Schlanke, einheitliche Säule bis zu 10 m senkrecht über dem Wal
Kehlfurchen: 70-120, bis kurz vor den Nabel
Nahrungsmenge: Im Sommer bis 4 t Krill/Tag
max. Wassermenge im Schlund: 1.000 Liter
Gruppengröße: Normalerweise 1-3, selten auch bis zu 5 Tiere, in ergiebigen Nahrungsgebieten gelegentlich auch mehr
Population: Etwa 3.000 auf der Nordhalbkugel, 10.000 auf der Südhalbkugel. Der Bestand gilt als stark gefährdet!

Schnell-Erkennung Blauwal

riesiger, schlanker Körper

gleichmäßige, gesprenkelte, blaugraue Färbung an Rücken und Seiten

winzig kleine Rückenfinne, sitzt weit hinten

bis zu 10 m hoher, schlanker Blas

großer, deutlicher Blasloch-Spritzschutz (Spritzwachen)

breiter, flacher, u-förmiger Kopf, einheitlich gefärbt

Finne und Kopf sind nicht zugleich an der Oberfläche zu sehen

hebt selten die Fluke zum Abtauchen

Mit weit aufgerissenem Maul schwimmt ein Blauwal in den Krill-Schwarm, um mit...

...vollem Schlund und weit gedehnten Kehlfurchen zur Oberfläche zurückzukehren. Fotos: Mark Conlin

Während der Nahrungsaufnahme beträgt ihre Geschwindigkeit normalerweise 2-5,5 km/h, während ihrer Wanderungen 5-33 km/h. Bei Bedrohung können sie auch kurzzeitig Geschwindigkeiten von bis zu 45 km/h erreichen. Bei schneller Schwimmweise tauchen sie in spitzem Winkel auf. Bei ruhiger, normaler Schwimmweise tauchen sie eher in flachem Winkel auf.

Sobald der Kopf die Wasseroberfläche durchbricht, beginnt der Blauwal zu atmen, und es erscheint der hohe, schlanke Blas über dem Wal. Unmittelbar nach dem Atmen verschwindet der Kopf wieder, und der lange Rücken wird sichtbar. Finne und Kopf sind normalerweise nicht zugleich an der Oberfläche zu sehen. Wenn die Rückenfinne erscheint und sich dabei der Rücken krümmt, taucht der Wal ab. Meist taucht er, ohne seine Fluke aus dem Wasser zu heben, doch hinterläßt er dabei einen riesigen "Fußabdruck" (Footprint) an der Oberfläche. Dabei wird ein runder Kreis von aufstrebendem Wasser an der Oberfläche, sozusagen der Rückstoß der Fluke, sichtbar.

Nahrung
Blauwale ernähren sich fast ausschließlich von Euphausiaceen (Leuchtgarnelen), die besonders in der Dämmerung in dichten Schwärmen nahe der Oberfläche leben und allgemein als Krill bezeichnet werden. Sie nehmen ihre Nahrung in polaren und subpolaren Gewässern im jeweiligen Sommer ihres Verbreitungsgebiets zu sich. Denn ihre Hauptbeute Krill lebt von Organismen, die sich wiederum von Nährstoffen ernähren, welche vom schmelzenden Eis freigegebenen werden. In den wärmeren Gewässern, ihren Fortpflanzungsgebieten, nehmen die Wale fast keine Nahrung zu sich.

Ein Blauwal mittlerer Größe kann im Sommer durchschnittlich 4 t Krill täglich fressen. Beim Fressen können Blauwale das Gesamtvolumen ihres Maules durch die Kehlfurchen um das 6-fache ausdehnen. Bei maximaler Ausdehnung kann der Schlund eines ausgewachsenen Blauwals fast 1.000 Liter Wasser und Nahrung auf einmal aufnehmen.

Allgemeine Info
Alle Zahlen und Fakten zum Blauwal sind überdimensional. Er ist das größte Lebewesen, das jemals auf unserem Planeten gelebt hat und damit auch größer als alle Saurier. Allein das Herz hat ein Gewicht von etwa 600 kg und ist damit fast so schwer wie ein Kleinwagen. Der größte jemals vermessene Blauwal, ein Weibchen, wurde 1909 bei Grytviken (Südgeorgien) in der Antarktis gefangen und hatte eine Länge von 33,58 m. Derartig große Exemplare sind jedoch heute kaum noch anzutreffen. Der schwerste bekannte Blauwal hatte ein Gewicht von 190 t und war ein 27,6 m langes Weibchen, das 1947 in der Arktis erlegt wurde. Das Gewicht dieses Blauwals entsprach etwa dem von 48 Elefanten oder weit über 2.000 Menschen.

Blauwal-Babys werden mit etwa 7 m Länge und einem Gewicht von 2,5 t geboren sowie 7 Monate lang gesäugt, anfangs mit bis zu 190 Liter Milch pro Tag. Die überaus fettreiche Milch mit einem Fettgehalt von 35-50 % sorgt für ein beeindruckendes Wachstum in den ersten Lebensmonaten: Dann nehmen die Babys stündlich bis zu 3,3 kg an Gewicht zu, dies entspricht einer Gewichtszunahme von 80 kg pro Tag! Im ersten Lebensjahr wachsen die Blauwalkälber um das 30-fache ihrer Körpergröße. Zur Zeit der Entwöhnung wiegen die Kälber (Alter etwa 7 Monate) bereits 23 t und sind im Durchschnitt 12,8 m lang. Die Walkühe verlieren beim Säugen bis zu einem Viertel ihres Gewichts.

Das Alter von Blauwalen läßt sich wie bei allen anderen Furchenwalen am besten anhand der Zuwachsschichten der Ohrpfropfen ermitteln. Ihre Lebensdauer beträgt demnach etwa 80-90 Jahre. Ihr Blas kann an ruhigen Tagen als schlanke, einheitliche Säule bis zu 10 m senkrecht in die Höhe reichen.

In der Blütezeit des Walfangs wurden Blauwale wegen ihrer Größe und des damit verbundenen Profits von allen Walen am stärksten bejagt und fast ausgerottet. Vermutlich werden sich einige Populationen nicht mehr erholen. Der weltweite Bestand wird derzeit auf 6.000-14.000 Tiere geschätzt und gilt als stark gefährdet.

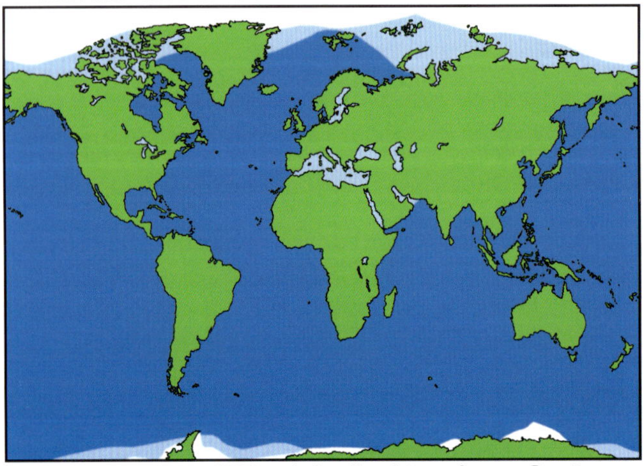

Blauwal, Verbreitung: Weltweit in allen küstenfernen Gewässern, bevorzugt auf hoher See in kalten Gewässern.

Heute werden drei verschiedene Unterarten mit jeweils anderer Verbreitung anerkannt. Obwohl sich ihre Verbreitungsgebiete überlappen, vermischen sich die separaten Populationen durch ihre gleichzeitigen, jahreszeitlich bedingten Wanderungen nicht:

1. *Balaenoptera musculus intermedia:* Südhemisphäre, der größte Vertreter dieser Art.

2. *B. m. musculus:* Nordhemisphäre, etwas kleiner als die beiden südlichen Verwandten.

3. *B. m. brevicauda,* Zwergblauwal: Tropen der Südhemisphäre, mit durchschnittlich 21 m Länge ist dies die mit Abstand kleinste Unterart des Blauwals. Die Neugeborenen haben eine Länge von etwa 6 m. Von dieser dritten Unterart gibt es nur einige hundert Exemplare.

Auf dem Foto oben sieht man sehr schön das paarige Spritzloch, das vorne von den sogenannten, beim Blauwal sehr großen Spritzwachen geschützt wird, ebenso die typisch gesprenkelte Körperzeichnung.

Links die imposante Fluke des größten lebenden Tieres der Erde.

Francois Gohier

Wo & Wann

Blauwale sind mit sehr viel Glück in allen Weltmeeren anzutreffen. Meist ziehen sie als Einzelgänger küstenfern im Freiwasser umher. Ihre nördliche Verbreitungsgrenze im Pazifik liegt bei den Aleuten und der Beringstraße. Im Atlantik liegt sie noch weiter nördlich und reicht in den Gewässern um Spitzbergen bis zu 80° nördlicher Breite. In den Polarregionen folgen die Wale ihrer Hauptnahrung in den jeweiligen Sommermonaten bei zurückweichendem Eis bis zur Packeisgrenze. Die meisten Blauwale leben auf der Südhemisphäre. Oft werden sie auch in den Sommermonaten in der Cortezsee (Mexiko), vor Kalifornien (USA) oder im St. Lorenz-Golf von Québec (Kanada) angetroffen. Auch wandern sie weite Strecken zwischen niederen Breiten im Winter und höheren Breiten im Sommer. Einige Blauwale im nördlichen Indischen Ozean scheinen ortstreu zu sein.

BARRIERE IM NORDEN

Die meisten Bartenwale wandern in die kalten Polarmeere, um sich am dort im Sommer reich blühenden Plankton gütlich zu tun. Dann wandern sie zurück in die warm gemäßigten und tropischen Zonen, um sich im Winter fortzupflanzen. Aber es gibt auch Ausnahmen von dieser Regel wie den Nordkaper. Und was passiert im Nord-Indik? Der Meeresbiologe Charles Anderson zeichnet die Wege der Wale nach.

FOTOS: CHARLES ANDERSON

Kopf und Blas eines Blauwals im Arabischen Meer.

Von den drei Ozeanen ist der Indische der einzige, der sich nicht bis in arktische Breiten erstreckt. Die riesige Landmasse Asiens liegt im Weg, folglich fehlt diesem Ozean ein kalter nördlicher Teil. Und doch findet man im Nord-Indik Bartenwale, meist in seinem westlichen Teil, dem Arabischen Meer.

Blau-, Bryde- und Buckelwale kommen dort in ansehnlicher Zahl vor. Brydewale leben ständig in tropischen Gewässern, die beiden anderen Arten hingegen sind für ihre langen Wanderungen bekannt. Was machen sie im Arabischen Meer, und wo finden sie ihre Nahrung? Die Vorstellung, daß Bartenwale zum Fressen in die Polarregionen wandern müssen, ist so eingefahren, daß man jahrzehntelang annahm, die Blau- und Buckelwale des Arabischen Meeres müßten dasselbe tun. Zwei rivalisierende Theorien kamen auf.

Die meisten Walforscher nahmen an, die Blau- und Buckelwale des Arabischen Meeres wanderten über den Äquator, um während des Südsommers in den Gewässern der Antarktis zu fressen. Warum aber sollten Wale, die im Süd-Indik fressen, so weit nach Norden schwimmen (während die Wale im Süd-Atlantik und Süd-Pazifik dies nicht tun)? Das wurde nie angemessen erklärt.

Andere (meist niederländische) Walforscher glaubten, die Blau- und Buckelwale des Arabischen Meeres wanderten in den Nord-Pazifik, um während des Nordsommers in den Gewässern der Arktis zu fressen. Die Annahme war, diese Wale wanderten durch den Indonesischen Archipel (früher Niederländisch-Ostindien). Und wieder wurde nicht erklärt, warum diese Wale überhaupt so weit wandern sollten. Desweiteren betonten die holländischen Forscher selbst, es sei "bemerkenswert, daß diese Wanderung nie in den relativ engen Passagen des Indonesischen Archipels beobachtet wurde."

Erst in den 1980ern kam eine ganz andere Ansicht auf. Im Januar 1982 entdeckten Wissenschaftler an

Bord des winzigen Forschungsschiffes "Tulip" vor der Küste Omans einen singenden Buckelwal. Nur die Männchen singen, und das auch nur während der Paarungszeit. Also mußte Januar die Paarungszeit der Buckelwale im Arabischen Meer sein. Im Januar herrscht in der Antarktis Hochsommer, also können die Buckelwale des Arabischen Meeres dann nicht zum Fressen in die Antarktis wandern. Außerdem hat eine Analyse der Blauwalstrandungen in Südasien (Malediven, Indien, Sri Lanka) gezeigt, daß die meisten Tiere von Januar bis April angeschwemmt werden. Auch das ist wieder Sommerzeit in der Antarktis, also können auch die Blauwale des Arabischen Meeres nicht zum Fressen in die Antarktis wandern.

Heute weiß man außerdem, daß die Blauwale des Arabischen Meeres und des Nord-Pazifiks verschiedenen Unterarten angehören. Und tatsächlich sind auffällige Wanderungen von Blau- oder Buckelwalen zwischen den indonesischen Inseln nie beobachtet worden. Überhaupt gibt es aus Indonesien nur sehr wenige bestätigte Sichtungen dieser beiden Arten. Deswegen können diese Wale nicht zum Fressen aus dem Arabischen Meer in den Nord-Pazifik wandern.

Ein Brydewal in den Gewässern der Malediven.

Wenn also die Bartenwale des Arabischen Meeres zum Fressen nicht in die nächstgelegene Polarregion wandern, bleibt die Frage, wo fressen sie? Die Antwort lautet: Sie bleiben das ganze Jahr über im Arabischen Meer, wo sie sowohl fressen als auch sich paaren.

Im Nord-Indik gibt es zwei Hauptjahreszeiten oder Monsune. Diese sind nach den dann vorherrschenden Winden benannt. Der Nordost-Monsun (Dezember bis April) kommt überwiegend aus Nordost, der Südwest-Monsun (Mai bis Oktober) bläst vorwiegend aus Südwest.

Diese Umkehr der vorherrschenden Windrichtung gibt es nur im nördlichen Indischen Ozean. Sie geht auf die saisonale Erwärmung und Abkühlung der großen Landmassen Indiens und Zentralasiens zurück. Im Nordsommer (Beginn April/Mai) heizt sich der indische Subkontinent auf. Die Luft über dem Land steigt auf, und als Ersatz wird feuchte Luft vom Ozean her nachgezogen. Wenn diese Luft über dem Land angekommen ist, geht ihre Feuchtigkeit als Regen nieder. Auf dem indischen Subkontinent wird dieser Regen schon sehnsüchtig erwartet und seine Ankunft mit Festen gefeiert. Denn der Beginn der Regenzeit (meist im Juni) beendet die gnadenlose Sommerhitze und erfrischt das Land für eine neue, lebenserhaltende Reisernte.

Über dem Arabischen Meer bläst der Wind mit Sturmstärke gen Indien. Besonders stark weht er von Südarabien und dem Horn von Afrika her. In diesen Gebieten ist er ablandig und so stark, daß das Oberflächenwasser von der Küste weggedrückt wird. Aus der Tiefe kommt Auftriebswasser nach. Dieses ist kalt, aber voller Nährstoffe wie Nitrate und Phosphate. Wenn das Auftriebswasser aus der Tiefe die

Karte des Arabischen Meeres.

Oberfläche erreicht, wird es plötzlich in Licht gebadet. Nährstoffe und Sonnenlicht sind genau das, was die als Phytoplankton bekannten, mikroskopisch kleinen Pflanzen für ihr Gedeihen benötigen. Sie vermehren sich in ungeahnten Mengen (Planktonblüte). Winzige Meerestiere, das Zooplankton, fressen das Phytoplankton und "blühen" ebenfalls. Das sind perfekte Voraussetzungen für ein Wal-Bankett.

Blau-, Bryde- und Buckelwale fressen sich an dieser saisonalen Zooplankton-Blüte satt. Der Auftrieb hält von Mai bis Oktober an, ebenso der Nachschub an Zooplankton. Man vermutet, daß die Wale während dieser ganzen Zeit in den Auftriebsgebieten fressen. Tatsächlich gibt es vor Südarabien und Somalia im September und Oktober viele Sichtungen von Bartenwalen, früher im Jahr jedoch nur sehr wenige. Dies ist auf die heftigen Wetterbedingungen in Juni und Juli zurückzuführen, wenn schwerer Seegang die Arbeit von Forschungsschiffen dort einschränkt und Beobachtern die Sichtung sogar größter Wale unmöglich macht.

Der Auftrieb im Sommer und die nachfolgende Planktonblüte vor Südarabien und dem Horn von Afrika sind ein Äquivalent der Planktonblüte im Polarsommer. Für die Bartenwale, die sich in dieser Region daran laben, wird es kaum einen Unterschied geben.

Der Auftrieb hält während des gesamten Nordsommers an, solange nämlich die Sonne den indischen Subkontinent aufheizt. Wenn es Herbst wird und Indien sich abkühlt, legt sich der Wind, und mit ihm verschwinden die Kräfte, die den Auftrieb erzeugen. Im Oktober ist der Sommer endgültig vorbei und ebenso der Auftrieb. Ohne konstanten Nachschub an neuen Nährstoffen erlischt die Phytoplankton-Blüte, und das Zooplankton stirbt ab.

Wenn ihre Nahrungsreserven schwinden, verteilen sich Blau-, Bryde- und Buckelwale weit im Arabischen Meer, um nach kleineren Planktonansammlungen zu suchen. Bis November sind die Wale bis an das andere Ende des Arabischen Meeres sowie in die Gewässer um die Malediven und Sri Lanka vorgedrungen. Dort bleiben sie während der ruhigen Zeit des Nordost-Monsuns, was diese Gebiete zur besten Walbeobachtungsregion Asiens macht.

Im April, wenn sich der Nordost-Monsun zu legen beginnt, wandern die Wale um Sri Lanka und die Malediven auf Nahrungssuche westwärts. Die Küste Somalias liegt rund 3.000 km vom Zentral-Indik entfernt, aber ein Blauwal kann bei einer durchschnittlichen Dauergeschwindigkeit von nur 10 km/h in weniger als zwei Wochen dort sein. Wenn dann der Südwest-Monsun an Stärke zunimmt und der Auftrieb erneut beginnt, hat sich der Jahreszeiten-Kreislauf der Bartenwale im Arabischen Meer geschlossen.

PELAGOS

Das italienische TETHYS-Forschungsinstitut schlug 1990 das "Pelagos-Projekt" vor, das die Schaffung eines Schutzgebietes im westlichen Mittelmeer (im Korsisch-Ligurischen Becken) vorsah. Dort verzeichnet man die meisten Walsichtungen, es ist vielleicht das artenreichste Cetaceen-Gebiet im Mittelmeer überhaupt. In dieser Region liegen höchstwahrscheinlich die Hauptnahrungsgründe der Finnwale. Der Unterwasserfilmer Dieter Paulmann besuchte die dortigen Mittelmeer-Finnwale viele Male und verfolgte die Entwicklung des Projekts.

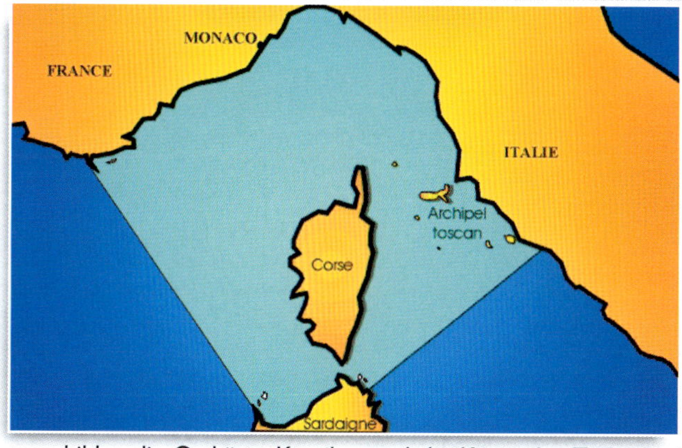

ACCOBAMS

Die Region des Korsisch-Ligurischen Beckens ist nährstoffreich und daher durch eine sehr hohe Produktion an pflanzlichem Plankton charakterisiert, im Gegensatz zur wohlbekannten generellen Nährstoffarmut des Mittelmeeres. Man kann dort alle regelmäßig im Mittelmeer vorkommenden Wale antreffen, einschließlich pelagischer Arten wie dem Finnwal *(Balaenoptera physalus)*. Die Resultate früherer Beobachtungsserien legen nahe, daß Wale in diesem Gebiet deutlich häufiger sind als im Rest des Mittelmeeres. Dort herrschen Felsküsten vor, Ausnahmen bilden die Ostküste Korsikas und die Küste der Toskana, die flach sind. Die steilen Felsküsten entstanden durch junge tektonische Bewegungen, die immer noch andauern. Der Kontinentalabhang entlang der Felsküsten ist oft sehr schmal, an den Flachküsten der Toskana und Ostkorsikas naturgemäß jedoch breiter. Das Korsisch-Provenzalische Becken ist sehr tief (2,500-2,700 m.). All die Felsküsten sind tief von Unterwasser-Canyons zerfurcht, was die morphologische und hydrodynamische Diversität erhöht. Die Flüsse dort führen in erster Linie sehr bewegtes Wasser, die meisten entwässern kurze, steile Hänge.

In einem so großen pelagischen Meeresgebiet können sich Wale, Hauptschutzobjekt in dieser Region, optimal entwickeln. Jedoch gibt es für die dortigen Walpopulationen ernstzunehmende Bedrohungen, unter anderem die kommerzielle Treibnetzfischerei, das Vorkommen größerer Mengen giftiger Kleinlebewesen in der Nahrungskette, deren Gifte sich im Fettgewebe der Wale anreichern, und nicht zuletzt den sehr starken Schiffsverkehr einschließlich schneller Fähren, Gefahrgutfrachtern von und zu den regionalen Handelshäfen sowie private Luxus-Schnellbootrennen abseits der Küsten.

Die Finnwale, die im Sommer das Ligurische Meer bevölkern, sind von denen im Nordatlantik genetisch verschieden und gehören sehr wahrscheinlich zu einer eigenständigen, isolierten Population, die ganzjährig im Mittelmeer lebt. Mit geschätzten 1000+ Individuen ist die Population im westlichen Mittelmeer klein und potentiell verwundbar, besonders da der Beitrag aus dem östlichen Becken zur Gesamtpopulation im Mittelmeer so gut wie vernachlässigbar ist. Die Forschungen von TETHYS haben gezeigt, daß die Schaffung eines Schutzgebietes in dieser Region dringend anzuraten ist.

Drei Jahre nach dem Vorschlag (22. März 1993) unterzeichneten die Umweltminister Frankreichs und Italiens sowie der Staatsminister des Fürstentums Monaco in Brüssel eine gemeinsame Erklärung über die Schaffung eines Schutzgebietes für Meeressäuger im Mittelmeer. In dem zukünftigen Schutzgebiet sind jeglicher Fang und absichtliche Belästigung von Meeressäugern verboten, möglicherweise

FOTOS: BORIS PAULMANN

Nach drei Stunden gelang es dem Unterwasserfilmer Dieter Paulmann, fast neben einem Mittelmeer-Finnwal im Wasser zu liegen.

störende Forschungsaktivitäten und Whale-watching werden reguliert; weiträumige Fischerei mit pelagischen Treibnetzen wird verboten; Schnellbootrennen abseits der Küsten werden eingeschränkt und eventuell verboten; besondere Aufmerksamkeit wird der Kontrolle und Eindämmung für Wale schädlicher Verschmutzung gewidmet.

Die Nähe zwischen Mensch und Tier bestimmten immer die Finnwale, nicht wir, die Beobachter.

Das neue Projekt wurde schnell von so unterschiedlichen Organisationen wie dem WWF-Mittelmeer-Programm oder der Vereinigung RIMMO in Frankreich gefördert, die seit 1992 jährlich Seminare zum Schutz des westlichen Mittelmeeres organisiert. Verantwortlich für ein langfristiges Management der natürlichen Ressourcen ist ACCOBAMS (Agreement for the Conservation of Cetaceans of the Black Sea, Mediterranean Sea and Contiguous Atlantic Area; Übereinkunft zum Schutz der Wale im Schwarzen Meer, Mittelmeer und benachbarten Atlantik) in Monaco.

Am 29. September 1998 kam das Walschutzgebiet Ligurisches Meer einen wichtigen Schritt voran, nachdem die Regierung Italiens offiziell einem Vorschlag zustimmte, der bald auch Frankreich und Monaco unterbreitet werden sollte. Der Vorschlag umfaßt die Einrichtung einer internationalen Schutzzone für Wale im Mittelmeer von etwa 100.000 km^2 Fläche zwischen den Festlandküsten von Italien, Monaco und Frankreich sowie Korsika und Nordsardinien. Dort bewirkt ein anhaltendes Wetter-Frontensystem die für küstenferne Mittelmeergewässer außergewöhnlich hohe Primärproduktion an pflanzlichem Plankton, die ihrerseits eine große Biomasse an Krill-Krebsen der Art *Meganyctiphanes norvegica* ernährt. Acht Walarten leben dort, darunter eine große Population von Streifendelphinen und mehr als 1.000 Finnwale (der Großteil der Mittelmeer-Population), die sich im Sommer zum Fressen versammeln. Ziele des Schutzgebietes werden unter anderem sein, die Trends der Wal-populationen zu beobachten, die Durchsetzung existierender Gesetze zur Verschmutzungseindämmung zu erleichtern, eine zunehmende Whale-watching-Industrie zu regulieren und die Aufmerksamkeit der Öffentlichkeit zu fördern.

Am 25. November 1999 trafen sich Vertreter der Staaten Italien, Frankreich und Monaco in Rom, um die Gründungsvereinbarung zum Walschutzgebiet Ligurisches Meer zu unterzeichnen, das vom Fürstentum Monaco betreut wird. Zum erstenmal in Europa vereinigten drei Mittelmeerländer ihre Kräfte, um ein überwiegend in internationalen Gewässern liegendes Schutzgebiet zu schaffen, zu überwachen und zu managen. Die Vereinbarung beschreibt detailliert die Ziele zur Koordination zwischen den drei Staaten, um konzertierte Maßnahmen durchführen zu können, die eine Gefährdung der Wale vermindern. Am 21. Februar 2002 trat sie schließlich in Kraft. Ich hoffe, dies ist ein Vorbild für die Schaffung weiterer derartiger Schutzgebiete im Mittelmeer.

Meine Begegnung mit Finnwalen im Mittelmeer begann sehr mysteriös: Wir segelten im Frühsommer von Antibes nach Sardinien und waren erst 4 Stunden unterwegs - hatten also die Berge der südfranzösischen Küste noch in Sicht - als unsere Köchin zum Lunch lud. Nun ist das Essen für Segler immer das Wichtigste, und dieses Essen wird selten unterbrochen. Aus mir unerfindlichen Gründen stand ich mitten während des Essens auf und verabschiedete mich mit den Worten: "Ich gehe mal an den Bug, um nach Walen Ausschau zu halten." Das Gelächter meiner Freunde begleitete mich. Aber als ich dort 10 Minuten saß, erschrak ich plötzlich durch einen deutlichen Wal-Blas etwa eine Meile vor mir. Beim zweiten senkrechten Blas war ich mir sicher, daß es der eines Finnwals war. Nun hatte ich noch nie gehört, daß es im Mittelmeer Finnwale gibt, und glaubte es mit einem versprengten Einzelgänger zu tun zu haben. Es gelang mir nach 3 Stunden, fast neben ihm im Wasser zu liegen.

Die zweite Begegnung mit Finnwalen im gleichen Gebiet einige Wochen später verwunderte mich noch mehr. Dieser Finnwal nahm überraschenderweise direkt Kurs auf unser Boot, umkreiste dieses zweimal und verschwand. Dann kam der Abend des 14. Juli, und an der Küste war ein großes Feuerwerk. Im Schein dieses Feuerwerks sahen wir plötzlich, daß 20 m neben uns ein Finnwal blies. Als wir die Geschwindigkeit reduzierten, umkreiste auch dieses Tier das Schiff und schwamm dann wieder weg. Dies lies mir keine Ruhe. Ich eröffnete meiner Familie und meinen Freunden am nächsten

Die Finnwale waren so an uns gewöhnt, daß wir sie auch unter Wasser fotografieren konnten.

Morgen um 7 Uhr, daß ich nicht mit nach Hause fahren würde, sondern das Schiff nur noch mit Treibstoff, 10 gebratenen Hähnchen und Brot für 8 Tage beladen und sofort wieder auslaufen würde, diesmal nur mit Köchin und Bootsmann, also ohne die für eine solche Walbeobachtungstour notwendige Crew.

Ich fuhr wieder hinaus, war aber sehr enttäuscht, als ich nach 2 Tagen Suche keinen weiteren Finnwal gesehen hatte. Einer Eingebung zufolge zeichnete ich einfach alle drei Plätze, an denen ich die Wale gefunden hatte und die immerhin ca. 150 Meilen auseinander lagen, in die Karte ein. Zwischen diesen drei Plätzen suchte ich die Mitte und fuhr genau zu diesem Punkt. Natürlich war diese Maßnahme durch nichts begründet und völlig unlogisch, aber als ich dort ankam, lagen da 20 Finnwale und warteten auf mich. Ich hatte durch diese völlig unwissenschaftliche und nur aus dem Bauch heraus getroffene Methode genau das Zentrum der Finnwale im Mittelmeer im Juli/August gefunden. Hier blieb ich jetzt 4 Tage und drehte in dieser Zeit alleine den Film PELAGOS. Es war windstill, es war eine Stelle wo auch der Schiffsverkehr erträglich war und die Wale weniger störte. Ich konnte in diesen 4 Tagen völlig ungestört nicht nur schöne Aufnahmen aus dem Mast, sondern auch unter Wasser machen. Bald danach sah mich meine Familie wieder.

Noch Ende August war ich wieder auf Finnwal-Suche, diesmal auch mit Fotografen der italienischen Schutzorganisation THETYS auf meinem Schiff. Wir beobachteten, daß Finnwale sich untereinander verständigen und offensichtlich Spaß an Tauchern und Booten haben. Wir dokumentierten nämlich eindeutig, daß einmal zwei Finnwale zu uns kamen, nach weiteren 10 Minuten weitere zwei, nach einer Viertelstunde wiederum zwei. Dann gingen wir zu diesen Finnwalen ins Wasser, und alle sechs sind zwei Stunden bei uns geblieben. Das war eine Situation, bei der wir merkten, daß sie daran interessiert sind, mit uns zu spielen. Sie waren über uns merkwürdige Lebewesen genauso begeistert und verwundert, wie wir es über sie waren.

Warum gibt es in diesem Gebiet gerade im Juli/August so viele Finnwale, und warum ist dort das Nahrungsangebot so groß? Das macht der Mistral (Mittelmeerwind). Er schiebt ab dem Frühjahr besonders stark, im Sommer mäßig und im Herbst wieder sehr stark das gesamte Oberflächenwasser des westlichen Mittelmeeres nach Südosten. Damit erzeugt er einen Sog und bringt nährstoffreiches Tiefenwasser aus dem 2.000 m tiefen Becken hoch, Beginn einer üppigen Nahrungskette für Finnwale.

Dieter Paulmann filmt von seiner 'Foftein' einen Finnwal im Ligurischen Meer.

Wir haben leider sehr häufig beobachtet, daß Finnwale an der Oberfläche waren, wenn Motorboote mit hoher Geschwindigkeit auf sie zu kamen und deren Fahrer grundsätzlich trotz 30 Knoten Fahrt keine Ausschau hielten. Die Finnwale ließen sich aber rechtzeitig absacken und dürften in der Lage sein, die Entfernung zu den Booten immer genau abzuschätzen. Schließlich haben wir keinen einzigen Finnwal mit äußeren Verletzungen etwa durch Schiffschrauben gesehen.

Wenn wir nachts bei ruhiger See im Meer trieben, beobachteten wir mehrfach, daß plötzlich ein Finnwal eine Stunde neben unserem Boot lag, es aus 10 m Entfernung anschaute und uns offensichtlich zusah, was wir im Schein einer Petroleumlampe unternahmen. Ist es nicht wunderbar, wenn die Wale zum menschlichen Beobachter hinkommen und nicht umgekehrt?

Finnwal, Fin Whale, *Balaenoptera physalus*

Auch Finnwale besuchen regelmäßig die Azoren-Inseln. Ralf Kiefner

Besondere Erkennungsmerkmale

Neben ihrer beeindruckenden Größe und der stark ausgeprägten Rückenfinne ist es die auffallend asymmetrische Färbung des Kopfes, die Finnwale von allen anderen Walen unterscheidet. Auch ihre schnelle Schwimmweise ist ein gutes Erkennungsmerkmal. Als einziger Furchenwal durchstreift die Art auch das westliche Mittelmeer. Siehe auch PELAGOS auf den Seiten 61-63.

Beschreibung

Die durchschnittliche Länge von Finnwalen wird mit 18-21, die maximale mit 25 m angegeben. Sie erreichen ein Durchschnittsgewicht von 45 bis max. 70 t. Die Weibchen sind wie bei allen Furchenwalen etwas größer als die Männchen.

Finnwale haben ein schmales Rostrum mit einer deutlich erkennbaren, erhabenen Mittelleiste von der Schnauzenspitze bis zu den Blaslöchern. Ihre 56-100 Kehlfurchen enden meist bei oder hinter dem Bauchnabel. Auf jeder Oberkieferseite stehen 350-400 Barten, die eine Maximallänge von 70 cm erreichen. Wie bei allen Vertretern dieser Unterfamilie befindet sich vor dem paarigen Blasloch ein kleiner Wulst als Spritzschutz. Der Blas ist eine 5-6 m hohe, schmale Säule.

Die sichelförmige Finne der Finnwale ist mit bis zu 70 cm sehr hoch und deutlich ausgeprägt. Ihre Brustflossen sind schlank, haben spitze Enden und wirken relativ kurz. Die Oberseite der Brustflossen ist dunkel, ihre Unterseite weiß. Die Fluke ist breit und von etwa dreieckiger Form mit medianer Einkerbung. Ihre Unterseite ist weiß, ihre Oberseite wie der Rücken gefärbt. Ihre Hinterkante ist leicht konkav und kann manchmal ein wenig unregelmäßig sein.

Der torpedoförmige, schlanke und sehr lange Körper der Finnwale ist auf dem Rücken dunkelgrau, silbergrau oder braunschwarz und auf der Bauchseite weiß gefärbt. Hinter dem Kopf befindet sich oft eine weißgraue, winkelförmige Zeichnung, die zu den Blaslöchern zeigt.

Die Körperfärbung weist ein charakteristisches, asymmetrisches Merkmal auf: Die rechte untere Kopfhälfte (rechte Unterlippe, gelegentlich auch die rechte Oberlippe und die Mundhöhle) sowie die rechten vorderen Barten sind weiß. Die übrigen Barten sowie der rechte Unterkiefer sind dunkelgrau. Es wird vermutet, daß diese Färbung mit der von Finnwalen beim Fressen bevorzugten Seitenlage zusammenhängt. Oft ist auf jeder Seite zwischen Kopf und Brustflosse eine variable, blaß grauweiße, winkelförmige Zeichnung sichtbar, die rechts meist stärker ausgeprägt ist.

Die Haut weist oft runde oder streifenartige Narben sowie helle Stellen auf, die möglicherweise von Rundmäulern *(Petromyzon marinus)* und Schiffshaltern stammen. Die helle Bauchseite kann bei Finnwalen, die sich überwiegend in kalten Gewässern aufhalten, gelegentlich durch einen gelblichen Belag mit Diatomeen (Kieselalgen) gefärbt sein. Diese gelbliche Färbung ist auch von Blauwalen bekannt.

Leicht zu verwechseln mit
Finnwale können sehr leicht mit dem etwas kleineren Seiwal, in den Tropen auch mit dem Bryde- und mit kleineren Blauwalen verwechselt werden. Jedoch unterscheiden sich Finnwale deutlich von allen anderen Walen durch die asymmetrische Färbung der rechten Kopfseite und des Rückens. Auch durch ihr völlig gleichgültiges Verhalten Booten gegenüber sind sie von anderen Furchenwalen verschieden. Im Unterschied zum Brydewal verläuft auf dem Kopf nur eine mediane Kopfleiste von den paarigen Blaslöchern zur Schnauzenspitze.

Andere Namen
Gewöhnlicher Furchenwal (deutsch); Finback, Finner, Razorback, Herring Whale (engl.); Rorqual, Rorqual Commun (franz.); Balenottera Comune (ital.); Rorcual Común (span.); Baleia Comum, Baleia Fina, Rorqual, Rorqual de Aleta (port.); Gewone Vinvis (niederl.); Finnhval (norweg.); Sillivalas (finn.); Sillval (schwed.); Finhval (dän.); Nagasu Kujira (japan.); Sel'Dyanoi Kit, Finval (russ.); Ballena de Aleta, Rorcual Común (Lateinamerika).

Bedeutung des wissenschaftlichen Namens
Balaenoptera physalus (Linnaeus 1758) – Der Gattungsname *Balaenoptera* setzt sich zusammen aus dem lateinischen *balaena* für "Wal" und dem griechischen *pteron* für "Flügel", womit die hohe Finne gemeint ist. Die lat. Artbezeichnung *physalus* (= Blase) bezieht sich auf eine eigenartige Verhaltensweise: Finnwale blasen gelegentlich ihre Kehlfurchen auf, was an Kehlsäcke von Fröschen erinnert.

Verhalten
Trotz ihrer immensen Größe sind Finnwale keine plumpen und schwerfälligen Tiere, sondern sehr schnelle Schwimmer. Sie können auch über längere Distanzen mühelos Geschwindigkeiten von mahr als 35 km/h erreichen. Die Tatsache, daß sie damit zu den schnellsten Bartenwalen gehören, brachte ihnen bei den alten Walfängern den Beinamen "Windhunde der Meere" ein.

Finnwale sind nicht sehr gesellig und ziehen meist einzeln oder in kleinen Gruppen von nur 2-7 Tieren durch die Weltmeere. In sehr ertragreichen Nahrungsgebieten sind sie aber schon in Schulen von 100 Tieren gesichtet worden. Diese Gruppenbildung ist nur von kurzer Dauer. Die einzige stabile soziale Beziehung besteht zwischen Mutter und Kalb während der Säugezeit. Oft sind Finnwale mit Blauwalen, gelegentlich Grindwalen und Streifendelphinen vergesellschaftet.

Zahlen & Fakten Finnwal
Länge: 18-22, max. bis 25 m
Gewicht: 45 bis max. 70 t
Lebenserwartung: Etwa 75-90 Jahre
Geschlechtsreife: Mit 6-7 Jahren, ab 17,5-18,5 m Länge
Paarungszeit: Nordhemisphäre: Januar-Februar; Südhemisphäre: Mai-September
Tragzeit: 11 Monate
Geburtszyklus: Alle 2 Jahre
Geburtslänge: Etwa 6 m
Geburtsgewicht: 1-1,5 t
Säugezeit: 11-12 Monate
Tauchtiefe: Bis 300 m
Tauchzeit: 3-10 min
Höchstgeschwindigkeit: Über 35 km/h
Barten: 350-400 je Seite, Länge max. 70 cm
Blas: Hohe, schmale Säule von 5-6 m Höhe
Finne: 70 cm hoch, deutlich sichelförmig
Kehlfurchen: 56-100, enden meist am oder hinter dem Nabel
Gruppengröße: 3-7, in ergiebigen Nahrungsgebieten selten auch bis zu 100 Tiere
Population: Etwa 120.000, der Bestand gilt als gefährdet!

Schnell-Erkennung Finnwal

asymmetrische Kopfpigmentierung (rechte Kopfseite weiß)

auffallend schlanker, langer, torpedoförmiger Körper

hohe, deutlich ausgeprägte, sichelförmige Finne auf der hinteren Körperhälfte

grauweiße, winkelförmige Zeichnung auf den Seiten hinter dem Kopf

5-6 m hoher, schmaler Blas

Finne wird kurz nach dem Blas sichtbar

hebt zum Abtauchen selten die Fluke aus dem Wasser

Booten gegenüber gleichgültig, taucht völlig unvorhersehbar auf

Typisch für Finnwale ist die asymmetrische Kopffärbung: Die rechte Seite ist hell...➤

Allgemein gilt der Finnwal als pelagische Art, die meist außerhalb des Kontinentalschelfs vorkommt und sich nur gelegentlich der Küste nähert, z.B. wenn sie auf der Jagd großen Fischschwärmen folgt.

Untersuchungen an Sender tragenden Tieren vor Südost-Alaska und Grönland ließen ein ganz bestimmtes Atemverhalten und Bewegungsmuster erkennen. Dabei wurde ein Exemplar über eine Strecke von 2.000 km zwischen Grönland und Island verfolgt. Auf seiner Reise machte der Finnwal tagsüber längere Tauchgänge, während er nachts längere Zeit an der Oberfläche verweilte.

Finnwale produzieren laute und für Bartenwale sehr einfach strukturierte, niederfrequente Stöhn- und Grunzlaute, die mit 20-80 Hz nahe an der unteren Grenze des menschlichen Hörvermögens liegen. Töne höherer Frequenz reichen bis 200 Hz und haben vermutlich eine soziale Bedeutung. Obwohl die Fähigkeit der Echoortung bei Finnwalen bisher nicht nachgewiesen wurde, lassen ihre Klicklaute von 16-228 kHz jedoch darauf schließen.

Wenn Finnwale springen, landen sie meist mit einem gewaltigen Platscher auf der Seite. Selten drehen sie sich dabei in der Luft und landen auf dem Rücken. Booten gegenüber sind sie weder scheu noch neugierig, sondern eher gleichgültig. Nicht nur bei der Nahrungsaufnahme, sondern auch auf ihren Wanderungen tauchen sie immer wieder völlig unberechenbar an den unterschiedlichsten Stellen auf. Begegnungen mit dem Boot aus nächster Nähe und besonders unter Wasser sind deshalb sehr selten bzw. fast unmöglich.

Auf jeder Halbkugel wandern die Tiere im jeweiligen Winter in die niedrigeren Breiten und im Sommer in die höheren Breiten. Innerhalb ihrer Verbreitungsgebiete scheinen sie in lockeren Fortpflanzungsgemeinschaften zu leben. Es ist nicht bekannt, wie sehr sich diese Populationen vermischen oder eigenständig sind.

Tauchen

Das Oberflächenverhalten der Finnwale ist kaum zu berechnen. Unter Wasser ändern sie sehr häufig ihre Richtung und tauchen dann völlig unvorhersehbar auf. Als scheue Tiere meiden sie nach Möglichkeit küstennahe Gewässer.

Normalerweise atmen sie 2-5 mal kurz hintereinander, bevor sie für etwa 3-10 min in Tiefen bis zu 200 m abtauchen. Ihre Fluke heben sie dabei fast nie aus dem Wasser. Für tiefere Tauchgänge krümmen sie lediglich ihren Rücken etwas stärker als für einen flachen Tauchgang und heben dabei gelegentlich ihre Fluke aus dem Wasser.

...die linke Kopfseite ist dunkel gefärbt. Azoren, Atlantik. Beide Fotos: Ralf Kiefner

Wenn sie nicht gejagt werden, gleiten Finnwale sehr regelmäßig durch das Wasser und atmen nur selten. Ihre durchschnittliche Schwimmgeschwindigkeit beträgt 9-15 km/h. Wenn sie schnell schwimmen, können sie auch über längere Strecken Geschwindigkeiten von über 35 km/h erreichen.

Je nachdem, wie tief sie waren, tauchen sie meist in einem mehr oder weniger spitzen Winkel zur Wasseroberfläche auf. Hierbei ist die weiße, asymmetrische Färbung der rechten Kopfseite deutlich erkennbar. Die sichelförmige Finne wird kurz nach dem Blas sichtbar. Kopf und Finne erscheinen jedoch nicht gleichzeitig an der Oberfläche.

Nahrung

Als Nahrungsopportunisten haben Finnwale ein sehr breites Beutespektrum. Mit ihren feinen Barten fangen sie bevorzugt kleine, 2-3 cm lange, schwarmbildende Euphausiaceen (Leuchtgarnelen, Krill) und andere pelagische Krebstiere. Sie jagen aber auch kleinere, schwarmbildende Fische wie Hering, Lodde, Makrele, Blauer Wittling sowie Dorsch und Köhler und verschiedene kleine, schwarmbildende Tintenfische.

Wie alle Furchenwale fressen Finnwale im Sommer und fasten im Winter während ihrer Fortpflanzungsperiode. Finnwale haben eine verblüffende Eigenart entwickelt: Zum Fressen drehen sie sich bevorzugt auf die rechte Seite. Eine Erklärung für dieses Verhalten gibt es bisher nicht. Die Ursache für die typische, asymmetrische Kopffärbung der Art hängt wahrscheinlich mit dieser eigenartigen Vorliebe zusammen.

Allgemeine Info

Finnwale sind nach dem Blauwal die zweitgrößten Wale, die jemals unseren Planeten bevölkert haben. Sie wurden zuerst vermutlich von Frederick Martens im Jahre 1675 und von Paul Dudley im Jahre 1725 beschrieben. Auf diesen Beschreibungen beruht die Aufstellung der Art *Balaena physalus* durch Linnaeus im Jahre 1758. Später stellte Lacépède die Gattung *Balaenoptera* zunächst für alle nördlichen Bartenwale auf, die eine Rückenfinne besitzen (griech. *pteron* für Flügel). Der ursprüngliche Name von Linnaeus wurde daraufhin modifiziert und bis heute beibehalten.

Vor Beginn des kommerziellen Walfangs war der Finnwal vermutlich die am weitesten verbreitete Walart. Doch wegen seiner Größe war er, ähnlich wie der Blauwal, für die Walfänger eine begehrte und sehr lohnenswerte Beute, so daß sein Bestand ebenfalls extrem reduziert wurde.

Auf diesem Foto erkennt man deutlich die Spritzwachen vor den Blaslöchern. Ralf Kiefner

Zwar kommen Finnwale in allen Ozeanen vor, doch gibt es mehrere Bestände, die genetisch voneinander isoliert sind. So scheinen z.B. auch die Finnwale im Mittelmeer von der atlantischen Population genetisch abgetrennt zu sein. Die Tiere der Nordhemisphäre sind im Durchschnitt 1,5-2 m kleiner und haben kürzere sowie breitere Brustflossen als die Tiere der südlichen Gewässer. Manche Systematiker sprechen daher von 2 Unterarten: *Balaenoptera physalus physalus* auf der Nordhalbkugel und *B. ph. quoyi* auf der Südhalbkugel.

Das Alter von Finnwalen läßt sich wie bei allen Furchenwalen am besten anhand der Zuwachsschichten der Ohrpfropfen ermitteln. Ihre Lebensdauer beträgt demnach etwa 75-90 Jahre.

Wo & Wann

Finnwale kommen in allen kälteren und gemäßigten Meeren vor. Als einzige Furchenwale kann man sie regelmäßig im Mittelmeer antreffen. Sie bevorzugen tiefes Freiwasser oder tiefe Küstengewässer. Am häufigsten trifft man sie auf der Südhalbkugel und in Gewässern mit gemäßigten Temperaturen an, seltener in den Tropen. In kalten, polaren Gewässern scheint die Eisgrenze die Verbreitung der Art einzuschränken, jedoch trifft man sie dort nicht so häufig an wie Blau- und Zwergwale.

Im jedem Frühjahr ziehen Finnwale zur Nahrungsaufnahme in die kälteren Regionen, im Herbst und im Winter zur Fortpflanzung zurück in wärmere Gewässer. In der Cortezsee (Mexiko) scheint es einige ganzjährig ortstreue Populationen zu geben.

Finnwal, Verbreitung: Weltweit in allen tiefen, küstenfernen Gewässern, meist in gemäßigten Breiten.

JAGDSTRATEGIEN

Fressen, fressen, fressen, damit sind Buckelwale vier Monate im Jahr ausschließlich beschäftigt. Sie sind in ihren Jagdmethoden weit erfindungsreicher als alle anderen Furchenwale und haben hierfür verschiedene, einzigartige Jagdtechniken entwickelt, um selbst Schnell-Schwimmer wie Heringe sehr erfolgreich zu jagen. Ralf Kiefner hat Buckelwale in ihrem "Speisesaal" in Alaska besucht.

Da Buckelwale in ihren Fortpflanzungsgebieten keine Nahrung zu sich nehmen, kommen sie ausgehungert und oft in schlechter Verfassung in ihren Nahrungsgründen an und fangen dort sofort an zu fressen. Für eine möglichst effektive und energiesparende Jagd haben sie verblüffende Jagdstrategien entwickelt. Das sogenannte "Kooperative Fressen" (cooperative feeding) der Buckelwale stellt eine besonders ausgetüftelte und geniale Fangmethode dar. Sie setzt eine gewisse Intelligenz und Kommunikation sowie außerordentliche akrobatische Fähigkeiten voraus. Das "Kooperative Fressen", also die gemeinschaftliche Jagd, ist eine der erstaunlichsten Verhaltensweisen im Tierreich, besonders da sie bisher wenig beschrieben und kaum bekannt ist. Es erweckt auf den ersten Blick den Eindruck eines völligen Chaos. In Wirklichkeit ist es jedoch ein choreografisch genau aufeinander abgestimmtes Manöver. Die Wale einer Gruppe tauchen meist in der gleichen Reihenfolge und Ausrichtung oft über Jahre hinweg miteinander auf.

Erst durch eine Kooperation wird aus einem losen Zusammenschluß von Individuen eine komplexe, soziale Einheit mit einem gemeinschaftlichem Ziel: Die erfolgreiche und möglichst energiesparende Jagd. Durch diese Zusammenarbeit gelingt es den Buckelwalen, Schwärme von viel schnelleren und wendigeren Fischen zusammenzutreiben und zu fangen. Das Weiden im langsamer schwimmenden Krill erfordert dagegen weniger komplexe soziale Handlungen. Da aber die Dichte dieser Krillschwärme stark schwanken kann, so daß sie als Nahrung für Buckelwale nicht immer und vor allem nicht in ausreichender Menge verfügbar sind, mußten die Jagdmethoden verfeinert werden, um den Speiseplan zu erweitern. Außerdem ist der Nährwert von Schwarmfischen beträchtlich größer und somit für Buckelwale, die nur vier Monate im Jahr mit Fressen zubringen, von enormer Bedeutung.

Eine besonders faszinierende Strategie der gemeinsamen Jagd stellt das sogenannte "Netzfischen" (bubblenet feeding) dar. Sobald ein Heringsschwarm geortet wird, stürmen die Buckelwale nicht blindlings auf ihn los, sondern tauchen erst einmal unter dem Fischschwarm durch und ziehen immer enger werdende Kreise. Dabei stößt ein Wal in 15 bis 20 Atemstößen (nicht fortlaufend) Luft aus seinem Blasloch aus. Wenn diese Luftwolke zur Oberfläche steigt, dehnen sich Millionen von kleinen Luftblasen aus, zerteilen sich und erzeugen eine sprudelnde und undurchsichtige Blasenwand. Buckelwale können, je nachdem, wie sie manövrieren und Luft ausstoßen, eine Vielzahl unterschiedlicher Luftblasenfallen konstruieren, z.B. Netze, dichte Vorhänge oder Wolken. Diese Blasenwolken reißen die Fischschwärme einfach zur Oberfläche mit, wo sie dann gefressen werden.

FOTOS: RALF KIEFNER

Das sogenannte "Kooperative Fressen" setzt eine gewisse Intelligenz und Kommunikation voraus.

Buckelwale bilden ein Netz aus Luftblasen, aus dem es für Fische kein Entrinnen mehr gibt. Geräuschvoll sprudelnd hält es den Fischschwarm zusammen. Den Fischen widerstrebt es, gegen vermeintliche Hindernisse zu schwimmen oder eine Blasenwand zu durchdringen. Ist das Netz fertig aufgebaut, tauchen die Wale erneut ab und stoßen inmitten dieser "Blasenröhre" mit weit aufgerissenen Mäulern senkrecht zur Oberfläche durch. Der Durchmesser dieser Röhre variiert sehr stark, je nachdem, wie viele Wale sich an diesem "Kooperativen Fressen" beteiligen. Je nach Nahrungsaufkommen kann ein einzelner Buckelwal ein Blasennetz mit einem Durchmesser von etwa 4 m allein errichten. Wenn eine ganze Gruppe von Buckelwalen daran beteiligt ist, kann das Blasennetz auch bis zu 25 m Durchmesser haben.

Da die Blasenvorhänge bei dieser Jagdtechnik nur zu etwa 30 % angewendet werden, scheinen die gleichzeitig angestimmten Jagdschreie wesentlich wichtiger zu sein. Die "Freßgesänge" der Buckelwale Alaskas wurden über mehrere Sommer hinweg aufgezeichnet und Anfang 2002 ausgewertet. Diese Auswertungen ergaben, daß Buckelwale individuell unterschiedliche Jagdschreie mit einer Dauer von 0,4 bis 8,2 Sekunden ausstoßen (die durchschnittliche Dauer beträgt 2,6 Sekunden). Die Jagdschreie ließen regelmäßig eine kurze

Die hier sichtbaren Barten hängen bei allen Bartenwalen vom Oberkiefer herab und dienen dazu, Nahrungsorganismen aus dem Wasser zu filtern.

Eine besonders faszinierende Strategie der gemeinsamen Jagd der Buckelwale stellt das sogenannte "Netzfischen" dar.

Deutlich sieht man hier den Kreis aus Luftblasen, in dem ein hungriger Buckelwal auftaucht.

Einleitung und ein kurzes Ende (die Bestandteile A und C) erkennen, die beide in der Frequenz deutlich niedriger lagen als der mittlere Hauptteil (B). Der längere Hauptteil bestand im Wesentlichen aus Frequenzen von 360 bis 988 Hz (im Durchschnitt 553 Hz). Dies ist genau der Frequenzbereich, in dem Heringe am empfindlichsten reagieren. Die meisten Unterschiede (über 35%) der Schreie bestanden in ihrer Dauer, ihrer Frequenz und den Schwingungen. Innerhalb von Serien waren die Schreie eher einheitlich mit nur geringen Variationen, während bei den Schreien verschiedener Serien deutliche Unterschiede zu erkennen waren. Außerdem konnten bei überlappenden Schreien, die eindeutig verschiedenen Individuen zuzuordnen waren, deutliche Unterschiede festgestellt werden. Man schließt hieraus, daß Buckelwale individuelle "Freßschreie" ausstoßen, die unverwechselbare charakteristische Merkmale übermitteln, und daß möglicherweise auch gleichzeitig schreiende Tiere mit ungleichen Stimmen das Zusammentreiben der Beute optimieren. Der Sinn dieser speziellen Gesänge, die keine Ähnlichkeit mit den Paarungsgesängen der Bullen in den tropischen Aufzuchtsgebieten haben, ist noch nicht genau geklärt. Als Reaktion auf diese Gesänge rücken jedenfalls die erschrockenen Heringe immer dichter zusammen, bis schließlich die Buckelwale mit ihren scheunentorgroßen, weit aufgerissenen Mäulern dicht an dicht senkrecht nach oben schießen und die Fische verschlingen. Das Meer braust regelrecht wie ein siedender Kessel, wenn die Heringe zu einer brodelnden Masse an die Oberfläche gedrängt werden und zu entkommen suchen. Das Wasser scheint dann nur noch aus zappelnden Heringen zu bestehen. Die Fische, die aus dem Maul der ersten Wale entkommen, geraten automatisch in die Mäuler der unmittelbar folgenden Wale, bis sich deren Bauchfalten grotesk aufblähen. Buckelwale nutzen hierbei eine bewährte Verteidigungsstrategie aller Schwarmfische gezielt zu ihrem Vorteil aus. Bei Gefahr rücken Schwarmfische immer enger zusammen und bilden somit eine dichte Masse aus glänzenden, wuselnden Fischleibern, in der die Angreifer keine Individuen mehr erkennen und gezielt angreifen können. Möglicherweise können Buckelwale die Geräusche von Heringsschwärmen sogar über größere Entfernungen wahrnehmen. Heringe erzeugen weithin hörbare, platschende Geräusche, wenn sie an der Oberfläche nach Nahrung schnappen oder brausende Geräusche, wenn

Die beliebteste Jagd-Technik scheint das "Fressen in seitlicher Vorwärtsbewegung" zu sein.

Sind mehrere Buckelwale am Abendmahl beteiligt, bilden sie eine Freßformation, die "Staffel-Fressen" genannt wird.

ein ganzer Schwarm plötzlich seine Richtung ändert. Es wurde wiederholt beobachtet, daß eine Gruppe von Buckelwalen abrupt wendete, wenn in mehr als 1 km Entfernung ein Heringsschwarm begann, an der Oberfläche nach Nahrung zu schnappen.

Die beliebteste und damit am weitesten verbreitete Jagd-Technik der Buckelwale scheint wohl das "Fressen in seitlicher Vorwärtsbewegung" (lateral lunge feeding) zu sein. Besonders häufig ist dies in den Abendstunden zu beobachten, wenn der Krill dicht unter der Wasseroberfläche treibt. Tagsüber verstecken sich die Krebstierchen zum Schutz vor Räubern in der Tiefe. In der Dämmerung verlassen sie diese und steigen im Schutz der Dunkelheit zur Oberfläche, um sich von Phytoplankton zu ernähren. Meist drehen sich Buckelwale bei der Jagd auf Krill auf die rechte Körperseite und durchpflügen mit weit aufgerissenen Mäulern die Oberfläche. Diese Tendenz, sich nach rechts zu orientieren, beschränkt sich nicht nur auf Buckelwale. Auch andere Bartenwale wie beispielsweise Grauwale und Finnwale drehen sich zum Fressen bevorzugt auf ihre rechte Seite. Das seitliche "lunge feeding" hat bei den Finnwalen sogar zu einer asymmetrischen Kopffärbung geführt. Der Grund für diese Vorliebe ist nicht bekannt.

Sind mehrere Buckelwale an diesem reichlich gedeckten Abendmahl beteiligt, bilden sie eine Freßformation, die "Staffel-Fressen" (echelon feeding) genannt wird. In einer schräg nach hinten versetzten Reihe tauchen sie mit einem solch präzisen Timing nacheinander auf, daß jeder Wal seinem Vorgänger unmittelbar folgt. Manchmal bilden bis zu acht Buckelwale eine diagonale Staffel, in der sie mit weit geöffneten Mäulern durch die Krillsuppe pflügen. In diesem Verband profitieren offenbar die nachfolgenden Wale von der kurzfristig dichter gewordenen Beute, die am Körper des Voranschwimmenden entlangströmt. Daß bei der seitlichen Lage die Hydrodynamik durch das riesige, offene Maul empfindlich gestört wird, scheint dabei eher von Vorteil zu sein. Der Krill wird durch die entstehenden Wirbel für den nachfolgenden Wal gefangen und verdichtet. Oft wird auch der an der Oberfläche treibende Krill durch kräftige Schläge mit der Fluke vor dem Fressen zusätzlich verdichtet, um einen "fetteren Happen" abzugeben.

Die gesamte Nahrungsaufnahme der Buckelwale ist verblüffend konsequent auf die Konzentrierung der Beute auf möglichst engem Raum und damit auf die Minimierung des Energieaufwandes ausgelegt, wenn die Jagd eröffnet wird. In der Freßsaison sind Buckelwale nahezu 24 Stunden am Tag mit der Nahrungssuche in den kalten Gewässern beschäftigt. Pro Tag nehmen sie bis zu 1 Tonne Nahrung zu sich, um genügend Fettreserven für die langen Wanderungen in die Paarungsgebiete anzulegen. Bestimmte Umweltsignale wie Tageslänge, Wassertemperatur und Mondphase sind für den Beginn der Wanderung der Buckelwale zu ihren Paarungs- und Aufzuchtsgebieten in wärmere Meere verantwortlich. Diese Wanderungen können bis zu 19.000 km (Hin- und Rückweg) lang sein und gehören unbestritten zu den längsten Wanderungen von Säugetieren. Fast ein Drittel ihres Lebens verbringen sie damit, die Weltmeere zu durchqueren. Von ihren Nahrungsgebieten vor Alaska oder der Antarktis wandern Buckelwale zu ihren subtropischen Fortpflanzungsgebieten. Die kalten, nahrungsreichen Gewässer decken ihren enormen Kalorienbedarf für das ganze Jahr. Die warmen Regionen der Tropen sind dagegen zum Kalben erforderlich, denn die Kälber verfügen bei der Geburt noch nicht über ein ausreichend vor Kälte isolierendes Fettpolster.

UNTERFAMILIE Buckelwale, Megapterinae
Nur eine Art: Buckelwal, *Megaptera novaeangliae*

Besondere Erkennungsmerkmale dieser Unterfamilie

Buckelwale ähneln zwar im vielen Punkten den übrigen Mitgliedern der Familie Furchenwale, aber wegen zahlreicher anatomischer Unterschiede werden sie von vielen Systematikern in eine eigene Unterfamilie eingeordnet. Obwohl eng verwandt mit den Furchenwalen der Gattung *Balaenoptera,* unterscheidet sich der Buckelwal jedoch deutlich durch den viel kompakteren Körper und die überdimensional langen Brustflossen. Anstelle der sonst bei Furchenwalen üblichen, deutlich abgesetzten Rückenfinne haben Buckelwale nur einen winzig kleinen "Buckel". Ein weiteres auffälliges Merkmal an ihrem breiten Kopf ist eine Reihe von Beulen oder Tuberkeln.

Buckelwal, Humpback Whale, *Megaptera novaeangliae*

Buckelwale sind relativ einfach zu beobachten. Tonga, Südpazifik. Ralf Kiefner

Besondere Erkennungsmerkmale

Die beiden auffälligsten Erkennungsmerkmale von Buckelwalen sind ihr kräftiger, fast tonnenförmiger Körper sowie ihre überdimensional langen, mit Beulen (Tuberkeln) versehenen Brustflossen. Letztere können bis zu 5 m lang werden und haben durch ihre Beulen einen ungleichmäßig geformten Vorderrand. Auch am Kopf und an der Hinterkante der Fluke befinden sich diese charakteristischen Tuberkeln.

Anstelle einer Rückenfinne haben Buckelwale nur einen kleinen, namensgebenden Buckel. Die Fluke besitzt eine ungleichmäßig begrenzte, mit Beulen versehene Hinterkante und ist an der Unterseite individuell verschieden weiß pigmentiert.

Buckelwale gehören zu den aktivsten Großwalen. Besonders spektakulär sind ihre Dreh-Sprünge und das Schlagen mit der Fluke oder den Brustflossen auf die Wasseroberfläche, ihre Gesänge sowie die ausgefeilten Jagd- und Freßstrategien.

Beschreibung

Buckelwale haben im Gegensatz zu allen anderen Furchenwalen einen recht kräftigen, stämmigen Körper. Dies macht sie zum langsamsten Schwimmer unter den Furchenwalen. Im Durchschnitt

Einfach haben es Hawaii-Touristen, dort springen Buckelwale direkt vor den Hotels. Ed Robinson

erreichen sie eine Länge von 13-16, max. bis zu 18 m. Wie bei allen Furchenwalen werden auch bei ihnen die Weibchen größer als die Männchen. Ihr Gewicht beträgt durchschnittlich 35-40 t und kann bis max. 65 t betragen. Die Babys werden mit einer Größe von 4,5 m und einem Gewicht von 1-2 t geboren. Im ersten Lebensjahr verdoppelt sich ihre Größe.

Buckelwale haben von oben betrachtet einen relativ breiten, nach vorne abgerundeten Kopf, der bis zu 30 % der Körperlänge ausmachen kann. Eine abgesetzte Mittelleiste, wie sie alle anderen Furchenwale haben, ist nicht erkennbar. Im Profil gesehen wirkt der Kopf sehr schmal, am Kinn sitzt eine nach unten weisende Vorwölbung.

Auffälligstes Merkmal am Kopf sind eine Reihe von Beulen oder Tuberkeln am Oberkiefer, vor dem paarigen Blasloch und am Unterkiefer. Jede dieser Beulen ist ein golfballgroßes Haarfollikel, aus dessen Mitte ein 1-3 cm langes, grobes Borstenhaar von 0,6-0,8 mm Durchmesser wächst. Möglicherweise haben diese Borsten sensorische Funktionen. Am Kopf und dort besonders auf dem Unterkiefer wachsen oft Seepocken.

Buckelwale haben sehr auffällige, bis zu 5 m lange Brustflossen mit ungleichmäßig geformtem Vorderrand. Diese sind nur am Ansatz zum Körper beweglich. In Bezug auf die Pigmentierung der Brustflossen gibt es eine geographische Besonderheit: Die der atlantischen Buckelwal-Population sind auf Ober- und Unterseite weiß, gelegentlich mit dunkler Pigmentierung; die der übrigen Populationen dagegen sind oberseits gleichmäßig dunkel und unterseits mehr oder weniger weiß.

Anstelle der bei Furchenwalen üblichen, deutlich abgesetzten Finne haben Buckelwale nur einen arttypischen, winzig kleinen, namensgebenden "Buckel". Dessen Form kann von sichel- bis stummelförmig stark variieren. Die Finne wiederum liegt immer auf einem niedrigen, fleischigen Buckel, der im mittleren Körperdrittel ansetzt.

Die Fluke besitzt eine von Beulen begrenzte, ungleichmäßige Hinterkante und ist auf der Unterseite individuell verschieden weiß pigmentiert. Die Pigmentierung bleibt ein Leben lang unverändert, ist so einmalig wie ein menschlicher Fingerabdruck und wird daher zur Identifikation einzelner Individuen herangezogen. In seltenen Fällen ist die Unterseite komplett weiß. Die unregelmäßig geformte Hinterkante ist s-förmig und hat in der Mitte eine deutliche Einkerbung.

Die Färbung der Buckelwale variiert von Individuum zu Individuum sehr stark. Rücken und Seiten sind meist blauschwarz, schwarz oder dunkel- bis hellgrau. Die Unterseite kann komplett dunkel, komplett weiß oder nur teilweise weiß sein.

Rechts: "Half Tail" ist ein geschlechtsreifes Weibchen aus dem Südpazifik. In der Paarungszeit wurde sie wiederholt in Tonga gesichtet. Sie ist leicht zu erkennen, da ihr die komplette rechte Hälfte der Fluke fehlt. Möglicherweise hat sie die fehlende Flukenhälfte in einem Fischernetz, in dem sie sich verfangen hatte, eingebüßt. Der Verlust der halben Fluke scheint "Half Tail" nicht allzu viel auszumachen, denn inzwischen hat sie schon zwei gesunde Kälber erfolgreich großgezogen.

Unten: Die klassische Fluke eines Buckelwals.

Ralf Kiefner

Da Buckelwale zu den langsamen Schwimmern gehören, setzen sich oft Seepocken (ektoparasitische Krebstiere, *Coronula* spp.) an Kopf, Brustflossen und Fluke fest. Im Sommer, wenn die Wale in ihren kalten Freßgebieten sind, ist die Fluke gelegentlich von gelben Flecken überzogen. Diese Flecken werden von Diatomeen (Kieselalgen) verursacht und sind auch von Blau- und Finnwalen bekannt.

Die 12-36 breiten, deutlich sichtbaren Kehlfurchen reichen bis zum Bauchnabel. Die 250-400 Barten sind mit einer Länge von 70 bis über 100 cm und einer Breite von 15 cm relativ lang und breit. Der Blas ist bei einer Höhe von bis zu 3 m sehr auffällig breit und buschig.

Leicht zu verwechseln mit
Dank ihres für Furchenwale recht kräftigen Körpers, ihrer winzigen Finne und besonders wegen ihrer überlangen Brustflossen sind Buckelwale auch aus größerer Entfernung leicht und eindeutig zu identifizieren. Auch durch ihr aktives Oberflächenverhalten sowie die individuelle, weiße Musterung der Flukenunterseite und die Tuberkeln

Die charakteristischen, langen Brustflossen des Buckelwals, deren Vorderkanten mit ektoparasitischen Seepocken (Rankenfußkrebsen) bewachsen sind.
Silver Banks, Dominikanische Republik. Ralf Kiefner

am Kopf sind sie eindeutig von allen anderen Großwalen zu unterscheiden.

Andere Namen
Baleine à Bosse, Mégaptère, Jubarte (franz.); Megattera (ital.); Rorcual Jorobado (span.); Baleia Corcunda, Baleia Jubarte, Baleia de Bossa, Baleia de Corcunda, Baleia Preta (port.); Bultrug (niederl.); Knølhval (norweg.); Ryhävalas (finn.); Knölval (schwed.); Pukkelhval (dän.); Zatô Kujira (japan.); Gorbatyi Kit (russ.); Ballena Jorobada, Yubarta (Lateinamerika).

Bedeutung des wissenschaftlichen Namens
Megaptera novaeangliae (Borowski 1781) – Der wissenschaftliche Name *Megaptera novaeangliae* bedeutet übersetzt "der mit den großen Schwingen aus Neuengland". Der Gattungsname *Megaptera* setzt sich zusammen aus dem lateinischen Wort *mega* für "groß" und dem griechischen Wort *pteron* für "Flügel". Der lat. Artname *novaeangliae* bedeutet "aus Neuengland".

Verhalten
Da sich Buckelwale die meiste Zeit des Jahres in Küstennähe aufhalten und immer wieder die gleichen Plätze aufsuchen, sind die Nahrungs- und Fortpflanzungsgebiete der meisten Buckelwal-Populationen und ihr Verhalten sehr gut bekannt. Über ihr Verhalten ist mehr bekannt, als über das der meisten anderen Walarten. Aufzeichnungen historischer Fangdaten belegen, daß sich diese Wale oft auch entlang des Schelfs in 200-1.500 m aufhalten.

Buckelwale treten meist in lockeren, größeren Schulen auf, die in kleinere Gruppen enger sozialer Beziehungen untergliedert sind. Je nach Nahrungsaufkommen können sich in den Weidegründen kurzzeitig etwa 10-20 Individuen zusammenschließen. Diese Verbände haben keine gefestigte Sozialstruktur, sondern sind rein opportunistische Gruppierungen, die nur vorübergehend durch ein reiches Nahrungsangebot entstehen. Allerdings sollen sich diese "Nahrungsgemeinschaften" alljährlich in gleicher Besetzung wieder treffen. In den Fortpflanzungsgebieten sind meist nur beständige Gruppen aus Mutter und Kalb anzutreffen. Gelegentlich werden diese Mutter-Kalb-Gruppen in den Paarungsgebieten für eine gewisse Zeit von einem oder mehreren Männchen, der sogenannten "Eskorte", begleitet.

Buckelwale sind wohl mit Abstand die aktivsten Großwale, die außerdem wenig Scheu vor Booten zeigen und manchmal sogar ihrerseits auf nicht fahrende Boote zuschwimmen und "Whale-Watching" betreiben. Aus diesem Grund zählen sie zu den unter Waltouristen beliebtesten Walen. Häufig zeigen sie den Beobachtern ihr ganzes Repertoire an Oberflächenaktivitäten: Springen, Fluke- und Brustflossenschlagen sowie "Spyhopping".

Der Jahresplan der Buckelwale ist in 3 Phasen unterteilt, die durch verschiedene Aufenthaltsorte gekennzeichnet sind: **Sommerphase, Wanderphase** und **Winterphase.** Jeder dieser Abschnitte ist mit unterschiedlichen, charakteristischen Verhaltensweisen verbunden.

Sommerphase

Da Buckelwale in ihren Fortpflanzungsgebieten und auf der Wanderung keine Nahrung zu sich nehmen, kommen sie oft ausgehungert und in schlechter Verfassung in ihren Weidegründen an und fangen sofort an zu fressen. Während der nächsten 4 Monate beschränken sich alle Aktivitäten ausschließlich auf den Nahrungserwerb. Jegliches, teilweise auch aggressives Konkurrenzverhalten, das sie in ihren Fortpflanzungsgebieten zeigten, wird nun ersetzt durch kooperatives Verhalten. Es gibt in dieser Zeit grundsätzlich zwei Arten von Kooperation, die in Verbindung mit dem Nahrungsaufkommen stehen:

1. Wechselnde Zusammenschlüsse einzelner Individuen beim Fressen von Krillschwärmen.
2. Feste Zusammenschlüsse beim Fressen von Schwarmfischen. Diese festen Gruppen, deren Besetzung oft über Monate oder gar Jahre gleichbleiben kann, sind notwendig, um schnelle und bewegliche Schwarmfische besser zusammentreiben zu können und möglichst effektiv und mit dem geringsten Energieaufwand zu erbeuten.

Buckelwale haben die verschiedenartigsten, spezialisiertesten und wohl auch effektivsten Jagdstrategien aller Bartenwale entwickelt. Die beeindruckendste und wohl auch spektakulärste dieser Jagdtechniken ist zweifellos das "Luftblasennetz-Fischen" (bubble net feeding). Hierbei umkreist meist ein Buckelwal einen Krill- oder Fischschwarm in der Tiefe und stößt dabei Luftblasen aus. Die aufsteigenden Luftblasen bilden eine "Röhre", die den Fischschwarm umgibt und wie in einem Netz gefangen hält. Durch diese Luftblasen-Röhre tauchen dann ein oder mehrere Buckelwale gemeinsam senkrecht, mit weit geöffneten Mäulern auf und durchstoßen die Wasseroberfläche. Für den eingeschlossenen Fischschwarm gibt es kein Entkommen aus dieser Röhre. Je nach Größe des Schwarms und der Anzahl der an der Jagd beteiligten Buckelwale kann diese "Röhre" einen Durchmesser von bis zu 25 m haben.

Grundsätzlich gibt es zwei verschiedene Arten des Freßverhaltens bei Buckelwalen:

1. Die für Bartenwale allgemein übliche Jagdmethode, die als "Schöpffiltern" bezeichnet wird. Sie kommt ohne besondere Strategien wie z.B. Luftblasennetz-Fischen aus und zielt hauptsächlich auf langsam schwimmenden Krill ab. Dabei schwimmen die Wale mit weit geöffnetem Maul durch nahrungsreiches Wasser. Diese Methode eignet sich am besten für geringe Nahrungsdichten.
2. Die für Furchenwale übliche Form des "Schluckfilterns". Durch die dehnbaren Kehlfurchen können riesige Nahrungsmengen auf einmal ins Maul aufgenommen werden. Dabei nehmen die Wale portionsweise große Mengen an Nahrung und Wasser auf und schließen zwischendurch immer wieder das Maul. Diese Methode eignet sich besser für ein dichtes Nahrungsangebot und schnell schwimmende Beute.

Erst seit geraumer Zeit ist bekannt, daß Buckelwale in ihren Nahrungsgebieten regelrechte "Jagdgesänge" anstimmen. Möglicherweise erleichtern diese Gesänge, die keine Ähnlichkeit mit den Paarungsgesängen der Männchen in den Paarungsgebieten haben, das Zusammentreiben der Fischschwärme.

Wanderphase

Das Wanderverhalten der Buckelwale besteht darin, den jeweiligen Sommer in den kühlen arktischen bzw. antarktischen Freß- und Weidegründen zu verbringen. Am Ende der Nahrungssaison wandern sie zu ihren winterlichen Paarungs- und Aufzuchtsgebieten in wärmere Gewässer. Die Wanderungen einiger Populationen können bis zu 19.000 km (Hin- und Rückweg) lang sein und gehören daher zu den längsten Wanderungen aller Säugetiere. Auf ihren Wegen von den Nahrungsgründen zu den Fortpflanzungsgebieten nehmen die Wale keine Nahrung zu sich.

Die Schwimmgeschwindigkeit während der Wanderungen schwankt zwischen 3 und 15 km/h. Bei Gefahr und wenn sie gejagt werden, können Buckelwale kurzzeitig eine Maximalgeschwindigkeit von bis zu 27 km/h erreichen. Die Geschwindigkeit der Weibchen ist auf dem Weg von den Paarungsgebieten zu den Weidegründen wegen ihres Nachwuchses etwas langsamer als in der umgekehrten Richtung.

Winterphase

In den Wintermonaten der jeweiligen Hemisphären versammeln sich die Buckelwale in flachen, subtropischen Gewässern mit Temperaturen von 24-28 °C, um sich zu paaren bzw. um Junge zur Welt zu bringen und sie aufzuziehen. Bei diesem 4-monatigen Aufenthalt nehmen sie keine oder fast keine Nahrung zu sich; nur sehr selten konnte bisher eine gelegentliche geringe Nahrungsaufnahme beobachtet werden. Während dieser Zeit wird das Verhalten der Weibchen ausschließlich durch die Fürsorge für ihren Nachwuchs geprägt. Das Verhalten der Männchen wird dagegen von Imponiergehabe, Werbeverhalten und Rivalität bestimmt. In den Paarungsgebieten sind unter den Bullen oft heftige und aggressive Streitigkeiten um die Weibchen zu beobachten. Die Bullen kämpfen erbittert um das Begleitrecht eines brünstigen Weibchens, wie eine bestätigte Beobachtung vom 9.2.1996 vor Lahaina (Maui, Hawaii) beweist. Nach dieser Beobachtung muß eine Gruppe von 4 Männchen so erbittert um ein Weibchen gekämpft haben, daß eines der Männchen dabei getötet wurde.

Das Rivalitätsverhalten unter männlichen Buckelwalen ist am besten zu beobachten, wenn zwei oder mehrere Bullen um den Zugang zu einem Weibchen konkurrieren. Ihr Konkurrenzverhalten besteht aus Aktivitäten wie Flukeschlagen, Anrempeln und Ausblasen von Luft unter Wasser. Dabei können regelrechte Luftblasenbänder erzeugt werden. Die Bullen versuchen, dem Weibchen möglichst nahe zu kommen und eine sogenannte "Eskorte" zu bilden. Diese Position versuchen sie dann möglichst lange, oft bis zu 7 Stunden, beizubehalten. In vielen Fällen weisen eskortierende Bullen blutende Wunden auf, die durch heftigen Körperkontakt mit rivalisierenden Männchen entstanden sind.

Die zeitliche Begrenzung dieser Zusammenschlüsse und die fehlende Kommunikation zwischen geschlechtsreifen Bullen lassen auf ein polygynes Paarungsverhalten schließen. Dabei kämpft ein Männchen um ein bestimmtes Weibchen und versucht, seine Rivalen möglichst auf Distanz zu halten. Beide Geschlechter paaren sich danach mit mehreren Partnern. Dieses Paarungsverhalten ist typisch für Arten mit relativ kleinen Hoden.

Die Sprünge von Buckelwalen, die in den Fortpflanzungsgebieten meist als Imponiergehabe gedeutet werden, sind besonders imposant. Sie katapultieren ihre gewaltigen Körper häufig komplett aus dem Wasser und vollführen dabei meist eine elegante Pirouette mit weit ausgebreiteten "Armen" (Brustflossen), bevor sie laut auf das Wasser klatschen.

Ein Schnorchler, der in unmittelbarer Nähe eines springenden Buckelwals im Wasser war, machte folgende Beobachtung: Der Wal vollführte auch schon vor dem Sprung, also sozusagen beim Anlauf unter Wasser, eine Drehung um die eigene Achse. Er hatte auch seine Brustflossen unter Wasser schon weit ausgebreitet und setzte sie als Steuerung für die Drehung ein.

Manchmal springen Buckelwale auch nur zur Hälfte aus dem Wasser und klatschen mit der Bauchseite auf. Wenn die Sprünge gegen Rivalen gerichtet sind, gelten sie diesen gegenüber als Drohung oder Imponiergehabe. Auch wenn die Fluke oder die Brustflossen gegen den Nebenbuhler gerichtet werden und hoch aus dem Wasser gehoben werden bzw. heftig auf das Wasser klatschen, wird dies als Aggressionsverhalten gedeutet.

Besonders oft sind diese Aktivitäten in den Paarungsgebieten, auffallend häufig zur Mittagszeit sowie bei Wind und rauher See zu beobachten. Möglicherweise ersetzen die dadurch erzeugten

Zahlen & Fakten Buckelwal

Länge: 13-16, max. 18 m
Gewicht: 35-40, max. bis zu 65 t
Lebenserwartung: Etwa 40-60 Jahre
Geschlechtsreife: Mit 4-5 Jahren, ab 11 m
Paarungszeit: Auf Nord- und Südhemisphäre jeweils im Winter
Tragzeit: 11,5 Monate
Geburtszyklus: Alle 1-3 Jahre
Geburtslänge: 4,5 m
Geburtsgewicht: 1-2 t
Säugezeit: 10,5-11 Monate
Tauchtiefe: Selten mehr als 50 m
Tauchzeit: 15-30 min
Höchstgeschwindigkeit: Bis zu 27 km/h
Barten: 250-400 auf jeder Seite, relativ lang (70-100 cm) und breit (15 cm).
Blas: Sehr auffällig, breit und buschig, 3 m hoch
Kehlfurchen: 12-36, in breitem Abstand zueinander, reichen bis zum Nabel
Brustflossenlänge: 5 m
Gruppengröße: In Paarungsgebieten 1-3 Tiere, in Nahrungsgebieten sind häufig sogenannte Jagdgemeinschaften aus bis zu 20 Exemplaren möglich
Population: Weltweit auf etwa 10.000-15.000 geschätzt, Bestand gilt als gefährdet!

Schnell-Erkennung Buckelwal

Beulen an Kopf und Unterkiefer

auffallend lange Brustflossen

Flukenunterseite individuell weiß pigmentiert

unregelmäßige, wellige Flukenhinterkante

kleine, stummelige Rückenfinne auf Buckel

kräftiger Körper

Fluke wird beim Abtauchen hoch aus dem Wasser gehoben

buschiger Blas

oft neugierig

sehr oberflächenaktiv

Die imposanten Sprünge der Buckelwale sind oft Imponiergehabe. Alaska. Ralf Kiefner

Laute eine vokale Kommunikation, die bei starken Meeresgeräuschen (Wellen) besser und weiter zu hören sind.

Brautwerbungs-Gesänge werden in den Paarungsgebieten ausschließlich von Männchen vorgetragen, wenn sie alleine sind. Mit diesen Paarungsgesängen versuchen die Männchen offensichtlich, den Weibchen zu imponieren. Ein solches "Lied" besteht aus einer komplexen Serie von Lauten in einem weiten Frequenzbereich und kann zwischen 6 und 30 min dauern. Die verschiedenen Laute dauern manchmal nur wenige Sekunden, zusammengenommen ergeben sie aber ein wiedererkennbares Muster. Die Beschreibung dieser Laute reicht von "Schnarchen", "Stöhnen", "Grummeln" und "Brummen" bis zu "Pfeifen", "Uhs", "Ohs", "Uihs", "Oihs" und "Ahs". Die Gesänge können unter Wasser bis zu 30 km weit gehört werden.

Die Buckelwale in einer Region stimmen weitgehend ähnliche Gesänge an, die von Jahr zu Jahr nur geringfügig verändert werden. Einige Teile aus den "Liedern" der Vorsaison werden weggelassen, andere werden übernommen und neue Kompositionen eingefügt. Beobachtungen von Payne und Guinee ergaben schon 1983, daß Tiere aus verschiedenen Fortpflanzungsgebieten (Hawaii und Kalifornien) gleiche Gesangsmuster aufwiesen, obwohl sie 4.800 km voneinander entfernt waren. Zwei Jahre später wiesen die Mitglieder beider Populationen ähnliche Änderungen in ihren Gesängen auf. Die Walforscher Darling und Jurasz schlossen daraus, daß in den gemeinsamen Sommergründen beider Populationen ein gewisser Austausch zwischen den Tieren stattfinden muß und der Gesang durch Lernprozesse verändert wird.

Tauchen

Buckelwale nehmen ihre Nahrung meist von dicht unter der Wasseroberfläche bis max. 50 m Tiefe auf. Ihre Tauchgänge dauern meist nicht länger als 15 min, in den Überwinterungsgebieten kann die Tauchzeit auch bis zu 30 min betragen. Danach atmen sie 4-8 mal in Intervallen von 15-30 sec kräftig durch. Zum Abtauchen heben sie sehr oft ihre Fluke hoch aus dem Wasser, so daß deren Unterseite sichtbar wird. Wissenschaftler nutzen die individuelle Pigmentierung der Flukenunterseite, die so einzigartig ist wie ein menschlicher Fingerabdruck, zur Identifizierung der einzelnen Exemplare.

Nahrung

Die groben Barten der Buckelwale eignen sich nur sehr schlecht dazu, kleine Planktonorganismen auszufiltern. Die von den Buckelwalen bevorzugte Nahrung besteht deshalb, im Gegensatz zu allen anderen Furchenwalen, mehr aus kleinen Schwarmfischen und größerem Zooplankton.

Die Hauptnahrung der Buckelwale besteht aus Euphausiaceen (Leuchtgarnelen) und Schwarmfischen (z.B. Hering, Lodde), die sie zu riesigen Schwärmen zusammentreiben und in sehr großen

Ein Männchen entläßt einen Luftblasenstrom, um ein Weibchen von unten anzubalzen.

Bereits während der Balz wird der Penis des männlichen Buckelwals ausgefahren.
Beide Fotos von Hawaii. Doug Perrine
Rechte Seite: Buckelwale singen auch im Kopfstand, wie der Fotograf deutlich hören konnte.
Foto von den Silver Banks, Dominikanische Republik. Howard Hall

Mengen regelrecht in ihr Maul einschaufeln. Gelegentlich gehören auch Sandaale, Makrelen, Dorsche und Lachse auf ihren Speiseplan. In den Mägen einiger Buckelwale wurden sogar schon Vögel gefunden, die wohl aus Versehen beim "Lunge Feeding", also beim Springen mit offenem Maul, verschluckt wurden.

Allgemeine Info

Die beiden ersten wissenschaftlichen Namen für diese Art sind der aus dem Jahre 1780 von Fabricius *(Balaena boops)* und der aus dem Jahre 1781 von Borowski *(Balaena novaeangliae)*. Erst im Jahre 1846 erhielt diese Art von Gray ihren eigenen, heute gültigen Gattungsnamen *Megaptera*.

Es gibt eine nördliche und eine südliche Population, die als eine Art betrachtet werden. Die Tiere beider Populationen unternehmen Wanderungen von ihren arktischen bzw. antarktischen Weidegründen zu den tropischen Paarungs- und Aufzuchtsgebieten. Dabei treffen oder vermischen sich die beiden Populationen jedoch wegen der auf den beiden Hemisphären unterschiedlichen Jahreszeiten nicht.

Zu Walfangzeiten wurden Hunderttausende von Buckelwalen erlegt. Obwohl sich ihr Bestand inzwischen recht gut erholt hat geht man davon aus, daß nur ein Bruchteil der ursprünglichen Population überlebt hat.

Das Alter von Buckelwalen läßt sich wie bei allen anderen Furchenwalen am besten anhand der Zuwachsschichten der Ohrpfropfen ermitteln. Ihre Lebensdauer beträgt demnach etwa 40-60 Jahre.

Wo & Wann

Buckelwale sind sehr weit verbreitet, in allen Weltmeeren auf beiden Hemisphären vom Äquator bis zu den arktischen bzw. antarktischen Gewässern zuhause und meist in Küstennähe anzutreffen. Sie unternehmen jährliche Nord-Süd/Süd-Nord-Wanderungen, bei denen sich die Nord- und Süd-Populationen nicht vermischen. Die jeweiligen Sommermonate verbringen sie zum Fressen in den entsprechenden arktischen bzw. antarktischen nährstoffreichen Kaltwasser-Regionen:

- Im nördlichen Atlantik: Gulf of Maine (Neuschottland), Labrador (Neufundland, Kanada) und West-Grönland.
- Im nördlichen Pazifik: Alaska.
- Auf der Südhemisphäre: Antarktische Gewässer.

Buckelwale sind für ihre langen, saisonalen Wanderungen zu den winterlichen Paarungs- und Aufzuchtsgebieten bekannt:

- Nördlicher Atlantik: Karibik, die bekannteste und größte Buckelwal-Population im Atlantik findet sich regelmäßig Dezember-April bei der Dominikanischen Republik (Samana Bay, Silver Banks) und Puerto Rico ein. Juli-Dezember 2001 sind an der Südküste Irlands Buckelwale beobachtet worden.
- Nördlicher Pazifik: Von Dezember bis April um Hawaii.
- Südhemisphäre: In den Monaten Juni-Oktober versammeln sich Buckelwale in den geschützten Buchten vieler Südsee-Inseln sowie um Australien, bei den Abrolhos-Inseln (Brasilien) und an den Küsten Mozambiques, Tansanias sowie Madagaskars.

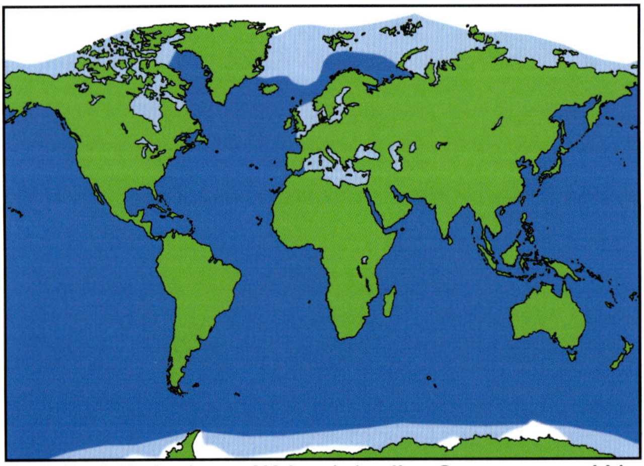

Buckelwal, Verbreitung: Weltweit in allen Ozeanen, sowohl in tropischen als auch küstennah in polaren Gewässern.

Eine Ausnahme bildet eine kleine Gruppe von Buckelwalen nördlich des Äquators im Indischen Ozean. Diese Gruppe kann wegen der asiatischen Landmasse nicht nach Norden wandern. Sie bleibt daher entweder ganzjährig am Äquator oder überquert als einzige Population den Äquator und zieht in die höheren Breiten der Südhemisphäre. Einige Tiere dieser Population werden gelegentlich im Roten Meer gesichtet. Siehe auch BARRIERE IM NORDEN auf den Seiten 58-60.

LAS BALLENAS JOROBADAS

In den tropisch warmen Gewässern der Dominikanischen Republik überwintern, gebären und paaren sich die meisten der Buckelwale des Nordatlantiks. Somit kann man diese Karibikinsel guten Gewissens als die Heimat der '*ballenas jorobadas*' bezeichnen. Der Reisebuchautor und Tauchlehrer Bernd Peyer schildert eine Begegnung mit ihnen und weist auf die dort geltenden Verhaltensregeln bei der Walbeobachtung hin.

FOTOS: BERND PEYER

Die Bucht von Samaná, Ziel der nordatlantischen Buckelwale nach langer Wanderung aus nordischen Gewässern.

"Wal bei 3 Uhr voraus!" Alle Augen wandern nach Steuerbord und suchen den Horizont nach Anhaltspunkten ab, die üblicherweise die Anwesenheit eines der sanften Riesen von Samaná verraten. "Da bläst er wieder!" Dieses Mal sieht es jeder. Zwei oder drei Atemwolken, dünnen Rauchfahnen ähnlich, steigen in einiger Entfernung hoch. Unser Skipper hält darauf zu. Dann drosselt er die Maschine, damit das Schiff fast geräuschlos über die Samanábucht gleiten kann.

Urplötzlich tauchen zwei glänzend schwarze Körper Seite an Seite aus der Tiefe auf, scheinen in den blauen Himmel hineinzuwachsen, krachen gegeneinander und sinken in ihr Element zurück, eine Detonation weiß schäumender Gischt verursachend. Das Schauspiel dauert nur wenige Sekunden, und mir ist, als habe ich die Geburt und den Untergang einer vulkanischen Insel erlebt. "Das waren Mitglieder einer Junggesellengruppe", erläutert unsere Walexpertin an Bord. "Offenbar zwei Bullen, die um die Gunst einer Gefährtin kämpfen."

Jetzt überholen uns auch die übrigen Angehörigen der Herde. Ihre leicht gewinkelten, narbigen Buckel beschreiben einen Bogen über der spiegelglatten See, die ähnlich geformten grünen Hügel der Halbinsel dahinter für einen Augenblick zur Bedeutungslosigkeit verurteilend, um dann wieder zu versinken - alles in einer einzigen fließenden Bewegung. Hier und da kondensiert die von den Tieren ausgeatmete Luft zu einer zwei Meter hohen Fontäne aus Wasserdampf. Dieser 'Blas' gleicht weißen Nebelschleiern, die der Wind in unsere Gesichter weht. Wenn die riesigen Meeressäuger abtauchen, bleibt nichts weiter zurück als ein kreisrunder, schaumgekrönter Strudel, der nach und nach zur Ruhe kommt und sich wieder auflöst.

Scheinbar haben wir zur Walbeobachtung vor Samaná genau den richtigen Tag gewählt, einen Tag mit sanfter Dünung und wolkenlosem Himmel. Auf dem Weg von der kleinen, abgelegenen Pier hierher gibt uns die meeresbiologisch kundige Leiterin des Bootsausflugs Informationen zur Lebensweise der Buckelwale und erzählt stolz, daß die meisten der nordatlantischen Vertreter dieser Art *(Megaptera novaeangliae)* echte 'Dominicanos' sind. Etwa 85 % des im Nordatlantik lebenden Buckelwalbestandes (circa 10.000 Exemplare, die man hier *ballenas jorobadas* nennt) verbringen die Wintermonate zwischen Mitte Januar und Mitte März nach einer langen Wanderung von Island und Grönland via Neuengland

HOWARD HALL

Bodennah taucht ein Buckelwal ab. Man erkennt auf dem Foto die für die Karibik typischen Hornkorallen.

kommend in den warmen karibischen Gewässern. Zu ihren bevorzugten Paarungs- und Gebärplätzen vor Ort gehören die unzugänglichen Silberbänke (Banco de la Plata), eine langgezogene Untiefe etwa 150 km nordöstlich von Puerto Plata, und die Samanábucht, der größte geschützte Naturhafen der gesamten Karibik.

"Hier geht es ungefähr so zu wie auf einem Ball der einsamen Herzen, wo jeder scharf auf eine Verabredung ist", kommentiert unsere Leiterin. Wenn sie um Geschlechtspartner konkurrieren, geraten die normalerweise verträglichen Leviathane derart außer Rand und Band, daß sie sich sogar zwischen andere Paare drängeln und tollkühne Luftsprünge vollführen, wobei sie gelegentlich gut zwei Drittel ihrer massigen Körper über die Wasseroberfläche wuchten.

Unser Gefährt passiert Cayo Levantado, fälschlicherweise als die 'Baccardi-Insel' bekannt, und steuert auf den Eingang der Bucht zu. Es dauert nicht lange, und jemand sichtet wieder einen 'Blas', dieses Mal an Backbord. Etwas, das aussieht wie ein übergroßes, mit dem Wind treibendes Blatt, entpuppt sich als Brustflosse eines verspielten Buckelwalkalbs, das unter den wachsamen Augen seiner Mutter im Wasser planscht.

Ungeachtet der zerbrechlichen Kreaturen, die sich an Bord des Schiffes ihre dürren Hälse verrenken und mit seltsamen Geräten ein merkwürdiges Klickkonzert veranstalten, das ganz anders als die geheimnisvollen Gesänge ihrer eigenen Art klingt, schubst die Walkuh ihren Sprößling vorwärts in Richtung offene See. Erst nachdem beide meinem Blick entschwunden sind, kommt mir zu Bewußtsein, daß ich völlig vergessen habe, den Auslöser meiner eigenen Kamera zu betätigen.

Als unser Schiff wieder seinem Heimathafen zustrebt und sich die meisten Passagiere sonnenbadend an Deck ausstrecken, sitze ich noch immer wie gebannt an der Bugspitze, den Blick auf das Wasser geheftet. Irgendwie ahne ich, daß noch etwas geschehen wird - ich muß nur warten. Und tatsächlich: Wir befinden uns etwa auf der Höhe von Cayo Levantado, da schiebt sich steuerbords, keine 50 m von der Stelle entfernt, wo meine Beine über den Decksrand baumeln, der gewölbte Rücken eines alten Einzelgängers aus der spiegelnden See. Der Wal buckelt und präsentiert, gerade als ich denke, es sei alles vorüber, wie zum Abschied winkend seine kolossale Fluke - einen Wimpernschlag lang wie eingefroren vor der Himmelskulisse. Das einprägsame Schwarzweißmuster dieser Schwanzflosse ist individuell verschieden, ein persönliches Markenzeichen eines jeden Buckelwals, das unverwechselbar wie ein Fingerabdruck ist.

Soeben will ich auf den Auslöser drücken, da überfällt mich plötzlich eine beunruhigende Vision. Ein Mann (bin ich es?) steht am Bug eines Schiffes, doch statt eines Fotoapparates hält er eine Harpune aus schimmerndem Stahl in den Händen. Als ich wieder durch den Sucher blicke, ist die Bucht leer.

Später am Nachmittag, ich trinke gerade eine Tasse Kaffee in einem der Restaurants auf dem Malecón, werde ich Zeuge einer angeregten Diskussion unter ein paar jungen Meeresbiologen, die ich zuvor schon auf dem Walbeobachtungsschiff bemerkt hatte. Einer fragt zweifelnd in die Runde, ob

Würde sich der geneigte Leser mit einem solch kleinen Samaná-Gefährt zur Walbeobachtung hinauswagen?

derartige Unternehmungen den bedrohten Tieren nicht schadeten. Er verweist darauf, daß der Rummel, den 'whale watchers' im Alenuihaha-Meeresarm zwischen Maui und Hawaii veranstalten, den Rückgang der dortigen nordpazifischen Walbestände nach sich gezogen habe. Wie er meint, verursachen solche Störungen gewiß Verhaltensirritationen, insbesondere während der überlebenswichtigen Paarungszeit. Einer seiner Kollegen stimmt grundsätzlich zu, doch glaube er nicht, daß Verbote das Problem lösen können. Einen Wal in seinem Element bewundern zu können sei, so argumentiert er, ein sehr bewegendes Erlebnis, das nicht allein dem Walschutz Sympathien eintrage, sondern allgemein den Naturschutzgedanken festige. 'Walparties' sollen von ausgebildeten Führern geleitet werden und unter der Kontrolle geeigneter Institutionen stattfinden. Außerdem könne er sich Walbeobachtungsfahrten durchaus als kommerzielle Alternative zur Waljagd vorstellen.

Eine heikle Frage! Walbeobachtungen werden in der Samanábucht noch nicht sehr lange fachmännisch durchgeführt, die einheimischen Besitzer von Motorbooten jedoch haben die Chance, daraus Gewinne zu schlagen, rasch erkannt. Wird es gelingen, ihnen beizubringen, daß nur durch organisierte Fahrten auf größeren Schiffen, womöglich unter ausländischer Leitung, die wirtschaftliche Ausschöpfung dieser Touristenattraktion erlaubt sein soll? Eine Kontrolle der 'wilden' Walbeobachtung dürfte nur klappen, wenn man die vielen Fischer aus Samaná, die übrigens stolz darauf sind, keine Waljagd-Tradition zu pflegen, auf irgendeine Weise in das Konzept einbindet.

Genau das ist eines der Ziele des *Centro para la Conservación y Ecodesarrollo de la Bahía de Samaná y su Entorno, Inc.* (CEBSE), einer lokalen Organisation, die aktiv für die Erhaltung und ökologisch verträgliche Nutzung des natürlichen Reichtums in Samaná und Umgebung eintritt. Mit ihrer Hilfe wurden von der Regierung folgende Regeln für die Walbeobachtung aufgestellt: Walbeobachtungsfahrten können nur mit einer Genehmigung der *Dirección Nacional de Parques* (staatliche Leitstelle der Naturparks) stattfinden. Nur jeweils ein großes (über 9 m langes) und zwei kleinere (weniger als 9 m lange) Boote dürfen sich einem Wal oder einer Walgruppe zur gleichen Zeit nähern. Ein Mindestabstand von 80 m zu den Tieren muß eingehalten werden, während wartende Schiffe sich in 500 m Entfernung aufhalten. Sobald die vorgeschriebene Entfernung erreicht ist, soll das Schiff im Leerlauf driften (der Motor darf nicht ausgeschaltet werden). Die maximale Dauer der Beobachtung einzelner Tiere oder Gruppen darf 30 Minuten nicht überschreiten, und die erlaubte Höchstgeschwindigkeit im Gebiet jenseits der Insel Cayo Levantado beträgt 5 Knoten. Schließlich ist es jedem Passagier **strengstens verboten,** in der Nähe von Walen zu schwimmen oder zu tauchen. Letzteres ist sicherlich nicht nur zum Schutz der liebestollen 30-Tonner gedacht!

Eines ist ganz sicher: Die Zahl der Urlauber, die Buckelwale sehen wollen, wird zunehmen. Als ich den Blick über die vielen, in der Bucht von Samaná ankernden Motorboote und Segeljachten schweifen lasse, frage ich mich, wie groß der Unterschied zwischen dem Mann mit der Kamera und dem mit der Harpune wirklich ist.

AUGE IN AUGE

Obwohl Wale gegenüber Schnorchlern eher scheu sind, kommt es gelegentlich zu unerwarteten, sehr intensiven und vertrauensvollen Begegnungen mit ihnen. Ralf Kiefner durfte einen dieser "magic moments" sozusagen Auge in Auge mit einem Südlichen Glattwal im Golfo Nuevo vor der Küste Patagoniens (Argentinien) erleben.

FOTOS: RALF KIEFNER

Auge in Auge mit einem Südlichen Glattwal *(Eubalaena australis)*: Ich bin wie in Trance, gefangen in Zeit und Raum.

"Er scheint mit uns spielen zu wollen", denke ich, als der Südliche Glattwal unvermittelt direkt neben meinem Schlauchboot auftaucht. Langsam gleite ich in das kalte Wasser. Der Atem bleibt mir fast stehen, als ich drinnen bin, 10 °Celsius sind wirklich kein Pappenstiel. Doch noch bevor ich es mir anders überlegen und zurück ins Boot klettern kann, kommt der Wal auch schon aus dem trüben Wasser ruhig auf mich zugeschwommen und beäugt mich neugierig aus einigen Metern Entfernung. Ganz langsam schwimmt er an mir vorbei und zeigt sich in seiner ganzen, imposanten Länge. Immer dichter kommt er heran. Unter Wasser erscheint er noch viel größer. Plötzlich sehe ich das Ende seiner riesigen, etwa 6 Meter breiten Fluke direkt auf mich zukommen. Der Wal quittiert meine unbeholfenen Ausweichversuche mit einer eleganten Bewegung der Fluke knapp unter mir hindurch.

Nachdem wir so einige Minuten umeinandergeschwommen sind, kommt er nun direkt auf mich zu. Ich versuche vergeblich, vor ihm davonzuschwimmen. "Hat er mich denn nicht bemerkt? Weiß er denn nicht, daß ich hier direkt vor ihm bin?" durchzuckt es meine Gedanken. Als der riesige Kopf nur noch 2 Meter von mir entfernt ist, versuche ich, einem Zusammenstoß auszuweichen, indem ich so schnell ich kann nach rechts schwimme. Vergeblich. Der Wal hat mein Ausweichmanöver bemerkt und schwimmt nun in meine Richtung weiter, direkt auf mich zu. Also versuche ich, zur anderen Seite zu entkommen. Aber wieder vergeblich.

Plötzlich bekomme ich Angst, und mein Herz schlägt vor Aufregung bis zum Hals. Ungefähr 40 Tonnen Lebendgewicht sind auf direktem Kollisionskurs mit mir, und Ausweichen erscheint unmöglich. Der Walkopf ist jetzt nur noch eine Armlänge von mir entfernt. Deutlich erkenne ich die stoppelartigen "Barthaare" auf dem Unterkiefer. Um eine Kollision zu verhindern, bleibt mir nichts anderes übrig, als meine Hand nach dem Riesen auszustrecken und zu versuchen, ihn so auf Distanz zu halten. Ich berühre seinen Unterkiefer. Mit allem habe ich gerechnet, daß er sich erschreckt oder plötzlich zur Seite ausbricht, aber nicht damit, daß er unbeirrt weiterschwimmt und mich langsam vor sich herschiebt.

Seine ruhigen, sanften Bewegungen beruhigen mich etwas. Meine anfängliche Angst ist nun einem Gefühl völliger Vertrautheit und Sicherheit gewichen. Ich glaube, der Wal scheint meine Anwesenheit genauso zu genießen wie ich seine. Er rollt sich direkt neben mir auf den Rücken. Dabei kann ich sehen, wie er mir mit seinem Auge zuzwinkert. Will er mir etwas sagen?

Deutlich sehe ich, wie das kleine Auge jetzt neugierig hin und her wandert. Der Wal scheint mich von oben bis unten genau zu betrachten. Immer noch ist sein Kopf nur eine Armlänge von mir weg. Aber diesmal ist sein braunes Auge dicht neben mir, deutlich kann ich den typischen Seepockenbewuchs darüber sehen.

Unsere Blicke treffen sich. Für einen Moment bin ich gefangen in Raum und Zeit. Der sanftmütige Blick strahlt eine unglaubliche Wärme aus. "Was er jetzt wohl denkt", geht es mir durch den Kopf. Ich erwidere den Blick des Riesen mit großem Respekt und Bewunderung. Ich hoffe, er hat es verstanden, denn nie wieder habe ich eine solche Begegnung gehabt.

Neugierig betrachtet der Wal nun sein Spiegelbild im Objektiv meiner Kamera. Fast hätte ich vergessen, ein Foto zu machen. Ganz ruhig, so als gäbe es nur uns beide auf dieser Welt, stelle ich die Entfernungseinstellung auf 0,3 m ein und halte das 15 mm Weitwinkelobjektiv direkt vor sein Auge. Sein Spiegelbild scheint ihn wirklich sehr zu interessieren. Ich kann sehen, wie die Augenbewegungen immer langsamer werden. Er scheint sich jetzt ganz auf sich selbst und sein Spiegelbild zu konzentrieren. Ich lasse ihm Zeit, sich ausgiebig zu betrachten. Erst nach einer ganzen Weile wandert sein warmer, gutmütiger Blick wieder zwischen mir und der Kamera hin und her, so als wollte er sagen: "Nun mach schon." Völlig bewegungslos liegt er neben mir. Erst jetzt mache ich ein Foto vom Kopf.

Etwa 40 Tonnen Lebendgewicht sind auf direktem Kollisionskurs.

Als ich schließlich völlig durchgefroren das Wasser verlassen will und zurück zu meinem Schlauchboot schwimme, scheint mein "dicker Freund" nicht damit einverstanden zu sein. Er schwimmt genau zwischen mich und das Boot und versperrt mir mit seinem gewaltigen Körper regelrecht den Rückweg. Also muß ich um ihn herumschwimmen und einen zweiten Versuch starten. Auch diesmal durchschaut er meine Absicht, ihn zu verlassen. Erst beim dritten Versuch hat er ein Einsehen. Zitternd vor Kälte klettere ich schließlich nach fast einer Stunde ins Boot.

So plötzlich "mein" Glattwal direkt neben dem Schlauchboot aufgetaucht war, so unvermittelt taucht er nun wieder ab, jedoch nicht ohne zum Abschied noch einmal seine gewaltige Fluke als letzten Gruß aus dem Wasser zu heben.

Erst beim dritten Anlauf hat der Wal ein Einsehen und läßt mich zum Boot zurück.

HOCHZEIT BEI VALDES

Der chinesische Unterwasserfotograf Stephen Wong aus Hongkong hatte eine seiner surrealsten Begegnungen mit wildlebenden Tieren beim Beobachten Südlicher Glattwale in den geschützten Gewässern des Golfo Nuevo um die Halbinsel Valdes in Argentinien.

FOTOS: STEPHEN WONG

Ein Paar Südlicher Glattwale umschlingen einander bei der Paarung in den ruhigen Gewässern des Golfo Nuevo in Argentinien.

"Das sind nicht Mutter und Kalb! Diese Wale paaren sich!" Ich schrie mir die Lunge aus dem Leib in Richtung Boot. Ich hatte keine Ahnung, ob der Ranger, der Guide, der Skipper oder die anderen Gäste auf dem Boot hörten, was ich schrie. Vor Atemlosigkeit und Aufregung hyperventilierend hatte ich völlig vergessen, wie kalt das Wasser tatsächlich war.

Bei einer Wassertemperatur von etwa 9 °C trug ich einen 7 mm-Zweiteiler-Neoprenanzug (am Körper waren es einmal 14 mm gewesen, aber der Anzug war 5 Jahre alt). Trotz meines Glücks, in den vergangenen Tagen einige Südliche Glattwale unter Wasser gesehen zu haben, war mir dabei immer kalt gewesen. Und zwar so kalt, daß Kopf und Finger völlig taub wurden, sogar nach nur 5 Minuten; dann mußte mein Hirn auftauen, um klare Gedanken fassen zu können. Meist konnte ich nur noch schlurfen, wenn ich schließlich wieder an Bord kam, manchmal mit Waden- oder Oberschenkelkrämpfen. Mein Englisch klang wie Chinesisch, und mein Chinesisch klang noch fremder. Mund, Zunge und Stimmbänder gehorchten einfach nicht dem Hirn. Doch jetzt, in diesem Augenblick, dicht bei den beiden Walen an der Oberfläche treibend, fühlte ich Wärme. Es war nicht nur mein Adrenalinspiegel, der mir diese Stärke gab, sondern auch das Gefühlshoch, das mich die kalten Gewässer von Valdes vergessen ließ: "ICH BIN ZEUGE EINER WALPAARUNG!"

Aus nur 5 m Abstand konnte ich das große Männchen mit dem kleineren Weibchen kopulieren sehen. Sie war etwa 9 m lang und vielleicht noch nicht einmal geschlechtsreif. Ihr Körper schaute teilweise aus dem Wasser, während das viel größere Männchen auf dem Rücken Bauch an Bauch unter ihr schwamm. Trotz der schlechten Unterwassersicht an diesem Morgen konnte ich deutlich sehen, daß er sein Begattungsorgan bereits in sie eingeführt hatte. Meiner gewahr geworden, löste sich das Weibchen von seinem Liebhaber und schwang den Kopf zu mir. Offenbar war ihre Neugier für mich größer, als das Interesse am Liebesakt.

Bei nur 2 m Abstand nahm mir der enorme Kopf der Walkuh die Sicht auf den Großteil meiner Umgebung. Ihr rechtes Auge rollte, während sie den winzigen Taucher betrachtete. Die Kallositäten waren auffällig, und parasitische Krebse wuselten über ihre Kiefer und das Auge. Sie drehte eine leichte Pirouette, um besser sehen zu können. Unsere Blicke trafen sich.

Nun fror ich, denn dieser Behemoth schien eine spezielle Art telepathischer Interaktion auszustrahlen. Dieser Wal sandte eine deutliche Botschaft. "Was willst du mir sagen?" fragte ich.

Der mächtige erektile Penis des männlichen Glattwals auf der Suche nach der weiblichen Vagina.

Obgleich ich in ihrer Welt nur klein und schwach war, war mir nie der Gedanke gekommen, daß sie mich verletzen könnte. Ihre Sanftheit und freundliche Kommunikation weiteten einfach meine Emotionen und umhüllten mich. Es war wie ein Band zwischen uns. Jedoch wirkten die Augen traurig, waren gleichzeitig aber voll von intellektuellen Kuriositäten und Verständnis, wie bei einem Heiligen mit unendlichem Wissen und Weisheit. Doch alles, was ich zurückgeben konnte, war, den Wal mit den respektvollsten Gedanken und in ehrfürchtiger Anerkennung unseres Kontakts zu beobachten.

Plötzlich erschien der männliche Wal von unten und stupste das Weibchen vorsichtig mit seiner gigantischen Schnauze. Langsam drehte er in die grüne Tiefe ab. Das Weibchen blies, entschied sich, dem Partner zu folgen, die Pilgerreise fortzusetzen, und drehte nach rechts. Ihre linke Brustflosse schrubbte sanft über meinen Arme und hob sich aus dem trüben Wasser. Wie zum Abschiedsgruß stand die rechteckige Flosse einen Moment lang in der Luft, dann verschwand der Leviathan anmutig kopfüber in der Tiefe.

Mir fehlten (und fehlen noch immer) die Worte, um die Emotionen zu beschreiben, die ich damals empfand. Das Gefühl, von diesem 20 bis 30 Tonnen schweren sanften Riesen beobachtet zu werden, ist einfach unvorstellbar, ein in Ehrfurcht erstarrter Augenblick. Über 100 Jahre lang vom Menschen gejagt, blickte mir dieser Wal doch noch ins Auge, neugierig und ohne Haß. Meine Freude über diesen kurzen Moment der Ewigkeit ließ mich das Fotografieren völlig vergessen. Es wäre ohnehin einfach dumm gewesen, diesen Kontakt nur durch einen winzigen Kamerasucher gesehen zu haben. In der Tat war dies die surrealste Begegnung mit einem Wildtier in meinem Leben.

Endlich kann er seinen Penis einführen. Hoffentlich wird nun ein weiteres Mitglied der kleinen Glattwalpopulation gezeugt.

3 Arten: Südlicher Glattwal, *Eubalaena australis*
Nördlicher Glattwal, *Eubalaena glacialis*
Grönlandwal, *Balaena mysticetus*

Besondere Erkennungsmerkmale dieser Familie
Alle Glattwale haben keine Kehlfurchen, daher ihr Populärname. Außerdem fehlt ihnen eine Finne, die auch nicht ansatzweise vorhanden ist. Ihr gewaltiger, massiger Körper ist nicht stromlinienförmig, sondern sehr bullig, was sie zu extrem langsamen Schwimmern macht. Ein weiteres typisches Merkmal sind die v-förmig angeordneten Blaslöcher, die eine hohe, buschige und v-förmige Ausatemwolke erzeugen. Südliche- und Nördliche Glattwale haben im Kopfbereich einen auffälligen, weißen Seepocken-Bewuchs. Bei allen Glattwalen liegt Geschlechtsdimorphismus vor: Die Weibchen werden deutlich größer und schwerer als die Männchen.

Die für Glattwale typischen langen, schmalen Barten sind sehr biegsam und können bei Grönlandwalen eine Länge von bis zu 5,8 m erreichen. Bei allen Arten dieser Familie sind die Barten der rechten Seite von denen der linken durch eine Lücke getrennt und stoßen nicht wie bei den meisten Furchenwalen an der Spitze des Oberkiefers zusammen.

Alle Glattwale haben eine breite, mehr oder weniger dreieckige Fluke mit einer deutlichen Einkerbung in der Mitte und sehr große, spatenförmige Brustflossen.

Südlicher Glattwal, Southern Right Whale, *Eubalaena australis*

Besonders in den Paarungsgebieten springen Glattwale sehr häufig. Valdes, Argentinien. Ralf Kiefner

Besondere Erkennungsmerkmale
Arttypische Merkmale des Südlichen Glattwals sind - neben dem massigen Körper mit dem auffällig breiten Rücken - hornartige Auswüchse am Kopf (Kopfschwielen) mit unverwechselbarem Seepockenbewuchs und der hohe, v-förmige Blas. Außerdem besitzen sie weder Rückenfinne noch Kehlfurchen.

Beschreibung
Der Körper des Südlichen Glattwals ist extrem kräftig und massig. Der Blubber (die Fettschicht) kann bis zu 36 cm dick sein und ist wesentlich dicker (aber auch weicher) als bei den meisten anderen Bartenwalen. Diese dicke Fettschicht macht etwa 40 % des Gesamtgewichts aus. Wie bei allen Vertretern dieser Familie gibt es auch beim Südlichen Glattwal Geschlechtsdimorphismus: Weibchen werden deutlich größer und schwerer als die Männchen.

Der hohe, v-förmige Blas des Südlichen Glattwals ist in Verbindung mit dem Verbreitungsgebiet diagnostisch für die Art. Die merkwürdige Form der Blaswolke rührt von der Stellung der Blaslöcher in einem v-förmigen Winkel zueinander her. Ralf Kiefner

Im Durchschnitt erreichen Südliche Glattwale eine Länge von 11-15, max. 18 m. Ihr durchschnittliches Gewicht beträgt 40-80 t, das Höchstgewicht wird mit über 100 t angegeben.

Wie alle anderen Familienmitglieder besitzen auch Südliche Glattwale weder Kehlfurchen noch Rückenfinne. Sie haben nicht einmal den kleinen, buckelartigen Ansatz einer Finne.

Der Kopf der Glattwale ist sehr groß und massig und macht mehr als ein Viertel des gesamten Körpers aus. Das typische Erkennungszeichen von Glattwalen sind ihre markanten Auswüchse auf dem Kopf, die sogenannten Kopfschwielen. Auf diesen Schwielen setzt sich ein auffälliger, weiß-grauer Bewuchs aus Seepocken und anderen Organismen fest. Die Schwielen sind schon im Embryonalstadium ausgebildet. Die größte Schwiele sitzt mittig auf dem Oberkiefer und wird wegen ihrer Ähnlichkeit mit einem Damenhut als “Mütze” oder “Kappe” (Bonnet) bezeichnet. Weitere Schwielen sitzen über den Augen, vor den Blaslöchern, am Kinn, seitlich auf dem Unterkiefer und auf dem Oberkiefer. Auf diesen Kopfschwielen leben neben Walläusen (Krebstiere der Familie Cyamidae, die als Ektoparasiten auf der Haut von Walen leben) und zahlreichen Seepocken auch Würmer, die eine weißliche, gelbliche, rosa- oder orangefarbene Verfärbung bewirken.

Männchen haben häufiger Kratzspuren und größere bzw. mehr Kopfschwielen als Weibchen. Dieser Unterschied zwischen den Geschlechtern hat die Walforscher R. Payne und E. Dorsey zu der Deutung veranlaßt, daß diese Schwielen bei innerartlicher Aggression, z.B. beim Kampf der Männchen um die Weibchen, als Waffen dienen könnten.

Peter Best aus Südafrika hat festgestellt, daß Südliche Glattwale im Gegensatz zu Nördlichen Glattwalen entlang der Vorderkante des Unterkiefers oft mehr, auf dem Kopf dafür aber weniger Schwielen haben.

Die Mundlinie der Glattwale ist stark gebogen. Der Unterkiefer ist breiter als der Oberkiefer und reicht an den Seiten bis fast an den höchsten Punkt des Oberkiefers heran. An der Spitze des Unterkiefers stehen bei erwachsenen Glattwalen bis zu 300 kurze Borstenhaare, im Oberkiefer sind es bis zu 100. Möglicherweise erfüllen sie die Funktion von Tasthaaren.

Der Körper ist rundherum weitgehend schwarz oder dunkelbraun mit dunkelbraunen oder dunkelgrauen Flecken. Lediglich einige verschieden große, individuentypische weiße Flecken unterbrechen die dunkle Bauchfärbung. Neugeborene sind oft heller und werden erst im Laufe der Zeit dunkler. Nur gelegentlich werden Albinos geboren.

Die großen, spatenförmigen Brustflossen sind beidseitig dunkel. Durch ihre Haut hindurch kann man die "Handknochen" erkennen. Auch die mächtige Fluke ist beidseitig dunkel. Ihre Hinterkante ist glatt, konkav und hat eine deutliche Einkerbung in der Mitte. Ihre Enden sind spitz.

Ein weiteres typisches Erkennungsmerkmal für Glattwale ist ihr großer, 5-6 m hoher, v-förmiger Blas. Der linke Blas ist meist etwas höher als der rechte. Die beiden paarigen Blaslöcher stehen v-förmig in einem Winkel zueinander und sind deutlich voneinander getrennt. Hierdurch erscheint der Blas über dem Wal nicht als eine Wolke, sondern als zwei separate Fontänen, die ein "V" bilden.

Die 200-270 Barten jeder Oberkieferseite erreichen eine Länge von max. 2,5 m. Wegen ihrer enormen Biegsamkeit wurden sie bis in die Mitte des 19. Jahrhunderts zu Korsettstangen und Regenschirmgestellen verarbeitet.

Leicht zu verwechseln mit

Durch ihren massigen, dunklen Körper mit dem weißen Seepocken-Bewuchs auf dem Kopf sind Südliche Glattwale leicht von allen anderen Großwalen zu unterscheiden, nicht jedoch von anderen Familienmitgliedern. Vom Nördlichen Glattwal sind sie durch äußere Merkmale allein nicht zu unterscheiden. Dank der unterschiedlichen, geographisch völlig getrennten Verbreitungsgebiete beider Arten sind Verwechslungen allerdings ausgeschlossen, gleiches gilt auch für den etwas größeren Grönlandwal.

Aus der Nähe sind Glattwale an ihren markanten Kopfschwielen zu erkennen. Ralf Kiefner

Andere Namen

Südkaper (deutsch); Right Whale (engl.); Baleine Australe, Baleine Franche Australe (franz.); Balena Franca Australe (ital.); Ballena Franca Austral (span.); Baleia Franca, Baleia Franca Austral (port.); Zuidkaper (niederl.); Sørlig Retthval (norweg.); Eteläinen Mustavalas (finn.); Sydlig Rätval (schwed.); Sydlig Rethval (dän.); Ballena Franca, Ballena Franca del Sur (Lateinamerika).

Bedeutung des wissenschaftlichen Namens

Eubalaena australis Desmoulins 1822 – Der lateinische Gattungsname *Eubalaena* setzt sich zusammen aus *eu* für "echt, wahr" und *balaena* für "Wal". Der Gattungsname bezieht sich auf den massigen Körper. Die lateinische Artbezeichnung *australis* bedeutet soviel wie "aus der Südhemisphäre" und bezieht sich auf das südliche Verbreitungsgebiet der Art.

Verhalten

Südliche Glattwale sind wegen ihres überaus mächtigen Körpers sehr langsame Schwimmer. Wenn sie nicht gejagt werden, erreichen sie Geschwindigkeiten von nicht mehr als 7 km/h. In den Paarungs- und Aufzuchtsgebieten treiben sie oft stundenlang träge an der Oberfläche, als würden sie dösen. Dabei tragen sie auf ihrem Rücken nicht selten heftige Verbrennungen durch die Sonne davon. In Valdes (Argentinien) nutzen Dominikanermöwen die Trägheit der Glattwale aus und ernähren sich zum Teil von deren Haut, in die sie regelrechte Löcher picken.

Trotz ihrer gewaltigen Masse können Glattwale aber auch erstaunlich aktiv und sogar akrobatisch sein. Oft schlagen sie mit Fluke oder Brustflossen auf die Wasseroberfläche bzw. wedeln damit in der Luft.

Besonders in den Paarungsgebieten springen Glattwale sehr häufig an der Meeresoberfläche, oft bis zu 10 mal hintereinander. Die meisten Aktivitäten zeigen sie dort in den Morgen- und Abendstunden. Nach Sprüngen landen sie mit unglaublich lauten Platschern auf Bauch, Rücken oder Seite, was man bis über 1 km weit hören kann. Diese Sprünge stehen zwar in Zusammenhang mit dem Paarungsverhalten, dienen aber auch der Kommunikation oder dazu, lästige Parasiten abzuschütteln.

Im allgemeinen sind Glattwale recht neugierig und verspielt. Boote und deren Insassen beäugen sie meist sehr interessiert und machen so ihrerseits "Whale-Watching". Gelegentlich stupsen sie Boote oder andere Gegenstände an, die auf dem Wasser treiben.

Ihren Unmut scheinen sie mit besonders lauten, ausgeprägten Brummgeräuschen beim Ausatmen zum Ausdruck zu bringen. Südliche Glattwale besitzen ein umfangreiches Lautrepertoire von niederfrequenten Tönen, die sie vorwiegend während der Paarungszeit, bei der Werbung und anderen sozialen Aktivitäten ausstoßen.

Besonders typisch scheinen rülpserähnliche sowie pulsartige Laute mit zwei Arten von niederfrequentem Stöhnen oder Grunzen zu sein. Die komplexeren Laute dienen vermutlich der sozialen Kommunikation innerhalb einer Gruppe. Sie stehen oft mit geräuschintensivem Verhalten an der Wasseroberfläche wie z.B. Springen, Fluke- und Brustflossenschlagen in Zusammenhang. Die einfacher zusammengesetzten Laute scheinen dagegen eher der Verständigung über größere

Zahlen & Fakten Südlicher Glattwal

Länge: 11-15, bis max. 18 m
Gewicht: 40-80, bis max. 100 t
Lebenserwartung: Bis 70 Jahre
Geschlechtsreife: Mit 8-14 Jahren@14-15,5 m
Paarungszeit: Geburten im südlichen Frühjahr (Juni-November)
Tragzeit: 10-12 Monate
Geburtszyklus: Etwa alle 3 Jahre
Geburtslänge: 4-6 m
Geburtsgewicht: 1 t
Säugezeit: Bis 14 Monate
Tauchtiefe: Bis 200 m
Tauchzeit: Bis 22 min
Höchstgeschwindigkeit: Bis 15 km/h
Barten: 225-390 je Seite, Länge max. 2,5 m, Breite 25-30 cm
Blas: V-förmig, 5-6 m hoch, links etwas höher als rechts
Gruppengröße: Meist 1-5, in nahrungsreichen Gebieten auch bis zu 30
Population: Weltweit ca. 4.000, stark gefährdet!

Schnell-Erkennung Südlicher Glattwal

großer, mit Schwielen und weißlichen Seepocken bedeckter Kopf

stark bogenförmig geschwungene Mundlinie

massiger Körper mit auffällig breitem Rücken

Körper dunkel, ohne Rückenfinne

unregelmäßiger, weißer Fleck am Bauch

zwei v-förmig angeordnete Blaslöcher, Blas v-förmig, hoch, linke Fontäne höher als rechte

große, spatenförmige Brustflossen

beidseitig dunkle, große Fluke

sehr langsamer Schwimmer, oft neugierig und zutraulich

Südliche Glattwale beim "Spyhopping" und "Segeln". Valdes, Argentinien. Ralf Kiefner

Entfernungen zu dienen. Diese "grummelnden" Geräusche klingen fast so ähnlich wie ein tiefes Türknarren.

Für die ausgewachsenen Wale mit ihrer dicken, isolierenden Fettschicht kann auch 10 °C kaltes Wasser viel zu warm sein. Um sich in den wärmeren Aufzuchtsgebieten abzukühlen, "segeln" Glattwale oft bis zu 20 min oder länger. Dabei heben sie ihre massige Fluke senkrecht hoch aus dem Wasser. Durch ein fein verzweigtes Kapillarsystem in der Fluke erfolgt ein Wärmeaustausch an deren Hautoberfläche (die Fluke besitzt, wie die Brustflossen auch, keine wärmeisolierende Fettschicht). Diese "Klimaanlage" funktioniert nach dem Prinzip des Gegenstrom-Wärmeaustauschers. Um warme, aus dem Körperinneren kommende größere Blutgefäße liegt ein Netz von kleinen, feinen Kapillaren mit durch Verdunstungskälte an der Luft oder durch kaltes Umgebungswasser an der Fluke abgekühltem Blut.

Der Kühlung könnte auch ein anderes, gelegentlich zu beobachtendes Verhalten dienen: Hierzu schwimmen ausgewachsene Glattwale in den nährstoffarmen Paarungsgebieten mit weit geöffnetem Maul an der Oberfläche und umspülen ihr sogenanntes "Wundernetz" (lat. rete mirabilis) in der Halsregion mit kaltem Wasser. Es handelt sich dabei um ein extrem dichtes, sehr fein verästeltes Gewirr von miteinander verbundenen Kapillaren. Dieses Kapillarnetz ist überaus reich an Blut. Seine Funktion ist noch nicht eindeutig geklärt, doch durch das geöffnete Maul wird es von kühlem Wasser umspült und sorgt für eine Senkung der Körpertemperatur durch Wärmeaustausch.

Bisher ging man davon aus, daß ausgewachsene Glattwale während ihres 3- bis 4-monatigen Aufenthalts in den Paarungsgebieten keinerlei Nahrung zu sich nehmen. Man vermutete, daß sie in dieser Zeit ausschließlich von ihren Fettreserven leben. Durch Beobachtungen in Valdes (Argentinien) konnte inzwischen eine gelegentliche, opportunistische Nahrungsaufnahme bei erwachsenen Walen auch in den Aufzuchtsgebieten bestätigt werden.

Die Hoden männlicher Glattwale wiegen bis zu 1 t und sind damit die mit Abstand schwersten und größten Hoden aller Wale. Zum Vergleich: Das Gehirn wiegt nur 2,4-3,1 kg. Wegen dieser unglaublichen Hodenmasse sowie der recht geringen innerartlichen Aggression der Männchen untereinander wird der Fortpflanzungserfolg eher durch den Wettstreit der Spermien ("sperm competition") als durch sozialen Konkurrenzkampf ("social competition") bestimmt. Dies bedeutet, daß sich ein Weibchen mit mehreren Männchen paart und der Erfolg der Paarung in erster Linie durch die Samenmenge bestimmt wird.

Die Männchen sind bei der Paarung mehr um deren Gelingen bemüht, als um das Bekämpfen anderer Männchen. Aus diesem Grund finden die sexuellen Aktivitäten der Südlichen Glattwale häufig in Gruppen von einem Weibchen und mehreren Männchen statt. Dabei unterstützt abwechselnd jeweils ein Männchen das andere bei der Paarung. Der Penis hat eine stattliche Länge von 1,8 m und kann, um die Paarung zu erleichtern, frei im Wasser bewegt werden. Die Kopulation kann 1-2 Stunden dauern.

Paarungsunwillige Weibchen drehen sich auf den Rücken, so daß ihre Bauchseite an der Oberfläche sichtbar wird. Die Männchen müssen dann warten, bis sich ihre Angebetete zum Atmen wieder auf den Bauch drehen muß. Zur Paarung dieser Art siehe auch HOCHZEIT BEI VALDES auf den Seiten 88-89.

Tauchen

Zum Atmen erscheint der ganze Kopf und ein Teil des Rückens zugleich an der Oberfläche. Beim Abtauchen wird oft die Fluke aus dem Wasser gehoben. Nach einem längeren Tauchgang sind die lauten, schnaubenden Atemgeräusche meist weit zu hören. Oft tauchen die Tiere wieder an der selben Stelle auf, an der sie vorher abgetaucht sind. Südliche Glattwale können bis zu 200 m tief tauchen. Je nach Aktivität dauern ihre Tauchgänge unterschiedlich lang. Die durchschnittliche Tauchzeit beträgt 4-20 min. Bei der Nahrungsaufnahme tauchen sie meist nur 1-7 min, wobei ihre durchschnittliche Schwimmgeschwindigkeit etwa 6 km/h beträgt; das Maximum liegt bei 15 km/h.

Nahrung

Die Hauptnahrung Südlicher Glattwale besteht aus schwarmbildenden planktonischen Krebstieren (hauptsächlich Kopepoden und Krill) sowie aus pelagischen Larven und Furchenkrebsen. Gelegentlich fressen sie auch kleine Fische. Glattwale nehmen in ihren Freß- und Weidegründen pro Tag zwischen 1.500 und 2.000 kg Zooplankton zu sich.

Das typische Freßverhalten von Glattwalen wird als "Abschöpfen" oder "Schöpffiltern" bezeichnet. Dabei schwimmen sie mit weit geöffnetem Maul durch nahrungsreiches Wasser und schaufeln riesige Mengen in sich hinein. Zwischendurch schließen sie immer wieder das Maul und drücken das aufgenommene Wasser durch die Barten hinaus. Diese Art der Nahrungsaufnahme eignet sich am besten für langsame Beute. Normalerweise schwimmt der Glattwal zum Fressen mit weit geöffnetem Maul an oder nahe der Oberfläche durch dichte Schwärme von Zooplankton.

Allgemeine Info

Der Südliche Glattwal gehörte zu den ersten Walarten, die intensiv gejagt wurden. Allein zwischen 1805 und 1844 wurden über 45.000 Exemplare erlegt. Die Jagd auf sie war besonders grausam. Erst wurden die Jungtiere harpuniert und dann die Mütter, die ihrem verwundeten Nachwuchs stets zu Hilfe eilten. Ein großer Glattwal lieferte bis zu 25 t Öl, dazu rund 2 t Barten, die als Fisch- oder Walbein im 19. Jahrhundert ein wichtiger Handelsartikel waren. Man fertigte daraus Korsettstangen, Regenschirm-Gestelle und sogar Stiefelspitzen. Schon ein erlegter Wal reichte damals aus, um die Kosten einer Fangreise zu decken. Nachdem die meisten Glattwale erlegt waren, wurden die Fanggründe verlassen, und ihre Bestände konnten sich teilweise etwas erholen.

Unter den Walfängern galt der Glattwal als der "Richtige Wal" (Right Whale), weil sich der sehr langsame Schwimmer meist in Küstennähe aufhielt und ein harpunierter Kadaver wegen des hohen Fettgehalts lange an der Oberfläche trieb. Diese Tatsache brachte den Glattwalen den hunderttausendfachen Tod. Vom ursprünglichen Bestand der Art (etwa 300.000 Tiere vor 1800) wurden deshalb 99 % ausgerottet, nur etwa 1 % überlebte. Ihre jährliche Reproduktionsrate liegt heute je nach Region bei 5-16 %, so daß sich die Bestände nur langsam erholen. Die Population gilt als stark gefährdet, obwohl sie in den letzten Jahren um 7 % gewachsen ist.

Lange Zeit sind Südliche Glattwale wegen ihres geringen Bestandes in Vergessenheit geraten. Erst 1969 wurden sie wiederentdeckt, als der amerikanische Walexperte Raymond Gilmore an Bord des Forschungsschiffes "Hero" in den Gewässern vor Valdes (Argentinien) vor Anker ging und unerwartet viele Südliche Glattwale vorfand. Seit 1977 sind sie von der argentinischen Regierung unter Naturschutz gestellt, Touristen sind nur noch kontrollierte Beobachtungen erlaubt. Zählungen der Südlichen Glattwale am Golfo Nuevo von Valdes haben in den letzten Jahren einen leichten Populationsanstieg ergeben. Man schätzt ihre Zahl dort auf nunmehr über 600 Exemplare. Sie kehren in regelmäßigen Abständen für einige Monate aus ihren Freß- und Weidegründen in der kalten, aber nährstoffreichen Antarktis vermutlich sogar immer in die gleichen Buchten zurück, aus denen sie vorher gekommen sind.

Während die Lebensweise des Nordkapers bisher recht wenig erforscht wurde, haben der amerikanische Forscher Dr. Roger Payne und seine Mitarbeiter den Südlichen Glattwal seit 1970 jahrzehntelang rund um die Halbinsel Valdes sehr genau beobachtet. Diese "Forschung durch Beobachtung" bildete den Auftakt zu einer neuen Ära in der Walforschung.

Von Klippen, Booten und Flugzeugen aus fotografierten Payne und seine Mitarbeiter die Glattwale. Payne erkannte, daß Südliche Glattwale an ihren Kopfschwielen eindeutig identifiziert werden können. Deren Aussehen und Anordnung sind bei allen Glattwalen individuell so verschieden wie ein Fingerabdruck beim Menschen. Durch 20.000 Luftaufnahmen konnten 557 Individuen bei der Halbinsel Valdes identifiziert werden. Von diesen 557 Tieren wurden 411 wiederholt in der gleichen Region gesichtet, in manchen Fällen bis zu 18 mal.

Die typischen, weißlichen Kopfschwielen werden von Seepocken (festsitzenden Krebstierchen) gebildet, die sich kurz nach der Geburt der Jungwale an bereits vorhandenen Auswüchsen an deren Kopf festsetzen. Da auch ungeborene Glattwale schon diese hornigen Auswüchse am Kopf haben, schloß Payne, daß die Kopfschwielen vererbt werden und keine Hautreaktion auf den Befall mit Seepocken sind.

Nördlicher und Südlicher Glattwal werden heute von den meisten Wissenschaftlern als getrennte Arten betrachtet, obwohl sich beide äußerlich völlig gleichen. Die Unterschiede beziehen sich auf kleine Differenzen im Schädelbau (Anordnung und Form des Alisphenoid-Knochens) und der geographischen Trennung der beiden Arten.

Aufgrund einiger Fossilfunde aus Südafrika vermuten die Forscher Pilleri und Marcuzzi, daß beide Glattwal-Arten ihren Ursprung auf der Südhalbkugel hatten. Sie vermuten weiter, daß Glattwale während der Eiszeiten bis zum Äquator und beim folgenden Temperaturanstieg noch weiter nach Norden wanderten. Mit großer Sicherheit war dies ein einmaliger Vorgang, denn sehr wahrscheinlich begegnen sich die Populationen beider Hemisphären heute niemals, nicht nur, weil die äußeren Grenzen ihrer Verbreitungsgebiete 5.000 km voneinander entfernt sind, sondern auch weil ihre saisonalen Wanderungen wegen der unterschiedlichen Jahreszeiten auf beiden Hemisphären um 6 Monate gegeneinander verschoben sind.

Es ist noch heute nicht ganz sicher, ob es (abgesehen vom Grönlandwal) 2 oder 3 verschiedene Glattwalarten gibt. Siehe dazu Nördlicher Glattwal.

Die Tragzeit beträgt bei Glattwalen 12 Monate. Die Neugeborenen sind etwa 4-6 m lang. In den ersten Lebenswochen nehmen sie pro Tag bis zu 100 kg an Gewicht zu. Nach 3-4 Monaten wiegen die Kälber schon 8-9 Tonnen und sind etwa 7-8 m lang, das heißt, sie wachsen pro Tag um 2-3 cm. Um dieses enorme Wachstum zu erreichen, werden sie pro Tag mit über 100 Liter Milch gesäugt. Diese hat einen Fettgehalt von bis zu 60 % und ist eine der fettreichsten Muttermilch-Sorten überhaupt. Nach einigen Monaten sind die Jungtiere groß und kräftig genug für die lange und gefährliche Reise zurück in die kalte Antarktis. Im Alter von 6 Jahren erlangen sie schließlich die Geschlechtsreife.

Wo & Wann

Südliche Glattwale leben küstennah in kalten, zirkumpolaren Gewässern und sind ausschließlich auf der Südhemisphäre zwischen 20° und 55° südlicher Breite verbreitet. Nur selten (bei Wanderungen) trifft man sie im offenen Wasser an.

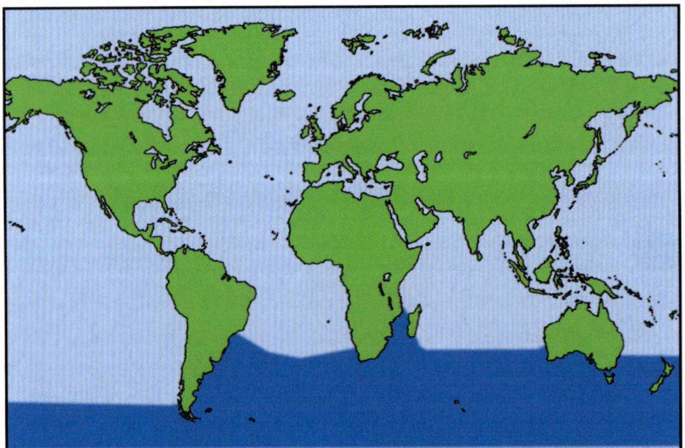

Südlicher Glattwal, Verbreitung: Kalt gemäßigte, kalte und subpolare Küstengewässer, nur auf der Südhemisphäre.

In den Südsommermonaten von August bis Dezember wandern sie zu Paarung, Geburt und Aufzucht der Jungen in wärmere, geschützte Buchten. In Südamerika bevorzugen sie dafür die Buchten um Patagoniens Halbinsel Valdes (Argentinien) und die um Santa Catarina (Brasilien). In Südafrika trifft man sie in dieser Jahreszeit besonders häufig in der Walkers Bay (bei dem Ort Hermanus sowie in den angrenzenden Buchten), außerdem in den Buchten Süd-Australiens. Ihre antarktischen Nahrungsgründe suchen sie in den übrigen Monaten auf.

RIESENSPIELZEUG

Als der bekannte Unterwasserfotograf Stephen Wong aus Hongkong zum Spielzeug für einen Südlichen Glattwal und einige Schwarzdelphine wurde, machte er die Erfahrung, daß Kinder immer Kinder sind, egal, ob es sich um Menschen, Delphine oder Wale handelt.

FOTOS: STEPHEN WONG

Eine Gruppe der verspielten Schwarzdelphine und ein Südlicher Glattwal, beide Arten kommen bei der Halbinsel Valdes vor.

Während einiger Tage in Valdes lernte ich die Verspieltheit einzelner juveniler Südlicher Glattwale (jeder mit einem anderen Charakter) und die Fürsorge ihrer Mütter kennen. Die Neugier der Kälber war grenzenlos und endete immer mit dem Eingreifen der Mütter, die sich beeilten, unsere Begegnungen zu unterbinden. Möglicherweise waren sie besorgt, daß wir ihren Kälbern irgendwelchen Schaden zufügen könnten - in Wirklichkeit war es genau umgekehrt!

Als gäbe es einen Zeitplan für Spiel und Mutwillen, wußten die Babys und Jungwale ganz genau, wann Spielzeit war. Sie spaßten, wirbelten und planschten ganz nahe um uns herum. Einmal wurde ich von einem Jungen sehr genau beobachtet und dabei fast zwischen dem Kalb und seiner Mutter zum Sandwich-Belag. Ein andermal wurde ich von einer Babyschnauze angehoben und glitt anschließend über den Walrücken hinab. Bei weiteren Gelegenheiten wurde ich einfach versehentlich von Brustflossen oder Fluken getroffen. Oh ja, das tut weh!

Und dann war da noch das atemberaubende Abenteuer mit dem Jungwal, der mit einer Gruppe Schwarzdelphine spielte. Glücklich jagte das 5 m lange Glattwalkalb die verspielten Delphine (zufällig sind diese beiden Arten die freundlichsten Wale, die ich bislang kennengelernt habe).

Als ich ins Wasser kam, konzentrierten die Delphine und der juvenile Glattwal ihre gegenseitige Aufmerksamkeit sofort auf mich und erkannten mich auch gleich als das bessere Spielzeug. Schon sausten sie herbei. Die Delphine waren überall, hüllten mich in Luftblasen und quietschten laut. Doch urplötzlich tauchten sie hastig weg. Zu meinem großen Erstaunen schwamm das massige Walkalb jedoch zu mir her. Es war, als öffne man einen Vorhang und sähe einen Lastwagen direkt auf sich zukommen! Dem großen, neugierigen Säuger aus dem Weg zu gehen, schien unmöglich. Ich blieb ruhig und hielt den Atem an, so wie ein Torwart, der einen Strafstoß erwartet, ihn aber nicht halten will.

Zum Glück war die Sicht gut, und ich konnte das herannahende Kalb sehen. Als es nur 3 m entfernt war, warf ich mich zur Seite, um eine direkte Kollision zu vermeiden. Als das Kalb neben mir war, stieß ich mich von dessen Körper ab. Seine rechte Brustflosse war direkt unter meinen Flossen. Aber Schaum und Blasen nahmen mir die Sicht, ich sah jetzt gar nichts mehr. Plötzlich war ich in der Luft. Die starke Fluke des Jungwals hatte mich aus dem Wasser katapultiert, ich war wie ein Goldfisch, den ein Kind aus dem Aquarium gekeschert hat.

Alles ging so schnell, daß ich erst verstand, während ich ins Wasser zurückfiel. Dann umringten mich die Delphine wieder. Jetzt begriff ich, daß ich beiden Arten als Spielzeug diente. Unverletzt, aber mehr als nur ein wenig erschrocken schwamm ich zum Boot zurück, um meine Gedanken und Knochen zu sortieren. Meine Delphin-Eskorte folgte. Ich glaube, ein Kind ist immer ein Kind, egal ob Mensch, Delphin oder Wal, alle können mutwillig sein und spielen gern mit Spielzeug.

Schwarzdelphine sind neugierig und assoziieren sich oft mit anderen Meeressäugern, aber auch mit Menschen, die in ihr Reich eindringen. Hier umkreisen sie fröhlich ihren plumpen Cousin, der nicht so gewandt ist wie seine Freunde, aber das Spielen genauso genießt.

WALNETZ MALEDIVEN

An allen Meeresküsten der Welt werden hin und wieder tote Wale oder Delphine angeschwemmt, einige bekommen allerdings mehr ab als andere. Eine solche Region sind die Malediven. Der professionelle Meeresbiologe Charles Anderson lebt und arbeitet dort seit dem Jahr 1983. Er ist ein Fachmann für die Fischerei auf den Malediven und hat auch die dortige Walfauna erforscht. Nun taucht er tiefer in die Materie ein und erläutert die Zusammenhänge.

FOTOS: CHARLES ANDERSON

Blauwal-Kadaver am Strand einer Malediven-Insel.

Alles Leben endet irgendwann. Das gilt auch für die großen Wale. Einige werden von Walfängern geschlachtet, die meisten aber sterben eines natürlichen Todes. Genau wie wir Menschen haben sie Herzattacken, Parasiten, Krebs oder andere Krankheiten. Sind sie gestorben, versinken ihre Körper zunächst, doch beim Verwesen bläht Gas ihre Körperhöhlen auf. Das Gas und ihre Fettschicht (der Blubber) lassen sie zur Oberfläche zurückkehren und dort treiben. So können sie einige Tage lang driften und vielleicht an einer vom Ort ihres Todes über 200 km weit entfernten Küste angeschwemmt werden.

Auf den Malediven-Atollen und -Inseln werden regelmäßig tote Wale angespült. Manche sind noch frisch und scheinen gerade erst gestorben zu sein. Andere sind verrottet und wahrscheinlich schon einige Tage lang getrieben. In jedem Fall fängt ein riesiger Walkadaver an zu stinken, wenn er für ein paar Stunden an einem heißen tropischen Strand liegt!

Viele der Malediven-Inseln sind während der letzten Jahre in Luxus-Ferienressorts verwandelt worden. Wer hätte gedacht, daß die Gäste dort nicht sehr glücklich sind, wenn eine stinkende Masse verrottenden Fleisches auf ihren reinweißen Sandstrand geschwemmt wird? Das Ressortmanagement verliert keine Zeit und läßt den Stein (Wal) des Anstoßes natürlich wegschleppen.

Auf anderen Inseln der Malediven ist die Ankunft eines toten Wals jedoch kein Grund zum Ärger, sondern zur Freude, denn Walkadaver sind eine hervorragende Quelle für Öl, das die maledivischen Fischer zum Imprägnieren ihrer hölzernen Boote brauchen. Die Fischer schneiden den Blubber vom Wal und legen ihn in kleinen Stücken in die Sonne, damit das Öl heraustropfen kann. Ein toter

Zahnwal kann auch Zähne liefern, die zu traditionellen Schnitzereien verarbeitet werden, und - wenn die Fischer viel Glück haben - finden sie auch Ambra.

Die Malediver halten deshalb immer Ausschau nach Walen, die auf ihre Riffe und Inseln geschwemmt wurden. Neuere Studien haben gezeigt, daß das eine erstaunliche Anzahl und Artenvielfalt ist. Für diesen Reichtum gibt es drei Gründe:

Erstens sind Wale und Delphine in den Gewässern um die Malediven besonders zahlreich. Gibt es viele lebende Tiere, werden auch viele tote angeschwemmt.

Zweitens erstreckt sich die Inselkette der Malediven in Nord-Süd-Richtung, die saisonalen Strömungen verlaufen aber in Ost-West-Richtung. Jeder tote driftende Wal auf den Breiten der Malediven wird mit großer Wahrscheinlichkeit an eine Insel oder in ein Atoll getragen. Die Malediven funktionieren also wie ein gigantisches Netz, das treibende Walkadaver fängt.

Die einheimischen Fischer bergen den Blubber des gestrandeten Blauwals.

Drittens schließlich halten die Malediven-Fischer wachsam nach allem Treibgut inklusive Walen Ausschau. In den Tropen tendieren Fische dazu, sich unter treibenden Objekten zu sammeln. Die Gründe dafür sind nicht genau bekannt, aber die einheimischen Fischer kennen dieses Phänomen natürlich. Ohne Unterlaß suchen sie nach treibenden Objekten und erhoffen sich dabei einen guten Thunfischfang. Finden sie auf hoher See einen treibenden Wal, ziehen sie ihn nach dem Fischfang fast immer zu ihrer Heimatinsel, um sein Öl zu gewinnen.

Viele, wenn nicht die meisten der toten Wale, die angeschwemmt oder von den Fischern abgeschleppt werden, tragen Spuren von Haiangriffen. Haie sind ein natürlicher Teil des Ökosystems tropischer Ozean, in den ozeanischen Gewässern der Malediven kommen mehrere Arten vor. Lebende Wale greifen sie nur selten an, die Bißspuren entstehen, nachdem die Wale bereits gestorben sind.

Die Malediven-Fischer berichten, daß treibende Walkadaver oft von zahlreichen Haien begleitet werden. Am häufigsten ist der Tigerhai *(Galeocerdo cuvier)* bei solchen Kadavern. Tigerhaie (in der Malediven-Region als *femunu* bekannt) sind besonders auf Walfleisch getrimmt. Sie können verwesende Wale kilometerweit riechen und finden bald jeden treibenden Kadaver.

Zuerst greifen die Haie die Fluke an. Die Schwanzsektion hängt nicht nur am tiefsten im Wasser und ist daher von den Haien am einfachsten zu erreichen, sondern die flache Form der Fluke erleichtert ihnen auch das Abbeißen. Ist der Anfang einmal gemacht, ist es für die Haie einfach, mehr von dem exponierten Fleisch abzubeißen und sich von hinten nach vorne zu fressen. Deswegen verlieren große, in tropischen Gewässern treibende Walkadaver zuerst ihre hinteren Teile. Eine Studie über Walstrandungen auf den Malediven ergab, daß 9 Kadaver keinen Schwanz mehr hatten oder nur noch aus dem Kopf bestanden. Im Gegensatz dazu wurde keine einzige Strandung einer Schwanzsektion ohne Kopf aufgezeichnet.

Die Haie sind nicht in der Lage, den gesamten Kadaver aufzufressen. Während sie sich vorarbeiten, dabei Blubber verschlingen und Eingeweide herausreißen, verliert der Kadaver an Auftrieb. Schließlich werden die schweren Knochen nicht länger getragen und die Überreste des Wals versinken in der Tiefe.

Oben: Aus dem Blubber tropft wertvolles Walöl, das in einem Holzboot gesammelt wird.

Rechts: Selbst die Knochen des Blauwals verkommen nicht und werden von den Inselbewohnern genutzt.

Dieser "Absturz" mag für die Haie an der Meeresoberfläche ein Verlust sein, für die Kreaturen am Tiefseeboden, hunderte oder tausende Meter tiefer, ist er jedoch ein lebenswichtiger Gewinn. Im größten Teil der Tiefsee herrscht chronischer Nahrungsmangel. Mit Ausnahme einiger Arten, die nur in ein paar winzigen Gebieten (bei den berühmten Tiefsee-Hydrothermalquellen) vorkommen, müssen Tiefseetiere mit wenig mehr als den Nahrungskrümeln auskommen, die von oben herabregnen. Ein Walkadaver, der auf die wüstenartige Tiefsee-Ebene sinkt, ist selbst halb aufgefressen noch ein Festschmaus. Tiefseehaie, andere Fische, Krabben, Garnelen und viele weitere Tiere versammeln sich dann zum Schlemmen. Sie alle bewegen sich in der Kälte und Dunkelheit der Tiefe nur langsam, aber schon wenige Monate später können die Walknochen blankgeputzt sein.

Auf den versunkenen Kadavern vermehren sich Tiefseebakterien. Sie produzieren spezielle Verdauungsenzyme, die das erstarrte Walöl sogar bei Temperaturen nahe am Gefrierpunkt abbauen können. Waschmittelhersteller haben das Potential solcher Enzyme schnell erkannt. Daher wird in nicht allzu ferner Zukunft unser Bio-Waschpulver viel von seiner Leistungsfähigkeit dem Studium stinkender Walkadaver verdanken.

Nördlicher Glattwal, Northern Right Whale, *Eubalaena glacialis*

Nördlicher Glattwal vor Neufundland, Kanada. Ralf Kiefner

Besondere Erkennungsmerkmale

Wie beim verwandten Südlichen Glattwal sind arttypische Merkmale des Nördlichen Glattwals - neben dem massigen Körper mit dem auffällig breiten Rücken - hornartige Auswüchse am Kopf (Kopfschwielen) mit einem unverwechselbaren Seepockenbewuchs und der hohe, v-förmige Blas. Außerdem fehlen sowohl Rückenfinne als auch Kehlfurchen.

Beschreibung

Der Körper des Nördlichen Glattwals ist extrem kräftig und massig. Der Blubber (die Fettschicht) kann bis zu 36 cm dick sein und ist wesentlich dicker (aber auch weicher) als bei den meisten anderen Bartenwalen. Diese dicke Fettschicht macht etwa 40 % des Gesamtgewichts aus. Wie bei allen Vertretern dieser Familie gibt es auch beim Nördlichen Glattwal Geschlechtsdimorphismus: Die Weibchen werden deutlich größer und schwerer als die Männchen.

Durchschnittlich erreichen Nördliche Glattwale eine Länge von 11-14 m, max. 18,5 m. Das Durchschnittsgewicht beträgt 40-80 t, das höchste bekannte Gewicht betrug 106,5 t.

Wie alle Vertreter dieser Familie besitzen auch Nördliche Glattwale weder Kehlfurchen noch Rückenfinne. Sie haben nicht einmal den kleinen, buckelartigen Ansatz einer Finne.

Der Kopf von Glattwalen ist sehr groß und massig und macht mehr als ein Viertel des gesamten Körpers aus. Das typische Erkennungszeichen von Glattwalen sind ihre markanten Auswüchse auf dem Kopf, die sogenannten Kopfschwielen. Auf diesen Kopfschwielen setzt sich ein auffälliger, weiß-grauer Bewuchs aus Seepocken, außerdem ektoparasitische Walläuse fest. Walläuse sind Krebstierchen der Familie Cyamidae, die als Parasiten frei auf der Haut von Walen leben. Die Schwielen sind schon im Embryonalstadium ausgebildet. Die größte Schwiele sitzt mittig auf dem Oberkiefer und wird wegen ihrer Ähnlichkeit mit einem Damenhut als "Mütze" oder "Kappe" (Bonnet) bezeichnet. Weitere Schwielen sitzen über den Augen, vor den Blaslöchern, am Kinn, seitlich auf dem Unterkiefer und auf dem Oberkiefer.

Männchen haben häufiger Kratzspuren und größere bzw. mehr Kopfschwielen als Weibchen. Dieser Unterschied zwischen den Geschlechtern hat die Walforscher R. Payne und E. Dorsey zu der Deutung veranlaßt, daß diese Schwielen bei innerartlicher Aggression, z.B. beim Kampf der Männchen um die Weibchen, als Waffen dienen können.

Peter Best aus Südafrika hat festgestellt, daß Südliche Glattwale im Gegensatz zu Nördlichen Glattwalen entlang der Vorderkante des Unterkiefers oft mehr, auf dem Kopf dafür aber weniger Schwielen haben.

Die Mundlinie der Glattwale ist stark gebogen. Der Unterkiefer ist breiter als der Oberkiefer und reicht an den Seiten bis fast an den höchsten Punkt des Oberkiefers heran. An der Spitze des Unterkiefers stehen bei erwachsenen Glattwalen bis zu 300 kurze Borstenhaare, im Oberkiefer sind es bis zu 100. Möglicherweise erfüllen sie die Funktion von Tasthaaren.

Die großen, spatenförmigen Brustflossen sind beidseitig dunkel. Durch ihre Haut hindurch kann man die "Handknochen" erkennen. Auch die mächtige Fluke ist beidseitig dunkel. Ihre Hinterkante ist glatt, konkav und hat eine deutliche Einkerbung in der Mitte. Ihre Enden sind spitz.

Der Körper ist rundherum weitgehend schwarz oder dunkelbraun mit einigen dunkelbraunen oder dunkelgrauen Flecken. Lediglich einige unregelmäßige, individuell verschiedene weiße Flecken unterbrechen die dunkle Bauchfärbung. Diese weißen Flecken treten unabhängig vom Geschlecht auf. Neugeborene sind oft heller und werden erst im Laufe der Zeit dunkler.

Ein weiteres typisches Erkennungszeichen für Glattwale ist ihr großer, etwa 5-6 m hoher, v-förmiger Blas. Der linke Blas ist meist etwas höher als der rechte. Die beiden Blaslöcher stehen v-förmig in einem Winkel zueinander und sind deutlich voneinander getrennt. Hierdurch erscheint der Blas über dem Wal nicht als eine Wolke, sondern als zwei separate Fontänen, die in der Luft ein "V" bilden.

Die 225-390 Barten jeder Oberkieferseite erreichen eine Länge von max. 2,5 m und eine Breite von 25-30 cm. Wegen ihrer enormen Biegsamkeit wurden sie bis Mitte des 19. Jahrhunderts unter anderem zu Korsettstangen und Regenschirmgestellen verarbeitet.

Leicht zu verwechseln mit

Durch ihren massigen, dunklen Körper mit dem weißen Seepocken-Bewuchs auf dem Kopf sind Nördliche Glattwale leicht von allen anderen Großwalen zu unterscheiden, nicht jedoch von anderen Familienmitgliedern. Vom Südlichen Glattwal sind sie äußerlich überhaupt nicht zu unterscheiden. Dank der unterschiedlichen Verbreitungsgebiete beider Arten sind Verwechslungen allerdings ausgeschlossen.

Wegen ähnlicher Körpergröße, Färbung und Bartenstruktur sowie sich überlappender Verbreitungsgebiete wurden Nördliche Glattwale von den frühen Walfängern, aber auch in der älteren wissenschaftlichen Literatur oft mit Grönlandwalen verwechselt. Jedoch ist der riesige Kopf der Grönlandwale ohne jedweden Seepockenbewuchs, und die Tiere sind deutlich kräftiger gebaut als Nördliche Glattwale.

Andere Namen

Nordkaper, Biskayerwal, Nordatlantischer Glattwal, Nordpazifischer Glattwal (deutsch); Black Right Whale, Biscayan Right Whale (engl.); Baleine de Biscaye, Baleine Franche des Basques (franz.); Balena Franca Boreale (ital.); Ballena Franca (span.); Baleia Franca, Baleia Negra (port.); Noordkaper (niederl.); Nordkaper (norweg.); Mustavalas (finn.); Nordkapare (schwed.); Nordkaper (dän.); Semi Kujira (japan.); Ballena oder Ballena Franca, Ballena Franca del Norte (Lateinamerika).

Bedeutung des wissenschaftlichen Namens

Eubalaena glacialis Müller 1776 – Der lateinische Gattungsname *Eubalaena* setzt sich zusammen aus *eu* für "echt, wahr" und *balaena* für "Wal". Der Gattungsname bezieht sich auf den massigen Körper. Der lateinische Artname *glacialis* bedeutet soviel wie "eisig" und bezieht sich auf das Verbreitungsgebiet nahe der nördlichen Eisgrenze.

Verhalten

Nördliche Glattwale sind wegen ihres überaus mächtigen Körpers sehr langsame Schwimmer. Wenn sie nicht gejagt werden, erreichen sie Geschwindigkeiten von nicht mehr als 7 km/h. In den Paarungs- und Aufzuchtsgebieten treiben sie oft stundenlang träge an der Oberfläche, als würden sie dösen. Dabei tragen sie auf ihrem Rücken nicht selten heftige Verbrennungen durch die Sonne davon.

Trotz ihrer gewaltigen Masse können Glattwale aber auch erstaunlich aktiv und sogar akrobatisch sein. In den Paarungsgebieten sind sie in den Morgen- und Abendstunden besonders aktiv. Nach Sprüngen landen sie mit lauten Platschern auf Bauch, Rücken oder Seite im Wasser, was man bis über 1 km weit hören kann. Diese Sprünge stehen möglicherweise mit dem Paarungsverhalten und der Kommunikation in Zusammenhang oder dienen einfach dazu, lästige Parasiten auf der Haut loszuwerden.

Im allgemeinen sind Glattwale recht neugierig und verspielt. Boote und deren Insassen beäugen sie meist sehr interessiert und stupsen sie oder andere Gegenstände, die auf dem Wasser treiben, gelegentlich an.

Ihren Unmut scheinen sie mit besonders lauten, ausgeprägten Brummgeräuschen beim Ausatmen zum Ausdruck zu bringen. Nördliche Glattwale besitzen ein umfangreiches Lautrepertoire von niederfrequenten Tönen, die sie vorwiegend während der Paarungszeit bei der Werbung und anderen sozialen Aktivitäten ausstoßen.

Besonders typisch scheinen rülpserähnliche sowie pulsartige Laute mit zwei Arten von niederfrequentem Stöhnen oder Grunzen zu sein. Die komplexeren Laute dienen vermutlich der sozialen Kommunikation innerhalb einer Gruppe. Sie stehen oft mit geräuschintensivem Verhalten an der Wasseroberfläche wie z.B. Springen, Fluke- und Brustflossenschlagen in Zusammenhang. Die einfacher zusammengesetzten Laute scheinen dagegen eher der Verständigung über größere Entfernungen zu dienen. Diese "grummelnden" Geräusche klingen fast so wie ein tiefes Türknarren.

Um sich in den wärmeren Aufzuchtsgebieten abzukühlen, "segeln" Glattwale oft bis zu 20 min oder länger. Dabei heben sie ihre massige Fluke senkrecht hoch aus dem Wasser und senken durch Wind und Verdunstungskälte ihre Bluttemperatur. Einen ähnlichen Kühleffekt könnte auch das gelegentlich beobachtete Schwimmen an der Oberfläche mit weit geöffnetem Maul bewirken.

Die Hoden männlicher Glattwale wiegen bis zu 1 t und sind damit die mit Abstand schwersten und größten Hoden aller Wale. Zum Vergleich: Das Gehirn wiegt nur 2,4-3,1 kg. Wegen dieser unglaublichen Hodenmasse sowie der recht geringen innerartlichen Aggression der Männchen untereinander wird der Fortpflanzungserfolg eher durch den Wettstreit der Spermien ("sperm competition") als durch sozialen Konkurrenzkampf ("social competition") bestimmt. Dies bedeutet, daß sich ein Weibchen mit mehreren Männchen paart und der Erfolg der Paarung in erster Linie durch die Samenmenge bestimmt wird.

Die Männchen sind bei der Paarung mehr um deren Gelingen bemüht, als um das Bekämpfen anderer Männchen. Aus diesem Grund finden die sexuellen Aktivitäten der Nördlichen Glattwale häufig in Gruppen von einem Weibchen und mehreren Männchen statt. Dabei unterstützt abwechselnd jeweils ein Männchen das andere bei der Paarung. Der Penis hat eine stattliche Länge von 1,8 m und kann, um die Paarung zu erleichtern, frei im Wasser bewegt werden. Die Kopulation kann 1-2 Stunden dauern.

Paarungsunwillige Weibchen drehen sich auf den Rücken, so daß ihre Bauchseite an der Oberfläche sichtbar wird. Die Männchen müssen dann warten, bis sich ihre Angebetete zum Atmen wieder auf den Bauch drehen muß.

Tauchen

Zum Atmen erscheint der ganze Kopf und ein Teil des Rückens zugleich an der Oberfläche. Beim Abtauchen wird oft die Fluke aus dem Wasser gehoben. Nach einem längeren Tauchgang sind die lauten, schnaubenden Atemgeräusche meist weit zu hören. Oft tauchen die Tiere wieder an der selben Stelle auf, an der sie vorher abgetaucht sind.

Zahlen & Fakten Nördlicher Glattwal

Länge: 11-14, bis max. 18,5 m
Gewicht: 40-80, bis max. 106,5 t
Lebenserwartung: Etwa 70 Jahre
Geschlechtsreife: Mit 8-14 Jahren@14-15,5 m
Paarungszeit: Geburten im südlichen Frühjahr (Juni-November)
Tragzeit: 10-12 Monate
Geburtszyklus: Alle 3 Jahre
Geburtslänge: 4-6 m
Geburtsgewicht: 1 t
Säugezeit: Bis 14 Monate
Tauchtiefe: Bis 200 m
Tauchzeit: Bis 20 min
Höchstgeschwindigkeit: 10 km/h
Barten: 225-390 je Seite, Länge max. 2,5 m, Breite 25-30 cm
Blas: V-förmig, 5-6 m hoch, links etwas höher als rechts
Gruppengröße: Meist 1-5, in nahrungsreichen Gebieten auch bis zu 30
Population: Weltweit 300-1.000, extrem stark vom Aussterben bedroht!

Schnell-Erkennung Nördlicher Glattwal

großer, mit Schwielen und weißlichen Seepocken bedeckter Kopf

stark bogenförmig geschwungene Mundlinie

massiger Körper mit auffällig breitem Rücken

Körper dunkel, ohne Rückenfinne

unregelmäßiger, weißer Fleck am Bauch

zwei v-förmig angeordnete Blaslöcher, Blas v-förmig, hoch, linke Fontäne höher als rechte

große, spatenförmige Brustflossen

beidseitig dunkle, große Fluke

extrem langsamer Schwimmer

Wie sein südlicher Verwandter hat auch diese Glattwalart deutliche Kopfschwielen. Ralf Kiefner

Nördliche Glattwale können bis zu 200 m tief tauchen. Je nach Aktivität dauern die Tauchgänge unterschiedlich lang. Die durchschnittliche Tauchzeit beträgt 4-20 min. Bei der Nahrungsaufnahme tauchen sie meist nur 1-7 min, wobei ihre durchschnittliche Schwimmgeschwindigkeit etwa 2-3 km/h beträgt; die Maximalgeschwindigkeit liegt bei 10 km/h.

Nahrung

Die Hauptnahrung Nördlicher Glattwale besteht aus schwarmbildenden planktonischen Krebstieren (hauptsächlich Kopepoden und Krill) sowie aus pelagischen Larven und Furchenkrebsen. Gelegentlich fressen sie auch kleine Fische. Glattwale nehmen in ihren Freß- und Weidegründen pro Tag zwischen 1.500 und 2.000 kg Zooplankton zu sich.

Das typische Freßverhalten von Glattwalen wird als "Abschöpfen" oder "Schöpffiltern" bezeichnet. Dabei schwimmen sie mit weit geöffnetem Maul durch nahrungsreiches Wasser und schaufeln riesige Nahrungsmengen in sich hinein. Zwischendurch schließen sie immer wieder das Maul und drücken das aufgenommene Wasser durch die Barten hinaus. Diese Art der Nahrungsaufnahme eignet sich am besten für langsame Beute. Normalerweise schwimmt der Glattwal zum Fressen mit weit geöffnetem Maul an oder nahe der Oberfläche durch dichte Schwärme von Zooplankton.

Allgemeine Info

Der Nördliche Glattwal gehört zu den am wenigsten erforschten Walen, obwohl er der erste war, der zu kommerziellen Zwecken intensiv bejagt wurde. Die Jagd auf ihn begann schon im 10. Jahrhundert (durch Basken in den küstennahen Gewässern der Biskaya) und dauerte bis Anfang des 20. Jahrhunderts. Bis heute ist der Bestand des Nördlichen Glattwals am stärksten durch Walfang dezimiert worden, und vermutlich ist diese Walart mehr als jede andere vom Aussterben bedroht. Der derzeitig geschätzte Bestand von weltweit 300-1.000 Tieren wird vermutlich nicht mehr ausreichen, um die Art zu erhalten. "Es kommt auf jedes einzelne Weibchen an, um die Nordkaper vor dem Aussterben zu bewahren", stellten amerikanische Forscher um Massami Fujiwara in der Fachzeitschrift "Nature" (2001) fest. Die Wissenschaftler berechneten: "Wenn nur zwei Weibchen pro Jahr weniger erlegt werden, könnte die Zahl der Wale wieder etwas ansteigen". Nordkaper-Walkühe werden erst mit 10 Jahren geschlechtsreif und können dann nur etwa alle 3 Jahre ein Junges zur Welt bringen.

Die finnenlose Rückenlinie eines Nördlichen Glattwals. Neufundland. Ralf Kiefner

Glattwale sind neugierig und meist sehr an Spielgefährten interessiert. Ralf Kiefner

Im März 2001 meldete der Radiosender "Deutsche Welle": "Endlich eine gute Nachricht aus dem Meer. Der Nördliche Glattwal erlebt dieses Jahr eine Rekordgeburtenrate". In den Gewässern von Georgia und Florida wurden 14 Nördliche Glattwal-Kälber gezählt. Hier schon von einer Geburtenschwemme zu sprechen, erscheint weit übertrieben. Und trotzdem: 14 Geburten klingen zwar nicht viel, für den Nördlichen Glattwal ist dies aber schon eine kleine Sensation, denn in den letzten drei Jahren wurden weltweit weniger als 14 registriert. Ob die 14 Jungwale jedoch ausreichen, um den Bestand des Nordkapers dauerhaft zu sichern, ist mehr als fraglich.

Zu Paarung, Geburt und Aufzucht der Jungen wandern Nördliche Glattwale in die ostamerikanischen Küstengewässer. Durch den starken Schiffsverkehr in dieser Region sind die langsam schwimmenden Kälber allerdings besonders stark gefährdet. Laut dem Walexperten und Ökosystem-Management-Forscher Justin Cooke sind Kollisionen mit Schiffen die häufigste Todesursache. Verletzungen der säugenden Muttertiere können zu einer Unterversorgung der Kälber führen. Als zweitgrößte Gefährdung sieht Cooke Fischernetze an.

Zu Unterschieden zwischen Südlichem und Nördlichem Glattwal und Ursprung beider Arten siehe Südlicher Glattwal.

Durch neuartige, erst vor kurzem von einem Forscherteam der New Yorker *Wildlife Conservation Society* entwickelte Genomanalysemethoden ist die Untersuchung von Erbmaterial möglich geworden, das von Walen stammt, die bereits vor mehr als 100 Jahren getötet wurden. Dadurch können nun auch Proben von seltenen Arten wie dem Nordkaper ausgewertet werden, ohne daß dafür Tiere verletzt oder gar getötet werden müssen. Als Testmaterial können nun z.B. Barten oder anderes organisches Material von toten Exemplaren aus wissenschaftlichen Sammlungen herangezogen werden.

Mit dieser Methode konnte auch eine bisher unbekannte und vom Nordkaper verschiedene Art identifiziert werden. Heute gibt es zwei getrennten Populationen Nördlicher Glattwale, eine im Pazifik und eine im Atlantik. Nach den neuen molekularbiologischen Untersuchungen sind beide genetisch so unterschiedlich, daß eine Unterteilung in zwei getrennte Arten für viele Wissenschaftler gerechtfertigt erscheint. Dies würde bedeuten, daß es (abgesehen vom Grönlandwal) drei verschiedene Glattwal-Arten gibt. Der wissenschaftliche Name der "neuen" Art, deren Population isoliert im Nordpazifik lebt, wäre dann *Eubalaena japonica*. Interessanterweise ist der pazifische Nordkaper *(E. japonica)* enger mit seinem mehrere tausend Kilometer entfernt lebenden Artgenossen, dem Südlichen Glattwal, verwandt, als mit seinem unmittelbaren Nachbarn, dem Atlantischen Nördlichen Glattwal *(E. glacialis)*.

Wo & Wann

Das derzeitige Verbreitungsgebiet des Nördlichen Glattwals ist wegen der übermässigen Bejagung der meisten Populationen gegenüber früher sehr stark reduziert und spiegelt nicht die ursprüngliche Verbreitung wider.

Heute findet man die Art meist in subpolaren und kalt gemäßigten Gewässern ausschließlich auf der Nordhemisphäre. Obwohl diese Wale häufig, besonders beim Kalben, in Küstennähe angetroffen werden, leben sie bevorzugt in offenen Gewässern. Die Hauptnahrungsgebiete im westlichen Nordatlantik sind die Fundy Bay, Grand Maman Island und Brown's Bank, die Südspitze von Nova Scotia (Kanada) und Cape Cod (USA).

Die Fortpflanzungsgebiete des Nördlichen Glattwals wurden erst vor relativ kurzer Zeit vor den Atlantikküsten der US-Bundesstaaten Florida und Georgia entdeckt. Tiere einer weiteren kleinen Population (vermutlich eine dritte Art der Gattung, *Eubalaena japonica,* siehe oben) können gelegentlich und mit sehr viel Glück im Nordpazifik gesichtet werden.

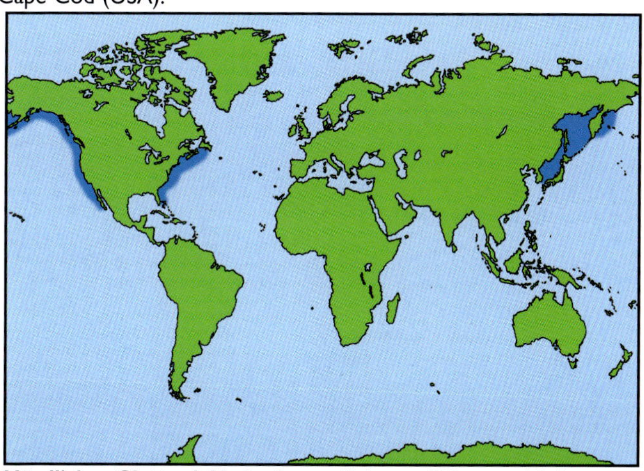

Nördlicher Glattwal, Verbreitung: Kalt gemäßigte und kalte, küstenferne, offene Gewässer, nur auf der Nordhemisphäre.

Grönlandwal, Bowhead, *Balaena mysticetus*

Grönlandwal vor Igloolik, Nunavut, Kanada. Saul Gonor/Seapics.com

Besondere Erkennungsmerkmale
Grönlandwale haben einen sehr auffälligen, massigen, dunklen Körper sowie einen riesigen Kopf mit stark bogenförmig geschwungener Mundlinie. Sie haben weder Schwielen noch Seepockenbewuchs am Kopf und besitzen keine Rückenfinne. Eine deutliche Einkerbung hinter den Blaslöchern prägt den typischen Anblick, den ein Grönlandwal im Wasser bietet: Er wirkt wie zwei Buckel hintereinander. Diese beiden Buckel werden von Kopf und Körper gebildet. Die weit auseinanderliegenden, v-förmig angeordneten Blaslöcher erzeugen eine bis zu 7 m hohe, ebenfalls v-förmige Fontäne, die links meist etwas höher ist als rechts.

Beschreibung
Der Körper von Grönlandwalen ist kräftig und extrem massig. Im Durchschnitt erreichen sie eine Länge von 15-16 m, in Ausnahmefällen auch bis zu 20 m. Genaue Gewichtsangaben fehlen. Der massige Körper mit der bis zu 70 cm dicken Blubberschicht läßt jedoch darauf schließen, daß das Durchschnittsgewicht etwa 60-80 t oder mehr beträgt. In Relation zu seiner Länge zählt der Grönlandwal sicherlich zu den schwersten Walen. Wie bei allen Glattwalen werden auch bei dieser Art die Weibchen (um etwa 60 cm) größer und schwerer als die Männchen. Die Größe des Kopfes ist gewaltig, er macht etwa 30-40 % der gesamten Körperlänge aus. Die lange Mundlinie ist stark bogenförmig und gibt dem Kopf sein charakteristisches gewölbtes Aussehen. Der Unterkiefer ist breiter als der Oberkiefer und reicht seitlich bis fast an die höchste Stelle des Oberkiefers heran. Am Unterkiefer befinden sich einige kurze Borstenhaare. Wie alle Vertreter dieser Familie besitzen auch Grönlandwale weder Kehlfurchen noch Rückenfinne. Von der Seite gesehen befindet sich direkt hinter den Blaslöchern eine ausgeprägte Vertiefung, die den Kopf vom Körper trennt. Diese deutliche Einschnürung verursacht die charakteristische Schwimmlage des Grönlandwals, die besonders gut bei ruhigem Wasser im Profil zu erkennen ist: Zwei Buckel, gebildet von Kopf und Körper. Der kleinere, dreieckige Buckel wird vom Kopf gebildet, der größere, runde Buckel wird vom Rücken gebildet. Der "Hals" wird dabei vom Wasser bedeckt. Diese Einschnürung hinter den Blaslöchern wird mit zunehmendem Alter immer ausgeprägter. Der Körper ist rundherum weitgehend schwarz oder dunkelbraun mit einigen dunkelbraunen oder dunkelgrauen Flecken. Lediglich

Ein Grönlandwal taucht auf. Northwest-Territories, Kanada. John Ford

ein unregelmäßiger, großer, individuell verschiedener weißer Fleck am Kinn unterbricht die dunkle Färbung. Auf der weißen Kinnpartie sind einige dunkle Flecken von unterschiedlicher Größe und Form in einer Reihe angeordnet, die als "Halskette" bezeichnet wird. Die Region um Genital- und Analöffnung ist bei einigen Tieren hellgrau bis weiß. Bei Jungtieren kann sich der weiße Kinnfleck bis zum Vorderbauch ausdehnen. Neugeborene sind oft hell gefärbt und werden erst im Laufe der Zeit dunkler. Nur selten gibt es Albino-Geburten. Die Haut von Grönlandwalen ist durchgängig glatt und ohne jegliche Schwielen, Auswüchse oder Seepockenbewuchs wie bei Südlichen und Nördlichen Glattwalen. Die großen, spatenförmigen Brustflossen sind beidseitig dunkel. Durch ihre Haut hindurch kann man die "Handknochen" erkennen. Grönlandwale haben weder Rückenfinne noch einen buckelartigen Ansatz dazu. Die weit ausladende, mächtige Fluke erreicht mit bis zu 7 m Breite fast die Hälfte der Gesamtlänge. Die Fluke ist auf beiden Seiten einförmig dunkel, sie hat spitze Enden, und ihre Hinterkante ist konkav mit einer deutlichen Einkerbung in der Mitte. Ein weiteres typisches Erkennungsmerkmal für Grönlandwale ist ihr großer, bis zu 7 m hoher, v-förmiger Blas. Der linke Blas ist meist etwas höher als der rechte. Die beiden paarigen Blaslöcher stehen v-förmig in einem Winkel zueinander und sind deutlich voneinander getrennt. Hierdurch erscheint der Blas über dem Wal nicht als eine Wolke, sondern als zwei separate Fontänen, die ein "V" bilden. Die 250-350 dunkelgrauen Barten jeder Oberkieferseite sind mit einer Länge von 4-4,5 m die längsten Barten überhaupt. Der Längenrekord liegt bei 5,80 m. Das Gesamtgewicht aller Barten eines Tieres kann über 1 t betragen.

Leicht zu verwechseln mit

Grönlandwale sind gut eindeutig zu identifizieren. Wegen ihrer auf die Nordhalbkugel beschränkten geographischen Verbreitung und ihres massigen Körpers sind Verwechslungen nur mit Nördlichen Glattwalen möglich. Grönlandwale haben jedoch weder Schwielen noch Seepockenbewuchs am Kopf und bei gleicher Länge ein deutlich größeres Volumen. Durch die beiden, von Kopf und Körper gebildeten Buckel ist eine eindeutige Artbestimmung bei ruhiger See relativ einfach.

Fluke eines Grönlandwals im Ochotskischen Meer vor Russland. Robert Pitman/Seapics.com

Andere Namen

Polarwal (deutsch); Great Polar Whale, Greenland Right Whale, Arctic Right Whale, Bowhead Right Whale, Greenland Whale (engl.); Baleine Franche du Groenland (franz.); Balena Franca della Groenlandia (ital.); Ballena de Cabeza Arqueada (span.); Baleia Franca Boreal, Baleia Legítima (port.); Groenlandse Walvis (niederl.); Grønlandshval (norweg.); Grönlanninvalas (finn.); Grönlandsval (schwed.); Grønlandshval (dän.); Kiralick (Alaska Inuit).

Bedeutung des wissenschaftlichen Namens

Balaena mysticetus Linnaeus 1758 – Der lateinische Gattungsname *balaena* bedeutet "Wal". Der lateinische Artname *mysticetus* bedeutet soviel wie "Wal mit Barthaaren" und bezieht sich auf die kurzen "Barthaare" am Unterkiefer.

Verhalten

Grönlandwale sind die einzigen Großwale, die ausschließlich in der Arktis leben. Meist wandern sie allein, in Paaren oder zu dritt entlang der Packeisgrenze der Arktis. In ergiebigen Nahrungsgebieten bilden sie in Ausnahmefällen auch größere Gruppen von bis zu 40 Tieren. Mutter-Kind-Beziehungen sind sehr eng, beide berühren sich sehr oft gegenseitig. Häufig halten sich Belugas oder Narwale in der Nähe von Grönlandwalen auf. Aggressives Verhalten der Bullen untereinander bei der Paarung ist nicht bekannt. Es wird daher angenommen, daß sie für ihren Fortpflanzungserfolg eher durch den Wettstreit der Spermien ("sperm competition") als durch sozialen Konkurrenzkampf ("social competition") miteinander wetteifern. Dies bedeutet, daß sich ein Weibchen mit mehreren Männchen paart und der Paarungserfolg in erster Linie von der Samenmenge bestimmt wird. Eine solche Fortpflanzungsstrategie ist typisch für Arten mit großen Hoden. Grönlandwale schwimmen oft weit unter geschlossene Eisdecken. Sie können nachweislich bis zu 20 cm dickes Eis durchbrechen, wenn sie kein Loch zum Atmen finden. Möglicherweise können sie mit Hilfe bestimmter Laute auch die Dicke des Eises prüfen. Dadurch vermeiden sie auf ihren Wanderungen unter geschlossenen Eisdecken, daß sie unter zu dicke Eisschichten gelangen, die sie nicht mehr durchbrechen können. Die Schwimmgeschwindigkeit von Grönlandwalen beträgt normalerweise 3-6 km/h und kann in Ausnahmefällen bis auf max. 10 km/h gesteigert werden. Oft schwimmen Grönlandwale mit weit geöffnetem Maul an der Oberfläche, auch wenn offensichtlich keine großen Nahrungsmengen vorhanden sind. Der Grund für dieses Verhalten ist noch nicht eindeutig geklärt.

Trotz eiskalten Wassers taucht der Fotograf zwischen Eisbrocken zu dem Grönlandwal hinunter. Doc White/Seapics.com

Vermutlich setzen sie dadurch ihre Körpertemperatur herab und/oder nehmen doch geringe Mengen an Nahrung zu sich. Manchmal zeigen Grönlandwale Aktivitäten wie Durchstoßen der Wasseroberfläche, Vorwärtsspringen, Fluke- oder Brustflossenschlagen und "Spyhopping". Sie springen nicht oft, aber wenn, dann viele Male hintereinander. Die meisten Sprungaktivitäten zeigen Grönlandwale im Frühjahr. Wenn sie springen, steigt etwa der halbe Körper senkrecht aus dem Wasser und fällt meist seitlich darauf zurück. Die hintere Körperhälfte bleibt dabei immer im Wasser. Gelegentlich stoßen Grönlandwale kurze, niederfrequente (50-350 Hz) "Grummel"-Geräusche aus, die fast wie ein tiefes "Türknarren" klingen. Diese Laute werden oft wiederholt und dienen offensichtlich der Kommunikation. Nur selten sind höherfrequente Töne über 3,5 kHz zu hören, die unter Wasser selbst in einer Entfernung von 150 m noch mit einer Lautstärke von 156 Dezibel aufgenommen wurden.

Tauchen

Normalerweise atmen Grönlandwale 4-6 mal innerhalb von 1-2 min, bevor sie wieder abtauchen. Oft heben sie dabei ihre Fluke etwas aus dem Wasser. Häufig kippt die Schwanzflosse dann nach rechts weg, so daß die linke Flukenspitze zuletzt untertaucht. Grönlandwale tauchen meist nicht tiefer als 300 m. Ihre durchschnittliche Tauchzeit beträgt 3-12 min, die längste jemals gemessene war 31 min. Oft tauchen sie an der selben Stelle auf, an der sie abgetaucht sind.

Nahrung

Grönlandwale filtrieren vorwiegend Kleinstlebewesen aus dem Wasser. Ihre Nahrung besteht hauptsächlich aus Zooplankton wie kleine, schwarmbildende Kopepoden, Euphausiaceen (Leuchtgarnelen, Krill) und Amphipoden. Gelegentlich fressen sie auch kleine Fische, Krabben, Garnelen und Schnecken. Grönlandwale nehmen pro Tag bis zu 600 kg Nahrung zu sich. Wie die meisten Bartenwale fressen auch sie vorwiegend im Sommer in Gebieten mit hoher Biomasseproduktion. Das typische Freßverhalten von Grönlandwalen wird als "Abschöpfen" bezeichnet. Dabei schwimmen sie mit weit geöffnetem Maul durch nahrungsreiches Wasser und nehmen riesige Nahrungsmengen auf einmal im Maul auf. Zwischendurch schließen sie immer wieder das Maul und drücken das aufgenommene Wasser durch die Barten aus dem Maul. Diese Art der Nahrungsaufnahme eignet sich am besten für langsame Beute. Normalerweise schwimmen die Wale zum Fressen mit weit geöffnetem Maul an oder nahe unter der Oberfläche durch dichte Schwärme von Zooplankton. Meist schwimmen Grönlandwale bei der Nahrungsaufnahme mit dem Rücken nach oben, gelegentlich drehen sie sich aber auch um bis zu 60° und schwimmen auf der Seite. Bei einigen Beobachtungen aus der Luft wurde festgestellt, daß sie auch benthische Organismen vom Meeresgrund aufnehmen, denn aus den Mäulern der auftauchenden Wale lief schlammiges Wasser. Ähnlich wie Grauwale zogen auch sie eine deutliche Sedimentwolke hinter sich her, ein typisches Anzeichen dafür, daß sie Nahrung vom Meeresboden aufgenommen hatten. In ergiebigen Nahrungsgründen wurde beobachtet, daß sich Grönlandwale manchmal beim Fressen gegenseitig behilflich sind. Dabei schwimmen einige Tiere in V-Formation wie ein Schwarm Zugvögel dicht nebeneinander her. Dieses kooperative Freßverhalten ist auch von Buckelwalen bekannt. Durch diese v-förmige Staffelung steigern sie die Effizienz ihrer Nahrungsaufnahme erheblich. Die an den Seiten schwimmenden Tiere profitieren dabei von den Artgenossen vor ihnen: Sie fangen all jene Beutetiere, die den Voranschwimmenden entkommen und zur Seite geflüchtet sind bzw. gespült wurden. Besonders bei mobilem Zooplankton (z.B. Krill) ist diese Technik sehr effizient.

Allgemeine Info

Da in der Erstbeschreibung des Grönlandwals von Linnaeus 1758 die Unterschiede zum Nördlichen Glattwal nicht deutlich wurden, kam es danach noch oft zur Verwechslung beider Arten. Auch führten geographische und altersbedingte Unterschiede sogar die frühen Walfänger und Inuit (Ureinwohner der nordamerikanischen Arktis) irrtümlich zu der Annahme, daß es zwei verschiedene Formen von Grönlandwalen geben müsse. Erst 1866 wurde der Grönlandwal von Eschricht und Reinhardt vollständig beschrieben und als Art deutlich vom Nördlichen Glattwal getrennt. Allerdings wurde der Nördliche Glattwal damals noch zur Gattung *Balaena* gestellt. Die Sonderstellung der Glattwale in der Unterordnung Bartenwale konnte erst Anfang der 90er Jahre durch DNA-Analysen bestätigt werden. Diese zeigten große Übereinstimmung zwischen Nördlichen und Südlichen Glatt- sowie Grönlandwalen, aber große Unterschiede zu allen anderen Bartenwalen.

Die frühen Walfänger und die Inuit konnten anhand von Größe, Skelettbau, Farbe, Länge und Tönung der Barten verschiedene "Typen" von Grönlandwalen unterscheiden. Diese Unterschiede wurden später durch genetische Analysen bestätigt. Grönlandwale wurden schon im 18. Jahrhundert in der östlichen Arktis durch den Walfang extrem stark dezimiert. Wegen ihrer langsamen Schwimmweise und ihrer bis zu 70 cm dicken Blubberschicht waren sie eine sehr begehrte Beute. Heute sind sie eine der am stärksten vom Aussterben bedrohten Walarten. Von einigen Ureinwohnern werden sie vor Alaska aus traditionellen Gründen und zur Eigenversorgung noch gejagt. Nicht zuletzt wegen ihres geringen Bestandes und des entlegenen, unwirtlichen Verbreitungsgebiets gehören Grönlandwale zu den am wenigsten erforschten Walen. Von allen Bartenwalen dringen sie am weitesten nach Norden vor.

Es gibt heute vermutlich 4-5 unterschiedliche Populationen, von denen nicht bekannt ist, ob sie sich vermischen:

1. Davis Strait, Hudson Strait, Baffin Bay, Foxe Basin und nördliche Hudson Bay. Wegen ständiger Eisbildung gilt es als sicher, daß sich diese Population mit der folgenden nicht vermischt.
2. Bering-, Tschuktschen- und Beaufort-See.
3. Ochotskisches Meer, könnte auch zur Beaufort-Population gehören.
4. Nordatlantik, fast ausgestorben.
5. Barents-See, dort haben nur wenige Exemplare überlebt.

Zahlen & Fakten Grönlandwal

Länge: 15-16, max. bis 20 m
Gewicht: Etwa 60-80 t
Lebenserwartung: Etwa 40 Jahre, möglicherweise auch über 200 Jahre
Geschlechtsreife: Ab 12-14,5 m Länge
Paarungszeit: Frühjahr
Tragzeit: 12-13 Monate
Geburtszyklus: Alle 3-6 Jahre
Geburtslänge: 4-4,5 m (im ersten Lebensjahr verdoppelt sich die Größe)
Geburtsgewicht: Etwa 2 t
Säugezeit: 5-6 Monate, bis 6 m Länge
Tauchtiefe: Bis 300 m
Tauchzeit: Bis 30 min
Höchstgeschwindigkeit: Bis 10 km/h
Barten: Etwa 250-300 dunkelgraue Barten je Seite
Gewicht der Barten: Kann über 1 t betragen
Länge der Barten: 4-4,5 m, die längsten aller Barten (Rekord: 5,80 m)
Blas: 7 m hoch, v-förmig, links etwas höher
Gruppengröße: Meist 1-6, in nahrungsreichen Gebieten auch mehr
Population: Zu Beginn des 19. Jahrhunderts etwa 50.000, heute nur 5.000-8.000; der Bestand ist stark gefährdet!

Schnell-Erkennung Grönlandwal

im Profil betrachtet erscheinen 2 Buckel (Kopf und Körper) an der Oberfläche

dunkler, extrem massiger Körper

keine Rückenfinne

kein Seepockenbewuchs am Kopf

große, spatenförmige Brustflossen

weißer Kinnfleck mit "Halskette"

sehr große, bis 7 m breite Fluke

v-förmiger Blas (bis 7 m hoch)

v-förmig angeordnete Blaslöcher

beim Abtauchen kippt die Fluke meist nach rechts weg

lebt ausschließlich in arktischen Gewässern

Glaubt man den Wissenschaftlern von der "Scripps Institution of Oceanography" in Kalifornien, dann gehören Grönlandwale nicht nur zu den relativ schwersten Lebewesen, sondern auch zu denen, die das höchste Lebensalter erreichen können. Zwei Harpunenspitzen, die erst vor kurzem von Inuit in Alaska in der Fettschicht von Grönlandwalen gefunden wurden, sahen aus, als wären sie von Steinzeitmenschen aus Feuerstein gefertigt worden. Andere Harpunenspitzen wurden offenbar kunstvoll aus grauem Schiefer und Elfenbein geschliffen. Mit solch vorsintflutlichen Speerspitzen hatten Alaskas Inuit zuletzt in den Jahren um 1870 Jagd auf Wale gemacht! Da keine Zweifel an der Echtheit dieser Funde bestand, korrigierten Biologen das bisher angenommene Höchstalter deutlich nach oben. Diese vor der Nordküste Alaskas erlegten Grönlandwale mußten weit über 100 Jahre alt gewesen sein, als sie getötet wurden.

Der Geochemiker Jeffrey Bada von "Scripps" glaubt beweisen zu können, daß diese sanften Riesen sogar über 200 Jahre alt werden können. Die neue molekularbiologische Methode des amerikanischen Forschers zur Altersbestimmung beruht auf der Analyse einer bestimmten, im Körper von Walen vorkommenden Aminosäure. Lebende Organismen produzieren und nutzen fast ausschließlich die sogenannte linksdrehende Form dieser Aminosäure. Erst nach dem Tod des Individuums wandelt sich ein Teil der linksdrehenden Aminosäure allmählich in die rechtsdrehende Variante des Proteinbaustoffes um. Mit dieser Analyse wurde bisher nur das Alter von Fossilien ermittelt, bei denen sich aus dem Mengenverhältnis beider Aminosäure-Varianten zueinander bestimmen läßt, wieviel Zeit seit dem Tod des Organismus vergangen ist. Jeffrey Bada entdeckte 2001, daß dieser Umbau der Aminosäuren schon im lebenden Tier beginnt. Er fand heraus, daß diese Umwandlung zu Lebzeiten in jenen Körperteilen stattfindet, die von der ständigen Erneuerung durch Stoffwechselprozesse abgeschnitten sind, z.B. Zähne, Augenlinsen.

Bei einigen männlichen Grönlandwalen kam nach der neuen Methode von Bada etwas heraus, womit niemand gerechnet hatte: Vier der älteren Männchen mußten zwischen 140 und 180 Jahre alt gewesen sein, als sie erlegt wurden. Der bisher älteste, auf diese Weise untersuchte Grönlandwal hatte sogar etwas mehr als 200 Jahre lang im Eismeer gelebt. Zwei weitere Forscherteams arbeiten nun unabhängig daran, diese spektakulären Ergebnisse von Bada und seinem Team zu überprüfen.

Wo & Wann

Grönlandwale leben ausschließlich in kalten, arktischen und subarktischen Gewässern, selten weit vom Packeis entfernt. Meist wandern sie entlang der Packeisgrenze der Arktis, hauptsächlich um Alaska herum. Im Winter werden sie vom zunehmenden Eis nach Süden gedrängt, im Sommer folgen sie der schmelzenden Eiskante nach Norden. Eigentlich war die Verbreitung auf der Nordhemisphäre zirkumpolar. Wegen der intensiven Bejagung entspricht sie heute nicht mehr dem ursprünglichen Verbreitungsgebiet.

Skelettreste bei alten baskischen Walfangstationen belegen, daß Grönlandwale früher einmal südlich bis zur Meeresstraße von Belle Isle (Neufundland) wanderten. Grönlandwale können heute noch in der Davis Strait, Hudson Strait, Baffin Bay, im Foxe Basin und der nördliche Hudson Bay, außerdem in der Bering-, Tschuktschen- und Beaufort-See sowie im Ochotskischen Meer angetroffen werden.

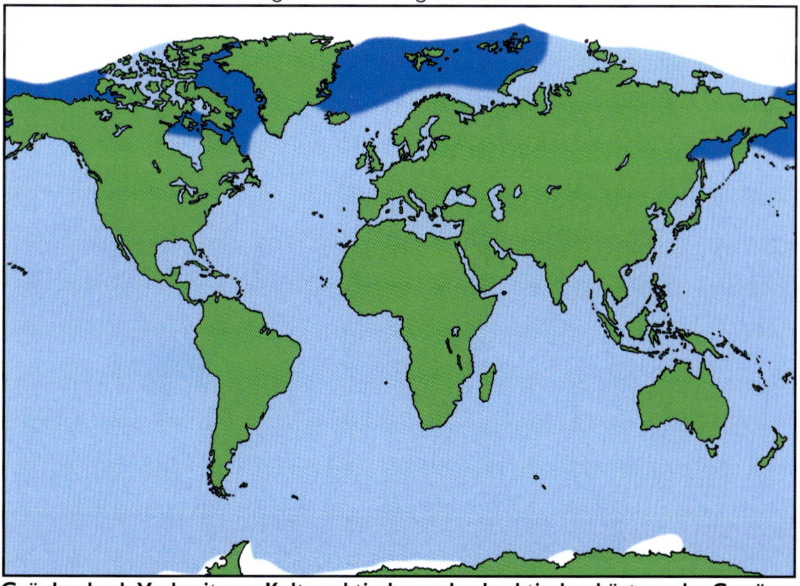

Grönlandwal, Verbreitung: Kalte arktische und subarktische, küstennahe Gewässer, meist unweit des Packeises.

Besondere Erkennungsmerkmale dieser Familie
Einzige Art: Zwergglattwal. Er wurde früher der Familie Glattwale zugeordnet. Auf Grund neuer Forschungen erscheint es heute gerechtfertigt, ihn in eine eigenständige Familie einzuordnen. Zwergglattwale sind mit 4-5 m Länge die kleinsten aller Bartenwale. Sie haben eine Finne, kurze Barten sowie ein bogenförmig geschwungenes Rostrum. Ihre Verbreitung ist ausschließlich auf die kühleren Gewässer der Südhalbkugel beschränkt.

Zwergglattwal, Pygmy Right Whale, *Caperea marginata*

Zwergglattwal. Pieter Arend Folkens

Besondere Erkennungsmerkmale
Zwergglattwale sind deutlich schlanker als Glattwale, jedoch nicht so schlank wie Furchenwale. Die Finne ist klein und gebogen, Kopf und Mundlinie sind bogenförmig geschwungen. Der Kopf ist ohne Schwielen oder Seepockenbewuchs.

Beschreibung
Im Durchschnitt erreichen Zwergglattwale eine Länge von 4-5 m, die Obergrenze liegt bei 6,5 m. Das durchschnittliche Gewicht beträgt 3-3,5 t. Auch bei ihnen gibt es Geschlechtsdimorphismus: Die Weibchen werden größer als die Männchen.

Zwergglattwale tragen im Gegensatz zu Glattwalen eine Finne. Auch ist ihr Kopf mit nur bis zu 1/4 der Körperlänge in Relation zum Körper deutlich kleiner. Das Rostrum verjüngt sich zu einer abgerundeten Spitze. Die schmalen Brustflossen sind klein und an den Spitzen abgerundet. Die Fluke ist auf der Oberseite dunkel, auf der Unterseite hell mit dunklem Rand. Das Dunkelgrau des Rückens wird von einigen blassen Streifen unterbrochen und reicht bis auf die Seiten. Im Alter

Zahlen & Fakten Zwergglattwal
Länge: 4-5, max. bis 6,5 m
Gewicht: 3-3,5 t
Lebenserwartung: Etwa 90 Jahre
Tragzeit: 10-11 Monate
Geburtslänge: 1,6-2 m
Tauchtiefe: Unbekannt
Tauchzeit: Bis 5 min
Höchstgeschwindigkeit: Bis 9 km/h
Barten: elfenbeinfarben, 210-230 je Seite
Länge der Barten: Bis 70 cm
Gruppengröße: Meist einzeln oder paarweise, selten bis zu 8 Exemplare
Population: Größe unbekannt, vermutlich aber nicht so klein, wie bisher angenommen, da die Art nie kommerziell gejagt wurde; wegen des entlegenen Verbreitungsgebiets und der Verwechslung mit Zwergwalen sind verläßliche Bestandsabschätzungen sehr schwierig

Schnell-Erkennung Zwergglattwal
kleiner, schlanker, stromlinienförmiger Körper
auffällige, sichelförmige Finne
gebogener Kopf und bogenförmig geschwungene Mundlinie
graue Oberseite, helle Unterseite
Brustflossen-Oberseite dunkel, ohne weißen Fleck
weiße Barten, keine Kehlfurchen
unauffälliges Verhalten, kaum an der Oberfläche zu sehen
langsamer Schwimmer, schwimmt wellenförmig
Schnauzenspitze taucht in spitzem Winkel aus dem Wasser

wird der Rücken dunkler. Auch die hellgraue bis weiße Unterseite kann im Alter dunkler werden. Die 210-230 elfenbeinfarbenen Barten mit dunklem Rand werden bis zu 70 cm lang und heben sich deutlich vom dunklen Kopf ab.

Leicht zu verwechseln mit
Eine genaue Identifikation ist auch aus nächster Nähe schwierig, und selbst erfahrene Walfänger haben Zwergglattwale in der Vergangenheit oft mit Zwergwalen verwechselt. Die besten Merkmale zur Unterscheidung beider Arten sind die bogenförmig geschwungene Mundlinie und die leicht gebogene Kopfform des Zwergglattwals. Beim Zwergwal sind Mundlinie und Oberkiefer gerade, außerdem hat er im Gegensatz zum Zwergglattwal Kehlfurchen.

Andere Namen
Baleine Pygmée, Baleine Franche Naine (franz.); Caperea (ital.); Ballena Franca Pigmea (span.); Baleia Pigmeia, Baleia Anã (port.); Dwergwalvis (niederl.); Dverghval (norweg.); Kääpiövalas (finn.); Dvärgrätval (schwed.); Dværgrethval (dän.); Kosemi Kujira (japan.); Gladkii Kit (russ.).

Bedeutung des wissenschaftlichen Namens
Caperea marginata Gray 1846 – Der lat. Gattungsname *Caperea* bezieht sich auf das runzlige Aussehen des Paukenbeins. Die lat. Artbezeichnung *marginata* bedeutet soviel wie "umrandet" und bezieht sich auf den dunklen Rand der hellen Barten.

Verhalten
Im allgemeinen gelten sie als scheue Tiere, die nur wenige Sekunden an der Oberfläche verbleiben. Ihr Blas ist auf See sehr unscheinbar und klein. Besondere, auffällige Oberflächenaktivitäten wie Springen oder Flukeschlagen wurden bisher nicht beobachtet. Gelegentlich werden Zwergglattwale in Gesellschaft von Grind-, Sei- und eventuell auch Zwergwalen gesichtet (Verwechslung?).

Tauchen
Ähnlich wie Zwergwale tauchen Zwergglattwale im flachen Winkel mit der Schnauzenspitze zuerst aus dem Wasser auf. Im Gegensatz zum Zwergwal sind beim Auftauchen jedoch Finne und Rücken nicht immer gleichzeitig an der Oberfläche zu sehen. Auch wird die Fluke zum Abtauchen fast nie aus dem Wasser gehoben. Obwohl Zwergglattwale langsame Schwimmer sind, können sie kurze, schnelle Zwischenspurts einlegen. Sie tauchen nicht länger als 5 min.

Nahrung
Mageninhaltsanalysen zeigten, daß Ruderfußkrebse die Hauptnahrung dieser Walart sind.

Allgemeine Info
Zwergglattwale sind nicht nur die kleinsten, sondern auch die unbekanntesten aller Bartenwale. Bestätigte Sichtungen sind selten, was vermutlich auch daran liegt, daß sie sehr leicht mit Zwergwalen verwechselt werden können. Bis in die 1960er Jahre war diese Art nur durch gestrandete Tiere bekannt. Erst 1967 gelangen die ersten UW-Fotos in der Plettenberg Bay Südafrikas.

Wo & Wann
Die wenigen bislang gemachten eindeutigen Beobachtungen weisen auf einen Lebensraum vorwiegend in flacheren Küstengewässern und geschützten Buchten der Südhemisphäre zwischen 30° und 52° südlicher Breite hin (Neuseeland, Südaustralien und Südafrika). Eine bestätigte Sichtung erfolgte vor Feuerland (Südamerika) auf 55° Süd. Die Verbreitung scheint von der Oberflächentemperatur des Meerwassers abhängig zu sein. Eine ortstreue Population lebt bei Tasmanien.

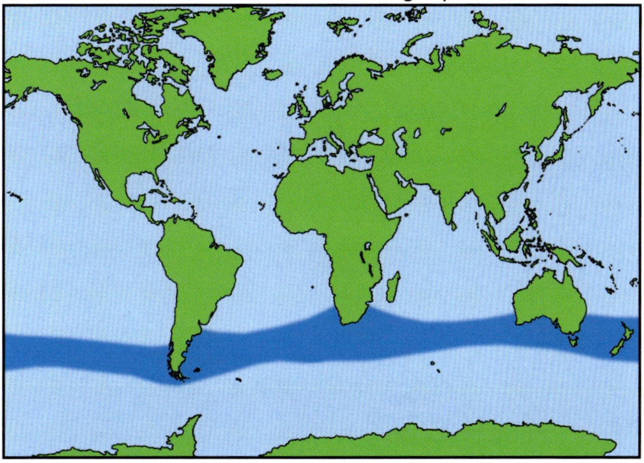

Zwergglattwal, Verbreitung: Alle gemäßigten, flachen, küstennahen Gewässer der Südhemisphäre.

TÊTE-À-TÊTE

Nur wenigen Menschen ist es vergönnt, einer Gruppe von Pottwalen bei einem ihrer regelmäßigen Treffen, den sogenannten "social meetings", Gesellschaft zu leisten. Für einen kurzen Moment und etwa 20 km vor der Küste der Azoreninsel Pico ließen sie Ralf Kiefner als Gast daran teilhaben.

Direkt vor uns treiben 18 Pottwale friedlich an der Wasseroberfläche. Deutlich erkenne ich ihre riesigen, kastenförmigen Köpfe, die von Zeit zu Zeit auftauchen, um Atem zu holen. Die kräftigen Atemgeräusche sind gut zu hören. Fünfzehn Jahre warte ich nun schon vergeblich auf "mein" "social meeting" mit einer Gruppe von Pottwalen. Und jetzt liegen sie in nicht mehr als 50 m Entfernung auf dem Wasser und kümmern sich überhaupt nicht um das Boot.

Angespannt bis zum äußersten, gleite ich lautlos in das kristallklare Wasser des Atlantiks. Obwohl ich die Tiere unter Wasser noch nicht sehen kann, höre ich deutlich ihre Klicklaute. Sie kommunizieren miteinander. Das Wasser scheint regelrecht erfüllt von diesen Klicklauten zu sein, und es knistert wie in einem Raum mit starker elektrostatischer Aufladung. Die Laute von Pottwalen bestehen vorwiegend aus kurzen, pulsartigen Klicklauten im Bereich von 0,2-32 kHz und dienen sowohl zur Echoortung als auch zur Kommunikation. So lautlos wie möglich schwimme ich weiter in Richtung der Wale. Und plötzlich sind sie vor mir. Sie treiben sternförmig angeordnet bewegungslos an der Oberfläche, die Köpfe sind zusammengesteckt und die Fluken bilden einen Schutzwall nach außen. So haben Angreifer keine Chance. Diese Anordnung wird auch als "Lotusblüten-Formation" bezeichnet. Die Gruppe besteht aus vielen Weibchen und einigen Jungtieren. Sie scheinen so sehr mit sich selbst beschäftigt zu sein, daß sie mich nicht bemerken.

Wissenschaftler der Dalhousie Universität (Nova Scotia, Kanada) vermuten, daß diese "social meetings" nicht nur der Kommunikation dienen, sondern auch zur Verdauung genutzt werden. Es ist bekannt, daß Säugetiere eine ziemlich unökonomische Verdauung haben. Zur Energiegewinnung durch Oxidation benötigen Säugetiere große Mengen Sauerstoff. Für Landsäuger stellt dies natürlich kein Problem dar, denn sie sind ständig von Luft umgeben. Bei Meeressäugern verhält sich dies naturgemäß etwas anders. Während der Tauchgänge ist eine Verdauung aus ökonomischen Gründen fast völlig auszuschließen. Wale nutzen dazu Verschnaufpausen an der Wasseroberfläche, bei denen reichlich Sauerstoff zur Verfügung steht. Einige Wissenschaftler vermuten, daß sie auch ihre "social meetings" zur Verdauung nutzen, denn die finden ebenfalls an der Oberfläche statt. Eine Beobachtung, die im Jahre 1998 auf den Azoren gemacht werden konnte, entkräftet jedoch diese Theorie. Ein Team von *National Geographic* befestigte unter großem finanziellem Aufwand spezielle Kameras mit Satellitensendern an Pottwalen, um Aufnahmen von deren Jagd auf Riesenkalmare in großen Tiefen zu erhalten. Bevor die Wale aber zur Jagd in größere Tiefen abtauchten, streifte jedesmal ein Artgenosse die Kamera mit dem Körper ab. Die erhofften Jagdaufnahmen gelangen daher nicht. Trotzdem gelangen dem *National Geographic*-Team beeindruckende Aufnahmen von einer bisher nicht für möglich gehaltenen Verhaltensweise: Die Spezialkameras lieferten einmalige Bilder, denn sie konnten eine Gruppe von Pottwalen

Ein einzelner Pottwal steht abseits der Gruppe senkrecht im Wasser.

FOTOS: RALF KIEFNER

Achtzehn Pottwale treiben direkt vor uns friedlich an der Wasseroberfläche und dulden unsere Anwesenheit.

Ihre "Lotusblüten-Formation" bildet einen unüberwindlichen Schutzwall gegen Angreifer.

in etwa 400 Meter Tiefe filmen und so erstmals nachweisen, daß Pottwale auch in diesen Tiefen ihre "social meetings" abhalten, womit vorher eigentlich niemand gerechnet hatte.

Erst als ich "meine" Gruppe in gebührendem Abstand fast ganz umrundet habe, erkenne ich einen einzelnen Pottwal, der etwas abseits der Gruppe senkrecht mit dem Kopf nach oben im Wasser steht. Als ich mich ihm vorsichtig nähern will, löst sich plötzlich ein einzelner junger Pottwal aus der Gruppe und schwimmt an mir und dem immer noch senkrecht stehendem Pottwal vorbei ins unendliche Blau. Noch während ich dem Jungwal verwundert nachschaue, hat sich der eben noch senkrecht stehende Pottwal gedreht und schwimmt geradewegs auf mich zu. Das Pottwalweibchen kommt immer näher. Deutlich spüre ich, wie ihre Klicklaute auf meinen Körper treffen und mich abtasten. Es fühlt sich an, als würden die unsichtbaren Druckwellen wie Schläge auf meinen Körper prallen. Bewegungslos verharre ich an der Oberfläche. Als das Weibchen noch näher kommt, wirft es seinen Kopf immer wieder von einer Seite zur anderen und öffnet dabei das riesige Maul. Seine Drohgebärden sind deutlich und unmißverständlich, und ich bekomme es jetzt mit der Angst zu tun. Es ist wohl besser, diese Drohung zu respektieren. Ich überlasse die Wale wieder sich selbst und schwimme zum Boot zurück. Von dort aus beobachte ich die Gruppe von 18 Pottwalen noch fast eine Stunde lang mit gebührendem Abstand, bis sie sich schließlich auflöst und die Tiere gemächlich in verschiedene Richtungen davonschwimmen oder in die unergründliche Tiefe abtauchen.

Während ich ihnen hinterherschaue, fällt mir das Buch *In the Heart of the Sea* ein. Darin beschreibt Nathaniel Philbrick die letzte Fahrt der "Essex", eines Walfangschiffes aus Nantucket, das im Jahre 1820 in den Weiten des Südostpazifiks gesunken ist. Es ist die wahre Geschichte, die Herman Melville später zu seinem Buch *Moby Dick* inspirierte. Nur endet Melvilles Geschichte damit, daß ein Pottwal das Schiff von Kapitän Ahab rammt und schließlich versenkt, während die Geschichte der "Essex" damit beginnt: ...Es war an einem schönen Frühlingsmorgen (Anm.: Auf der Südhemisphäre) des 20. November 1820, als die Besatzung der "Essex" damit beschäftigt war, einige Wale zu harpunieren, als der Bootsmann zufällig über seine Schulter blickte. Verwirrt sah er, wie das Mutterschiff kenterte. "Schaut, schaut!" schrie er ungläubig. "Was passiert mit dem Schiff?" Sie hatten keine Ahnung davon, daß etwa zwei Meilen entfernt ein gewaltiger Pottwalbulle seinen riesigen Schädel gegen die "Essex" schlug, während sie junge Pottwale und ihre Mütter abschlachteten. Anscheinend nahm er Rache... Erst 93 Tage später, als das Segelschiff "Dauphin" von seiner Walfangreise heimwärts segelte, entdeckte dessen Besatzung die letzten Überlebenden der "Essex". Sie trieben auf einigen Planken im Meer und konnten nur überleben, weil sie das Blut ihrer Mannschaftskollegen tranken und ihr Fleisch aßen.... Doch mich hatten Pottwale einen kurzen Moment lang als Gast an ihrem Gruppentreffen teilhaben lassen, ein großes und unerwartetes Geschenk.

Mit weit aufgerissenem Maul schwimmt ein Pottwalweibchen direkt auf mich zu.

GIFTCOCKTAIL

Immer wieder kommt es vor, daß sich männliche Pottwale auf den Wanderungen von ihrem Urlaub aus den arktischen Jagdgründen zu den wärmeren atlantischen Paarungsgebieten in die Nordsee verirren und auf flachen Sandbänken stranden. Ralf Kiefner war Zeuge solch einer tragischen Massenstrandung.

In der Nacht zum 27.3.1996 wurden 16 junge Pottwalbullen am Strand der dänischen Insel Rømø angespült. Im darauffolgenden Jahr waren es 15 Pottwalbullen, die sich Anfang Dezember in die Nordsee verirrten und an den Küsten Dänemarks, Hollands und Deutschlands strandeten. Im Januar 2002 strandeten 3 weitere Pottwalbullen an der deutschen Nordseeküste bei Friedrichskoog. Die 16 Pottwalbullen aus dem Jahre 1996 starben alle zur gleichen Zeit und wurden schon tot in Rømø angespült. "Sie verendeten, als sie weiter draußen auf einer Sandbank strandeten", erklärt der Meeresbiologe Thyge Jensen. Seiner Aussage nach erstickten sie an ihrem eigenen Gewicht, als sie bei Ebbe auf dem Trockenen lagen. Zwei dieser 16 Kadaver waren frei zu besichtigen, die anderen 14 lagen in militärischem Sperrgebiet...

Da hinten, nahe der Wasserlinie, muß es sein. Schon von Weitem sehe ich den riesigen Körper eines Pottwals am Strand liegen. Hoch überragt er die Schaulustigen, die ihn umgeben. Er liegt auf der rechten Seite, den Kopf zum Wasser gerichtet, seine linke Brustflosse ragt aufrecht gen Himmel. Den zahlreichen Betrachtern bietet sich ein grausames Bild. Um Plünderungen vorzubeugen, haben Biologen die Unterkiefer der Wale abgetrennt. Immerhin kann ein Pottwalzahn je nach Größe einen Wert von weit mehr als U.S. Dollar 1.000,- haben. Neben den Unterkiefern wurden den Walen auch einige größere Gewebeproben entnommen. Ja sogar die Augen wurden entfernt, ihre Untersuchung soll Aufschluß über die Todesursache der 16 jungen Pottwalbullen geben.

Die Wale sind aufgeplatzt, und ihre Gedärme hängen teilweise heraus. Dieses "Explodieren" der Walkadaver ist ein ganz normaler Vorgang, denn Wale sind Warmblüter wie Menschen. Nur kühlt ein Pottwalkörper durch die über 10 cm dicke, isolierende Fettschicht auch nach der Leichenstarre im Körperinneren nur sehr langsam aus. Durch die Wärme dehnen sich die Verwesungsgase im Walkörper dann so stark aus, daß die Wale regelrecht explodieren. Ein wahrlich grauenhafter Anblick.

Die meisten Menschen haben bisher noch nie einen leibhaftigen Wal gesehen. Nun sind sie überwältigt von seiner Größe. Dabei handelt es sich hierbei lediglich um sogenannte "Halbstarke", etwa 10 Meter lange Jungbullen. Ausgewachsene Bullen können bis zu 18 Meter Länge erreichen.

Trotz der vielen Schaulustigen liegt eine fast ehrfürchtige Stille über dem Strand. Deutlich kann ich in einigen Gesichtern eine Mischung aus Respekt, Mitgefühl und Trauer erkennen. Ergriffen betrachten die Menschen einen der aufgeplatzten Kolosse. Ein kleiner Junge neben mir rümpft seine Nase und meint: "Puh, stinken Wale!" Kein Wunder angesichts des riesigen verwesenden Fleischberges von etwa 25 t Gewicht.

ROBERT PITMAN/SEAPICS.COM

Pottwal-Massenstrandungen kommen an vielen Küsten vor, hier die vom Juni 1979 in Oregon (USA).

Solch ein Wal-Massensterben ist in der Tat ein ergreifendes Ereignis, heute genauso wie vor 400 Jahren, als am 2. oder 4. Februar 1598 zwischen Katwijk und Scheveningen (Niederlande) ein Pottwal strandete. Auch er stellte sehr eindrucksvoll unter Beweis "welch vielgestaltiges Getier Gott zu

Wasser und zu Lande erschaffen hat". Es war damals gegen vier Uhr nachmittags, als die ersten Augenzeugen noch erschrocken in die Dünen flüchteten. Doch dann strömten die Menschen von allen Seiten herbei, um dieses kolossale Geschöpf zu bestaunen, das "wie ein Wunder anzuschauen" war. "Allein seine Zunge sei vorn so dick wie ein Bierfaß (...) und das Auge so groß wie ein Mann mit Daumen und Zeigefinger abgreifen konnte (...)", hieß es in einem Flugblatt des Amsterdamer Verlegers Henrick Haestens. Der deutsche Chronist Hans Sibmacher berichtete damals "(...) daß es ein männliches Tier war, gab sein stattlicher, fast zwei Meter langer Penis klar zu erkennen. Zuerst hat er dermaßen getobt, daß man es noch eine halb Meile weit hören konnte", berichtet er weiter. Bis er schließlich "mit einem solchen Barsten oder Knallen starb, als wan ein Carthaune loss geschossen were (...)", während ihm gleichzeitig ein Schwall Wasser zum Hals herauslief, "welches so übel gestuncken, daß niemandt darbei bleiben mochte (...)".

Um Plünderungen vorzubeugen, hat man die Unterkiefer mit den wertvollen Zähnen dieser gestrandeten Pottwale abgetrennt (Nordseeküste).

Doch wie kommt nun diese Gruppe von 16 "halbstarken" Jungbullen in die Nordsee? Letztlich liegt es mal wieder am Geschlechtstrieb. Zumindest könnten die Pottwalbullen wesentlich ungefährlicher leben, wenn ihnen auf dem Rückweg von ihrem Solo-Urlaub am Polarkreis zum Äquator die Weibchen etwas entgegenkommen würden. Während die Bullen bevorzugt in kühleren Meeresgebieten nach Nahrung suchen, tummeln sich die Pottwalkühe in warmen Gewässern und warten darauf, daß sich erstere pünktlich zur Paarungszeit bei ihnen einfinden.

Statt wie üblich westlich an den Britischen Inseln vorbeizuschwimmen, haben sich diese 16 Bullen auf ihrem Weg aus den norwegischen Gewässern zum Atlantik in die Nordsee verirrt. "Aus dieser Sackgasse einen Ausweg zu finden, ist für Pottwale nahezu unmöglich", meint der Chefbiologe der Umweltorganisation Schutzstation Wattenmeer auf Sylt. "Die Wale orientieren sich nicht westlich in Richtung des Kanals, um wieder zurück in den Atlantik zu kommen, sondern naturgemäß in Richtung Süden, und dort ist die Küste".

Junge Pottwalbullen leben in sozialen Gefügen zusammen und bewegen sich auf ihren Wanderungen in allen Weltmeeren vom Äquator bis zum Rand des Polareises im Freiwasser. Sie dringen dabei bis in Tiefen von 1.000-3.000 Metern vor, um nach Tiefseekalmaren zu jagen. Die Nordsee mit ihrer geringen Tiefe gehört ganz sicher nicht zu ihren natürlichen Jagdrevieren. Ihr phänomenales Echolot, welches zur Orientierung auf kilometertiefe See eingestellt ist, wird ihnen in der Nordsee mit ihrer geringen Tiefe von oftmals weniger als 20 Meter zum Verhängnis. Während in großen Tiefen das Echo erst nach Sekunden empfangen wird, prasseln die Töne in der flachen Nordsee in Sekundenbruchteilen zurück und verwirren "Moby Dick", machen ihn sozusagen "blind".

Auf die Frage, warum immer wieder einige Wale trotz ihrer außerordentlichen Fähigkeiten ein solch klägliches Ende nehmen, gibt es keine klare Antwort. Werden diese Wale etwa von Migräne geplagt, oder hat ihnen der Mond den Kopf verdreht? Ist es gar ein unbekannter Defekt im Navigationssystem? Oder wurden sie von einem Sturm oder einer übermäßigen Geräuschkulisse, verursacht durch Schiffe, Sprengungen oder Bohrungen auf dem Meeresgrund, fehlgeleitet?

Glaubt man dem bekannten Walbuchautor Richard Ellis, dann haben "Pottwale schon immer eine gewisse Vorliebe für die niederländische Küste gehabt". Auch von anderen Orten sind viele Pottwalstrandungen bekannt: 1979 strandeten 56 Pottwale vor Kalifornien und 41 bei Florence in Oregon. Den traurigen Rekord hält die Küste Neuseelands, wo im Jahre 1970 gleichzeitig 59 und 1974 sogar 72 Pottwale strandeten. "Viele Theorien, die schon zu Walstrandungen verbreitet wurden, zeichnen sich vor allem dadurch aus, daß sie sich prinzipiell nicht widerlegen oder bestätigen lassen", schreibt dazu Richard Ellis in seinem Walbuch im Kapitel Mythen, Fabeln und Fakten.

Alle bisherigen Erklärungsversuche fügen sich auffallend gut in das Interessengebiet derer, die sie verbreiten. So vermutet der niederländische Biologe Kees Camphuijsen Schwankungen in den Erdmagnetfeldlinien, an denen sich die Wale orientieren. Denn man hat in den Gehirnen von Walen, ähnlich wie bei (Brief-)Tauben, Eisenoxidkristalle entdeckt, die solche Magnetfelder registrieren können.

Der Neuropathologe Erwin Dahme gibt eher Parasiten die Schuld. Er vermutet, daß Parasiten den Gleichgewichtssinn in den empfindlichen Ohren der Wale stören. Greenpeace dagegen macht die Ölplattformen, den Lärm von Schiffen und die Meeresverschmutzung für diese Walstrandungen verantwortlich. Doch Walstrandungen hat es nachweislich auch schon gegeben, als das Meer noch frei von Abfall und den lauten Geräuschen unserer Industriegesellschaft war.

Tatsächlich wurden aber in den Walkadavern von Rømø große Mengen an Schwermetallen nachgewiesen. Ursprünglich wollte man die Kadaver dieser 16 Pottwale zu Tierfutter verarbeiten. Wie sich jedoch herausstellte, waren diese Pottwale so stark mit Schadstoffen belastet, daß sie als Sondermüll entsorgt werden mußten! Der Preis für die Entsorgung der 3 Pottwale, die im Januar 2002 an der deutschen Nordseeküste strandeten, belief sich etwa auf EURO 25.000,-.

Bis zum Abtransport der Kadaver liegt ein abscheulicher Gestank über der Küste.

Die etwa 1,5 Tonnen Darm und Darminhalt eines jeden Pottwals, die von den Biologen analysiert wurden, enthielten so viele Schadstoffe, daß die Experten entsetzt waren. Es wurden zwanzigmal mehr Cadmium und doppelt soviel Quecksilber nachgewiesen, als es bei Meeresfischen normal ist. "Seltsam und unheimlich", nannte dies Leo Theander, Direktor einer Giftmülldeponie. Wie wahr. Da schwimmt dieser Koloß aus arktischen Gewässern, also denkbar weit weg von allen Industrieanlagen, nach Süden und geht vorwiegend in großen Tiefen auf Jagd. Jedoch ist sein Mageninhalt so verseucht, als habe er im Klärbecken einer Metallfabrik gebadet. Auch andere industrielle Giftstoffe wie Polychlorierte Biphenyle (PCBs), z.B. aus Flammschutzmitteln und Kondensatoren, und Pestizide wie DDT, die vermutlich das Immunsystem der Tiere schwächen, konnten in großen Mengen nachgewiesen werden. Es hat sich inzwischen auch herausgestellt, daß Tributylzinn (TBT, enthalten in Antifouling-Farben für Schiffsanstriche) sehr gefährlich für Meeressäuger ist. Wissenschaftler wollen nun herausfinden, wie diese Pottwale eine solch immense Menge an Schwermetallen aufnehmen konnten. Die hochgiftigen Schwermetalle können wohl nur über die Nahrungskette in die Wale gelangt sein. Denn normalerweise lassen sich Wale weder die Zähne mit Amalgam-Legierungen füllen, noch werden Wale inzwischen mit schwermetallhaltigen Batterien betrieben!

Die gestrandeten Pottwale müssen durch Gewässer geschwommen sein, die mit Schwermetallen und anderen Umweltgiften geradezu gesättigt waren. Dies deckt sich mit Meßergebnissen, die vor einiger Zeit in der scheinbar so "heilen" Arktis gewonnen wurden. Dort, wo es weit und breit keinerlei Industrie-Anlagen gibt, werden Schwermetallkonzentrationen gemessen, die schon lange nicht mehr mit natürlichen Ursachen zu erklären sind. Offensichtlich tragen Meeresströmungen diese Umweltgifte aus den viele tausend Kilometer entfernten Industriezentren sogar bis in die "unberührten" Polarregionen. Im äußerst sensiblen Ökosystem der Arktis verursachen sie eine massive Störung, die nur sehr schwer wieder rückgängig zu machen sein wird. Schon seit Jahren machen Wissenschaftler darauf aufmerksam, daß Giftstoffe über Flüsse und durch Niederschläge in die Meere gelangen und sich dort anreichern. Umweltgifte wie Phthalate (Weichmacher, z.B. in PVC-Folien), Alkylphenole, PCBs und Dioxine greifen nachweislich schon in geringer Konzentration in das Hormonsystem von Tieren ein und können u.a. Unfruchtbarkeit hervorrufen, einer der Gründe dafür, daß z.B. die Belugas des St.-Lorenz-Stroms im östlichen Grenzgebiet zwischen den USA und Kanada mittlerweile vom Aussterben bedroht sind.

Pottwale stehen, genau wie wir Menschen, an der Spitze der Nahrungskette. Sollten irgendwann auch unsere Körper in ähnlicher Weise Schadstoffe anreichern? Dazu fällt mir ein Satz ein, den ich vor kurzem gelesen habe: "Erst vergiften wir die Tiere, dann vergiften wir uns selbst."

Der Schwertwal zeigt deutlich, was den Zahn- vom Bartenwal unterscheidet. Herwarth Voigtmann

POTTWALE PHYSETERIDAE

3 Arten: Zwergpottwal, Pygmy Sperm Whale, *Kogia breviceps*
Kleiner Pottwal, Dwarf Sperm Whale, *Kogia sima*
Pottwal, Sperm Whale, *Physeter catodon*

Besondere Erkennungsmerkmale dieser Familie
Die gemeinsamen charakteristischen Merkmale der 3 Pottwalarten sind ein kastenförmiger Kopf, dessen Oberkiefer den Unterkiefer deutlich überragt, und das Fehlen funktionsfähiger Zähne im Oberkiefer. Bei allen 3 Arten sitzt das Blasloch nicht mittig auf dem Kopf, sondern mehr oder weniger weit nach links verschoben. Trotz dieser Gemeinsamkeiten sind die Arten sehr verschieden. Die Größenunterschiede sind enorm: Der Kleine Pottwal wird nur bis zu 2,1 m lang und 135 kg schwer, ein männlicher Pottwal dagegen kann bis zu 20 m Länge und 50 t Gewicht erreichen. Auch die relative Kopflänge ist sehr verschieden: Beim Zwergpottwal macht der Kopf nur etwa 15 % der Körperlänge aus, beim männlichen Pottwal dagegen bis zu 35 %. Während die beiden kleinen Arten eine deutliche Finne besitzen, ist diese beim Pottwal nur als kleiner, dreieckiger oder rundlicher Buckel ausgebildet. Alle 3 Arten sind nur sehr selten in Küstennähe anzutreffen, denn sie bevorzugen tiefere Gewässer, in denen sie nach Kalmaren jagen.

Zwergpottwal, Pygmy Sperm Whale, *Kogia breviceps*

Zwergpottwal-Baby im Erholungsbecken nach Strandung in Florida. Doug Perrine/Seapics.com

Besondere Erkennungsmerkmale
In Kombination mit der relativ geringen Größe des Zwergpottwals ist sein konischer, stupsnasiger Kopf ein gutes Erkennungsmerkmal. Hinter den Augen befindet sich eine halbmondförmige Zeichnung. Siehe auch Kleiner Pottwal.

Beschreibung
Der Körper von Zwergpottwalen wirkt robust, mit 2,8 bis max. 3,5 m Länge sind sie jedoch kleiner als manche Delphine. Abgesehen von der Kopfform ähneln sie auch im Körperbau eher Delphinen als Pottwalen. Das Maximalgewicht beträgt etwa 400 kg. Die deutlich ausgeprägte Finne ist sehr klein, sichelförmig und sitzt etwas hinter der Rückenmitte. Die Brustflossen sind kurz, aber breit. Die Fluke hat eine breite, konkave Hinterkante mit medianer Einkerbung. Das Blasloch liegt relativ weit hinten und ist wie bei allen Vertretern dieser Familie etwas nach links versetzt. Der Abstand von der Schnauzenspitze bis zum Blasloch beträgt etwa 10 % der Gesamtlänge. Das Blasloch ist etwa 5 cm lang und von nach hinten offener U-Form. Seitlich hinter den Augen befindet sich eine markante, halbmond- oder klammerförmige, helle und dunkle Zeichnung. Dieses Merkmal, das typisch für beide Arten der Gattung ist, täuscht die Form eines Kiemendeckels von Fischen vor, daher wird es auch als "falsche Kiemen" bezeichnet. Diese "Kiemenzeichnung" ist schon bei den Embryonen vorhanden. Zwischen Auge und Mundwinkel von Jungtieren findet sich eine Reihe kurzer Borstenhaare, von denen die meisten (bis auf 4-5, etwa 1 cm lange Haare) mit zunehmendem Alter verloren gehen. Der Körper ist meist dunkelgrau, der Rücken variiert von blau- bis dunkelgrau. An den Rumpfseiten verblaßt diese Färbung und geht am Bauch in Weißlich über. Die in der Literatur als "gelegentlich leicht rosafarben" beschriebene Bauchseite ist möglicherweise auf eine Verfärbung nach dem Tode zurückzuführen. Die Haut einiger lebend im Meer beobachteter Tiere wurde - ähnlich wie bei Pottwalen - als "backpflaumenartig" beschrieben, nicht jedoch die von toten Tieren. Jungtiere haben gelegentlich einen blassen, kreisförmigen Fleck vor dem Auge und eine etwas spitzere Schnauze, wodurch ihr Kopf insgesamt runder wirkt und erst mit zunehmendem Alter die bugähnliche Form wie bei Erwachsenen annimmt. Bei einer Länge von 2,7 m, also mit Erreichen der Geschlechtsreife, ist dieser Vorgang abgeschlossen. Möglicherweise hängt diese Formveränderung mit einer Verbesserung der Echoortung zusammen.

Leicht zu verwechseln mit
Zwergpottwale sind von Kleinen Pottwalen kaum zu unterscheiden. Beide haben unterständige Unterkiefer und eine Halbmondzeichnung hinter den Augen, was sie "haiähnlich" aussehen läßt. Zwergpottwale werden nur wenig größer, haben aber eine deutlich kleinere und sichelförmigere Finne, die auch weiter hinten sitzt als beim Kleinen Pottwal (dessen Finne etwa in Rückenmitte).

Andere Namen:
Lesser Sperm Whale, Shortheaded Sperm Whale, Lesser Chalot (engl.); Cachalot Pygmée (franz.); Cogia di de Blainville (ital.); Cachalote Pigmeo (span.); Cachalote Pigmeu, Cachalote Anão (port.); Dwergpotvis (niederl.); Dvergspermhval (norweg.); Kääpiökaskelotti (finn.); Dvärgkaskelot (schwed.); Almindelig Dværgkaskelot (dän.); Komakko Kujira (japan.); Cachalote Pigmeo (Lateinamerika).

Bedeutung des wissenschaftlichen Namens
Kogia breviceps (de Blainville 1838) – *Kogia* ist die lateinische Form des altenglischen Wortes "codger" und bedeutet soviel wie "alter Knacker" oder "alter Geizhals". Der lateinische Artname *breviceps* bedeutet "kurzköpfig". In der Literatur wird der Gattungsname *Kogia* auch mit dem Türken "Cogia Effendi" in Verbindung gebracht, der Wale im Mittelmeer beobachtete.

Verhalten
Zwergpottwale sind bisher nur durch Strandungen (meist Weibchen mit ihren Kälbern) und sehr wenige Beobachtungen auf See bekannt. Da sie sehr scheu sind und ihr Blas unauffällig und niedrig ist, werden sie nur sehr selten gesichtet. Daher ist auch nur wenig über ihr Verhalten bekannt, gesicherte Erkenntnisse stammen nur aus Mageninhaltsuntersuchungen gestrandeter Tiere (siehe Abschnitt "Nahrung"). Demnach leben sie normalerweise weit von der Küste entfernt auf offener See und kommen in Küstennähe anscheinend nur selten vor. Obwohl Zwergpottwale generell nur selten beobachtet werden, gehören sie an der Ostküste der USA zu den am häufigsten gestrandeten Cetaceen. Aufgrund dieser Strandungen wird allgemein angenommen, daß sie eher in kleinen Gruppen von meist nicht mehr als 4-6 Individuen leben. 1993 verfingen sich insgesamt 51 Tiere in den Treibnetzen japanischer und taiwanesischer Fischer im Nordpazifik. Über jahreszeitliche Wanderungen ist nichts bekannt. Zwergpottwale schwimmen langsam und legen dabei ihre Brustflossen eng an den Körper. Am ehesten kann man sie beim Ruhen beobachten, wenn sie reglos an der Wasseroberfläche liegen, wobei Kopf und Rücken sichtbar sind und die Fluke nach unten hängt. Diese Haltung vermittelt fast den Eindruck, als würden sie sich mit ihren Brustflossen auf dem Wasser abstützen. In dieser Situation konnten sich ihnen einige wenige Boote vorsichtig nähern. Die ursprüngliche Vermutung einer jährlichen Reproduktionsrate mußten Wissenschaftler aufgeben, als sie ein trächtiges Weibchen am Strand fanden, daß noch ein Kalb von 2 m gesäugt hatte.

Tauchen
Normalerweise tauchen Zwergpottwale, anders als die meisten Delphine, selbst bei vorsichtiger Annäherung sofort ab. Dabei verschwinden sie nicht wie Delphine mit einer nach vorne abrollenden

Zahlen & Fakten Zwergpottwal

Länge: 2,7-3,5 m
Gewicht: Bis 400 kg
Lebenserwartung: Unbekannt
Geschlechtsreife: Ab 2,7 m
Paarungszeit: Herbst-Frühjahr
Tragzeit: 11 Monate
Geburtszeit: Herbst-Frühjahr
Geburtslänge: 1-1,2 m
Geburtsgewicht: Etwa 50 kg
Säugezeit: Etwa 12, möglicherweise bis zu 24 Monate
Tauchtiefe: 200 m
Tauchzeit: Unbekannt
Zähne: 24-32 schmale, gekrümmte, konische Zähne im Unterkiefer, Oberkiefer zahnlos
Gruppengröße: Vermutlich 4-6, selten auch bis zu 10 Tiere
Population: Unbekannt, wahrscheinlich jedoch größer als vermutet

Schnell-Erkennung Zwergpottwal

kleiner, massiger Körper

kleine, unauffällige, sichelförmige Finne hinter der Rückenmitte

konischer, stupsnasiger, fast viereckiger Kopf

leicht nach links versetztes Blasloch

niedriger, unauffälliger Blas

"Falsche Kiemen"-Zeichnung hinter den Augen

langsamer Schwimmer

ruht gelegentlich reglos an der Wasseroberfläche

taucht bei Annäherung meist sofort ab, Abtauchen erfolgt durch Absinken

Bewegung, sondern versinken einfach ohne erkennbare Bewegung. Wenn sie erschreckt werden, hinterlassen sie dabei eine dunkle Wolke ihres Darminhaltes, wie dies auch von anderen Walen bekannt ist. Vielleicht wollen sie wie Cephalopoden im Schutz dieser Wolke vor Feinden flüchten. Auftauchen und Atmen sind weniger auffällig als bei Delphinen. Max. Tauchtiefe etwa 200 m.

Nahrung
Die Analyse des Mageninhalts gestrandeter Tiere ergab, daß sie sich hauptsächlich von pelagischen Cephalopoden ernähren, küstennah lebende Beute dagegen wurde kaum gefunden. Demnach wird Beute meist im Freiwasser und nur teilweise auch auf dem Meeresgrund gemacht. Nur sehr selten wurden Reste von Krebsen, Krabben und Fischen in den Mägen gefunden.

Menschen versuchen, einen gestrandeten Zwergpottwal vor Hawaii über Wasser zu halten, bis professionelle Hilfe kommt. Die Art ist deutlich an der sichelförmigen Finne zu erkennen. Helmut Debelius

Pieter Arend Folkens

Allgemeine Info
Die Erstbeschreibung dieser Art erfolgte 1838 durch de Blainville anhand eines Schädels, der am Kap der Guten Hoffnung (Südafrika) gefunden wurde. Er nannte sie *Physeter breviceps*, da er glaubte, eine kleinere Variante des Pottwals beschrieben zu haben. 1846 stellte der britische Zoologe John E. Gray für die Art die neue Gattung *Kogia* auf. Erst seit 1954 werden Zwergpottwale und Kleine Pottwale als getrennte Arten betrachtet und von wenigen Wissenschaftlern in der separaten Familie Kogiidae zusammengefaßt.

Wo & Wann
Wegen ihres unauffälligen Verhaltens gibt es kaum gesicherte Informationen über das tatsächliche Verbreitungsgebiet von Zwergpottwalen. Die meisten Informationen stammen von Strandungen, die aber möglicherweise nur ein ungenaues Bild über den tatsächlichen Lebensraum liefern: Demnach werden warme Gewässer von den tropischen bis zu den gemäßigten Breiten in Atlantik, Pazifik und Indik bevorzugt (offener Ozean, aber auch über dem Kontinentalschelf). Die Verteilung der Nachweise ist nicht gleichmäßig, so daß es möglicherweise getrennte Populationen gibt. Relativ häufig scheint die Art an der Südost-Küste der USA, dort insbesondere bei Florida, sowie vor Südafrika, Südost-Australien und um Neuseeland zu sein. Es ist bisher nicht bekannt, ob diese "Populationen" miteinander verwandt oder voneinander isoliert sind.

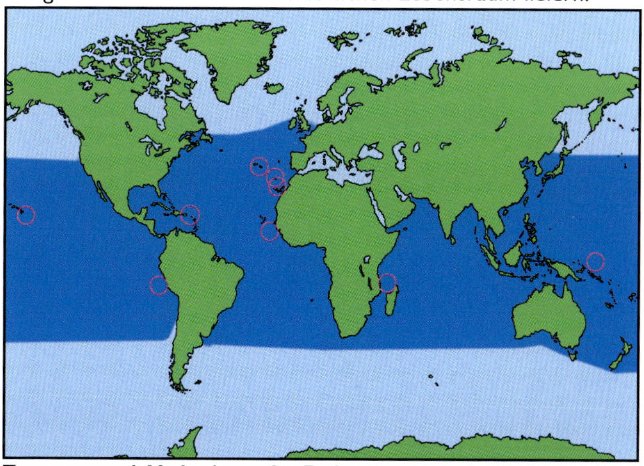

Zwergpottwal, Verbreitung: Im Freiwasser, über dem Kontinentalschelf tiefer, gemäßigter bis tropischer Meere. Kreise: Strandungen.

Kleiner Pottwal, Dwarf Sperm Whale, *Kogia sima*

Kleiner Pottwal. Pieter Arend Folkens

Besondere Erkennungsmerkmale
In Kombination mit der relativ geringen Größe des Kleinen Pottwals ist sein konischer, stupsnasiger Kopf ein gutes Erkennungsmerkmal. Hinter den Augen befindet sich eine markante, halbmondförmige, helle und dunkle Zeichnung ("Falsche Kiemen"). Siehe auch Zwergpottwal.

Beschreibung
Der Kleine Pottwal ist mit einer Länge von 2,1-2,7 m der kleinste Wal im engeren Sinne, er ist sogar kleiner als mancher Delphin. Abgesehen vom Kopf ähnelt sein Körper eher dem eines Delphins als dem eines Pottwals. Er wirkt robust und erreicht ein Gewicht von max. 275 kg. An der Unterseite am Hals befinden sich mehrere unregelmäßige Furchen oder Falten. Das Blasloch liegt relativ weit hinten (fast auf Höhe der Augen) und ist wie auch beim Zwergpottwal etwas nach links versetzt. Der Abstand von der Schnauzenspitze bis zum Blasloch beträgt etwa 10 % der Gesamtlänge. Das Blasloch ist etwa 5 cm lang und von nach hinten offener U-Form. Die Finne sitzt in der Rückenmitte und ist, ähnlich wie bei Großen Tümmlern, sichelförmig gekrümmt. Die Brustflossen sind kurz, aber breit. Die Fluke hat eine breite, konkave Hinterkante mit einer sehr ausgeprägten medianen Einkerbung. Bei Jungtieren ist die Schnauze anfangs eher spitz, und erst mit zunehmendem Alter nimmt der Kopf die viereckige Form der Erwachsenen an. Diese Veränderung ist bei etwa 2,1 m Länge, also mit Erreichen der Geschlechtsreife, abgeschlossen und führt möglicherweise zu einer Verbesserung der Echoortung. Im Unterkiefer sitzen 14-24 kleine, konische, gekrümmte Zähne, die nicht länger als 3 cm werden. Der Oberkiefer ist normalerweise zahnlos, nur bei wenigen Exemplaren wurden max. bis zu 6 winzige Zähne im Oberkiefer gefunden. Der Körper ist meist dunkelgrau, der Rücken variiert von blaugrau bis fast schwarz. Diese Färbung wird an den Rumpfseiten blasser und am Bauch weiß. Die in der Literatur als "gelegentlich leicht rosafarben" beschriebene Bauchseite geht vielleicht auf eine Verfärbung nach dem Tode zurück.

Leicht zu verwechseln mit
Kleiner Pottwal und Zwergpottwal sind kaum zu unterscheiden. Ersterer ist etwas kleiner und hat eine deutlich größere, mehr sichelförmige (delphinähnliche) Finne, die auf der Rückenmitte sitzt. Beide Arten haben einen unterständigen Unterkiefer und eine halbmondförmige Zeichnung hinter

den Augen, was ihnen ein "haiähnliches" Aussehen verleiht. Der Kopf des Kleinen Pottwals ist etwas weniger quadratisch als der des Zwergpottwals. Wegen der ähnlichen Finnen kann der Kleine Pottwal unter Umständen mit dem Großen Tümmler verwechselt werden. Wenn die Tiere träge an der Oberfläche liegen, läßt sie ihre große Finne aus der Ferne fast wie Große Tümmler aussehen. Aus der Nähe erkennt man jedoch die Unterschiede in Körperbau, Kopfform, Anordnung des Blaslochs und die "Falsche Kiemen"-Zeichnung hinter den Augen sofort. Delphine haben keinen unterständigen Unterkiefer, sind viel weniger träge und meist etwas größer.

Kleiner Pottwal im Sprung. Karibik. Robert Pitman/Seapics.com

Andere Namen:
Kleinstpottwal, Kleinpottwal (deutsch); Dwarf Sperm Whale, Owen's Pygmy Sperm Whale (engl.); Cachalot Nain (franz.); Cogia di Owen (ital.); Cachalote Enano (span.); Cachalote Anão, Cachalote Miúdo (port.); Kleinste Potvis (niederl.); Liten Dvergspermhval (norweg.); Tyynenmerenkääpiökaskelotti (finn.); Småkaskelot (schwed.); Lille Dværgkaskelot (dän.); Ogawa Kmakko Kujira (japan.).

Bedeutung des wissenschaftlichen Namens
Kogia sima (Owen 1866) – *Kogia* ist die lateinische Form des altenglischen Wortes "codger" und bedeutet soviel wie "alter Knacker, alter Geizhals". Der lateinische Artname *sima* steht für "klein, kurz" und bezieht sich auf die Körpergröße. In der Literatur wird der Gattungsname *Kogia* auch mit dem Türken "Cogia Effendi" in Verbindung gebracht, der Wale im Mittelmeer beobachtete.

Verhalten
Die bisher sehr spärlichen Erkenntnisse über diese Art stammen fast ausschließlich von Beobachtungen an gestrandeten und anders zu Tode gekommenen Tieren (z.B. verfingen sich 1993 im Nordpazifik insgesamt 17 Kleine Pottwale zusammen mit 51 Zwergpottwalen in den Treibnetzen japanischer und taiwanesischer Fischer). Aufgrund ihres sehr unauffälligen Verhaltens auf See gibt es nur wenige Beobachtungen und Informationen über das Verhalten. Da Kleine Pottwale normalerweise weit von der Küste entfernt leben und sehr scheu sind, werden sie nur selten gesichtet.

Zahlen & Fakten Kleiner Pottwal

Länge: 2,1-2,7 m
Gewicht: Max. 275 kg
Lebenserwartung: Unbekannt
Geschlechtsreife: Ab 2,1 m
Paarungszeit: Sommer
Tragzeit: 9 Monate
Geburtszyklus: Unbekannt
Geburtslänge: Etwa 1 m
Geburtsgewicht: 40-50 kg
Tauchtiefe: 300 m
Tauchzeit: Unbekannt
Zähne: 14-24 kleine, konische, gekrümmte Zähne im Unterkiefer, Oberkiefer normalerweise zahnlos
Gruppengröße: 1-2
Population: Unbekannt, wahrscheinlich jedoch größer als vermutet

Schnell-Erkennung Kleiner Pottwal

kleiner Körper, auffällige, sichelförmige Finne in der Rückenmitte

konischer, stupsnasiger, fast viereckiger Kopf

leicht nach links versetztes Blasloch

niedriger, unauffälliger Blas

"Falsche Kiemen"-Zeichnung hinter den Augen

sehr langsamer Schwimmer

ruht gelegentlich reglos an der Oberfläche

taucht bei Annäherung meist sofort ab, Abtauchen erfolgt durch Absinken

Die einzigen gesicherten Anhaltspunkte für bevorzugte Gewässer können aus der Mageninhaltsuntersuchung gestrandeter Tiere gewonnen werden. Daraus kann man schließen, daß Kleine Pottwale vorwiegend in Gewässern mit einer Tiefe von bis zu 300 m jagen. Genau wie Zwergpottwale können auch Kleine Pottwale am besten beim Ruhen beobachtet werden, wenn sie reglos an der Wasseroberfläche liegen, wobei Kopf und Rücken sichtbar sind und die Fluke nach unten hängt. Diese Haltung vermittelt fast den Eindruck, als würden sie sich mit ihren Brustflossen auf dem Wasser abstützen, was ihnen in Japan den Namen "Uki Kujira" (Treibender Wal) eingebracht hat. Sie liegen dabei etwas tiefer im Wasser als Zwergpottwale. In dieser Situation kann man sich ihnen manchmal vorsichtig mit Booten nähern. Kleine Pottwale wandern langsam einzeln oder zu zweit, selten in größeren Gruppen von bis zu 10 Individuen. Aufgrund der Beobachtungen bei Strandungen wird vermutet, daß Weibchen mit Jungtieren in eigenen Gruppen zusammenleben. Der Blas ist unauffällig und niedrig. Springen ist nur sehr selten zu beobachten. Wegen der durch Zähne verursachten Wunden, die man an gestrandeten Tieren fand, vermutet man innerartliche Kämpfe.

Tauchen siehe Zwergpottwal. Die Tauchtiefe beträgt bis zu 300 m.

Nahrung
Mageninhaltsuntersuchungen ergaben, daß Kleine Pottwale in bis zu 300 m Tiefe hauptsächlich Cephalopoden erbeuten. Es wurden auch Reste von Krebsen, Krabben und Fischen gefunden. Bei diesen Analysen wurde auch festgestellt, daß die prozentuale Zusammensetzung des Mageninhalts verschieden sein kann. Bei Weibchen und ihren Jungtieren wurden bis über 90 % Cephalopodenreste (meist kleine Sepien) von Arten gefunden, die vorwiegend auf dem Kontinentalschelf leben. Bei anderen erwachsenen Tieren stammten bis zu etwa 70 % der Reste von ozeanischen Cephalopodenarten, die vorwiegend im Freiwasser leben.

Allgemeine Info
Die Erstbeschreibung des Kleinen Pottwals stammt von dem Engländer Owen. Er beschrieb die Art 1866 anhand eines Skeletts, das bei Waltair in Madras (Indien) am Strand lag, und gab ihr den Namen *Euphyseter simus*. Obwohl schon 1902 der Forscher Beddard zwei Arten der Gattung *Kogia* unterschied, wurde die Art in Europa lange zu *Kogia breviceps* gezählt. Erst nach Untersuchungen von Ogawa (1936) und Yamada (1954) erfolgte die Anerkennung von *Kogia sima* als eigenständige Art. In einigen Sprachen werden sowohl *Kogia breviceps* als auch *Kogia sima* fälschlicherweise als Zwergpottwal bezeichnet. Erst seit 1954 werden beide Arten getrennt und von einigen Autoren in der eigenen Familie Kogiidae zusammengefaßt. Von einigen Systematikern wird der Kleine Pottwal sogar heute noch nur als Küstenvariante des Zwergpottwals angesehen, neueste biologische Erkenntnisse rechtfertigen jedoch die Unterscheidung zwei getrennter Arten.

Wo & Wann
Wegen ihres unauffälligen Verhaltens gibt es kaum gesicherte Informationen über das tatsächliche Verbreitungsgebiet der Art. Vermutlich bewohnt sie alle warmen und gemäßigten Meere beider Hemisphären. Die wenigen Sichtungen legen nahe, daß sie sich vorwiegend im tiefen Freiwasser und in der Nähe des Kontinentalschelfs aufhält. Einige küstennahe Sichtungen lassen vermuten, daß sie sich besonders häufig an der Südspitze Südafrikas und im Golf von Kalifornien (Cortezsee, Mexiko) aufhält. Auch vor Kalifornien, um Hawaii und Guam (Südwest-Pazifik, USA) sowie in Südaustralien, Japan, Sri Lanka und an der Ostküste der USA wurde sie in Küstennähe gesichtet. In Europa sind 3 Strandungen an der Atlantikküste (Portugal 1, Frankreich 2) und eine im Mittelmeer an der Küste Italiens bekannt. Beschreibungen geographischer Variationen oder isolierter Populationen liegen bislang nicht vor. Möglicherweise weltweit verbreitet.

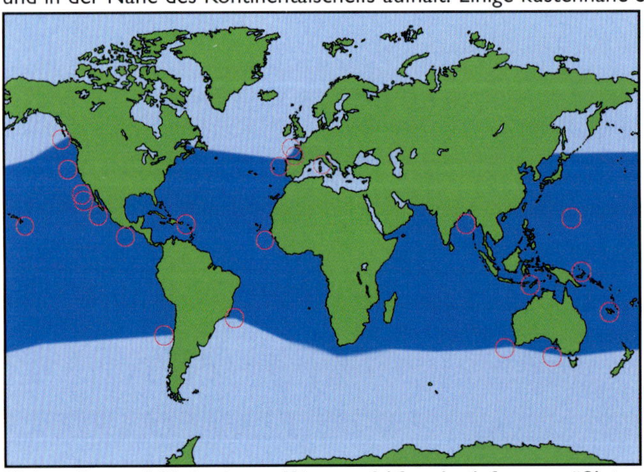

Kleiner Pottwal, Verbreitung: Küstennah/-fern in tiefen, gemäßigten bis tropischen Meeren beider Hemisphären. Kreise: Strandungen.

Pottwal, Sperm Whale, *Physeter catodon*

Wegen seiner U-Boot-artigen Form ist der Pottwal ein hervorragender Taucher. Karibik. Howard Hall

Besondere Erkennungsmerkmale

Das charakteristischste Erkennungsmerkmal des Pottwals ist der übergroße, kastenförmige Kopf mit dem auffallend langen, schmalen Unterkiefer. Weiterhin typisch sind die winzige, hügelartige Finne und die backpflaumenartig gerunzelte Haut. Das charakteristisch s-förmige Blasloch liegt nicht mittig auf dem Kopf, sondern links vorne. Daher ist auch der buschige Blas immer schräg nach links vorne gerichtet. Daran können erfahrene Walbeobachter Pottwale schon aus großer Entfernung eindeutig erkennen und sogar bestimmen, in welche Richtung diese schwimmen.

Beschreibung

Der kräftige, massige Körper von erwachsenen Pottwalen wiegt 35-57 t, sie sind die größten aller Zahnwale. Der Geschlechtsdimorphismus ist sehr deutlich: Männchen sind mit durchschnittlich 15-18 m wesentlich länger als Weibchen mit nur 11-12 m Länge. Der größte, jemals exakt vermessene Pottwal war ein 20,7 m langer Bulle, der 1950 vor den Kurilen im Nordwest-Pazifik von einem sowjetischen Walfänger erlegt wurde. Der Körperquerschnitt ist fast rund und hat seinen größten Durchmesser auf Höhe der Brustflossen. Das Wachstum männlicher Pottwale ist erst im Alter von etwa 35-60 Jahren abgeschlossen. Der große Kopf mit seiner senkrechten Front macht 25-30 % der Gesamtlänge und beherbergt das Spermaceti-Organ. Das Gehirn ist das größte im gesamten Tierreich. Es ist beim Männchen rund 17 cm hoch, 25 cm lang, 30 cm breit und wiegt etwa 8 kg. Weibchen haben kleinere Köpfe und auch kleinere Gehirne (etwa 6 kg). Ein weiteres typisches Merkmal von Pottwalen ist die Asymmetrie des Schädels, die wesentlich ausgeprägter als bei allen anderen Zahnwalen ist: Die rechte Schädelhälfte ist deutlich größer als die linke, das s-förmige Blasloch ist nach links vorne versetzt. Um bis zu 1,5 m überragt die stumpfe Schnauze den schmalen Unterkiefer, der bei geschlossenem Maul kaum sichtbar ist. Der lange, y-förmige Unterkieferknochen ist mit 30-60 (meist 46-48) großen, konischen Zähnen besetzt. Diese können bis zu 20 cm lang und mehr als 1 kg schwer sein. Im Oberkiefer sind kleine, rudimentäre Zähne angelegt, die nur sehr selten nach außen durchbrechen. Weibchen haben weniger und kleinere Zähne als Männchen. Das Maul ist häufig von hellen bis weißen Flecken umgeben. Hinter den Mundwinkeln befinden sich oft einige kurze Kehlfurchen. Die relativ kleinen Augen sind sehr unauffällig und liegen an den Kopfseiten.

Der charakteristische Blas des Pottwals. Azoren. Ralf Kiefner

Die paddelförmigen Brustflossen sind sehr klein, haben unregelmäßig abgerundete Enden und sitzen relativ weit unten an den Körperseiten. Die Finne ist nur als kleiner, dreieckiger oder rundlicher Buckel ausgebildet. Weitere kleine Buckel setzen sich bis zu der großen Fluke fort. Diese hat die Form von zwei aneinanderliegenden rechtwinkligen Dreiecken, deren Außenspitzen leicht abgerundet sind. Die Flukenhinterkante ist gerade mit einer tiefen Einkerbung in der Mitte, durch Verletzungen kann sie sehr unregelmäßig geformt sein. Die an Backpflaumen erinnernden Runzeln der Haut sind an den Körperseiten besonders deutlich ausgeprägt und verlaufen immer in Schwimmrichtung. Die Haut ist gleichmäßig braun bis dunkelgrau, die Bauchseite weist gelegentlich helle Flecken auf. Ein ruhig an der Oberfläche schwimmender Pottwal hat daher eine gewisse Ähnlichkeit mit einem mächtigen Baumstamm. Helle Punkte, Flecken oder Streifen können überall am Körper auftreten. Besonders in der Kopf- und Mundregion sind bei vielen Individuen heller gefärbte Narben vorhanden, die von den Schnäbeln und Saugnäpfen großer Cephalopoden, der Hauptbeute von Pottwalen, verursacht wurden. Auf diesen Narben sind oft Diatomeen (Kieselalgen) und Walläuse (parasitische Krebstiere) zu finden, die ihrerseits eine unterschiedliche Färbung der Narben verursachen. Albinismus, wie in Herman Melvilles Buch *Moby Dick* beschrieben, kommt beim Pottwal nur sehr selten vor, siehe S. 297-301.

Leicht zu verwechseln mit

Durch ihre Größe und den riesigen, kastenförmigen Kopf mit dem schräg nach vorne links gerichteten Blas sind Pottwale eindeutig zu identifizieren. Auch ihr Abtauchverhalten, bei dem sie fast immer die Fluke hoch aus dem Wasser heben, und ihre bemerkenswert langen Tauchzeiten sind sehr artspezifisch, so daß Verwechslungen mit anderen Cetaceen auszuschließen sind.

Andere Namen:

Sperm Whale, Great Sperm Whale (engl.); Kaschelot, Cachalot, Cachalot Macrocéphale (franz.); Capodoglio (ital.); Cachalote (span.); Cachalote (port.); Potvis (niederl.); Spermhval, Kaskelott, Hunshval (norweg.); Kaskelotti (finn.); Kaskelot (schwed.); Kaskelot (dän.); Makko Kujira (japan.); Kashalot (russ.); Ballena Esperma (Lateinamerika); *P. macrocephalus* (anderer wissenschaftl. Name).

Bedeutung des wissenschaftlichen Namens

Physeter catodon Linnaeus 1758 – Der griechische Gattungsname *Physeter* steht für "Blasrohr", der Artname *catodon* bedeutet soviel wie "Zähne unten", also Zähne nur auf dem Unterkiefer. Bei dem ebenfalls noch gebräuchlichen wissenschaftlichen Namen *Physeter macrocephalus* setzt sich der Artname *macrocephalus* aus griech. Wort *makros* für "groß" und *kephale* für "Kopf" zusammen.

Verhalten

Pottwale sind Tiere der (tiefen) Hochsee, die nur selten in flache Küstengewässer vordringen. Auch bei Unterwasserbergen sowie an steil und tief abfallenden Küsten kommen sie vor, wo aufsteigende Strömungen eine hohe organische Produktion und somit eine gute Nahrungsgrundlage für ihre Beute bewirken. Das Wanderverhalten der Pottwale unterscheidet sich von dem aller anderen Walarten: Die Verbreitung von Männchen und Weibchen ist nicht identisch, nur ausgewachsene Männchen können sowohl in tropischen als auch polaren Gewässern beider Hemisphären vorkommen und wandern saisonal bis in die höchsten Breitengrade. Das Verbreitungsgebiet der Männchen erstreckt

Oben: Ein kraftvoll springender Pottwal bei den Galapagos-Inseln.

Jim Watt

Links: Am Flukenhinterrand können Individuen identifiziert werden. Azoren.

Ralf Kiefner

sich in den Sommermonaten von den antarktischen Gletschern bis in die arktischen Gewässer bei 75° Nord. In den jeweiligen Wintermonaten wandern sie zur Paarung in gemäßigtere Breiten. Die Anstrengung der längeren Wanderung der Männchen wird offensichtlich durch die ergiebigeren polaren Nahrungsvorkommen ausgeglichen. Die Weibchen dagegen sind an Oberflächentemperaturen von mindestens 15 °C gebunden und bleiben deshalb immer innerhalb von 40° S und max. 45° N. Obwohl die Populationen der Weltmeere durch ihre jahreszeitlich verschobenen Wanderungen mehr oder weniger voneinander isoliert sind, findet ein Austausch der beiden Geschlechter statt: Zwischen Atlantik und Indik am Kap der Guten Hoffnung (35° Süd), zwischen Pazifik und Indik durch die Sundastraße und das Gebiet südlich von Tasmanien (43° Süd). Kap Horn (57° Süd) wird dagegen nur von Bullen passiert. In Bezug auf einen Austausch zwischen der südlichen und nördlichen Population ist bisher nur ein Fall bekannt geworden, bei dem ein markierter Pottwal den Äquator überquert hat.

Epimelitisches Verhalten ist bei Pottwalen sehr unterschiedlich ausgeprägt. Es gibt Berichte, wonach Pottwale einem verletzten Artgenossen beigestanden haben, aber auch solche, nach denen Tiere vor harpunierten Artgenossen flüchteten. Gelegentlich kam es sogar vor, daß ein Walfangschiff angegriffen wurde. Der Pottwal rammte dabei das Schiff oder Boot mit seinem Kopf, schlug mit der Fluke danach oder biß sogar in das Boot. Dieses Verhalten ähnelt den Kämpfen rivalisierender Bullen. Pottwale schwimmen und tauchen meist synchron in der Gruppe mit durchschnittlich 4,5 km/h. Bei Gefahr können sie jedoch kurzzeitig auch bis zu 22 km/h erreichen. Manchmal

Die runzelige Haut des Pottwals. Azoren. Ralf Kiefner

liegen sie zu zweit oder in Gruppen mit den Köpfen zusammen. Ruhig treiben sie dann an der Wasseroberfläche und ruhen sich aus bzw. halten ein sogenanntes "social meeting" ab. Bei diesen sozialen Treffen kommunizieren die Pottwale sehr intensiv. Ihre Kopf-an-Kopf-Position wird auch als Lotusblütenformation bezeichnet. Siehe dazu auch TÊTE-À-TÊTE auf den Seiten 116-118.

Obwohl Pottwale weniger für ihre Sprungkünste bekannt sind als z.B. Grau- oder Glattwale, springen auch sie relativ häufig, selten jedoch mehrmals hintereinander. Die meisten Sprünge werden bei Jungtieren und besonders bei rauhem Wetter beobachtet. In Paarungsgebieten springen Weibchen normalerweise nur, wenn Männchen anwesend sind. Beim Springen steigen Pottwale schräg auf und fallen mit einem lauten Platscher zurück. Dabei kommt der Körper selten ganz aus dem Wasser. Andere Oberflächenaktivitäten wie Mit-der-Fluke-auf-das-Wasser-schlagen werden häufig beobachtet und dienen möglicherweise der sozialen Kommunikation.

Man kennt vier verschiedene Formen des sozialen Zusammenlebens bei Pottwalen:

1. **Fortpflanzungs-Gruppen** (Nursing oder Breading schools)

Diese Gruppen bestehen aus Weibchen mit ihren Jungen und umfassen durchschnittlich 20-40 Tiere. Die jungen Tiere beiderlei Geschlechts leben in enger Bindung mit den Weibchen. Da Jungtiere noch nicht in der Lage sind, in große Tiefen zu tauchen, werden sie meist von anderen Mitgliedern der Gruppe an der Oberfläche behütet, während ihre Mütter in den Tiefen der Meere auf Nahrungssuche gehen. Andere Weibchen aus der Gruppe übernehmen die Aufpasser- und Beschützerrolle der Mutter. "Tanten" oder auch nicht-verwandte Pottwalkühe springen als "Babysitter" ein und schützen die Jungtiere wie selbstverständlich vor Angriffen (z.B. durch Haie) – ein Verhalten, wie es auch bei Landsäugetieren (z.B. Wölfen) vorkommt. Zur Geburt ziehen sich mehrere erwachsene Weibchen zurück, helfen bei der Niederkunft und kümmern sich um das Neugeborene, indem sie es für seinen ersten Atemzug zur Oberfläche leiten. Sobald die männlichen Jungwale entwöhnt sind und sich selbst versorgen können, werden sie aus den Fortpflanzungs-Gruppen vertrieben und bilden dann eigene Trupps, die sogenannten Junggesellengruppen.

2. **Junggesellen-Gruppen** (Bachelor schools)

Junge, entwöhnte, aber noch nicht geschlechtsreife Männchen bis zu einem Alter von ca. 25 Jahren bilden eigene Gruppen von 12-15 Individuen. Mit etwa 9 m Länge werden sie geschlechtsreif und verlassen die Gruppe.

3. **Schulmeister-Gruppen** (Solitary schools)

Ältere geschlechtsreife Männchen leben und wandern meist als Einzelgänger oder in kleinen Gruppen von max. 6 Tieren zusammen. Auch wenn mehrere Individuen im gleichen Gebiet sind, bleiben sie meist voneinander getrennt. Sie wandern bis in die polaren Breiten und schließen sich den Fortpflanzungs-Gruppen nur während der Paarungszeit an.

4. **Paarungs-Gruppen** oder **"Harems"** (Mating schools)

Nur in der Paarungszeit treffen geschlechtsreife Pottwalbullen mit den Fortpflanzungs-Gruppen zusammen und bilden sogenannte "Harems". Zunächst kommt es zwischen großen Männchen zu oft heftigen Kämpfen, bei denen es um bis zu 10 Weibchen geht. Narben und Bißspuren auf der Haut belegen dies. Der Sieger befruchtet mehrere Weibchen, denn im "Harem" herrscht Polygamie.

Tauchen

Wenn Pottwale ungestört abtauchen, heben sie kurz vor dem Tauchgang ihren Kopf ein wenig aus dem Wasser, als wollten sie noch einen letzten tiefen Atemzug machen und Schwung holen. Bevor sie die Fluke hoch aus dem Wasser heben, krümmen sie den Rücken. Pottwale sind sogenannte "Lauerjäger". Sie tauchen in die Tiefe, verharren dort vermutlich an einer Stelle und warten auf einen geeigneten Moment, um in einen Kopffüßerschwarm zu stoßen. Zur Energie-Ersparnis tauchen sie fast senkrecht mit etwa 1-3 m/sec in die Tiefe und bewegen sich dort nur kurze Strecken horizontal fort. Sie legen also bei ihren Jagd-Tauchgängen keine großen Strecken zurück und tauchen fast immer in der Nähe der Abtauchstelle wieder auf. Die durchschnittliche Tauchtiefe beträgt ca. 600-1.000 m. Im Oktober 1955 z.B. hatte sich ein Pottwal zwischen Chile und Ecuador in einem Tiefsee-Kabel in 1.113 m verheddert. Nach 60 min Tauchen atmet ein Pottwal an der Oberfläche etwa 50 mal tief durch, und nach nur 10 min Ruhe kann er wieder tauchen.

Ein Pottwal auf dem Weg in die Tiefe. Karibik. Howard Hall

Die älteren Männchen unternehmen die tiefsten und längsten Tauchgänge, die bis zu 1 Std 52 min dauern können. Am 11.11.1983 zeichneten Biologen in der Karibik die Klicklaute von fünf tauchenden Pottwalen auf. Bei einem der Tauchgänge blieben die Pottwale sogar 2 Std 18 min untergetaucht. Junge Pottwale tauchen dagegen meist nicht länger als 20 min, Kälber sogar nur bis zu max. 7 min. Zum Vergleich: Geübte Perlentaucher schaffen gerade mal 2 bis 2,5 min. 1970 konnten amerikanische Forscher mit Hilfe der Triangulationsmethode erstmals nachweisen, daß Pottwale tatsächlich bis in Tiefen von 2.500 m vordringen. Dazu wurden die Ortungsgeräusche, die Pottwale bei der Jagd aussenden, an der Oberfläche an drei verschiedene Punkten aufgezeichnet und ausgewertet. Aus den unterschiedlichen Zeiten, nach denen die Ortungslaute der Pottwale auf die Unterwassermikrofone auftrafen, wurde die Tauchtiefe errechnet. 1969 wurden vor Durban (Südafrika) zwei Pottwale gefangen, in deren Mägen frische bodenlebende Haie (*Scymnodon* sp.) gefunden wurden. Die Wassertiefe in diesem Gebiet lag bei 3.193 m (Clarke 1976). Warum können Pottwale in solch extreme Tiefen vordringen, obwohl sie relativ kaum größere Lungen haben als Menschen? Wie halten sie den immensen Druck in diesen Tiefen aus? Wie orientieren sie sich in völliger Dunkelheit bei der Jagd? Die Erklärung bedarf mehr als eines Satzes.

Mit Hilfe von Videokameras sind amerikanische Forscher kürzlich der Lösung des Rätsels einen wichtigen Schritt nähergekommen. Mit großem technischen Aufwand wurden die Kameras auf den

Rücken von Delphinen, Pottwalen und Blauwalen befestigt. Hierdurch konnte nachgewiesen werden, daß sich sowohl der 150 kg leichte Delphin als auch der bis zu 150 t schwere Blauwal eines raffinierten Energie-Spartricks behelfen. Sie bewegen sich unter Wasser fast gar nicht und sinken praktisch bewegungslos im Gleitflug in die Tiefe. "Die Tiere gehen ihre Tauchgänge sehr entspannt an", erklärt Terrie Williams, Zoologin an der University of California in Santa Cruz. "Anstatt mit Schwimmbewegungen abzutauchen, wie bisher vermutet wurde, gleiten sie bewegungslos in die Tiefe. Die Tiere schalten sozusagen ihren Motor einfach aus und sparen so 10-50 % ihrer Energie." An der Oberfläche tanken sie ihren Körper regelrecht mit Sauerstoff voll und atmen kurz vor dem Abtauchen aus. Denn nicht in den Lungen, sondern in den Muskeln wird der lebenswichtige Sauerstoff gespeichert. Ab ungefähr 80 m Wassertiefe wird die restliche Luft durch den zunehmenden Wasserdruck aus der Lunge in die oberen Atemwege gepreßt, und die Lungen kollabieren. "Damit verschaffen sie sich gleich einen zweifachen Vorteil", erklärt die amerikanische Zoologin. "Erstens kann nun kein Stickstoff mehr aus der Lunge in den Blutkreislauf gelangen, so daß sich später beim Auftauchen keine gefährlichen Gasbläschen im Blut bilden können, und zweitens verlieren sie weiter an Auftrieb."

Vergleicht man die Effizienz des Ausatmens der Wale mit der von Menschen, so erkennt man einen deutlichen Unterschied. Während Menschen bei jedem Atemzug nur 10-15 % der Luft in ihren Lungen austauschen, sind es bei Pottwalen bis zu 90 %. Ein Pottwal atmet also sehr viel wirkungsvoller als alle Landsäuger. Dabei sind seine Lungen im Vergleich zu anderen Luftatmern und im Verhältnis zur Körpergröße keineswegs vergrößert, sondern im Gegenteil sogar relativ klein - was wiederum ein wichtiger Vorteil für extrem tiefe Tauchgänge ist. Denn der beim Tauchen entstehende Druck wirkt sich weniger auf feste Körper aus als auf Hohlräume, die mit Luft oder anderen Gasen gefüllt sind. Während bei Landsäugern bekanntlich nur die Luftröhre und die großen Bronchien mit Knorpelringen versteift sind, erstrecken sich diese Versteifungen bei Pottwalen auf den gesamten Atemapparat, vom gänseschnabelförmigen Kehlkopf bis in die kleinsten Verästelungen der Bronchien. Sogar im übrigen Lungengewebe und in der Außenverkleidung der Lungen finden sich nach E.J. Slijper (1958), Professor für Wirbeltieranatomie an der Universität Amsterdam, elastische und versteifende Fasern. Dadurch können die meisten Teile der Atemwege nicht durch den beim Tauchen entstehenden Druck zusammengepreßt werden. Diese Versteifungen, die denen eines Staubsaugerschlauches ähneln, ermöglichen ein besonders effektives Atmen, denn ohne sie würde das Lungengewebe beim sehr schnellen Einatmen in sich zusammenfallen.

Als weitere Sonderanpassung der Atemwege an die extremen Tauchgänge der Pottwale erwähnt Slijper (1958) erstmals ein "merkwürdiges Klappensystem". Er schreibt: "Es handelt sich um ein System von bis zu 40 hintereinanderliegenden, in die Bronchien hineinragenden Schleimhautfalten, in denen sich ringförmig angeordnete Muskelfasern befinden. Diese können durch Kontraktion den Bronchialraum vollkommen verschließen." Dadurch entsteht eine Art Absperrventil-System, welches beim Tauchen verhindert, daß Luft aus den weichen Lungenbläschen (Alveolen) in das starre Bronchialsystem gepreßt wird. Zum besseren Verständnis führt Slijper an: "Jeder Techniker, der mit Druckunterschieden arbeitet, wird bestätigen, daß man in solchen Fällen niemals nur einen einzigen Hahn verwendet, um die Druckdifferenzen geschmeidig ausgleichen zu können." Bei Pottwalen kann demnach nicht nur jeder Alveolengang verschlossen werden, sondern sogar jedes einzelne Lungenbläschen wird mit Hilfe eines Ringmuskels abgedichtet. Unzählige Klappen, Ventile, Versteifungen und Ringmuskeln bewirken also, daß Pottwalen bei ihren beeindruckenden Tauchgängen nicht alle Rippen gebrochen werden. Schon in einer Tauchtiefe von 100 m, in der ein Umgebungsdruck von 1+10=11 bar herrscht, wird das Volumen eines Gases auf 1/11 komprimiert, was jeden Brustkorb früher oder später kollabieren läßt.

Eine weitere physiologische Anpassung der Wale ist, daß bei ihnen der Atemreflex nicht wie bei Menschen durch eine bestimmte Kohlendioxyd-Konzentration im Blut ausgelöst wird. Ihr Atemzentrum reagiert erst auf tatsächlich eintretenden Sauerstoffmangel. So können sie eine viel größere Menge Sauerstoff ausnutzen als Landsäuger, die schon einen Atemreiz verspüren, obwohl sie noch eine gehörige Sauerstoffreserve haben. Zwar hat das Hämoglobin in den roten Blutkörperchen von Walen vergleichsweise kein höheres Sauerstoffbindevermögen, aber es kann schneller und vor allem mehr Sauerstoff aufnehmen. Erst bei 40-45 % ist bei Walen die Sauerstoffsättigung erreicht, bei Landsäugern dagegen schon bei 30-33 %. Auch der Gehalt an Hämoglobin im Blut ist bei den Walen größer. Bei Pottwalen sind es 15,8 g in 100 ccm, beim Rind sind es nur 12,4 g.

Die Blutmenge ist bei Walen relativ gering. Beim Pottwal beträgt sie z.B. nur 3,9 % des gesamten Körpergewichts, bei Landsäugern dagegen durchschnittlich immerhin bis zu 13 %. Das Blut dient den Walen mehr als Transportsystem, weniger als Speicher für Sauerstoff, da es kein besonders hohes Sauerstoffbindevermögen aufweist. Es transportiert ihn vielmehr zu einem speziellen Reservoir in den Muskeln, genauer gesagt in das Myoglobin der Muskelfasern, also direkt dorthin, wo er später zur Energiegewinnung benötigt wird. Das Myoglobin ist dem Blutfarbstoff Hämoglobin sehr ähnlich, hat bei Meeressäugern jedoch ein bis zu neunmal höheres Sauerstoffbindevermögen als bei Landsäugern. Nach Slijper speichert ein Wal im Myoglobin etwa 41 % Sauerstoff, ebensoviel im Blut, 8 % in anderen Organen, aber nur 9 % in der Lunge. Beim Menschen dagegen werden in der Lunge 34 % und im Myoglobin nur 13 % gespeichert. Alles in allem tauchen Pottwale im Vergleich zum Menschen mit einer 40 % größeren Sauerstoffmenge in die Tiefe. Je nach Bedarf der Organe kann Sauerstoff mobilisiert werden und über die Blutbahn dorthin transportiert werden.

Beindruckend für den Museumsbesucher ist der mächtige Pottwalunterkiefer.

Bei Sauerstoffspeicherung und Druckausgleich scheint ein weiteres Organ eine wichtige Rolle zu spielen, das sogenannte Wundernetz (lat. *rete mirabilis*). Es handelt sich dabei um ein extrem dichtes, sehr fein verästeltes Wirrwarr von miteinander verbundenen und sich umschlingenden Adern. Dieses Wundernetz, das in Bindegewebe mit Lymphgefäßen und vielen Fettzellen eingebettet ist, zeichnet sich durch einen besonders großen Blutreichtum aus. Es erstreckt sich entlang der Wände der Brusthöhle, zwischen einigen Rippen, in der Halsregion, entlang der Wirbelsäule und im Bereich des Gehirns. Die Wände der Arterien in diesem Netz, das sehr an einen Blutschwamm erinnert, bestehen aus muskulösem Gewebe. Im Gegensatz dazu sind die Venen, die zu diesem Netz hinführen, sehr elastisch. Diese Tatsache läßt vermuten, daß das "Wundernetz" sein Volumen sehr stark und sehr schnell verändern kann. Dadurch können auch große Blutdruckschwankungen - wie mit einem Stoßdämpfer - kurzfristig ausgeglichen werden. Der Forscher Tomilin vermutet, daß dieses Wundernetz auch für eine kontinuierliche Sauerstoffversorgung des Gehirns sorgt oder als allerletzte Sauerstoffreserve für die wichtigsten Organe dient. Er schreibt: "Die Kapazität dieses Depots vergrößert sich möglicherweise auch auf Kosten der Fettmasse, die das Wundernetz umgibt. Denn Sauerstoff löst sich in Pottwalfett und in Walrat (das Fett im Kopfbereich) siebenmal besser als in Wasser. Es ist also anzunehmen, daß noch nicht erforschte Mechanismen existieren, durch die der Sauerstoff aus dem Blut rasch in die Fettmasse, die das Wundernetz umgibt, übertragen wird." Das Wundernetz erfüllt demnach gleichzeitig mehrere verschiedene Funktionen: Sauerstoffspeicher, Ausgleich für Blutdruckschwankungen und vielleicht auch eine Art Füllmasse für Hohlräume, die unter Druck stehen. Der amerikanische Forscher Nagel konnte die Funktion des Wundernetzes als Blutdruckregulator durch folgenden Versuch nachweisen: "Bei einem betäubten Delphin, der geröntgt wurde, stellte sich heraus, daß das Wundernetz, welches das Gehirn versorgt, sehr schnell große Mengen Blut über den venösen Teil des Blutkreislaufes aufnahm und unregelmäßige Blutwellen durch den Herzschlag ausglich. Die Versorgung des Gehirns erfolgte weiter unter gleichmäßigem Blutstrom und unter konstantem Druck."

Eine weitere wichtige Anpassung, die zu extremem Tieftauchen befähigt, ist eine Reihe von Energiespartricks. Direkt nach dem Abtauchen fahren alle Meeressäuger ihren Stoffwechsel stark herunter. Ein See-Elefant z.B. kann seinen Herzschlag bis auf 6 Schläge pro Minute reduzieren, an der Oberfläche sind etwa 120 normal. Um weitere Energie einzusparen, arbeiten einige Organe beim Tauchen sehr viel langsamer als an der Oberfläche. Innere, nicht primär lebenswichtige Organe wie Nieren und Magen werden sogar fast vollständig von der Sauerstoffversorgung abgeschnitten. Der Blutstrom fließt langsamer und wird durch ein System aus vielen Venenschließmuskeln wie mit einem Netz aus Einbahnstraßen umverteilt und reguliert. Während der Tauchphase werden nur lebenswichtige Organe wie Hirn, Rückenmark und Herz gut mit Sauerstoff versorgt.

Beim Tauchen sind die Muskeln der Wale zeitweise darauf angewiesen, ohne ausreichende Sauerstoffversorgung zu arbeiten. Dann entsteht in ihnen Milchsäure. Beim Menschen geschieht dies nach zu viel oder zu schnellem Sport und führt zu unangenehmem Muskelkater. Durch ihre

Noch werden Pottwale in Asien gejagt. Howard Hall

Venenschließmuskeln, die vorübergehend für "Blut-Einbahnstraßen" sorgen, verhindern Pottwale, daß die Milchsäure aus den Muskeln in die Blutbahn gerät. Erst beim Auftauchen wird das "Einbahnstraßensystem" geändert, die Milchsäure gelangt ins Blut und wird mit Hilfe neuen Sauerstoffes sofort wieder abgebaut, bevor es zu Muskelkater kommen kann.

Erst 1970 entdeckte der amerikanische Walforscher Malcolm Clarke die wichtige, energiesparende Funktion des Spermaceti-Kissens, jenem Organ, dem der Pottwal seinen englischen Namen "Sperm Whale" verdankt. Wörtlich heißt *sperma ceti* (lat.) "Samen des Wals". Es handelt sich dabei jedoch nicht um Sperma, wie fälschlicherweise in den Anfängen des weltweiten Walfangs angenommen wurde, sondern um ein hoch entwickeltes hydrostatisches Organ. Der große, kastenförmige Pottwalkopf besteht zu etwa 90 % aus einer öligen, wachsartigen Substanz. Diese Substanz, mit deren Hilfe Auf- und Abtrieb reguliert werden können, wird als Walrat bezeichnet. Bis vor wenigen Jahren wurde sie noch als hochwertiges, elastisches Schmiermittel für Höchstleistungsmotoren sowie von der NASA in der Raumfahrt verwendet. Der Walrat im Spermaceti-Kissen wird bei 30 °C flüssig und ist dann wie alle Öle leichter als Wasser. Wenn dieses Öl jedoch unter 30 °C abgekühlt wird, verdichtet es sich und wird fest. Das erstarrte Wachs ist schwerer als Wasser und erzeugt einen Abtrieb von immerhin 2,5 t. Bei einem Körper, der sich vorher im hydrostatischen Gleichgewicht befunden hat, ist dies eine gewaltige Abtauchhilfe, mit der ein Abstieg von 200 auf 1.000 m Tiefe innerhalb von nur 3 min und ohne jegliche Kraftanstrengung möglich ist.

Doch wie regulieren Pottwale, die als Warmblüter konstante 37 °C Körpertemperatur haben, die Temperatur ihres Walrats? Malcolm Clarke fand folgendes heraus, was bei der Größe des Pottwalkopfes sicher nicht ganz einfach war: "Während der linke Nasengang direkt zum Blasloch führt, ist der rechte wesentlich verzweigter. Er weist viele Abzweigungen und Aussackungen auf und kann bis zu 5 m lang sein." Diese Aussackungen erstrecken sich um das gesamte Spermaceti-Organ, bevor es im linken Nasengang kurz vor dem Blasloch endet. Durch Muskelbewegungen kann vermutlich Wasser gezielt in den rechten Nasengang eingebracht und somit um das Spermaceti-Kissen geleitet werden. Da ein untergetauchter Wal nicht atmen kann, muß schon während der Atempause an der Oberfläche über einen bestimmten Muskel Wasser in den rechten Nasengang aufgenommen werden. Das flüssige und leichte Öl kann demnach durch Abkühlung gezielt in eine feste, schwere Masse verwandelt werden. Diese "Wasserkühlung" ermöglicht Pottwalen eine kontrollierte Temperaturänderung und somit gezielte Gewichtserhöhung = regulierbaren Abtrieb. Eine geringe Abkühlung des Öls erfolgt sicherlich auch über die Haut, da am Kopf keine nennenswerte wärmeisolierende Fettschicht vorhanden ist. Mit Hilfe eines verzweigten Adernetzes kühlen Pottwale ihren Kopf auf unter 30 °C. Diese Blutgefäße durchziehen den Kopf und verlaufen dicht nebeneinander, so daß sie im Gegenstromprinzip Wärme austauschen. Kühleres, venöses Blut kühlt wärmeres, vom Körper kommendes, arterielles Blut ab. Somit können Pottwale im Kopf eine andere Temperatur "einstellen" als im restlichen Körper. Zum Auftauchen muß das feste und schwere Spermaceti wieder in flüssiges, leichteres Öl umgewandelt werden. Für eine Erwärmung des Öls wird warmes Blut über ein fein verzweigtes, stark ausgebildetes Blutgefäßsystem am Spermaceti-Organ vorbeigeleitet. Ohne Anstrengung, nur durch den Auftrieb seines Walrats gleitet der Pottwal zur Oberfläche zurück. Er hat seine "Tarierweste" sozusagen im Kopf. Druckprobleme scheint es dabei für Pottwale nicht zu geben, ab 100 m Tiefe kollabieren ihre Lungen. Der Gasaustausch in den Bronchien ist dann nicht mehr möglich, ist - wie oben erläutert - während des Tauchens aber auch nicht mehr erforderlich.

Nahrung
In Abhängigkeit von Jahreszeit und Verfügbarkeit der Beute ernähren sich Pottwale hauptsächlich von Cephalopoden wie Kraken und Kalmare, darunter auch Riesenkalmare der Gattung *Architeuthis*. Im Magen eines 14 m langen Pottwals, der im Juli 1955 auf den Azoren gefangen wurde, fand man einen Riesenkalmar, dessen Fangarme eine Spannweite von 10,49 m hatten und der 184 kg wog. Die meisten Cephalopoden, die man aus Pottwalmägen kennt, gehören zu bodenlebenden Arten. Auch Bodenfische und -krebse sowie versehentlich aufgenommene Steine in den Mägen beweisen, daß Pottwale am Meeresgrund jagen. Selbst Blechdosen wurden schon in Pottwalmägen gefunden. Bemerkenswerterweise werden oberflächennah lebende Cephalopoden nicht gefressen, obwohl sie in einigen Gebieten, in denen Pottwale vorkommen, relativ zahlreich sind. Besonders vor Island, Grönland, Neuseeland und im Nordpazifik bereichern gelegentlich auch verschiedene größere (z.B. Weißer Thunfisch, Düsterer Hai, Barrakuda) und kleinere Fische (Seehase, Rotbarsch) ihren Speiseplan. Auf den Azoren wurde ein 2,5 m langer Tiefsee-Sandhai im Magen eines großen Pottwalbullen gefunden. Ein ausgewachsener Bulle nimmt täglich etwa 3-3,5 % seines Körpergewichts an Nahrung zu sich. Bei einem Gewicht von 50 t ergibt dies die stattliche Menge von etwa 1,5 t pro Tag. Nach Martin (1992) jagen Pottwale ihre Beute auch gemeinsam, indem sie in einer Reihe nebeneinanderschwimmen. Ergiebige Nahrungsgründe werden immer wieder besucht.

Allgemeine Info
1758 beschrieb Linnaeus in der 10. Auflage seiner "Systema Naturae" zunächst 4 verschiedene Arten der Gattung *Physeter,* nämlich *P. catodon, P. macrocephalus, P. microps* und *P. tursio.* Bezüglich dieser Arten gab es bei seinen Kollegen allerdings einige Zweifel, da es sich bei den beiden letzteren wohl um Grindwale oder Weißwale gehandelt haben soll. 1823 beschrieb der französische Naturforscher Baron Georges Cuvier Pottwale, jedoch ohne ihnen einen wissenschaftlichen Namen zu geben. Erst später übernahmen Walforscher aufgrund einer Arbeit des Naturforschers F. Cuvier von 1836 *P. macrocephalus* für alle bekannten Arten. Aber noch bis heute gibt es ein unglaubliches Hin und Her bezüglich des korrekten Namens: 1938 stellte Boschma fest, daß sich die Bezeichnung *P. catodon* auf etwa 100 Tiere bezog, die 1693 auf den Orkney-Inseln strandeten und alle kleiner als 7,3 m waren. Er bezweifelte, daß es sich dabei wirklich um Pottwale gehandelt hatte, und setzte sich für die Wiedereinführung des Namens *P. macrocephalus* ein. 1966 widersprach Hershkowitz dieser Namensgebung und bevorzugte erneut *P. catodon.* Acht Jahre später überprüften Husson und Holthuis dieses nomenklatorische Durcheinander und kamen zu dem Schluß, daß *P. macrocephalus* korrekt sei. Als Schevill 1986 die Erstbeschreibung von Linnaeus nochmals überarbeitete, gelangte er zu der Überzeugung, daß *P. catodon* der richtigere Name sei. Dieses Hin und Her verleitete Schevill (1987) schließlich zu dem treffenden Kommentar: "Wie kann es angehen, daß Taxonomen sich nicht auf einen einheitlichen Namen für den Pottwal einigen können, obwohl dieses unverwechselbare Tier selbst bei Nichtfachleuten weltweit als einzige Art betrachtet wird?" In der Ausgabe des Säugetier-Artenkatalogs "Mammal species of the world" (Wilson & Reeder, 1993) kommen die Forscher Mead und Brownell schließlich zu der Erkenntnis, daß der heute gültige wissenschaftliche Name *P. catodon* Vorrang vor *P. macrocephalus* genießt.

Um das Chaos der Systematiker zu vervollständigen, bleibt an dieser Stelle zu ergänzen, daß es Überlegungen gibt, Pottwale aus der Unterordnung der Zahnwale herauszunehmen und in die Unterordnung der Bartenwale aufzunehmen, mit denen sie offensichtlich näher verwandt sind als mit Zahnwalen. Der Anatom Milinkovitch fand 1995 heraus, daß Pottwale neben vielen molekulargenetischen Ähnlichkeiten auch verblüffende anatomische Übereinstimmungen mit Bartenwalen aufweisen, obwohl sie wie auch alle anderen Zahnwale Zähne besitzen und nur ein Blasloch haben. Sie verfügen aber als einzige Zahnwale über zwei völlig voneinander getrennte Nasengänge, so wie dies bei Bartenwalen üblich ist. Allerdings münden bei Pottwalen beide Nasengänge in ein Blasloch und nicht wie bei Bartenwalen in zwei getrennte Atemöffnungen. Diese neue Systematik würde bedeuten, daß für die beiden Unterordnungen Bartenwale und Zahnwale neue Begriffe gefunden werden müßten. Die Gliederung der Wale würde dann 3 große Gruppen umfassen: Bartenwalartige (Balaenopteridea), Pottwalartige (Physeteroidea) und Delphinartige (Delphinoidea). Dieses Durcheinander bezüglich Namensgebung und Klassifizierung bestätigt einmal mehr, wie schwer es oft ist, eine allgemeingültige Systematik aufzustellen. Die Natur kommt ohne Namen aus, nur der Mensch benötigt sie, um die vielfältigen Entwicklungen der Natur besser verstehen zu können. Jede von Menschen ersonnene Systematik kann demnach nur einen Versuch darstellen, die Natur zu ordnen, um sie besser begreifen zu können.

Pottwale sind die einzigen Wale, bei denen man gelegentlich im Darm eine sehr kostbare und ungewöhnliche Substanz vorfindet, das sogenannte **Ambra**. Frisches Ambra ist eine dunkle, oft wachsartige und in hoher Konzentration sehr übel riechende Substanz. Wenn Ambra trocknet, wird es heller, verliert an Gewicht und nimmt einen moschusartigen Geruch an. Früher wurde

Ambra für die unterschiedlichsten medizinischen Zwecke verwendet. In neuerer Zeit dient es als Geruchsträger in der Parfümindustrie. In vielen Ländern ist seine Verwendung jedoch inzwischen verboten. Ambra ist ein Produkt aus unverdaulichen Nahrungsresten, hauptsächlich Kopffüßerschnäbeln, und damit genau genommen eigentlich eine Bildung aus Exkrementen. Ambraklumpen werden in Pottwaldärmen, im Wasser treibend oder an der Küste gefunden und wiegen meist 0,5-10 kg. Der größte Klumpen (420 kg) wurde 1953 in der Antarktis entdeckt, ein anderer 1944 bei den Azoren (322 kg). Ambra ist sehr wertvoll und wird heute fast mit Gold aufgewogen. Neben Ambra sind auch die Unterkieferzähne der Pottwale sehr gefragt. Zu Walfangzeiten wurden sie von den Walfängern zum Zeitvertreib mit kunstvollen Schnitzereien versehen (engl. scrimshaw).

Das **Echoortungssystem** der Pottwale umfaßt ein umfangreiches Spektrum an Schallwellen, die der Kommunikation und Orientierung ("akustischen Sehen") dienen. Pottwale, die in einer Gruppe schwimmen, verständigen sich mit Klicklauten. Jeder Pottwal sendet regelmäßig Töne aus, die einem Morsesignal ähneln. Jedes Tier kann die anderen Individuen der Gruppe anhand ihrer typischen Signale erkennen und orten. Pottwale decken mit ihren Tönen bis zu 15 Oktaven ab, Menschen nur drei. Das Lautspektrum der Pottwale reicht von tiefen Frequenzen, die für menschliche Ohren unhörbar sind, über (für Menschen) hörbare mittlere Bereiche bis zu (für Menschen) unhörbaren hohen Frequenzen. Ihre Lautäußerungen beschränken sich weitgehend auf Klicklaute (Klicks). Walgesänge, wie sie von Buckelwalen bekannt sind, gibt es bei Pottwalen nicht. Die einzelnen Klicks der Pottwale dauern 2-30 ms und beinhalten Frequenzen von 0,2-32 kHz. Sie dienen der innerartlichen Verständigung, der Orientierung und der Ortung von Beute. Für Menschen sind nur die tieferen Frequenzen bis ungefähr 18 kHz hörbar. In Ruhe erzeugen Pottwale etwa 6 Klicks pro Sekunde. Wird ein Beutetier lokalisiert, werden die Klicks in schnellerer Folge ausgesendet. Wenn die Beute gepackt und verschlungen wird, verstummen die Klicklaute kurzzeitig. Möglicherweise können Pottwale mit ihren Klicks aber nicht nur Beute aufspüren, sondern diese auch betäuben oder zumindest bewegungsunfähig machen. Der größte, jemals im Magen eines Pottwals gefundene Kopffüßer hatte eine Armlänge von 14 m. Man nimmt an, daß derartige Tiere durch die Klicks der Pottwale betäubt oder zumindest bewegungsunfähig gemacht werden.

Der deutsche Forscher Oelschläger fand heraus, daß die Klicks der Zahnwale in den Weichteilen im Kopf erzeugt werden, so auch in der Melone. Diese "akustische Linse" läßt die Zahnwale ein sehr viel präziseres Bild ihrer Umwelt wahrnehmen, als es Menschen mit ihrer optischen Linse im Auge möglich ist. Ein Delphin kann z.B. mit verbundenen Augen, nur durch Echoortung, mühelos 2 Metallkugeln von geringfügig unterschiedlichem Durchmesser unterscheiden, was menschlichen Augen unmöglich ist. Der Pottwal hat die größte Melone (= Spermaceti-Organ) aller Zahnwale. Sie dient demnach neben der Regulierung von Auf- und Abtrieb (s.o. unter "Tauchen") auch als eine Linse für die Schallwellen der Echoortung, sie bündelt diese und sendet sie so zielgerichtet aus. Die hinter der Melone liegenden Schädelknochen wirken dabei wie ein Parabolspiegel als Reflektor und verhindern, daß Schallwellen zum eigenen Ohr laufen und zu Störungen führen.

Zur präzisen Orientierung gehört aber nicht nur das exakte Aussenden von Lauten, sondern auch ein ebenso guter Empfang der reflektierten Schallwellen. Hierfür mußte das Walohr während der Evolution angepaßt werden. Pottwale haben einen der höchstentwickelten Gehörsinne aller

Zahlen & Fakten Pottwal

Länge: Männchen 15-18, max. 20,7 m, Weibchen 11-12 m
Gewicht: 35-57 t
Lebenserwartung: Etwa 60-70 Jahre
Geschlechtsreife: Weibchen mit 7-13, Männchen mit 18-20 Jahren
Paarungszeit: Spätwinter-Frühsommer
Tragzeit: 15-16 Monate
Geburtszyklus: Alle 4-6 Jahre ein Junges
Geburtszeit: Nordhemisphäre: Januar-August, Südhemisphäre: Juli-März
Geburtslänge: Etwa 4 m
Geburtsgewicht: Etwa 1 t
Säugezeit: Mindestens 2, höchstens 10 Jahre
Tauchtiefe: 600-1.000, max. bis über 3.000 m
Tauchzeit: Bis 60 min, max. 2 Std 18 min
Höchstgeschwindigkeit: 30 km/h
Gruppengröße: Meist 1-40, selten bis 100
Population: Etwa 500.000-2.000.000, die genaue Größe ist unbekannt, Bestand gilt als nicht gefährdet

Schnell-Erkennung Pottwal

riesiger, kastenförmiger Kopf

keine Rückenfinne, stattdessen nur ein niedriger Buckel

kleine Brustflossen

dunkler Körper mit backpflaumenartig gerunzelter Haut

ein s-förmiges Blasloch am Kopf links vorne, daher auch Blas dorthin gerichtet

Fluke wird zum Abtauchen hoch aus dem Wasser gehoben

gerade Flukenhinterkante

taucht sehr lange, Oberflächenpausen meist nur kurz

Das dunkle Pottwalkalb dicht bei seiner sich häutenden Mutter. Azoren. Doug Perrine/Seapics.com

Lebewesen. Ihr Hörnerv besteht aus etwa 200.000 Fasern, der des Menschen aus nur 50.000. Nicht zuletzt aus strömungstechnischen Gründen wurden im Lauf der Evolution die äußeren Ohrmuscheln, die bei Landsäugern ein ausgezeichnetes Richtungshören ermöglichen, völlig zurückgebildet. Auch mußte das Hörorgan für einen einwandfreien Empfang von der eigenen Geräuschquelle nicht nur isoliert, sondern völlig von ihr getrennt werden, um nicht von den selbsterzeugten Lauten "überbrüllt" zu werden. Um dies zu ermöglichen, wurde das Ohr aus dem Verband der Schädelknochen herausgelöst. Es ist nur noch mit Bindegewebe am Schädel befestigt und so von Schwingungen des Schädels völlig isoliert. Das luftgefüllte Mittelohr blieb erhalten, während der Gehörgang, genau wie die Ohrmuschel, völlig verschwunden ist. Der Gehörgang wurde überflüssig, weil Weichgewebe den Schall unter Wasser genauso gut leitet wie Wasser selbst. Luftgefüllte Hohlräume, die das Ohr umgeben, dienen als zusätzliche Geräuschbarrieren.

Wo & Wann

Pottwale sind weltweit in allen Ozeanen und auf beiden Hemisphären vom Äquator bis zum Rand des Polareises verbreitet. Sie bevorzugen tiefe Gewässer und sind selten in Küstennähe anzutreffen (Wassertiefe mindestens 200 m). Tiefe submarine Schluchten nahe des Kontinentalschelfs sind bevorzugte Aufenthaltsorte. Die Männchen wandern in den jeweiligen Sommermonaten in die kalten arktischen und antarktischen Gewässer. Ihr Verbreitungsgebiet erstreckt sich dann von den Gletschern der Antarktis bis zu 75° N in der Arktis. In den jeweiligen Wintermonaten wandern sie zur Paarung in gemäßigte und tropische Gewässer. Die Weibchen dagegen bleiben immer innerhalb von 40° S und max. 45° N. Einige Populationen sind über Jahre hinweg ortstreu, während andere, ihrer Beute folgend, umherziehen. Im Mittelmeer sehr selten.

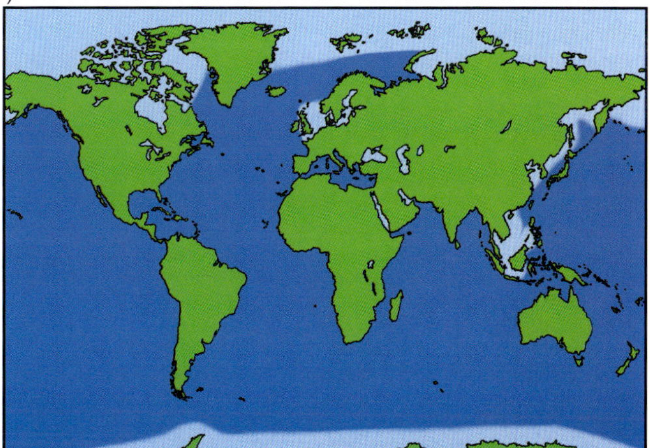

Pottwal, Verbreitung: Weltweit in allen tiefen Meeren, auf offener See und in tiefen Küstengewässern.

RÄTSELHAFTER BELUGA

In der Chedabucto Bay der ostkanadischen Provinz Nova Scotia erlebte der UW-Fotograf Brian Skerry einige magische Momente. Er verbrachte viel Zeit und einige erstaunliche Tauchgänge mit Wilma, einem ortstreuen, aber rätselhaften Beluga im Nordatlantik.

Während ich auf dem abschüssigen Geröllgrund kniete, beugte ich mich in die Strömung, um die Position zu halten. Wie waren nur 10 m tief, doch das gefilterte Sonnenlicht hatte die Sicht bereits auf die in einer nur spärlich beleuchteten Kneipe reduziert, und meine Augen starrten angestrengt in das konturlose Grün des Wassers und warteten auf das Auftauchen von Umrissen. Ein wenig eiskaltes Wasser rann meinen Rücken hinunter, als ich mich zu Jim umdrehte, der 3 m von mir zwei Steine rhythmisch aneinanderschlug, um eine Art Grußbotschaft in die Tiefe zu senden.

Als ich mich in die Strömung zurückdrehte, sah ich sie. Sie schien sich wie eine reinweiße Erscheinung aus dem grünen Nebel am Rande meiner Wahrnehmungsfähigkeit zu materialisieren, näherte sich uns langsam und wurde dabei größer. Sie passierte mich und schwamm vorsichtig auf Jim zu, rollte auf den Rücken, so daß die beulenartige Melone auf ihrer Stirn über das Geröll scheuerte. Ich sah, wie beide langsam über den Hang hüpften, sich in Pirouetten drehten und kleine Sedimentwölkchen aufwirbelten, während sie scheinbar eine nur ihnen bekannte Choreografie absolvierten.

FOTOS: BRIAN SKERRY

Das Waisenkind Wilma sehnte sich nach Gesellschaft und liebte es, zusammen mit Tauchern zu spielen.

Obgleich wie in tiefer Trance, war mir immer noch bewußt, warum ich hier war: Ich brachte meine Kamera in Stellung und schoß. Während wir tiefer sanken, wurde die Strömung heftiger, das Licht schwächer, und der Tanz von Taucher und Wal endete, so schnell er begonnen hatte. Jim und ich waren wieder allein im kalten Meer. Ähnlich Käptn Ahab war ich auf der Suche nach dem Weißen Wal gewesen. Meine Suche war jedoch von Neugier, nicht von Rache motiviert. Warum es mich in eine kleine Bucht in Ostkanada zog, klingt wie ein Märchen.

Es hatte im Herbst 1993 begonnen, als erstmals zwei Belugas zusammen an der Mündung der Chedabucto Bay in Nova Scotia nahe des offenen Meeres gesichtet wurden. Im folgenden Frühling lag ein adultes Belugaweibchen tot am Strand, sein Körper war voller Einschußlöcher. Etwa zur gleichen Zeit berichteten mehrere Fischer, die jene Gewässer täglich befuhren, daß sie einen kleineren Beluga in der Nähe einer Navigationstonne gesehen hätten, die ein Fahrwasser in Küstennähe markiert. Die Waise schien diese Tonne, die sich ja immer rasselnd und klingelnd an der gleichen Stelle befand, regelrecht zu belagern und als Ersatzmutter angenommen zu haben. Was mich jedoch am meisten reizte, waren Gerüchte über Interaktionen des Wals mit Menschen.

Während meiner Suche nach mehr Informationen über diesen legendären Wal kam ich mit Jim Johnson in Kontakt, einem Taucher, der nahe der Chedabucto Bay wohnte. Wie diese Walstory selbst, schien auch Jim Johnsons Lebensgeschichte wie aus einem Märchenbuch entnommen. Jim war Ende fünfzig und hatte in seinem Leben schon einiges mitgemacht. Er hatte die Welt umsegelt, an exotischen Orten

gelebt, viel Zeit als Beobachter auf Walfangschiffen verbracht und im Packeis Kanadas als Naturschutzbeauftragter beim Robbenfang gewirkt. Er arbeitete bei der Produktion des MGM-Films 'Meuterei auf der Bounty' in Französisch-Polynesien mit, zuerst als Helfer, zuletzt aber als Mitglied der Schauspielertruppe, nämlich als UW-Stuntman und dabei speziell in den gefährlichen Szenen des Kielholens. In den Sechziger Jahren nahm Jim an einer Dokumentarfilmexpedition nach Cocos Island (Costa Rica) teil, die Schatzsuche zum Hauptthema hatte. Andere Filmprojekte folgten, die meisten über Haie. Aber obwohl er sich gerne an diese Abenteuer erinnerte, mußte Jim zugeben, daß ihm so etwas wie das jetzt in der Chedabucto Bay noch nie untergekommen war.

Man sagte mir, der Wal hieße 'Wilma', doch wer ihn zuerst so genannt hatte, blieb unklar. Jim erläuterte mir, wie er bei zahlreichen Tauchgängen mit Wilma Freundschaft geschlossen hatte und daß dieser Wal wirklich den Kontakt zum Menschen zu suchen schien. In den Sommermonaten konnte man sie mit Kayak- und Kanufahrern herumtollen sehen; in den Wintermonaten begrüßte sie die Seeigeltaucher bei ihrer Arbeit am Grund der Bucht. Tatsächlich schien es, als hätte Wilma in der Chedabucto Bay ihr Zuhause gefunden.

Der Morgen meines ersten Tauchgangs in der Chedabucto Bay war wie aus dem Bilderbuch. Die Julisonne funkelte durch das dichte Unterholz, das die schützenden Hügel rund um die Bucht bedeckte, und der Himmel war klar und frisch. Während ich an der Bootsrampe knietief im Wasser stand und darauf wartete, daß der Bootsanhänger rückwärts fuhr, sog ich eine süße Duftmischung aus frisch geschnittenem Gras und kaltem Salzwasser ein. Obwohl es mitten im Sommer war und die Lufttemperatur bei etwa 24 °C lag, war das Wasser noch recht kalt. Ich trug einen 7 mm-Neoprenanzug und hatte

Nach dem Tod ihrer Mutter blieb Wilma in der Nähe einer Fahrwassertonne in der Mündung der Chedabucto Bay. Diese Tonne stellte für den 5- oder 6-jährigen Wal wohl eine Ersatzmutter dar.

damit größere Beweglichkeit einer garantierten (wenn auch hinderlicheren) Wärme vorgezogen. Allerdings konnte ich bereits ahnen, daß ein Trockentauchanzug komfortabler gewesen wäre.

Kaum war das Schlauchboot vom Anhänger, hievten wir uns langsam über die Pontons und starteten den Außenbordmotor. Wir steuerten sachte durch die Reihe der verankerten Langustenfischerboote und nahmen dann Kurs auf das entferntere Ende der Bucht. Trotz der fantastischen Geschichten, die Jim über Wilma erzählte, konnte ich kaum glauben, daß auch ich diese – zumindest in meinen Augen – mythische Kreatur wirklich sehen würde.

Eine Wolke aus Sandkörnern wirbelte um meinen Kopf, während ich in 17 m Tiefe kniete. Es war geschehen. Ich sah Wilma wirklich von Angesicht zu Angesicht. Schon nach wenigen Sekunden erschien mir diese Begegnung zu einem Traum zu werden. Ich

brauchte noch etwas, das mich von der Realität des Geschehens überzeugte. Ich schaute zu Jim in der Hoffnung auf ein Zeichen von ihm, daß auf ihre baldige Rückkehr hinweisen würde. Doch nur Jims Daumen zeigte zur Oberfläche, es war Zeit zurückzukehren.

Die Kamera in einer Hand, kämpfte ich gegen die starke Strömung, paddelte hart und zog mich mit der freien Hand über die Felsen, versuchte, Stück für Stück meinen Weg zum Ausstiegspunkt zurückzufinden. Wir schwammen den Hang hinauf zur Oberfläche und wateten zum Strand, während sich die Gezeitenströmung an unseren Körpern in Rippeln brach. Wir legten einiges von der Ausrüstung ab und richteten dabei unsere Aufmerksamkeit auf die Mitte der Bucht, ein Lebenszeichen von dem Tier erhoffend, das wir unter Wasser gesehen hatten. "Dort drüben", sagte Jim und deutete auf eine große, rote Boje, rund 100 m von uns entfernt.

Ein im Delphinstil langsam voranschwimmender, elfenbeinweißer Wal-

Kamen Schnorchler zu Besuch, schwamm Wilma vorsichtig hin, um die Eindringlinge zu beäugen. Auch folgte sie glücklich Schwimmern bis zum Meeresgrund, näherte sich ihnen ganz allmählich und hielt dabei ständig Augenkontakt.

Eine von Wilmas Interaktionen mit Menschen.

rücken war vor dem schwarzen Wasser einfach auszumachen. Wir zogen unser Schlauchboot vom Strand und fuhren durch die Bucht zur Boje hin. Als wir noch 30 m entfernt waren, schalteten wir den Motor aus und gingen zu einem langsamen Dahingleiten über. Die Morgenstille wurde von einem lauten Ausatemgeräusch und einem sanften Wasserplätschern unterbrochen. Ich hielt nach dem Geräusch Ausschau und entdeckte backbord voraus einen 4 m-Wal, der direkt auf uns zukam.

Sie kam leicht heran und rollte auf den Rücken, als sie unter dem Boot hindurchschwamm. Hastig griff ich mir Flossen und Kamera und glitt ins Wasser. Ich schnorchelte vom Boot weg und blickte zurück. Ein weißer Umriß in meinem Kielwasser kam rasch näher. Ich stoppte, hing bewegungslos im Wasser und wartete, was nun passieren würde. Der Beluga kam bis auf Armlänge heran und verdrehte den Kopf, als wolle er meine Größe abschätzen. Nach drei schnellen Atemzügen hielt ich die Luft an und tauchte klappmessermäßig in Richtung Grund ab, in der Hoffnung, der Wal würde folgen. Als ich den schlammigen Boden sehen konnte, drehte ich mich auf den Rücken und war verblüfft: Die Silhouette des Wals war nur eineinhalb Meter direkt über mir.

Sie näherte sich vorsichtig, drehte sich um und starrte mir genau in die Augen. Ich konnte nicht glauben, was da geschah: Dieses wildlebende Tier wollte den Kontakt! Ich fühlte mich, als wäre ich mitten in ein mystisches New Age-Poster katapultiert worden! Ich streckte eine Hand aus und streichelte leicht ihren Kopf. Ihre Augen schlossen sich langsam wie zum Zeichen, daß sie Berührungen mochte. Langsam trieben wir über den Boden, der mit Sanddollars, Rochen und Plattfischen wie mit einem magischen Teppich bedeckt war; sie wirkten wie verloren geglaubte Freunde, die sich nach langer Zeit wiedergefunden hatten. Ich verlor jedes Zeitgefühl und vergaß sogar zu atmen, doch der Schmerz in meiner Lunge zerrte mich in die Realität zurück und ließ mich sofort zur Oberfläche zurückkehren.

Während auch ich die Choreografie des Beluga-Balletts erlernte, vergingen die Stunden mit dem Wal wie im Fluge. Wir umkreisten ihre 'Mutter', die Boje, schwammen an der Oberfläche um die Wette und dümpelten zusammen in der smaragdgrünen See. Hin und wieder legten wir zwischen diesen Spielereien Pausen ein und ruhten uns an der Oberfläche aus. Dann lag sie da - Sonnenstrahlen tanzten über ihren Körper - und hob meine Hand mit der Schnauze an, wie, um mich einzuladen, ihr den Rücken zu kraulen und den Kopf zu kratzen. Niemand mußte mich dazu auffordern: Ich zog meinen Neopren-Handschuh aus und glitt mit der bloßen Hand über Wilmas Rückenpartie. Sie fühlte sich glatt und weich an, und ich sah, wie sich langsam ihre Augen schlossen, während ich sie streichelte.

Als die Sonne bereits hinter den Bäumen verschwand und ich bis auf die Knochen fror, hatte ich meinen Ausflug so lange wie möglich ausgedehnt. Schließlich fiel ich ins Schlauchboot zurück, und meine erste Begegnung mit diesem großartigen Tier war beendet.

Ich unternahm noch weitere Ausflüge zur Chedabucto Bay. Jede Reise erneuerte meinen Glauben an Wunder, denn ich sah Außergewöhnliches. Ich beobachtete, wie Wilma Fische und Langusten zu Jim in seinem Boot brachte, was man nur als das Austeilen von Geschenken beschreiben konnte. Ich sah, wie sie Spiele erfand, über die sie selbst belustigt schien; darunter war auch eines, bei dem sie mit einem vom Grund gezupften Stück Tang 'Fangen' spielte. Außerdem sah ich sie bei der Inspektion von Bootsankern, beim Kopfstehen und Schwimmen mit Kindern. Wenn Jim oder ich zum Schlauchboot kamen und sie noch Lust zu spielen hatte, verleitete sie uns durch vorsichtiges Stupsen der nächsterreichbaren Hand zur Rückkehr ins Wasser. Meist genoß ich jedoch einfach die Zeit in ihrer Gesellschaft.

Mich beschäftigte auch die Frage, was machte Wilma, wenn keine Leute in der Nähe waren? Belugas können bekanntlich tiefer als 1.000 m tauchen und auf Nahrungssuche bis zu 25 Minuten lang den Atem anhalten. Ich wollte wissen, ob auch sie gelegentlich in größere Tiefen vordrang. Chedabucto Bay schien reich an Fischen und Wirbellosen zu sein, die den Hauptanteil der Beluga-Beute ausmachen; daher

Belugakälber sind bei der Geburt dunkel- bis bräunlichgrau und werden erst in einem Alter zwischen 5 und 12 Jahren reinweiß.

waren tiefere Jagdausflüge vielleicht unnötig. Jener Teil der Bucht, wo Wilma am häufigsten gesehen wurde, ist ein von einem Süßwasserfluß gespeistes Ästuar.

Aus bestimmten Regionen der Erde weiß man, daß Belugas in Flüssen vorkommen. So wurden sie 500 Meilen flußaufwärts im Yukon in Alaska beobachtet. Derartig langer Kontakt mit Süßwasser wird oft mit dem Erneuern der Walhaut in Verbindung gebracht. Wilma habe ich nur etwa eine Meile stromaufwärts gesehen, fragte mich aber, ob sie auch schon viel weiter hochgeschwommen war, und sann über den Eindruck nach, daß sie nach jeder Rückkehr ein wenig größer geworden war. Auch wußte ich, daß diese polaren Wale wegen ihres reichhaltigen Stimmrepertoires 'Kanarienvögel des Meeres' genannt wurden. Mit Hilfe des Blaslochs auf ihrem Kopf erzeugen bzw. imitieren Belugas vogelartige Pfeifgeräusche und Bootsmotoren. Obwohl ich solche von Wilma nie hörte, hätte ich gerne gewußt, ob auch sie ab und zu ins Meer hinausrief und ob sie jemals Antwort bekam.

Im Winter 1999 wurde Wilma zum letzten mal in der Chedabucto Bay gesehen. Man hatte vorausgesagt, daß sie sich bei Erreichen der Geschlechtsreife im Alter von etwa 7 Jahren vielleicht auf die Suche nach einem Partner machen würde. Viele hatten gehofft, daß Wilma einen Partner zu sich locken und in der Chedabucto Bay eine Familie als südlichste Beluga-Population überhaupt gründen könnte. Diese Hoffnung war nicht unberechtigt, da es eine solche vor vielen Jahren tatsächlich gegeben hat. Leider wurde diese Population dem Zeitgeist gemäß durch Jagd völlig ausgelöscht. Aber die erhoffte Chedabucto-Familie sollte nicht sein.

Die Bucht wurde wieder wie 1992, vor Wilmas Zeit, als ein ortstreuer Wal nur ein Traum war. Was blieb, ist ein schmucker Naturhafen mit bunten Langustenbooten. Die Fischadler tauchen wie eh und je nach Fischen, im Winter jagen hier die Robben, und der Fluß mündet noch immer in die Bucht und unterliegt dem Einfluß der Gezeiten. Nur der Weiße Wal ist nicht mehr da.

In Wilmas Fall kann man sehr leicht in Anthropomorphismen abgleiten und über unsere 'zwischenartliche Kommunikation' spekulieren, denn die Erfahrungen, die ich mit ihr machte, waren so ganz anders als alles, was ich bisher mit Wildtieren erlebt habe. Analytischeren Gemütern fällt es aber auch nicht besonders schwer, darüber zu theoretisieren, warum dieses Tier den Kontakt zum Menschen gesucht hat: Sie war eine Waise, sie war jung, und sie war einsam.

So oder so, mit ihr zusammen zu sein, war ein erstaunliches, ja sogar magisches Erlebnis. Vielleicht, aber nur vielleicht, denkt sie genauso.

Wilma verbrachte viele Stunden beim Schwimmen mit Tauchern. Sehr gerne spielte sie "Fangen" und zog einen sogar an der Hand, wenn man zum Boot zurückkehrte, bevor **sie** das Spiel beendet hatte.

Die sehr artenreiche Gruppe der **DELPHINE** i.w.S. (Delphinoidea) wird in 3 Familien unterteilt:
Familie Weißwale, Monodontidae
2 Arten: Beluga, *Delphinapterus leucas*
Narwal, *Monodon monocerus*
Familie Delphine, Delphinidae (siehe Seite 168)
Familie Schweinswale, Phocoenidae (siehe Seite 261)

Besondere Erkennungsmerkmale dieser Familien

Alle Arten besitzen einen stromlinienförmigen Körper, dessen Länge von 1,2 m (Dall-Schweinswal, Indischer Schweinswal) bis zu 10 m (Schwertwal) reicht. Nicht bei allen Arten ist der Schnabel deutlich von der Melone, die ihnen präzise Echoortung ermöglicht, abgesetzt. Doch fast alle Arten haben eine große Anzahl kleiner, kegelförmiger Zähne in beiden Kiefern, die Ausnahmen sind Risso-Delphin (Oberkiefer zahnlos) und Narwal (Unterkiefer zahnlos, Oberkiefer 0-2 Zähne). Die Mitte der Flukenhinterkante aller Arten weist eine deutliche Einkerbung auf, und mit wenigen Ausnahmen haben fast alle eine ausgeprägte Finne. Eine weitere Gemeinsamkeit ist die ausgeprägte Sozialstruktur der Gruppen, deren Größe in ergiebigen Nahrungsgründen einige hundert bis einige tausend Exemplare erreichen kann. **Familie Weißwale:** 2 Arten (4-5,7 m), ohne Finne, Kopf stumpf kugelförmig, Hals beweglich, Fettschicht relativ dick, Färbung hellgrau bis weißlich.

Beluga, Beluga, *Delphinapterus leucas*

Im Sommer versammeln sich tausende Belugas in den Flußmündungen der Arktis. Alle Fotos R. Kiefner

Besondere Erkennungsmerkmale

Adulte Belugas sind unverwechselbar weiß, gelegentlich auch gelblich, und haben einen rundlichen, kräftigen Körper mit stark ausgeprägter Melone. Statt einer Finne haben manche Individuen eine kleine Rückenleiste, die gelegentlich dunkel abgesetzt ist. Belugas sind die einzigen weißen Wale in den kalten, küstennahen Gewässern der Arktis und Subarktis.

Beschreibung

Belugas erreichen eine Länge von 4-6 m und ein Gewicht von 0,4-1,5 t. Ihr rundlicher Körper wirkt massig, fast gedrungen. In Anpassung an ihren arktischen Lebensraum haben sie eine relativ dicke Fettschicht. Männchen unterscheiden sich von Weibchen äußerlich (Geschlechtsdimorphismus) nur in der Größe: Erwachsene Bullen sind rund 25 % länger als Weibchen und haben auch eine stärker ausgeprägte Muskulatur. Unterschiede zwischen einzelnen Individuen sind, im Gegensatz zu vielen anderen Walarten, so gut wie nicht erkennbar. Der relativ kleine Kopf hat eine sehr

Abnutzung der Zähne durch Abkauen.

ausgeprägte, in der Form veränderbare Melone. Die Schnauze ist sehr kurz, die Halswirbel sind beweglich. Die Brustflossen sind breit, spatelförmig und sehr beweglich; bei erwachsenen Tieren sind ihre Spitzen wie beim Narwal nach oben gekrümmt. Statt einer Finne haben manche Individuen eine kleine Rückenleiste, die gelegentlich dunkel abgesetzt ist. Flukenhinterkante konvex, im Alter ausgeprägter, mit deutlicher medianer Einkerbung und manchmal dunkelbraunem Rand; ist bei vielen älteren Tieren nach oben gekrümmt, bei Neugeborenen fast gerade. Im Oberkiefer sitzen 10-22, im Unterkiefer 6-22 kegelförmige Zähne. Ab dem 8. Lebensjahr werden sie je nach Ernährungsweise und Substratmenge in der Nahrung durch Abkauen bis zu Stummeln abgenutzt. Sie bestehen aus zur Altersbestimmung verwendbaren Dentinschichten, die ihrerseits jeweils aus einer transparenten und einer opaken Lage aufgebaut sind. Die transparenten Lagen entstehen während der Nahrungsmangelphase (und Paarungszeit) im Sommer, die opaken während der Nahrungsüberschußphase, wenn sich die Belugas in ihren Nahrungsgebieten aufhalten und reichlich Nahrung zur Verfügung steht. Adulte weiß bis gelblich; Jungtiere braun bis grau oder bläulich (engl. "Blues"); erst bei Erreichen der Geschlechtsreife werden sie gelblichweiß bis weiß.

Leicht zu verwechseln mit

Wegen der großen Ähnlichkeit zum Beluga ordneten einige Systematiker den Irawadi-Delphin dieser Familie zu, und in der Tat sehen sich beide sowohl in Färbung als auch Körperbau sehr ähnlich. Der Irawadi-Delphin hat ebenfalls einen beweglichen Hals und sogar einige anatomische Gemeinsamkeiten im Schädelbau. Er ist in gewisser Weise das "tropische Gegenstück" zum Beluga, denn die Verbreitungsgebiete beider Arten sind völlig verschieden: Der Beluga lebt in arktischen bis subarktischen Gewässern, während Irawadi-Delphine die seichten Küstengewässer und Fluß-Systeme des tropischen Indo-Pazifiks bewohnen, Verwechslungen in freier Wildbahn sind also ausgeschlossen. Außerdem haben Irawadi-Delphine im Gegensatz zu Belugas eine kleine, annähernd dreieckige Finne und eine weniger ausgeprägte Melone. Trotz ihrer auffälligen Färbung können Belugas an der Meeresoberfläche unter Umständen leicht übersehen werden, wenn sie sich in der Nähe von Treibeis aufhalten. Allerdings taucht Treibeis zum Atmen nicht immer wieder auf und ab.

Andere Namen

Weißwal, Weißer Delphin (deutsch); White Whale, Beluga Whale, Sea Canary (engl.); Bélouga (franz.); Beluga (span.); Beluga, Golfinho Branco (port.); Witte Dolfijn (niederl.); Hvithval, Hvidvisk (norweg.); Maitovalas (finn.); Vitval (schwed.); Hvidhval (dän.); Belukha (russ.).

Bedeutung des wissenschaftlichen Namens

Delphinapterus leucas (Pallas 1776) – *Delphinapterus* von griech. *delphinos* für "Delphin", Vorsilbe *a* für "ohne", *pteros* für "Flügel, Flosse". Artname von. griech *leucos* für "weiß". Zusammen "flossenloser, weißer Delphin" (Färbung, fehlende Finne).

Verhalten

Belugas sind sehr gesellige, neugierige Tiere. Beim Schwimmen heben sie oft den Kopf aus dem Wasser, um sich umzuschauen (Spyhopping). Sie stellen dabei ihren Körper senkrecht, drehen oft den beweglichen Hals oder nicken mit dem Kopf. Obwohl sie über Wasser kurzsichtig sind, spähen sie so oft über Wasser umher, daß gelegentlich Augenschäden durch Austrocknen (engl. cloud eyes) entstehen können. Es wurde nachgewiesen, daß sie ihre Fähigkeit zum "In-der-Luft-Sehen" durch absichtliches Schielen etwas verbessern. Belugas schwimmen normalerweise langsam und verbringen die meiste Zeit nahe der Oberfläche. Oberflächenaktives Verhalten wie Brandungs- und Bugwellenreiten oder mit Fluke/Brustflossen auf das Wasser schlagen sind in freier Wildbahn nur

Links: Mit sichtlichem Wohlbehagen scheuern sich die Belugas ihre alte, runzlige Haut am Kiesbett der seichten Flüsse ab, sie "nehmen" sozusagen "ein warmes Bad". Durch das Einwirken des wärmeren Flußwassers quillt die Haut auf, wird immer weicher und läßt sich dann leicht abscheuern.

Unten: Oft kommen sie dabei mit dem halben Körper aus dem Wasser.

selten zu beobachten. Belugas springen nur in Delphinarien, nie in freier Wildbahn. Ihre Schwimmbewegungen sind gleichmäßig und wellenförmig. Die normale Wandergeschwindigkeit beträgt 8-18 km/h, bei der Flucht können jedoch auch kurzzeitig mehr als 30 km/h erreicht werden. Belugas schlafen "an der Oberfläche hängend" oder in geringer Tiefe am Boden, wo sie sich auch auf ihren Flossen abstützen. In regelmäßigen Intervallen von etwa 3 min tauchen sie dabei zum Atmen auf.

Belugas haben sich sehr gut an ein Leben in Küstennähe und zwischen Eisblöcken angepaßt und manövrieren sehr geschickt selbst in extrem seichtem Wasser. Wenn sie stranden und dabei nicht Raubtieren wie z.B. Eisbären zum Opfer fallen, können sie die Ebbe gut überleben und sich oft bei der nächsten Flut durch robbende Bewegungen wieder befreien. Beobachtungen haben gezeigt, daß die Männchen im Wasser oft eine Rosetten-Formation bilden, indem sie sich im Kreis anordnen, einander die Köpfe zuwenden und die Fluken nach außen richten. Offensichtlich kommunizieren sie in dieser Lage intensiv miteinander. Die Mäuler werden dabei oft sehr weit aufgerissen, jedoch nicht um echte Aggression auszudrücken; es scheint sich eher um ein Verhalten ähnlich wie z.B. bei jungen Hunden zu handeln, die spielerisch im Kampf ihre Kräfte messen. Interessanterweise ärgern bzw. vertreiben undressierte Belugas in Gefangenschaft (unwillkommene?) Besucher am Beckenrand mit Wasserfontänen, die sie aus dem Maul gezielt auf die Menschen spritzen. Dieses Vorgehen wurde gleichermaßen in den Aquarien von New York, Vancouver und Duisburg beobachtet. Ein ähnliches Verhalten ist auch von freilebenden Irawadi-Delphinen bekannt, die diese Technik möglicherweise nutzen, um kleine Beutetiere von überhängenden Zweigen ins Wasser spülen oder im Sand verborgene Beute freizulegen.

Im Sommer versammeln sich tausende Belugas in Flußmündungen, wo das Wasser wärmer als in den übrigen Küstenregionen ist, und scheuern sich ihre alte, runzlige Haut am Kiesbett der seichten Flüsse ab, sie "nehmen" sozusagen "ein warmes Bad". Die alte Haut ist nicht mehr weiß, sondern voller Parasiten und daher oft gelblich. Durch das Einwirken des wärmeren Flußwassers quillt die Haut auf, wird immer weicher und läßt sich dann leicht abscheuern. Außerdem aktiviert das wärmere Wasser bestimmte Hormone, welche die Neubildung der Haut beschleunigen und Fettreserven mobilisieren, die den Prozeß noch unterstützen. Diese "Häutung" findet bei Belugas in Gefangenschaft nicht statt, da die Wassertemperatur in den Delphinarien immer gleichbleibend ist und die Hormone zur Hautneubildung daher nicht aktiviert werden. Für die Jungtiere mit ihrem noch dünnen Blubber ist das "warme" Wasser der Flußmündungen eine ideale Kinderstube, um schnell zu wachsen und sich rasch eine dicke, isolierende Fettschicht zuzulegen. Diese schützt zum einen vor der Kälte der arktischen Meere und dient zum anderen als Energiereserve auf den jahreszeitlichen Wanderungen.

Die eigentliche Heimat der Belugas sind die flachen Küstengewässer, Flüsse und deren Mündungsgebiete in der Arktis. Vereinzelt kommen sie aber auch ganzjährig im St. Lorenz-Strom (Nordatlantik) und bis zur Cook- und Yukatat-Bucht in Alaska (Nordpazifik) vor. Belugas bevorzugen nur teilweise von Eis bedeckte Gebiete, in denen von Wind und Strömung Rinnen im Eis offengehalten werden, wo sie zum Atmen an die Oberfläche kommen können. Gelegentlich schwimmen sie auch entlang der Packeisgrenze oder in dauerhaft eisfreien Gebieten. Nur auf ihren Wanderungen trifft man sie in völlig offenen Gewässern an. Im Frühjahr, wenn sich im Packeis freie Wasserrinnen bilden und das Eis immer mehr schmilzt, wandern die Belugas in die wärmeren Bereiche der Flußmündungen (s.o.), normalerweise in kleinen Gruppen von wenigen Tieren. Im Sommer, wenn das Eis der Arktis noch weiter weggetaut ist, sammeln sie sich in Herden von Hunderten, ja sogar Tausenden von Tieren und wandern dann weit in die großen nördlichen Flußläufe hinauf. So wurden Belugas schon im Yukon-Fluß (Alaska), über 700 km weit im Landesinneren gesehen; im Argun-Fluß in der ehemals sowjetischen Region Chabarowsk schwammen sie sogar fast 2.000 km stromaufwärts. 1966 verirrte sich ein in den Medien "Moby Dick" genannter Beluga 400 km den Rhein hinauf, und1984 wurde einer vor den Landungsbrücken Hamburgs in der Elbe gesichtet; beide Tiere versetzten ganz Deutschland in Walfieber. Ein im Sommer westlich der Hudson Bay (Kanada) markiertes Tier wurde 7 Wochen später 800 km weiter nördlich aufgefunden.

Trotz ihrer gelegentlich sehr langen Wanderungen sind Belugas langsame Schwimmer. Dies läßt sie zur leichten Beute von Schwertwalen und Eisbären werden. Die Eisbären lauern den Walen an Eisspalten auf, wo sie zum Luftholen an die Oberfläche kommen. Sobald ein Beluga auftaucht, schlägt der Eisbär seine krallenbewehrten Pranken in den Wal und zerrt ihn auf das Eis. Es wurde schon beobachtet, daß ein Beluga, der in einem flachen Gezeitentümpel gefangen war, binnen einer halben Minute von einem Eisbären zerfetzt wurde.

Bei den jahreszeitlichen Wanderungen im Sommer (s.o.) schwimmen die Geschlechter zusammen. Ansonsten leben Belugas in sozialen Gruppen von 5-20 Tieren und nach Geschlechtern getrennt. "Nursing Groups" bestehen aus Weibchen mit ihren Jungen, "Blues Groups" aus 3-4 Jahre alten, halbstarken Junggesellen. Die erwachsenen, geschlechtsreifen Junggesellen leben in sogenannten "Bachelor-Groups" und übernehmen zur Paarungszeit einen "Harem". Paarungsbereite Weibchen werden oft von mehreren Männchen verfolgt. Während der relativ lange dauernden Kopulation schwimmen beide Partner nahe der Oberfläche im Kreis. Nach einer Tragzeit von 14,5 Monaten findet im Sommer (meist im Juli) die Geburt eines etwa 1,4-1,7 m langen und 45-75 kg schweren Kalbes statt. Die Jungtiere werden rund 20 Monate lang von ihren Müttern mit Milch von 22-23 % Fettgehalt gesäugt und halten besonders in den ersten Lebenswochen sehr engen Kontakt zur Mutter. Um Energie zu sparen, reiten sie oft auf deren Rücken. Die Jungtiere verlassen ihre Mütter erst mit Erreichen der Geschlechtreife, also mit etwa 6 Jahren. Daher werden oft Mütter mit 2 Jungen verschiedenen Alters gesichtet: Das jüngere Kalb wird über einen Zeitraum von 18-23 Monaten gesäugt, das ältere ernährt sich schon selbst, lebt aber noch mit der Mutter und dem jüngerem Geschwister als "Familie" zusammen.

Es gibt 7 verschiedene Beluga-Stämme, deren Wanderwege mit Satelliten genau verfolgt werden konnten: Die Belugas von **Somerset Island** (Kanada) wandern alle gegen den Uhrzeigersinn zur Nordwestküste der Insel in den Perl Sound, also in den Kanal zwischen Somerset Island und Prince of Wales Island. Dort fressen sie im August enorme Mengen an Polardorsch. Anfang September ziehen sie dann wieder nordwärts in die Barrow Strait, um an der Südküste von Devon Island vorbeizuwandern und nochmals große Mengen Polardorsch zu fressen. Von dort gelangen sie über den Lancaster Sound in die offenen Gewässer der nördlichen Baffin Bay. Auf dem Weg nach Grönland nutzen sie die durch Wind und Strömung entstandenen großen, eisfreien Zonen. Dort angekommen, bleibt vermutlich 1/5 dieser Population zum Überwintern. Der Rest wandert weiter in Richtung der Ostwestküste Grönlands, wo er etwa Mitte Oktober bei 75° Nord ankommt. Von dort ziehen die Wale entlang der großen Fjorde in südlicher Richtung, bis sie auf der Höhe von Disko Island an die spätere Packeisgrenze gelangen. Dort überwintern sie, indem sie entlang der Eisgrenze patrouillieren. Im Mai, wenn sich das Packeis zurückzieht, beginnen diese Belugas erneut ihre große Wanderung zurück in den Lancaster Sound. Auf ihrer Reise vereinen sie sich dann wieder mit der "Nord-Winter-Population" und wandern gemeinsam an der Südküste des Lancaster Sound zum Teil in den Prince Regent Inlet (westlich von Somerset Island) oder in den Cunningham-Inlet (im Norden von Somerset Island) hinein. Die höchste Beluga-Konzentration um Somerset Island tritt Ende Juli/Anfang August auf, genau zur Zeit der Vollmond-Springtide, wenn die Flut ihren höchsten Stand erreicht hat. Die Belugas versammeln sich dann in den Flußmündungen, um sich ihre Haut am Kiesbett der Flüsse abzuscheuern (s.o.). Dann werden auch mit Hilfe von Flugzeugen fotografische Zählungen vorgenommen, durch die nachgewiesen werden konnte, daß es sich bei diesem temporären Auftreten um den gesamten Bestand dieser Beluga-Population handelt. Eine weitere Population aus der **westlichen Hudson Bay** verläßt ihr Sommerquartier und trifft sich mit einer kleineren Population aus der östlichen Hudson Bay nördlich in der Hudson Strait, um dort die winterlichen Freßgründe aufzusuchen. Der **Mackenzie-Stamm** wandert sowohl nördlich als auch südlich an Banks Island vorbei und vereint sich wieder an der Südküste von Melville Island, dem winterlichen Freßrevier. Erstaunlicherweise mischt sich dieser Bestand nicht mit dem zur gleichen Zeit nur wenige Kilometer entfernten östlichen Bestand von Somerset Island. Zum Überwintern zieht der Mackenzie-Stamm an der Eisgrenze entlang bis zur Beringsee. Auch auf der russischen und norwegischen Seite des Nordpols existieren noch einige kleine Reste von Beluga-Stämmen, deren Größe und Wanderungen aber kaum bekannt sind.

Das Verhalten der Weißen Wale ist von Dr. Thomas Smith, einem der führenden Beluga-Forscher, in den küstennahen Regionen und Flußmündungen der Arktis über viele Jahre intensiv beobachtet worden. Smith: "Vor 30 Jahren erschienen die heutigen Möglichkeiten durch Satellitensender noch wie aus einem Science-Fiction-Film." Ein wichtiger Punkt seiner Arbeit ist, einige Belugas in den flachen Flußmündungen zu fangen und mit solchen Sendern auszurüsten. Die Geräte werden mit langen Nägeln schmerzlos im Fettgewebe der Belugas verankert. Nach etwa 3 Monaten sind diese Nägel aus dem Fettgewebe herausgewachsen, und die Wale verlieren die Sender wieder. In dieser Zeitspanne wird eine unvorstellbare Datenmenge übermittelt. Seit 1987 wurden über 60 Belugas gefangen und mit Sendern versehen, 12 davon nach Juli 1996 im Cunningham Inlet, Prince Regent Inlet und in der Casual Bay. Jeder dieser Sender kostete etwa 15.000,- U.S. Dollar. Ziel dieser aufwendigen Aktion war es, mehr Informationen über das Verhalten im offenen Ozean, die Wanderrouten und Aufenthaltsorte sowie die sozialen Strukturen, Freßverhalten, Jagdstrategien und Tauchtiefen der Belugas zu bekommen. Siehe auch RÄTSELHAFTER BELUGA auf den Seiten 140-145.

Tauchen

Belugas manövrieren äußerst geschickt zwischen losem Treibeis und sind dank ihres beweglichen Halses auch in engen Eisschluchten sehr erfolgreiche Jäger. Das typische Tauchverhalten besteht aus mehreren flachen, kurzen Tauchgängen, gefolgt von einem Tieftauchgang. Die flachen Tauchgänge reichen meist bis etwa 20 m und dauern 1-3 min, die tiefen können bis 600 m reichen und 5-20 min dauern. Durch neuere Untersuchungen konnte belegt werden, daß sich Belugas auch unter geschlossene Eisdecken wagen. Nach ihren Tauchgängen finden sie immer ein Atemloch im Eis. Vermutlich suchen sie aus großer Tiefe die dunkle, geschlossene Eisfläche nach den hellen, überlebenswichtigen Atemlöchern ab. Auch aus dem Flugzeug sind diese Löcher sehr gut sichtbar: Bei geschlossener Eisdecke zeichnen sie sich deutlich als dunkle, kreisrunde Flecken ab. Wenn das Eis taut, erscheinen sie jedoch wegen des Schmelzwassers, das sich in diesen Löchern sammelt und dort mit dem Meerwasser vermischt, als weißliche Flecken.

Nahrung

Der Speiseplan der Belugas ist der abwechslungsreichste, der bisher bei Walen festgestellt wurde. Er umfaßt zahlreiche Fische (Lodde, Sandaal, Köhler, diverse arktische Dorscharten, Heringe, Stint, Flunder, Heilbutt, Schellfisch, Lachs), Krebstiere (Krabben) und Kopffüßer (Kraken), aber auch andere Mollusken und weitere Wirbellose. Wie Sand, Geröll und Algen in den Mägen von Belugas beweisen, erfolgt die Nahrungsaufnahme meist am Meeresboden, obwohl auch freischwimmende Fische erfolgreich gejagt werden. In Delphinarien (z.B. Duisburg) gehaltene Tiere knabbern und saugen das Dichtungsmaterial aus den Bodenfugen ihrer Bassins.

Belugas fressen teilweise die gleichen Tiere wie die verwandten Narwale. Aber die Sommer- und Wintergründe beider Arten sind verschieden, so daß eine Nahrungskonkurrenz vermieden wird. Wenn sie ausnahmsweise doch einmal zusammen in der gleichen Region auftreten, vermeiden sie eine Konkurrenz anscheinend durch Nahrungssuche in verschiedenen Tiefen. Möglicherweise hängt diese Aufteilung mit dem Nahrungsangebot zusammen. Während sich Narwale in den tiefen, klaren Fjorden versammeln, um nach Nahrung zu suchen, bevorzugen Belugas die oft trüben, flachen Buchten. Sehr selten treffen beide Arten aufeinander und bilden dann u.U. extrem große Ansammlungen von mehreren hundert bis tausend Tieren.

Mit viel Glück und einem warmen Taucheranzug gelingt es, einen Beluga in freier Natur zu fotografieren.

Neu entwickelte, in Beute versteckte Sonden sollen das Bild über die bevorzugte Nahrung der Belugas abrunden. Sie melden Magentemperatur und Tauchtiefe. Sinkt nun während eines tiefen Tauchgangs die Magentemperatur plötzlich rapide ab, wurde soeben in dieser Tiefe Nahrung aufgenommen. So lassen sich auch Rückschlüsse über die saisonalen Wanderrouten der Beluga-Hauptbeute Polardorsch (engl. Arctic Cod) ziehen; er wird bis zu 46 cm lang, tritt in riesigen Schulen auf und ist das wichtigste Glied der Nahrungskette im Arktischen Ozean. Alle Meeressäuger, Seevögel und viele Fische dort ernähren sich von ihm. Sein bevorzugter Aufenthaltsort ist direkt unter dem Eis, wo er in vielen kleinen Nischen Schutz vor Räubern findet. Die bisher oberflächennah festgestellte Menge an Polardorsch reicht bei weitem nicht für alle Meeressäuger dieser Region aus (z.B. nehmen Belugas beim Fressen pro Tag bis zu 3 % ihres Gewichts an Nahrung zu sich). Möglicherweise halten sich besonders während des eisfreien arktischen Sommers riesige Mengen an Polardorsch in Löchern am Meeresboden in etwa 500 m Tiefe vor Freßfeinden versteckt. Zwar findet dieser Fisch so Schutz, auf der anderen Seite aber verliert er (wie alle wechselwarmen Tiere) mit sinkender Umgebungstemperatur mehr und mehr an Mobilität und wird dann zu einer leichten Beute für "Warmblüter". Die Magentemperatur-Messungen haben ergeben, daß Belugas tatsächlich gezielt in die tiefen, großen Löcher am Grund des Arktischen Ozeans tauchen, deren Bewohner bis heute noch immer zum großen Teil unbekannt sind. Im Sommer, wenn sich die Belugas in den Flußmündungen treffen, um die alte Haut abzuscheuern, sind ihre Mägen fast leer, und ihre Speckschicht hat deutlich abgenommen. In dieser Zeit haben sie ein geringeres Bedürfnis an Nahrung, aber offensichtlich ein größeres Interesse am Liebesspiel.

Allgemeine Info

Zwischen 1768 und 1774 unternahm der deutsche Naturforscher Peter Simon Pallas mehrere Expeditionen nach Sibirien. Auf einer dieser Expeditionen wurde er in der Mündung des Ob (Golf von Ob) in die Karasee (West-Sibirien) Zeuge, wie ein einheitlich weißer Wal harpuniert wurde. Er beschrieb ihn erstmals in seinem Buch "Reise durch verschiedene Provinzen des russischen Reiches". 1776 bekam dieser weiße "Delphin" von seinem Entdecker den Namen *Delphinus leucas*. Dessen volkstümliche Bezeichnung "Beluga" kommt von russ. "belukha" = Weißer. Erst 1804 bemerkte der französische Naturkundler Bernard Lacépède an anderen Belugas das Fehlen einer Finne und stellte für diese Art die neue Gattung *Delphinapterus* auf. Eine wegen des beweglichen Halses vermutete Verwandtschaft zu den Flußdelphinen (Familie Platanistidae) ließ sich durch DNS-Analysen nicht bestätigen. Der bei allen anderen Cetaceen unbewegliche Hals bietet den Vorteil, daß der Kopf ohne jegliche Muskelanstrengung immer gerade in Schwimmrichtung ausgerichtet bleibt. Bei den langsam schwimmenden Belugas (und Narwalen) ist der bewegliche Hals kein großer Nachteil, aber sehr hilfreich bei der Nahrungssuche. Rein äußerlich sehen sich Beluga und Irawadi-Delphin sehr ähnlich. Auch können nur diese beiden Walarten ihre Mimik durch Formveränderung der Melone beeinflussen. 1984 stellte sie Barnes dann zusammen mit den Narwalen in die Familie **Monodontidae**. Dies wird heute von vielen Systematikern nicht mehr akzeptiert und auch hier nicht übernommen. Der Irawadi-Delphin wird wegen morphologischer Gemeinsamkeiten heute der Familie **Delphinidae** zugeordnet.

Schon die frühen Seefahrer nannten Belugas wegen ihrer erstaunlichen Klangvielfalt (Pfiffe, Schreie, Knarren, Quieken, Quietschen, Brüllen, Schnarren, Klicks) auch "Kanarienvögel der Meere". Die Laute (0,7-20 kHz) sind gut durch Schiffsböden sowie oft auch über Wasser zu hören und stellen ein wichtiges innerartliches Kommunikationsmittel dar. Die hellen Quiektöne gestrandeter oder gejagter Belugas drücken wohl Furcht aus, das schnaubende Schnarren an der Oberfläche ruhender Tiere Wohlbehagen. Abwehr oder Aggression werden durch klapperndes oder krachendes Zusammenschlagen der Kiefer und durch Vorwölbung der Melone angezeigt, ein geschlossenes Maul und eine abgeflachte Melone dagegen signalisieren Friedfertigkeit. Neben der Verständigung dienen vor allem hochfrequente Ultraschall-Laute der Orientierung und Jagd.

Belugas haben eine sehr stark ausgeprägte Melone, deren Gestalt während der Lauterzeugung verändert werden kann. Dadurch variieren sie die Frequenz der ausgesendeten Schallwellen und/oder bündeln diese unterschiedlich stark. Durch ihre verformbare Melone verfügen Belugas nicht nur über eine sehr differenzierte Lauterzeugung, sondern auch über eine weit abgestufte Mimik (s.o.). Vielleicht auch deswegen müssen heute noch immer einige Belugas in teilweise viel zu kleinen Aquarien zur Unterhaltung der Menschen herhalten. Die Melone besteht wie bei den anderen Zahnwalen aus einer Fettlinse. Mit ihrer Hilfe werden die Schallwellen gebündelt und zielgerichtet ausgesendet. Die Laute entstehen, wenn in den Nasengang mündende Hohlräume (Vestibularsäcke) und der modifizierte Kehlkopf in Schwingungen versetzt werden. Dazu wird Luft mit hohem, aber fein dosiertem Druck in diese Hohlräume gepreßt. Reflektierte Schallwellen werden über eine sehr dünne Knochenschicht im Unterkiefer ("akustisches Fenster") empfangen und über Fettablagerungen zum Mittelohr weitergeleitet. Belugas verfügen vermutlich über das am höchsten entwickelte und effektivste Sonarsystem aller Wale. Untersuchungen ergaben, daß ihre Echoortungs-Fähigkeit in etwa der des Großen Tümmlers entspricht. Beide Arten können Gegenstände noch in 100 m Entfernung unterscheiden, jedoch lassen sich Belugas dabei weit weniger von Nebengeräuschen irritieren als Große Tümmler. Belugas sind sogar in der Lage, akustische Barrieren zu überwinden. So können sie Echoortungs-Signale durch Eisflächen hindurch senden und empfangen. Vermutlich ist dies bei der Orientierung unter dem Eis überlebenswichtig und dient auch dem Auffinden von Atemlöchern im Eis. Angst- oder Notsignale locken wie bei allen Zahnwalen Artgenossen herbei (epimelitisches Verhalten). Mit aufgezeichneten Schwertwal-Lauten (Freßfeind) konnten in der Bristol Bay (Alaska) Belugas erfolgreich von Lachsnetzen ferngehalten werden.

Belugas verfügen über eine dicke Fettschicht, die je nach Alter, Ernährungszustand, Körperregion und Jahreszeit eine Dicke von 2-22 cm haben kann. Belugahaut, die in der Sprache der Inuit (Ureinwohner der Polarregion) "Muktuk" (sprich: maktak) genannt wird, ist die beste Vitamin-C-Quelle im gesamten Tierreich. Ihr Vitamin-C-Gehalt entspricht tatsächlich dem von Orangen.

Zahlen & Fakten Beluga

Länge: 4-6 m
Gewicht: 0,4-1,5 t
Lebenserwartung: 30-40 Jahre
Geschlechtsreife: Weibchen mit 5, Männchen mit 8-10 Jahren
Paarungszeit: Frühjahr-Sommer
Tragzeit: 14,5 Monate
Geburtszyklus: Alle 3 Jahre, Geburt meist im Juli
Geburtslänge: 1,5 m
Geburtsgewicht: 45-75 kg
Säugezeit: 18-23 Monate
Tauchtiefe: Bis 600 m
Tauchzeit: 15-20 min
Höchstgeschwindigkeit: Kurzzeitig 30+ km/h
Zähne: 10-22 kegelförmige Zähne im Oberkiefer, 6-22 im Unterkiefer
Gruppengröße: 5-20, im Sommer zu Hunderten bis Tausenden in Flußmündungen
Population: Insgesamt etwa 10.000-20.000

Schnell-Erkennung Beluga

auffallend weiße (manchmal gelbliche) Färbung

keine Rückenfinne

kompakter Körper

kleiner, beweglicher Kopf

ausgeprägte, rundliche Melone

langsamer Schwimmer

hält oft Ausschau (Spyhopping)

Verbreitungsgebiet in der hohen Arktis

Daher ist sie auch ein überlebenswichtiger Bestandteil der Ernährung der Inuit. Im Herbst ist der Vitamin C-Gehalt wesentlich höher als im Sommer, wenn die Haut erneuert wird. Mit 5-12 mm Dicke haben Belugas eine der dicksten Oberhäute (Epidermis) im Tierreich. Zum Vergleich: Die Epidermis des Menschen ist mit 0,03-2,5 mm viel dünner. Ihre Erneuerung erfolgt im kalten Wasser der Arktis wesentlich langsamer als beim Menschen und bietet daher eine bessere Angriffsfläche für alle möglichen Parasiten. Diese verursachen nach einiger Zeit die gelbliche Färbung der Haut. Die von Belugas bevorzugte Wassertemperatur variiert von -1,8 °C im Winter bis zu +3 °C im Sommer, in Flußmündungen sogar bis zu +9 °C. Weil sie nahe der Packeisgrenze leben, kommt es gelegentlich vor, daß Belugas in Eislöchern eingeschlossen werden. Dann werden sie zur leichten Beute für Eisbären oder Inuit. In der Sprache der Inuit heißen diese Eisfallen "Sassat" (sprich: s´set), was soviel wie "Überfüllung" bedeutet und die Situation in diesen Fallen beschreibt.

Bei der wohl spektakulärsten Befreiungsaktion für Wale versuchten die sowjetischen Behörden im Dezember 1984 in der Senjawinstraße südlich der Beringstraße etwa 3.000 Belugas zu retten, die in 3,5 m dickem Packeis eingeschlossen waren. Der riesige Eisbrecher "Moskwa" benötigte fast einen Monat, um sich 19 km weit bis zu den Walen durchzukämpfen. Währenddessen hielten Helfer rund um die Uhr das viel zu kleine Atemloch für die viel zu zahlreichen Wale frei. Die eigentlichen Probleme begannen aber erst, als der Eisbrecher endlich bei den Belugas eintraf. Niemand konnte dem Kapitän sagen, wie er den Wale erklären sollte, einfach seinem Schiff zu folgen, um wieder in Freiheit zu gelangen. Nach 4 Tagen vergeblicher Bemühungen versuchte man schließlich, die Wale mit Musik anzulocken. Mehrere verschiedene Melodien und Musikrichtungen wurden daraufhin ausprobiert, wobei klassische Musik den Belugas am besten zu gefallen schien. Mit dröhnenden Lautsprechern fuhr die "Moskwa" dann Ende Februar, gefolgt von etwa 2.000 Belugas, in Richtung offenes Meer, zurück in die Freiheit.

Noch heute werden allein in der Gegend des früheren Nuuk (Godthåb) in Süd-Grönland vom Menschen pro Saison etwa 700 Belugas erbeutet. Dort wurde der Bestand mittlerweile um schätzungsweise 75 % reduziert. Das saisonale Auftreten der Belugas in großer Zahl verleitete die Grönländer fälschlicherweise zu der Annahme, daß es diese weißen Wale massenhaft gibt. Heute wendet die kanadische Regierung sehr viel Geld auf, um zu beweisen, daß die kanadischen und grönländischen Belugas eine einzige Gruppe bilden. Man versucht, die Bestandsgröße möglichst genau zu ermitteln und festzustellen, in wie weit diese Population bereits gefährdet ist. In den 1980er Jahren umfaßte sie schätzungsweise 20.000-23.000 Tiere. Heute ist sie weniger als halb so groß und wird sich, wenn überhaupt, nur extrem langsam erholen. Die Angaben über den tatsächlichen Gesamtbestand an Belugas schwanken stark. Durch die geballten saisonalen Ansammlungen von tausenden Individuen in Flußmündungen wurde ihr Bestand früher oft viel zu hoch eingeschätzt. Heute spricht man weltweit von etwa 10.000-20.000 Tieren. Der Zuwachs einer Herde beträgt pro Jahr maximal nur 8 %. Weibchen erreichen die Geschlechtsreife im 5., Männchen im 8.-10. Lebensjahr. Die aktive Fortpflanzungszeit der Weibchen endet im Alter von 21 Jahren. Bei einem Geburtszyklus von 3 Jahren mit jeweils einem Kalb und sind folglich maximal nur 6 Geburten möglich. Die natürlichen Feinde der Belugas sind neben dem Schwertwal auch der Eishai *(Somniosus microcephalus)* sowie der Eisbär *(Ursus maritimus)*, der ihnen oft an den Atemlöchern in der Eisdecke auflauert.

Wo & Wann

Zirkumpolar in den flachen Gewässern, Flüssen und deren Mündungsgebieten der Arktis und Subarktis, das ganze Jahr über auch in St. Lorenz-Strom und Nordpazifik (bis zur Cook- und Yakutat-Bucht, Alaska). Saisonales Vorkommen und Wanderungen hängen von Eisausdehnung ab: Nordwärts bis 80, südwärts bis 46° N (Mündung des St. Lorenz-Stroms). Im Winter werden Gebiete mit losem Packeis bevorzugt. Im Sommer zu Tausenden in den flachen, wärmeren Buchten und Flußmündungen, z.B. bei Somerset Island (Kanada). Meist in Küstennähe.

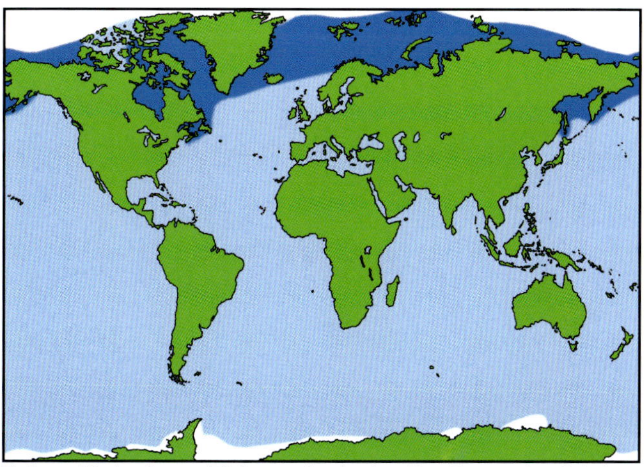

Beluga, Verbreitung: Zirkumpolar in den Gewässern der Arktis und Subarktis bis zur Packeisgrenze.

WALFANG MIT DER KAMERA

Der alte Fischer Sigurbjörn Sörensson und seine Söhne, die in dem kleinen Fischerdorf Husavik im Norden Islands leben, gehören zu einer unbeliebten Minderheit auf der Insel. Setzen sie sich doch dafür ein, Wale nicht zu töten, sondern zu einer Touristenattraktion zu machen. "Lebende Wale", sagt Sörensson, "bringen unserem Land sehr viel mehr als tote." Der alte Mann hat damit absolut Recht, wovon sich der Autor überzeugte.

Whale-Watching in einem Land, das in den letzten Jahren immer mehr durch Walfang in die Schlagzeilen geraten ist, scheint auf den ersten Blick paradox zu sein. Aber gerade deswegen könnte durch die Einnahmen des Whale-Watching-Tourismus ein weiterer Schritt zum Schutz der Wale in Europa getan werden. Wale beobachten schließt den Walfang aus und ist in jedem Falle besser und einträglicher.

Der Walfang in Island wurde 1988 aufgrund massiven internationalen Boykotts von Fischereiprodukten eingestellt, mit verheerenden wirtschaftlichen Folgen für Island. Denn 2/3 aller Exporte der Insel sind Fischereiprodukte. Trotzdem sind auch heute noch mehr als 95 % der Isländer für eine Wiederaufnahme des Walfangs, ohne jedoch triftige Gründe dafür nennen zu können. Obwohl Walfleisch zur Zeit auf dem internationalem Markt kaum noch abzusetzen und durch die geringe Eigenverwertung in den Fischrestaurants auch nicht ausreichend zu begründen ist, bringen die Walfänger ihre Schiffe wieder auf Vordermann.

Erklärbar wäre die Einstellung der Bevölkerung allenfalls mit verletztem Stolz, hervorgerufen durch den Boykott und die Angst, sich beruflich umstellen zu müssen. Lediglich die Gefahr eines erneuten internationalen Fischerei-Boykotts scheint die Walfangschiffe noch in den Häfen zu halten. Eine weitverbreitete Meinung unter der Bevölkerung lautet: "Walfang ist richtig, wichtig und notwendig, denn es gibt zu viele Wale, und die fressen uns den ganzen Fisch weg."

Tatsache ist, daß in den letzten Jahren knappe Fischfangquoten zu einer deutlichen Erholung des Fischbestandes in den isländischen Gewässern führten. Durch den Fischerei-Boykott und die niedrigen Fangquoten mußte auch der 65 Jahre alte Fischer Sigurbjörn Sörensson seinen Beruf aufgeben. Seit Generationen fuhr seine Familie mit ihrem alten Fischkutter "Knörrinn" zum Fischen in die isländischen Gewässer. "Früher haben wir bis zu 900 Tonnen Fisch pro Jahr gefangen", erzählt er stolz.

Schon damals kamen sehr viele Robben, Delphine und Wale in die Bucht, die aber zu dieser Zeit noch wenig Beachtung fanden. Die Faszination für diese Tiere, die sie in ihrer Freizeit immer häufiger beobachteten, kam bei den Sörenssons erst sehr viel später. Da sie ihren Fischkutter nicht verkommen lassen wollten, die Fischerei aber nicht mehr genug Geld einbrachte, haben sie ihn mit viel Liebe zu einem komfortablen Whale-Watching-Boot umgebaut. Dem ersten auf Island.

Die Idee hierzu kam ihnen, als vor einigen Jahren wieder die ersten Wale in der Bucht von Husavik gesichtet wurden. Heute werden neben Dall-Schweinswalen und verschiedenen Delphinen besonders häufig Minkwale, Finnwale und auch wieder die ersten Buckelwale gesichtet. Übrigens wurden von den Bewohnern dieses kleinen, verträumten Fischerortes im Nordwesten Islands niemals vorher Wale gejagt. Die Walfänger kamen aus der Umgebung in die Bucht von Husavik, weil sich hier schon immer die meisten Wale versammelten.

Mit großer Spannung sahen Sigurbjörn, der nun wieder als Kapitän auf der "Knörrinn" fährt, und seine Söhne Arni Sigurbjarnarson und Heimir Hartarson ihrer ersten Whale-Watching-Saison

FOTOS: RALF KIEFNER

Ein Sohn des ehemaligen Fischers Sigurbjörn Sörensson erzählt den Walfreunden Wissenswertes.

entgegen. Im Sommer 1995, ihrem ersten Jahr, fuhren bereits 1.000 Whale-Watcher mit ihnen zu den Walen. Sigurbjörn ist froh, wieder seine traditionelle "Knörrinn" fahren zu können, und es macht ihm viel Spaß, mit Touristen zum Whale-Watching auszufahren. "Im letzten Jahr haben wir bei 59 von 60 Ausfahrten Wale gesehen", versichert er. Er hofft, daß in Zukunft viele Menschen in Husavik Wale beobachten werden, obwohl die Gefahr sehr groß ist, daß bald wieder die Jagd auf "seine" Wale in der Bucht eröffnet wird. So allmählich wich bei den Bewohnern Husaviks in den letzten Jahren die Skepsis zu diesem neuen Zweig der Touristik. Schnell hat sich herumgesprochen, daß sich im einstigen Land der Walfänger wieder die ersten Wale in den Buchten einfinden.

Begeisterte Walbeobachter fotografieren die in den Gewässern Islands wieder häufigeren Cetaceen.

Und mittlerweile fangen auch die ersten Husaviker an, die Wale zu mögen, zumindest die wenigen, die bisher mit Sigurbjörn zu den Walen ausgefahren sind. "Mit nichts zu vergleichen!" war die strahlende Antwort auf meine Frage, wie ihnen dieser Ausflug zu den friedlichen Giganten der Meere gefallen hat.

Heimir ist inzwischen fest überzeugt, daß die Wale die "Knörrinn" mögen und schon am Klang ihrer Maschine von weitem erkennen. "So wie ein Hund das Auto seines Herrchens am Klang erkennt, so erkennen die Wale unser Schiff am Klang des Motors und der Schiffsschraube. Sie wissen, daß ihnen von unserem Boot keine Gefahr droht." Oft nähern sich die Wale seinem Kutter neugierig und vertrauensvoll bis auf wenige Meter, schwimmen betont langsam daran vorbei und beäugen ihrerseits die Menschen im Boot.

Immer mehr Einwohner erkennen inzwischen den Wert, den dieser neue Touristik-Zweig für Island darstellen kann. Whale-Watching könnte also bald zu einer weiteren touristischen Attraktion Islands werden und viele tausend Arbeitsplätze schaffen, weit mehr als die Walfangindustrie mit nur etwa 300 Arbeitsplätzen.

Eine Gruppe Gewöhnlicher Delphine reitet in der Bugwelle der "Knörrinn".

Narwal, Narwhal, *Monodon monoceros*

Luftaufnahme von Narwalen bei Baffin Island, kanadische Arktis. Doc White/Seapics.com

Besondere Erkennungsmerkmale

Narwale haben einen spindelförmigen Körper mit weißem Bauch und einen stark gesprenkelten Rücken ohne Finne. Die Männchen sind unverwechselbar: Sie haben einen mehrere Meter langen, (von der Zahnbasis her gesehen) linksspiralig gedrehten Stoßzahn. Die Fluke der Narwale ist einzigartig unter den Cetaceen: Ihre Hinterkante ist stark konvex. Die Verbreitung der Narwale ist eine der nördlichsten aller Meeressäuger.

Beschreibung

Ausgewachsene Narwale erreichen eine Länge von 4-5,3 m und ein Gewicht von 1-1,5 t. Da sie in arktischen Gewässern leben, ist ihr Blubber relativ dick. Anstelle einer Finne haben manche Exemplare einen flachen Buckel. Der Kopf ist relativ klein, rundlich, die Schnauze nur angedeutet, ohne ausgeprägten Schnabel. Obwohl der Kopf fast direkt in den Körper übergeht, haben auch Narwale einen beweglichen Hals. Genau wie bei Belugas, Irawadi-Delphinen und Flußdelphinen sind auch ihre Halswirbel nicht wie bei allen anderen Cetaceen miteinander verschmolzen.

Beim Fötus sind noch 6 Ober- und 2 Unterkieferzähne angelegt. Es entwickeln sich jedoch nur die ersten beiden Oberkieferzähne, während die anderen verborgen bleiben und im Alter resorbiert werden. Bei den meisten Männchen entwickelt sich aus dem linken ein einzelner Stoßzahn, der bereits im ersten Lebensjahr durch die Oberlippe nach vorne durchbricht. Die Länge dieses hohlen, relativ zerbrechlichen Zahnes beträgt durchschnittlich 2, max. 3,15 m. Sein Umfang an der Basis kann bis zu 10 cm erreichen, sein Gewicht 10-14 kg betragen. Sein Vorderende ist glatt und glänzt wie poliert, der Rest ist meist mit einem rötlichen oder grünlichen Belag aus Algen (*Rhodochorton* sp.) und Kieselalgen (Diatomeen) überzogen. Bei etwa 0,2 % aller Männchen brechen beide Oberkieferzähne als linksgedrehte Stoßzähne durch. Weniger als 3 % der Weibchen haben ebenfalls einen, allerdings kleinerer Stoßzahn von nicht mehr als 1,2 m Länge. Bei älteren Tieren sind abgebrochene Stoßzähne keine Seltenheit.

Narwale haben eine außergewöhnliche Flukenform, die sich stark von der aller anderen Cetaceen unterscheidet und an die Flosse der Meerjungfrauen auf historischen Darstellungen erinnert: Während die Hinterkante der Fluke aller anderen Wale und Delphine konkav oder gerade ist, ist sie beim Narwal stark konvex. Diese Rundung wird besonders bei älteren Männchen immer ausgeprägter und erweckt den Eindruck einer "umgekehrten" Fluke. Die Hinterkante ist median deutlich eingekerbt.

Die kurzen, dunkelgrauen Brustflossen haben leicht nach oben gerollte Spitzen, was im Alter immer ausgeprägter wird. Brustflossen und Fluke erwachsener Tiere weisen einen dunklen bis fast schwarzen Rand auf. Der Blas ist relativ klein und unauffällig. Rücken und Seiten Adulter sind grau gesprenkelt, die Seiten gehen in eine meist einfarbig weißliche Unterseite über. Mit zunehmendem Alter werden die Tiere immer heller, bis sie fast ganz weiß sind, sie verlieren ihre Sprenkelung jedoch nie völlig. Neugeborene sind einheitlich hellgrau, manche zusätzlich dunkelblau gefleckt.

Leicht zu verwechseln mit
Durch Verbreitung, Flukenform und Körperzeichnung eindeutig. Nur ältere Tiere, deren dunkle Rücken oft heller werden, sind mit Belugas zu verwechseln, aber nie ganz ungesprenkelt, auch ältere Weibchen sind noch gut von Belugas zu unterschieden. Männchen immer mit Stoßzahn. Die einheitlich hellgrauen Neugeborenen können mit jungen Belugas verwechselt werden.

Andere Namen
Einhorn der Meere (deutsch); Narval (franz.); Narvalo (ital.); Narval (span.); Narval (port.); Narwal (niederl.); Hornhval, Lighval, Narhval (norweg.); Sarvivalas (finn.); Narval (schwed.); Narhval (dän.); Narhvalus (isländ.); Narval (russ.); Tugalik (Inuit).

Bedeutung des wissenschaftlichen Namens
Monodon monocerus Linnaeus 1758 – Wörtlich: "Einzahn-Einhorn". Griech. *monos* für "ein einziger, einzeln", *odous* (Genitiv: *odontos)* für "Zahn" und *ceros* für "Horn".

Verhalten
Beobachtung sind nur im sehr kurzen arktischen Sommer möglich, über Aktivitäten und Aufenthalt im Winter wegen der schlechten Licht- und Wetterverhältnisse keine gesicherten Informationen. Menschen und Booten gegenüber sehr scheu. Reagieren bei Annäherung meist mit Bewegungslosigkeit und lassen sich einfach lautlos sinken. Inuit-Wort dafür: "ardlingayuk"; diese "Starre und Stille" beginnt schon, wenn Boote noch 50-60 km entfernt sind, und ist ein Schutzverhalten gegenüber Schwertwalen. Andere Feinde: Eisbären, Haie. An der Oberfläche sehr aktiv. Umschauen (Stoßzahn wird aus dem Wasser gehoben), Brustflossen- und Flukeschlagen häufig, Sprünge sehr selten, lediglich beim schnellen Schwimmen gelegentlicher "Sprung" nach vorne (Porpoising). Sehr gesellig in enger sozialer Bindung in Gruppen von 2-10 Tieren (Weibchen und Kälber sowie entwöhnte Jungtiere und Männchen getrennt). Männchen-Gruppen meist weiter von der Küste entfernt als Weibchen mit Jungen. Geschlechter-Trennung besonders im Sommer und bei Herbstwanderung deutlich, wenn die Gruppen wesentlich größer sind als auf Nahrungssuche. Im Sommer in Küstennähe können große Herden einige hundert, manchmal sogar bis zu 4.000 Tiere umfassen.

Fortpflanzungsverhalten kaum bekannt. Bei Rivalenkämpfen um Weibchen spielen die Stoßzähne eine wichtige Rolle. Sie werden wie Schwerter gekreuzt, was sich wie Holz auf Holz anhört, können dabei abbrechen. Zahlreiche Narben am Kopf infolge von Frontalangriffen und abgebrochene Zähne in toten Männchen beweisen Einsatz als Waffe. Wichtige Rolle beim Aufbau der Rangordnung: Wie auch beim Hirschgeweih hängen physische und damit soziale Vorteile von der Größe ab, die kräftigsten Männchen mit den längsten Stoßzähnen paaren sich am häufigsten. Im Eis eingeschlossen, öffnen sich Narwale Atemlöcher in bis zu 15 cm dickem Eis mit der Melone, nicht mit den Stoßzähnen. Trotz der nahen Verwandtschaft wandern Narwale nicht wie Belugas im Sommer zur "Häutung" in Flußmündungen.

Tauchen
Man nimmt an, daß Narwale in Tiefen von 500-1.000 m vordringen können, obwohl sie auch sehr oft in wesentlich flacheren Küstengewässern fressen. Bei der Nahrungssuche machen sie ungewöhnliche Bewegungen und verweilen nur sehr kurze Zeit an der Oberfläche, bevor sie für 7-30 min abtauchen. Alle Mitglieder einer Gruppe tauchen fast synchron auf und ab. Während der Wanderungen legen Narwale über 60 % der Strecke dicht unter der Wasseroberfläche zurück und erreichen dabei durchschnittlich 9 km/h. An der Oberfläche werden sonst nur etwa 4 km/h erzielt. Bei ebener See ruhen sie an der Oberfläche, wobei bis zu 10 min lang meist nur ein Teil des Rückens und die Brustflossen sichtbar sind; bei rauher See ruhen sie in größeren Tiefen.

Nahrung
Kalmare, Polardorsch und andere Fische wie Lodde, Sandaal, Köhler, Hering, Stint, Flunder, Heilbutt, Schellfisch, Lachs, Kabeljau sowie Krebse und Krabben sind bevorzugte Beute. Tiefseefische wie Grönland- (Schwarzer) Heilbutt und Rotbarsch, die ebenfalls zur Hauptnahrung gehören, beweisen, daß Narwale ihre Nahrung auch in großer Tiefe finden. Mageninhaltsanalysen 1978/79 im

Pond Inlet (Baffin Island, Kanada) ergaben, daß mit einem Anteil von über 90 % Fische die Hauptnahrung ausmachen. Im Sommer bilden Garnelen eine wichtige Nahrungsgrundlage. Die tägliche Nahrungsmenge liegt bei 45-80 kg. Zur Nahrungskonkurrenz mit Belugas siehe Abschnitt "Nahrung" bei dieser Art.

Allgemeine Info

Vermutlich stammt der Name "Narwal" von norweg. "nar" für "toter Körper" ab, was sich wahrscheinlich auf das fahle Aussehen der Haut bezieht, die an einen menschlichen Leichnam erinnert. Lehmann (1965) dagegen nimmt an, daß der Name auf altdt. "narwa" für "eng" zurückgeht, was nach seiner Meinung auf den langen, schmalen Stoßzahn hinweisen soll.

Im Vergleich mit den einzigartigen und unverwechselbaren, spiralförmig gedrehten Stoßzähnen der männlichen Narwale waren Gold und Edelsteine bis zum späten Mittelalter nahezu wertlos. Denn noch bis ins 17. Jahrhundert glaubte man, daß dieses "Horn", das Handelsreisende gelegentlich aus fernen Ländern mitbrachten, nur von dem sagenhaften Einhorn stammen könne. Über ein Jahrhundert lang haben Wissenschaftler über die Funktion des seltsamen Stoßzahnes spekuliert, und in der Weltliteratur finden sich zahlreiche Geschichten von sich duellierenden Narwalen. Anfangs wurde fälschlicherweise vermutet, daß der Stoßzahn bei der Nahrungsbeschaffung (Durchwühlen des Sediments, Aufspießen von Beutefischen) oder beim Durchbrechen dünner Eisdecken hilfreich sei; dann aber wären die meisten (stoßzahnlosen) Weibchen unterernährt, verhungert oder ertrunken. Nach anderen abenteuerlichen Theorien sollte der Stoßzahn angeblich sogar als Schallüberträger oder Kühlmechanismus dienen! Nach Kingsley und Ramsay (1988) wird die strukturelle Stabilität des Stoßzahns durch seinen spiraligen Wuchs erheblich vergrößert. Auch spiralwüchsige Baumstämme, wie sie oft an windexponierten Stellen anzutreffen sind, sind gegenüber gerade gewachsenen Stämmen bruchfester. Zur wahren Funktion des Stoßzahnes als Waffe bei Rivalenkämpfen siehe oben unter "Verhalten".

Narwale sind begehrte Beute von Schwertwal, Walroß *(Odobenus rosmarus)* und Eisbär. Auch vom Eis- oder Grönlandhai *(Somniosus microcephalus)* ist bekannt, daß er zumindest tote Narwale in Netzen angreift. Ihr größter Feind jedoch ist - wie so oft - der Mensch. Über Jahrhunderte hinweg wurden sie wegen ihrer Stoßzähne und der Vitamin-C-reichen Haut gejagt. Erst 1971 wurden Narwale von der kanadische Regierung durch den "Fisheries Act" unter Schutz gestellt. Danach ist jegliche Jagd auf Narwale verboten, ausgenommen für Inuit, die als Höchstquote 5 Tiere pro Jahr zum Eigenbedarf erlegen dürfen. Leider jagen die Inuit mit Motorbooten und Gewehren sehr verschwenderisch, denn viele der getöteten Tiere versinken auf Nimmerwiedersehen, bevor sie geborgen werden können, und zahlreiche Tiere flüchten verletzt und sterben später. Außerdem verleitet der hohe Preis für die Stoßzähne die Inuit-Jäger, bevorzugt Männchen zu jagen.

Seit dem 17. Jahrhundert haben auch kommerzielle Walfänger gelegentlich Narwale gejagt und die Stoßzähne gegen Waren eingetauscht. In China und Japan glaubt man auch heute noch an eine (nie bestätigte) medizinische Heilwirkung der Stoßzähne. Seit 1983 ist der Handel mit Narwal-Elfenbein durch die CITES-Artenschutzbestimmungen streng verboten.

Gelegentlich werden Narwale in Eislöchern eingeschlossen. Dies passiert, wenn das umgebende Packeis so schnell zusammenfriert, daß die Wale nicht mehr rechtzeitig ins offene Wasser

Zahlen & Fakten Narwal

Länge: 4-5,3 m
Gewicht: 1-1,5 t
Lebenserwartung: 40-50 Jahre
Geschlechtsreife: Weibchen mit 5-8, Männchen mit 11-13 Jahren
Paarungszeit: März-Mai
Tragzeit: 14-15,3 Monate, Geburt meist im Sommer (Ende Mai bis August)
Geburtszyklus: Alle 3 Jahre
Geburtslänge: 1,6 m
Geburtsgewicht: 80 kg
Säugezeit: Mindestens 12, meist fast 24 Monate
Tauchtiefe: Bis 1.000 m
Tauchzeit: Bis 30 min
Zähne: 0-2 im Oberkiefer, Unterkiefer zahnlos
Stoßzahnlänge: Durchschnittl. 2, max. 3,15 m
Gewicht des Stoßzahns: 10-14 kg
Gruppengröße: 2-25, selten wandern auch hunderte oder gar bis zu 4.000 Tiere zusammen
Population: 20.000-35.000

Schnell-Erkennung Narwal

Männchen mit langem, spiralig gedrehtem Stoßzahn

Flukenhinterkante konvex

Rücken und Seiten dunkel gesprenkelt

keine Finne, stattdessen gelegentlich ein flacher Buckel

kurze Brustflossen mit dunklen, nach oben gerollte Spitzen

Schnauze kaum abgesetzt, Stirn rundlich

nur in arktischen Meeren der hohen Breiten

entkommen können. In einem solchen Fall teilen sich oft viele Tiere ein kleines Eisloch und halten es zum Atmen offen. In der Sprache der Inuit heißen diese Eisfallen "Sassat" (sprich: s´set), was soviel wie "Überfüllung" bedeutet und die Situation in diesen natürlichen Fallen beschreibt, die in der Disko Bay (West-Grönland) besonders häufig vorkommen. Meist sterben die Narwale nach einiger Zeit durch das kräftezehrende Freihalten des Eislochs an Erschöpfung und werden dann oft zur leichten Beute für Eisbären und Inuit.

Die Größe der Narwal-Gesamtpopulation ist unbekannt. Heutige Schätzungen schwanken zwischen 20.000 und 35.000 Tieren. Allein in der kanadischen Arktis, wo die Art sehr verbreitet ist, wird der Bestand auf etwa 10.000 Individuen geschätzt. Südlich von 67° Nord kommen Narwale nur selten vor. 1736 wurde ein toter Narwal in der Elbmündung gefunden, auch eine bestätigte Sichtung vor England bzw. Holland ist bekannt. Bei beiden handelte es sich sicherlich um verirrte Tiere.

Das Lautspektrum der Narwale umfaßt diverse Pfeiftöne zur Kommunikation und Serien von Pfeif- und Klick-Lauten, die der Echoortung dienen. Entgegen der früher verbreiteten Meinung, daß sich die Töne der Narwale nur auf den Hörbereich des Menschen beschränken, weiß man heute, daß alle wichtigen Ortungs-Klicks im Ultraschallbereich von 20-100 kHz liegen.

Inuit-Jäger haben einen männlichen Narwal erlegt.
Doc White/Seapics.com

Wo & Wann

Narwale haben eines der nördlichsten Verbreitungsgebiete aller Wale. Sie leben ausschließlich in den hohen Breiten der arktischen Meere, immer nahe der geschlossenen Eisdecke, oft auch zwischen dem Packeis, hauptsächlich in tiefen Gewässern zwischen 67 und 80° Nord, selten südlicher. Während des Frühjahrs und der Sommermonate ist ihre Verbreitung zirkumpolar.

Ihre Wanderungen sind von der Ausdehnung der geschlossenen Eisdecke abhängig. In Küstennähe kommen sie nur, wenn dort das Wasser tief ist, z.B. in Fjorden und tiefen Buchten. Nur im Sommer suchen sie gelegentlich auch flachere Bereiche auf. Dann kann man sie besonders in der östlichen kanadischen Hocharktis (Admiral Bay, Pond Bay, Milne Bay, Eclipse Sound, Navy Bay) und im Nordwesten Grönlands antreffen (Melville Bay im Inglefield Fjord).

Im Winter findet man die größten Ansammlungen von Narwalen in der Davis Strait und der Baffin Bay westlich von Grönland sowie im Archipel der östlichen kanadischen Hocharktis. Dort überwintert die Mehrzahl der Tiere innerhalb des dichten Packeises nördlich von 67° N. Seltener trifft man die Art in den Gewässern vor Mittel- und Westkanada, Alaska und Sibirien.

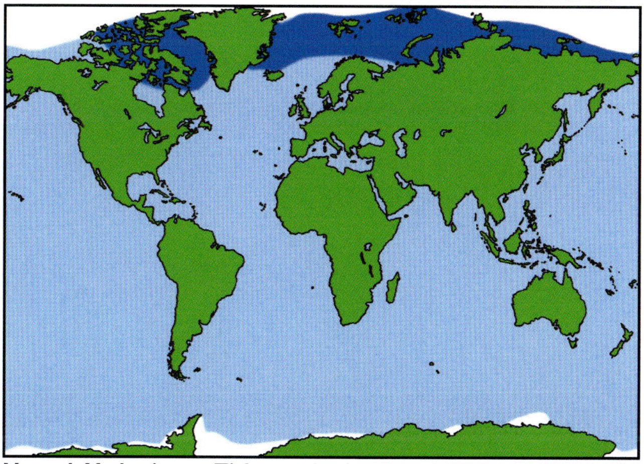

Narwal, Verbreitung: Zirkumpolar im Arktischen Ozean, immer in Packeisnähe.

IHREM NAMEN ALLE EHRE

Orcas sind intelligent und leben in sehr strengen sozialen Gemeinschaften. Wenn sie hungrig sind, machen einem ihrer Populärnamen "Killerwal" alle Ehre, denn dann werden sie zu gnadenlosen Jägern. Die englische Fotografin Sue Flood hat sie bei der Jagd beobachtet.

Ich fühlte mich etwas seekrank, als ich verzweifelt den Horizont nach dem typisch herzförmigen Blas eines Grauwals absuchte. Die Schaumkronen machen die Suche heute besonders schwierig (war das, was ich aus dem Augenwinkel bemerkt hatte, ein Blas oder nur Gischt?), und ich war skeptisch, ob unter solchen Bedingungen überhaupt ein Wal zu finden war. Auch fragte ich mich, ob ich wegen des Seegangs seekrank war oder wegen der Nervosität angesichts der Möglichkeit, nach drei Wochen harter Arbeit ergebnislos heimzukommen. Ich machte mir vor, ich sei seekrank, rückblickend jedoch war die zweite Erklärung die wahrscheinlichere.

Tierfilmer Douglas Allan, Tom Fitz und ich waren in der Hoffnung nach Monterey, Kalifornien, gekommen, die marine Version der Nadel im Heuhaufen zu filmen: Die Jagd von Orcas auf Grauwale. Wir müßten die Orcas, die etliche Meilen vor der Küste sein konnten, nicht nur **finden**, sondern dann ihren Angriff sehen ....oh ja, und das alles auch noch filmen!

Jeden Morgen waren wir um 5 Uhr auf, verbrachten dann 8 oder 9 Stunden auf dem Wasser und suchten vergeblich nach den Walen. Wir wußten, daß nur wenige Menschen das Glück gehabt hatten, einen Angriff zu beobachten – wenn Glück hierbei das richtige Wort ist –, und niemand hatte bislang einen gefilmt. Ich fing an zu glauben, ich wüßte den Grund dafür.

FOTOS: SUE FLOOD

Ein Killerwal (*Orcinus orca*) beim Angriff auf ein Grauwalkalb (*Eschrichtius robustus*) vor Kalifornien.

Plötzlich begann das Funkgerät zu krächzen, als uns einer der lokalen Fischer rief. "Ich glaube, ich sehe etwas - sieht wie eine Gruppe Schwertwale aus, und sie sind hinter etwas her!" Wir notierten die Koordinaten der Sichtung, beschleunigten um ein paar Knoten, und los ging's! Würde sich das Glück zu unseren Gunsten wenden?

Die Grauwalmutter versucht, ihr Kalb anzuheben, während die Orcas immer wieder angreifen.

Im Juni 1996 begann ich mit der Arbeit für die BBC-Naturserie "Der blaue Planet", einem Achtteiler über die Naturgeschichte der Ozeane. Sie reicht vom kleinsten Plankton bis zum Blauwal, von Korallenriffen über gemäßigte Gewässer bis in die Polarmeere, von den Küsten zum offenen Ozean und schließlich in die

Keine Chance: Als die Grauwalmutter einen Orca mit dem Kopf abwehrt, greifen zwei weitere von hinten an.

Tiefe. Die Filmarbeiten dauerten 3 Jahre und nutzten modernste Digitaltechnik, Sendetermin war im Jahr 2001.

Zwei Jahre lang hat das Produktionsteam emsig nach faszinierenden Verhaltensstudien über Meerestiere gesucht. Wenn ein Verhalten noch nie zuvor gefilmt worden war, um so besser! Wir waren auf mehrere Berichte gestoßen, wie Killerwale Seehunde, Seelöwen, andere Wale und sogar Weiße Haie angegriffen hatten. Da jedoch nur wenige Menschen jemals Zeuge solcher Angriffe geworden waren, schien es bestenfalls sehr optimistisch zu hoffen, eine derartige Attacke filmen zu können.

Im letzten Jahr kam dann die Walbiologin Nancy Black auf das Filmteam zu und fragte, ob wir Interesse hätten, ein außergewöhnliches Verhalten von Meeressäugern zu filmen. Nancy und ihr Mitarbeiter Richard Ternullo hatten beobachtet, wie Orcas Grauwalkälber vor der Küste Kaliforniens jagten und töteten. Das von ihr beschriebene Verhalten schien extrem interessant zu sein, aber war so etwas nicht wieder einmal schier unmöglich zu filmen?

Ich wußte, wenn wir derart Seltenes zum erstenmal festhalten könnten, wäre dies ein echter Höhepunkt für die Serie. Aber es klang etwa so wahrscheinlich, wie das Monster von

Die Mutter schützt das Kalb mit ihrem eigenen Körper.

Loch Ness zu filmen! Als ich schließlich die Durchführbarkeit einer Filmreise dafür bewerten sollte, war ich etwas skeptisch. Und als Nancy mir erzählte, daß sie in 10 Jahren Arbeit mit Walen in der Monterey Bay nur eine einzige Attacke von Anfang bis Ende beobachtet hatte, sank mein Mut beträchtlich! Es klang nicht gerade nach einer todsicheren Sache.

Doch nach zwei Wochen und einigen langen Telefonaten mit Nancy entschied ich, daß es - obwohl es ein langwieriges Unterfangen war - das finanzielle Risiko wert sei. Jetzt, einige Wochen später, fand ich mich zusammen mit Doug, Tom, Mengen sehr teurer Filmausrüstung und einer auffälligen Abwesenheit von Walen auf einem Boot auf dem Pazifik wieder. Zu unserer Ermutigung hörten wir jetzt jedoch häufiger von Fischern und Walbiologen von Grauwalen und wußten nun, daß diese auf ihrer alljährlichen Wanderung nach Norden waren.

Die Orcas rammen das Walkalb, das schon bald verwundet ist...

...und stark blutend von den Schwertwalen erbeutet wird.

Die Grauwalkühe gebären im Januar und Februar in den geschützten Buchten der Baja California ihre Jungen. Anschließend wandern sie langsam nordwärts nach Alaska in ihre sommerlichen Nahrungsgebiete. Ein Kalb beginnt diese unglaubliche, etwa 10.000 km lange Reise im Alter von wenigen Wochen.

Von April bis Mai sieht man Grauwalgruppen vor der kalifornischen Monterey Bay. Man glaubt, daß die erfahreneren Mütter ihre Kälber dicht unter der Küste führen, auf einer längeren, aber auch sichereren Route. Dort können sie sich im Seichten in den Kelpfeldern verstecken und so vor Angriffen einen gewissen Schutz finden. Einige – wohl jüngere – Walmütter jedoch nehmen die Abkürzung quer durch die Bay und über den Monterey Canyon. Über dem tiefen Canyon gibt es keine Versteckmöglichkeiten, und die Grauwale sind den Angriffen von Schwertwalen schutzlos ausgeliefert.

Tim, Doug und ich legten rasch die wasserdichte Tauchausrüstung an und checkten mehrmals die Kameras, um sicherzustellen, daß alles klappte, wenn dies tatsächlich diese eine, unwahrscheinliche Sichtung geben sollte.

Während wir uns näherten, sahen wir etwas Schwarzweißes blitzen, dann noch mal. Wir hatten die Orcas gefunden. Und da, nur wenige hundert Meter voraus, war eine Grauwalmutter mit ihrem Kalb, und der Abstand zwischen Jägern und Gejagten wurde kleiner und kleiner. Plötzlich ging ein wildes Planschen los, als Fluken und Flossen die Oberfläche durchbrachen. Es WAR ein Angriff!

Eine Killerwalgruppe gleicht einem Wolfsrudel, hatte ich gehört, und nun sah ich auch, warum. Ich beobachtete, wie ein Trupp von 15 überwiegend weiblichen Orcas zusammenwirkte, um die Grauwale zu ermüden und Mutter und Kind voneinander zu trennen.

Der Angriff war ausdauernd und gewalttätig. Die Schwertwale rammten den jungen Grauwal wiederholt mit außergewöhnlicher Wucht in die Seite, wobei sie zweifellos schwere innere Verletzungen verursachten. Manchmal waren diese Attacken so heftig, daß der Körper des Kalbes teilweise aus dem Wasser gehoben wurde. Das Jungtier war etwa 6 m lang, und die Wucht der Orcas mußte gewaltig sein. Hin und wieder schnellten die Killerwale selbst aus dem Wasser und ließen sich auf das Kleine herabfallen, um es unter Wasser zu halten und zu ertränken. Das wild starrende Auge des Kalbes während der ständigen Angriffe war ein erschreckender Anblick. Es war außergewöhnlich, die Killerwale derart koordiniert angreifen zu sehen, und man konnte sich der Bewunderung für solche Kooperation und Stärke nicht entziehen.

Das Kalb buchstäblich um sein Leben kämpfen zu sehen, war schmerzlich, und ich wünschte, die Orcas würden es endlich töten und seinem Leiden ein für allemal ein Ende setzen. Gleichzeitig war ich jedoch durch dieses unglaubliche Verhalten fasziniert, sowohl vom Standpunkt des Biologen wie auch des Filmers aus.

Aber das Bewegendste von allem war zu sehen, wie die Mutter wiederholt versuchte, ihr Kalb zu beschützen. Wenn beide getrennt wurden, wollte sie zwischen ihr Junges und die Killerwale schwimmen oder- noch dramatischer – ihr Kalb physisch unterstützen, indem sie unter das Kleine schwamm und versuchte, es aus dem Weg der Killerwale zu schieben – auch dies ein Akt unglaublicher Stärke.

Als das Kalb begann, im Wasser zu rollen, konnten wir seine blutenden Brustflossen sehen. Sie trugen die unverkennbaren Spuren der Killerwalzähne, die das Kalb vom Auftauchen abhalten wollten, um es zu ersticken. Das Wasser rund um das Kalb begann, sich rot zu färben.

Endlich, nach mehreren Stunden vergeblicher Versuche, ihr Kleines vor den ausdauernden Angriffen zu retten, schwamm die Grauwalmutter langsam in Richtung Küste davon, fast so, als hätte sie erkannt, daß alle Hoffnung auf Rettung ihres Jungen vergeblich war. Als das geschwächte Kalb bereits in den letzten Zügen lag, hörten die Angriffe plötzlich so abrupt auf, wie sie begonnen hatten. Ab und zu erspähten wir seine schön getupfte Flanke, während eine kleine Gruppe weiblicher Killerwale tauchte und es beim Fressen an die Oberfläche drückte. Dann aber sank der Körper des Kleinen langsam zum letzten mal unter die Oberfläche. Nur eine ölige Spur auf dem Wasser zeugte noch von der Gewalt der vergangenen Stunden.

Erschöpft und in gedämpfter Stimmung kehrten wir an Land zurück.

SCHWERTWAL AUF ANGRIFFSKURS

Wale und Delphine sind nicht nur die immer lächelnden und verspielten Freunde des Menschen. Manchmal können sie richtig wütend werden und verlangen nach mehr Respekt. In solchen Fällen können sie sogar für Menschen gefährlich werden. Die Fotografen Stephen Wong und seine Frau Takako Uno waren in höchster Gefahr, als sie von einem Kleinen Schwertwal attackiert wurden.

FOTOS: STEPHEN WONG

Eine Gruppe von Kleinen Schwertwalen mit einem Baby taucht auf.

Im Sommer 2000 fotografierten Takako und ich im Pazifik. Wir trafen über Wasser auf eine Herde von 30 bis 40 Kleinen Schwertwalen, die allerdings weit verstreut waren. Daher hatten wir am Morgen unter Wasser nur 3 oder 4 schnelle Zufallsbegegnungen. Im Laufe des Tages sammelte sich die Herde, und wir versuchten erneut unser Glück beim Fotografieren dieser Tiere.

Zwei-, dreimal tauchte ich zu der Herde, doch die Wale waren irgendwie scheu. Jedesmal tauchten sie weg, dennoch konnte ich 12 bis 16 zusammen unter Wasser sehen. Obwohl die Sicht am Nachmittag schlechter geworden war, lohnten die Abstiege noch. Doch ich bemerkte, daß zwei der größeren Tiere angefangen hatten, schon auf Abstand ihre Mäuler zu öffnen. Ich dachte: "Na ja, nur eine kleine Abschreckung, kein Problem."

Beim nächsten Abtauchen war die Herde da, und wieder tauchten die Schwertwale, nachdem sie mich mit ihrem Sonar geortet hatten. Bei dem Versuch, noch einige Fotos zu machen, tauchte auch ich ab und folgte ihnen. Als mir die Luft ausging und ich aus etwa 10 m Tiefe aufsteigen wollte, fühlte ich mich plötzlich sonderbar und drehte den Kopf nach rechts, und da war es: Ein großes, rundliches Tier, ganz dicht bei mir.

Ich wußte sofort, daß ich jetzt großen Ärger hatte. Dieser Kleine Schwertwal war nur 1,5 m entfernt, und ich mußte ihn mit meiner Kamera abwehren. Er drehte ab und kam direkt unter mich, also trat ich meine Flossen gegen seine große Schnauze. Natürlich konnte ich ihn nicht berühren, denn der Wal war viel zu wendig. Obwohl in Panik, sah ich trotzdem das merkwürdige Funkeln in seinen Augen. Noch nie hatte ich einen Kleinen Schwertwal mit wütenden Augen gesehen, dies war mein erstes und hoffentlich auch letztes Mal.

Der Wal griff mich in dieser kurzen Zeit mindestens viermal an, und ich konnte immer nur reagieren, indem ich die Kamera zwischen uns hielt. Er fuhr fort, mich in einer Richtung zu umkreisen und sich mir immer wieder zuzuwenden. Während all dieser Aktionen kamen wir beide der Oberfläche langsam näher. Dann, urplötzlich, sprang das Tier über mich hinweg aus dem Wasser. Alles, was ich tun konnte, war, die Kamera vor Gesicht und Kopf zu halten und zu hoffen, daß er nicht beißen und keine Bruchlandung auf mir machen würde.

“Der Ärger begann, als ein Kleiner Schwertwal direkt auf mich zuschwamm...”

Völlig verschreckt trieb ich an der Oberfläche, denn der Platscher des Tieres hatte alles zugeschäumt. Es muß einer der furchtbarsten Momente meines Lebens gewesen sein. Um mich herum und unter mir sah ich nur Luftblasen. Um Hilfe zu rufen, war die einzig vernünftige Reaktion. Glücklicherweise war das Schlauchboot mir und Takako gefolgt. Um das Tier abzulenken, schaltete der Kapitän den Außenborder ein paarmal in den Rückwärtsgang und manövrierte es rasch zu uns. Zufällig hatte er den Luftsprung des Wals gesehen und glaubte, ich müsse gerade eine tolle Gelegenheit zum Fotografieren haben, bis ich mir die Lunge aus dem Hals schrie.

Meine Frau war mit mir im Wasser und beobachtete folgendes: “Kaum hatten wir die Richtung der Walherde festgestellt, ging zuerst Stephen ins Wasser, dann folgte ich. Stephen schwimmt schneller, also war er ein Stück voraus. Dann sah ich ihn abtauchen und den Walen folgen. Aus dem Nichts erschien ein großes Exemplar von hinten, das sich wie ein Wächter oder Beschützer der Herde aufführte. Noch nie hatte ich einen Kleinen Schwertwal so schnell und geschmeidig schwimmen sehen. Vielleicht hatten schon unsere ersten Sprünge ins Meer seine Aufmerksamkeit erregt. Das 5 bis 6 m lange Tier fing an, Stephens Flossen dichtauf zu folgen. Stephen sah ihn nicht kommen, denn er richtete seine ganze Aufmerksamkeit auf die Hauptgruppe. Das große Tier kontrollierte Stephens Beine von rechts und links, dann noch einmal seine schwarzen Flossen. Anfangs dachte ich, daß dies ein besonders neugieriger Wal

“Wütend stieß der Schwertwal Luftblasen aus, als er kurz vor mir abdrehte.”

"Nachdem ich wieder im Boot war, ließen die Kleinen Schwertwale ihren Unmut an einer Gruppe Großer Tümmler aus."

sei und Stephen sich umdrehen würde, um ein paar gute Fotos zu bekommen. Aus den Bewegungen und Posen des Wals jedoch schloß ich, daß etwas nicht in Ordnung war. Ich schrie ins Wasser und versuchte so, Stephen zu warnen. Aber nichts konnte ihn ablenken."

Nun die Fortsetzung wieder aus meiner Sicht: Ich trieb also inmitten weißen Schaums an der Oberfläche. Etwa 10 m von mir und näher am Schlauchboot war Takako die ganze Zeit über an der Oberfläche gewesen. Später erzählte sie mir, der Kleine Killerwal hätte seine Richtung geändert, nachdem er über mich hinweggesprungen war. Dann entschloß sich das Tier, auch sie anzugreifen. Als Takako den Wal kommen sah, paddelte sie mit den Flossen und versuchte rückwärts zu entkommen. Das Tier gab auf und wandte sich wieder mir zu. Noch immer war ich von Luftblasen umhüllt und geblendet. Dann revertierte unser Kapitän erneut den Motor, und das Tier drehte vor mir ab.

Vor Aufregung am ganzen Körper zitternd, kletterten Takako und ich ins Boot. Den Rest des Tages verbrachten wir außerhalb des Wassers. Trotzdem folgten wir weiterhin der Walherde, wobei dieses eine Tier immer nahe bei unserem Boot blieb und ständig vor dem Bug kreuzte. Unglaublich! Ich denke, es war immer noch sauer auf uns.

Plötzlich entstand eine neue Situation: Ein Trupp ozeanischer Großer Tümmler tauchte auf. Wahrscheinlich wollten sie mit den Kleinen Schwertwalen spielen. Doch irgendwie schien irgend etwas unter der Wasseroberfläche vorzugehen (die beiden Gruppen waren dabei sehr nahe am Boot). Wir sahen beide Arten aus dem Wasser springen, Loopings schlagen und umhertollen. Wir glaubten, der eine Schwertwal sei immer noch wütend und seine Familiengruppe auch nicht in der Stimmung zu spielen. Dann sahen wir, wie die Schwertwale anfingen, die Tümmler zu beißen. Letztere gaben aber nicht auf und wollten immer noch spielen oder die Schwertwale spielerisch ärgern. Wieder sprangen und planschten beide Arten. Nach und nach verschwanden die Herden. Schließlich kam Wind auf, und wir verließen das Gebiet.

Schon vor diesem Ereignis hatte ich im Sommer 1998 in Portugal ein Erlebnis mit einer Gruppe Kleiner Schwertwale gehabt. Eines der größeren Tiere kam (nur einmal) ganz dicht zu meinem Kopf und öffnete sein Maul. Auch damals war ich furchtbar erschrocken. Aber es war nur ein kurzer Zwischenfall, und der Wal folgte weiter der Herde. Heute aber zolle ich diesen Tieren mehr Respekt, wenn sie ihre Mäuler öffnen. Ich glaube, daß ich extrem viel Glück hatte. Ich kann mir kaum vorstellen, welchen Schaden ich durch jenes Riesentier erlitten hätte. Natürlich wollte mich dieser Schwertwal sehr wahrscheinlich nur davon abhalten, seine Familie zu verfolgen. Rückblickend kann man sagen, daß ich sehr wohl hätte schwer verletzt werden können, besonders, nachdem ich die Fotos anderer Fotografen gesehen hatte: Kleine Schwertwale hatten große Thunfische angegriffen und völlig zerfetzt.

Ach ja, Takako hat ein paar Fotos gemacht, als mich der Schwertwal verfolgte. Sie wollte zur Erinnerung ein paar Schnappschüsse machen, da sie sonst nicht helfen konnte. Ein gute Idee.

Die Delphinidae sind die artenreichste Cetaceen-Familie, sie wird in 5 Unterfamilien eingeteilt:

Unterfamilie Grind- und Schwertwale, Globicephalinae
Unterfamilie Delphine (i.e.S.), Delphininae
Unterfamilie Langschnauzendelphine, Steninae
Unterfamilie Glattdelphine, Lissodelphinae
Unterfamilie Schwarz-Weiß-Delphine, Cephalorhynchinae

Besondere Erkennungsmerkmale dieser Familie

Alle Mitglieder dieser Familie haben einen stromlinienförmigen Körper und eine ausgeprägte Melone, die ihnen eine präzise Echoortung ermöglicht. Mit Ausnahme der Nördlichen und Südlichen Glattdelphine haben alle anderen Arten eine mehr oder weniger hohe Finne. Die Anzahl der kegelförmigen Zähne in Ober- und Unterkiefer reicht von 28 bis 250. Die Maximallängen reichen von 1,2 m (Hector-Delphin) bis 10 m (Schwertwal-Männchen). Die Flukenhinterkante aller Familienmitglieder hat eine deutliche mediane Einkerbung.

Delphine leben in sozialen Familienverbänden und gelegentlich auch mit anderen Wal- oder Delphinarten zusammen. In ergiebigen Nahrungsgründen können diese Gruppen aus einigen hundert bis mehreren tausend Exemplaren bestehen.

GRIND- UND SCHWERTWALE — GLOBICEPHALINAE

UNTERFAMILIE Grind- und Schwertwale

6 Arten:
Zwerggrindwal, *Feresa attenuata*
Kurzflossen-Grindwal, *Globicephala macrorhynchus*
Gewöhnlicher Grindwal, *Globicephala melas*
Schwertwal, *Orcinus orca*
Breitschnabel-Delphin, *Peponocephala electra*
Kleiner Schwertwal, *Pseudorca crassidens*

Besondere Erkennungsmerkmale dieser Unterfamilie

Die Mitglieder dieser Unterfamilie werden der Familie Delphinidae zugeordnet, obwohl sie sich äußerlich von den meisten Delphinen deutlich unterschieden. Die Bezeichnung "Wal" bezieht sich dabei eher auf die Größe der Arten, nicht auf die Verwandtschaft zu Walen.

Die Einordnung in eine eigene Unterfamilie Globicephalinae beruht auf folgenden Kriterien: Kopf mit runder Schnauze, ohne Schnabel; mindestens 3 miteinander verwachsene Halswirbel; nicht mehr als 15 Zähne pro Kieferhälfte; Mindestlänge (adult) 2,1 m. Der größte Vertreter dieser Unterfamilie wird adult bis zu 10 m lang und 9 t schwer (Schwertwal-Männchen), der kleinste erreicht 2,1 m Länge und 110 kg Gewicht (Zwerggrindwal). Im Gegensatz zu den meisten Delphinen haben alle Arten der Globicephalinae keinen deutlich abgesetzten Schnabel, jedoch eine ausgeprägte Finne, die ihnen beim schnellen Schwimmen als Stabilisator dient. Die größte Finne hat der Schwertwal, bei den Männchen ragt sie bis zu 1,8 m senkrecht auf. Grindwale dagegen haben sichelförmig nach hinten gekrümmte Finnen. Mit Ausnahme der charakteristischen Schwarz-Weiß-Färbung der Schwertwale herrscht bei allen anderen Arten der Unterfamilie Schwarz als Grundfarbe vor.

Zwerggrindwal, Pygmy Killer Whale, *Feresa attenuata*

Besondere Erkennungsmerkmale

Zusammen mit Breitschnabel-Delphinen sind Zwerggrindwale die kleinsten Vertreter der Unterfamilie Globicephalinae. Ihr schlanker, dunkler Körper trägt eine ausgeprägte, sichelförmig gekrümmte Finne in der Rückenmitte. Der gerundete Kopf besitzt keinen abgesetzten Schnabel. Die weiße Mundregion umfaßt die "Lippen", bei einigen Individuen auch das Kinn, was an einen Spitzbart erinnert.

Beschreibung

Zwerggrindwale gehören zu den kleinsten Vertretern der Unterfamilie. Mit 2,1-2,6 m Länge und 110-170 kg Gewicht ähneln sie eher den meisten Delphinen als Grindwalen. Ihre deutlich abgesetzte, sehr große, sichelförmige Finne sitzt ungefähr in der Rückenmitte. Die Brustflossen sind relativ lang, haben leicht gerundete Enden und unregelmäßig geformte Hinterkanten. Die Hinterkante der Fluke ist deutlich konkav und in der Mitte eingekerbt. Die durchgängig dunkle, fast schwarze Haut des Körpers kann Kratzspuren aufweisen. Der große, helle Bauchfleck reicht von der Kehlregion bis zu den Genitalien und zieht manchmal auch bis auf die Körperseiten.

Als Taucher sieht man Zwerggrindwale zumeist in kleinen Gruppen. Hawaii. Stephen Wong

Leicht zu verwechseln mit

Breitschnabel-Delphin, Kleiner Schwertwal, Kurzflossen-Grindwal und Gewöhnlicher Grindwal.

Zwerggrindwale sind wegen der ähnlichen Größe und Färbung nur schwer von Breitschnabel-Delphinen zu unterscheiden. Erstere haben einen etwas rundlicheren Kopf und kürzere, stärker gerundete Brustflossen, außerdem ein etwas größeres und auffälligeres dunkles Rücken-Cape. Das deutlichste Unterscheidungsmerkmal ist wohl die unterschiedliche Gruppengröße beider Arten: Während Breitschnabel-Delphine in sehr großen Gruppen von 100-2.000 Tieren leben, bevorzugen Zwerggrindwale Gruppen von 15-50 Individuen. Selbst auf offener See ist der Zwerggrindwal meist gut von den deutlich größeren Kleinen Schwertwalen, Kurzflossen-Grindwalen und Gewöhnlichen Grindwalen zu unterscheiden. Außerdem ist die Melone der Zwerggrindwale deutlich weniger knollig als die der Kurzflossen- und Gewöhnlichen Grindwale.

Andere Namen

Zwergschwertwal (deutsch); Blackfish, Pygmy Killer Whale, Slender Blackfish, Slender Pilot Whale (engl.); Orque Pygmée, Orque Nain (franz.); Feresa (ital.); Orca Pigmea (span.); Orca Anã (port.); Dwerggriend (niederl.); Dvergspekkhogger (norweg.); Kääpiömiekkavalas (finn.); Dvärgspäckhuggare (schwed.); Almindelig Dværgspækhugger (dän.); Yume Gondo Kujira (japan.); Orca Pigmea (Lat.am.).

Bedeutung des wissenschaftlichen Namens

Feresa attenuata (Gray 1875) – Der Gattungsname *Feresa* stammt von der französischen volkstümlichen Bezeichnung für "Delphin" ab. Der Artname kommt von lat. *attenuatus* für "dünn, fein".

Verhalten

Da Zwerggrindwale Booten gegenüber scheu sind, ist über ihr Verhalten nur wenig bekannt. Obwohl vermutlich in allen tieferen tropischen und subtropischen Gewässern relativ weit verbreitet, werden die Tiere selbst und ihre Oberflächenaktivitäten wie Springen, Bugwellenreiten und Fluke auf das Wasser schlagen nur sehr selten beobachtet. In der Gruppe schwimmen Zwerggrindwale meist in einer festen Formation nebeneinander aufgereiht. An sonnigen Tagen kann man sie mit etwas Glück beim Ausruhen (Sonnenbaden) an der Oberfläche beobachten. Dann ist gelegentlich

Zahlen & Fakten Zwerggrindwal

Länge: 2,1-2,6 m
Gewicht: 110-170 kg
Lebenserwartung: Unbekannt
Geburtszyklus: Unbekannt
Geburtslänge: 0,8 m
Geburtsgewicht: Unbekannt
Tauchzeit: Unbekannt
Zähne: 16-24 konische Zähne im Ober-, 20-26 im Unterkiefer
Gruppengröße: 15-30, manchmal bis 50, seltener bis mehrere hundert Tiere
Population: Wegen der großen Scheu der Art unbekannt

Schnell-Erkennung Zwerggrindwal

kleiner, schlanker Körper

dunkler Rücken, Seiten heller, weißer Bauchfleck

rundlicher Kopf ohne abgesetzte Schnauze

weiße "Lippen", gelegentlich weißes Kinn

auffällige, sichelförmige Finne

relativ lange, leicht gerundete Brustflossen

meist scheu

auch eine vorsichtige Annäherung mit dem Boot möglich. Die Art ist oft an Massenstrandungen beteiligt. In Gefangenschaft haben sich Zwerggrindwale gegen Menschen und andere Cetaceen wiederholt sehr aggressiv verhalten und Delphine, die im gleichen Becken gehalten wurden, sogar getötet. Unbestätigten Berichten zufolge sollen sie auch in freier Wildbahn Delphine gejagt, getötet und anschließend gefressen haben.

Tauchen

Über das Tauchverhalten der Art ist so gut wie nichts bekannt. Die Tiere sind ziemlich auffällige Schwimmer und heben beim Auftauchen ihren Kopf deutlich aus dem Wasser. Auf der Flucht springen sie vollständig aus dem Wasser. Unter Wasser erzeugen sie Knurr-Geräusche, die auch über Wasser deutlich zu hören sind.

Nahrung

Auch die Nahrungsvorlieben der Art sind praktisch unbekannt. Mageninhaltsanalysen ergaben, daß bevorzugt Fische und Kalmare gefressen werden, gelegentlich aber auch Jagd auf andere Delphine (besonders Jungtiere) gemacht wird.

Allgemeine Info

Diese Art verdankt ihren Namen dem Zoologen John E. Gray vom British Museum (Natural History). Die beiden Schädel, die er nach der Strandung einiger Tiere untersuchte, benannte er 1827 zunächst als *Delphinus intermedius.* Als er im Laufe der folgenden Jahre weitere Exemplare untersuchte, nannte er die Art *Grampus intermedius* und später dann *Orca intermedia.* Erst 1875 änderte Gray den Namen in *Feresa attenuata* ab.

Die Zugehörigkeit der Art zur Unterfamilie Globicephalinae ist noch nicht eindeutig geklärt, da es gewisse Besonderheiten in der Morphologie der zusätzlichen Luftsäcke im Schädel und des sogenannten Paukenbeins (ein Schädelknochen) gibt.

Wo & Wann

Zwerggrindwale bevorzugen warme (tropische und subtropische), tiefe, küstenferne Gewässer, nur gelegentlich werden sie auch in warm-gemäßigten Regionen gesichtet. In Küstennähe kommen sie nur selten. Über zielgerichtete saisonale Wanderungen ist nichts bekannt. Wegen ihrer großen Scheu vor Booten könnte das tatsächliche Verbreitungsgebiet der Art größer sein, als bisher angenommen wurde. Die meisten Sichtungen erfolgen im tropischen Pazifik um die Inselgruppen von Hawaii und Japan herum. Ortstreue Populationen gibt es vor Sri Lanka im Indischen Ozean und vor der Insel St. Vincent in der Karibik. Gelegentlich sollen sie auch in Nebenmeeren (wie z.B. im europäischen Mittelmeer) vorkommen.

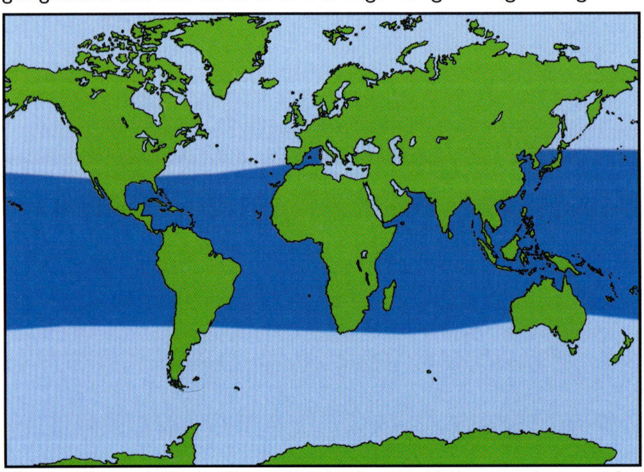

Zwerggrindwal, Verbreitung: Küstenfern in tiefen, tropischen bis warm-gemäßigten Gewässern aller Weltmeere.

Kurzflossen-Grindwal, Short-finned Pilot Whale, *Globicephala macrorhynchus*

Beliebt bei Schnorchlern und Tauchern: Der Kurzflossen-Grindwal. Jim Watt

Besondere Erkennungsmerkmale

Auffälligstes Merkmal ist der dunkle, fast einheitlich schwarze, schlanke, aber kräftige Körper. Weitere charakteristische Merkmale sind die stark gekrümmte Finne, die deutlich vor der Rückenmitte sitzt, und der fast quadratisch wirkende Kopf mit der knolligen Melone.

Beschreibung

Kurzflossen-Grindwale erreichen Längen von 3,5 bis max. 6,5 m und ein Gewicht von max. 1,4 t. Die Geschlechter sind deutlich verschieden: Männchen sind größer als Weibchen, die meist nicht länger als 4,5 m werden. Der Kopf mit der knolligen Melone ist typisch. Bei Versuchen mit Schiffsmodellen hat sich ein derart geformter Bug als besonders strömungsgünstig erwiesen. Die Melone älterer Männchen kann die Schnauze sogar etwas überragen. Bei jüngeren Tieren ist die knollige Kopfform noch nicht so ausgeprägt, und ihr Kopf wirkt ein wenig spitzer. Die Finne ist relativ niedrig und stark nach hinten gekrümmt. Ihre breite Basis sitzt auf der vorderen Körperhälfte. Wie auch beim Gewöhnlichen Grindwal wird sie im Alter immer länger. Die Brustflossen sitzen nahe am Kopf. Sie sind mit bis zu 1/6 der Körperlänge deutlich kürzer (und auch schmaler) als beim Gewöhnlichen Grindwal. Ein deutlicher "Ellbogen-Knick" (siehe unten) fehlt ihnen. Die fast einheitlich dunkelbraune bis pechschwarze Körperfärbung wird nur auf der Brust durch einen grauen anker- oder w-förmigen Fleck unterbrochen. Dieser Fleck verjüngt sich zwischen den Brustflossen zu einer dünnen Linie, die weiter hinten wieder breiter wird und bis zur Genitalregion zieht. Häufig verlaufen hinter jedem Auge auch graue oder weiße Diagonalstreifen. Hinter der Finne befindet sich gelegentlich eine helle Schattierung. Die Körperunterseite ist meist etwas heller als Rücken und Seiten, jedoch nicht so hell wie beim Gewöhnlichen Grindwal.

Leicht zu verwechseln mit

Gewöhnlicher Grindwal, Zwerggrindwal, Breitschnabel-Delphin und Kleiner Schwertwal.

Besonders auf dem offenen Meer lassen sich Kurzflossen-Grindwal und Gewöhnlicher Grindwal kaum voneinander unterscheiden. Die Arten können dann am besten nach ihren Verbreitungen angesprochen werden, welche sich kaum überlappen. Die des Kurzflossen-Grindwals beschränkt sich auf tropische bis warm-gemäßigte Bereiche der Weltmeere. Im Nordatlantik, wo sich die Verbreitungsgebiete beider Arten überschneiden, sind sie nur an den Brustflossen zu

Fürsorgeverhalten einer Grindwal-Mutter, die ihr totes Baby im Maul trägt. Doug Perrine/Seapics.com

unterscheiden: Länge beim Gewöhnlichen Grindwal mindestens 1/5 der Körperlänge, mit "Ellbogen-Knick", beim Kurzflossen-Grindwal dagegen nur 1/6 der Körperlänge, ohne "Ellbogen-Knick". Gestrandete Kurzflossen-Grindwale sind auch durch ihre meist geringere Anzahl von Zähnen und ihre etwas andere Schädelform zu unterscheiden. Der Kurzflossen-Grindwal wird deutlich größer als Zwerggrindwal und Breitschnabel-Delphin. Der Kleine Schwertwal ist deutlich schlanker und hat einen spitzeren Kopf. Außerdem ist die Finne des Kurzflossen-Grindwals sehr stark nach hinten gekrümmt, die des Kleinen Schwertwals nur sehr wenig, wenn überhaupt.

Andere Namen

Indischer Grindwal, Nordamerikanischer Grindwal, Schwarzwal, Pilotwal (deutsch); Pothead Whale, Blackfish, Short-finned Pilot Whale, Pacific Pilot Whale, Caaing Whale (engl.); Globicéphale Tropical, Chaudron (franz.); Globicefalo di Gray (ital.); Calderón de Aletas Cortas (span.); Caldeirão, Boca de Panela Tropical (port.); Indische Griend (niederl.); Kortfinnegrindhval (norweg.); Isokuonopallopää (finn.); Kortfenad Grindval (schwed.); Kortluffet Grindehval (dän.); Kobire Gondo Kujira (japan.); Calderón, Ballena Piloto (Lateinamerika).

Bedeutung des wissenschaftlichen Namens

Globicephala macrorhynchus Gray 1846 – Lat. *globus* für "Kugel" und griech. *kephalos* für "Kopf", griech. *makros* für "groß" und *rhynchos* für "Schnabel, Schnauze".

Verhalten

Obwohl auch Kurzflossen-Grindwale in sehr enger sozialer Bindung zueinander leben, sind ihre Gruppen meist etwas kleiner (10-50 Tiere) als die der Gewöhnlichen Grindwale. Bei der Jagd oder auf der Wanderung kann eine Gruppe auch bis zu mehrere hundert Tiere umfassen. Die Tiere einer Gruppe stehen in engem Kontakt zueinander und verhalten sich meist gleich. Sie fressen, ruhen und wandern gemeinsam und atmen dabei fast synchron. Grindwale sind polygam. Ein Männchen befruchtet mehrere Weibchen und kämpft oft erbittert mit Rivalen um seinen Harem, wie Narben und andere Kampfspuren belegen. Im Gegensatz zu Pottwalen bleiben die dominanten Männchen auch nach der Paarungszeit bei der Gruppe, um deren Zusammenhalt zu gewährleisten und sie zu führen. Auf ihren Wanderungen in großen Herden folgen die Grindwale einem Leittier (Führer, engl. pilot, Name!). Sie werden oft in Gesellschaft von Großen Tümmlern und anderen kleinen Cetaceen gesehen, obwohl sie diese gelegentlich auch angreifen. Kurzflossen-Grindwale jagen meist nachts und ruhen oder wandern am Tage. Gelegentlich zu beobachtende Wanderungen von und zur Küste hängen mit dem Nahrungsangebot zusammen. Booten gegenüber sind Kurzflossen-Grindwale eher gleichgültig, und auch Bugwellenreiten ist bei ihnen - im Gegensatz zum Gewöhnlichen Grindwal - nur sehr selten zu beobachten. Die Tiere liegen gelegentlich träge an der Wasseroberfläche, als würden sie schlafen oder in der Sonne dösen.

Die enge soziale Bindung der Grindwale zeigt sich auch in ihrer Neigung zu Massenstrandungen. Grindwale sind nach dem Kleinen Schwertwal die Cetaceen, von denen die meisten Massenstrandungen registriert werden. Deren Ursachen sind bis heute noch nicht eindeutig geklärt, es gibt viele verschiedene Theorien dafür. Eine Erklärung könnten Erkrankungen oder Irritationen des Leittieres sein, das die Orientierung verliert und strandet. Die übrigen Gruppenmitglieder folgen dann ihrem Führer blindlings in den sicheren Tod. Solche Irritationen könnten z.B. Schwankungen im Erdmagnetfeld durch Beben, Vulkanausbrüche oder Sprengungen sein. Massenstrandungen ereignen sich nämlich meist dort, wo die zur Orientierung dienenden magnetischen Feldlinien fast senkrecht zur Küste verlaufen oder wo Anomalien dieser Linien auftreten. Auch Irritationen durch Schiffsverkehr oder andere Lärmbelästigung könnten eine mögliche Ursache sein, ebenso wie Erkrankungen oder Parasitenbefall im Innenohr des Leittieres (bestimmte Bereiche des Innenohres sind für die Orientierung im Raum zuständig). Haben sich Grindwale einmal ins Seichte verirrt, finden sie den Rückweg in tiefe, sichere Zonen meist nicht mehr. Durch ihre ozeanische Lebensweise sind sie nicht in der Lage, sich im Flachwasser zu orientieren. Die enge Bindung der Grindwalherden zeigt sich auch, wenn sie von Fischern an den Strand getrieben werden. Dann schwimmen die in Panik geratenen Tiere eng zusammen und können Geschwindigkeiten von bis zu 46 km/h erreichen. Sie lassen sich dabei leicht von Booten aus durch Geschrei, das Werfen von Steinen und Schläge auf das Wasser in Buchten zusammentreiben. Sobald das Leittier gestrandet ist, ist es für die Fischer ein Leichtes, auch die übrigen Tiere der Herde an Land zu treiben und zu töten. Die letzten großen "Schlachtfeste" mit Kurzflossen-Grindwalen als Opfer fanden in den vergangenen Jahrzehnten ausschließlich in der Karibik statt, wobei mehrere tausend Tiere getötet wurden. Natürliche Feinde: Große Haie, Schwertwale. Siehe auch CAPTAIN HOOK auf den Seiten 189-190.

Tauchen

Sowohl auf der Wanderung als auch bei der Jagd schwimmen und tauchen Kurzflossen-Grindwale gemeinsam, oft in langer Reihe Seite an Seite parallel nebeneinander. Möglicherweise ist dieses Schwimmen und Tauchen in einer bis zu 4 km langen Reihe, der sogenannten "Chorus Line", in einer speziellen Jagdtechnik begründet. Die Tiere atmen mehrmals schnell hintereinander, bevor sie abtauchen. Bei der Jagd tauchen sie durchschnittlich 10 min lang und etwa 30-60 m tief. Der längste, je gemessene Tauchgang dauerte 15 min, der tiefste reichte bis in 610 m. Erwachsene Tiere tauchen bei normaler Schwimmweise nur mit der oberen Hälfte ihres Kopfes auf. Beim schnellen Schwimmen kann jedoch der ganze Kopf und der halbe Körper aus dem Wasser kommen. Jungtiere heben den Kopf meist höher heraus. Der Blas ist zwar nur 1 m hoch, kann aber bei guten Bedingungen deutlich gesehen und gehört werden.

Zahlen & Fakten
Kurzflossen-Grindwal

Länge: 3,5-6,5 m
Gewicht: Max. 1-1,4 t
Lebenserwartung: Weibchen 60, Männchen 45 Jahre
Geschlechtsreife: Weibchen mit 10, Männchen mit 12-14 Jahren
Tragzeit: 15 Monate
Geburtszyklus: Alle 3-4 Jahre ein Junges
Geburtslänge: 1,4-2 m
Geburtsgewicht: 60 kg
Säugezeit: Mindestens 24 Monate
Tauchtiefe: Max. 610 m
Tauchzeit: 10-15 min
Zähne: 14-18 große, konische Zähne je Kiefer
Gruppengröße: 6-50, seltener auch mehrere hundert Tiere
Population: Unbekannt, vermutlich nicht gefährdet

Schnell-Erkennung
Kurzflossen-Grindwal

schwarzer, schlanker, aber kräftiger Körper

Unterseite mit hellerer, w-förmiger Zeichnung

rundlicher Kopf mit knolliger Melone

Finne stark nach hinten gekrümmt, sitzt deutlich vor der Rückenmitte

relativ kurze Brustflossen (1/6 Körperlänge), ohne "Ellbogen"

an der Oberfläche wenig aktiv

bevorzugt tiefe Gewässer

Booten gegenüber eher gleichgültig

Typisches Merkmal des Kurzflossen-Grindwals ist seine gestreckte Brustflosse. Ralf Kiefner

Nahrung

Sie besteht vorwiegend aus Cephalopoden. Nur wenn diese nicht in ausreichender Menge zur Verfügung stehen, werden auch Fische gefressen, die bis in Tiefen von 600 m erbeutet werden. Nicht selten findet man an der Oberfläche treibende Reste von Kalmaren, wenn zuvor eine Gruppe von Kurzflossen-Grindwalen durchgezogen ist. Möglicherweise würgen die erwachsenen Tiere einen Teil ihrer Beute wieder hoch, um schon entwöhnte Jungtiere damit zu füttern, die noch nicht selbst in größere Tiefen abtauchen können, um dort zu jagen.

Allgemeine Info

Schon 1828 stellte Lesson die Gattung *Globicephala* auf, also 18 Jahre bevor Kurzflossen-Grindwale überhaupt bekannt waren. Das erste Exemplar wurde 1846 von dem britischen Zoologen John E. Gray nach einem Skelett aus der Südsee beschrieben und *Globicephala macrorhynchus* genannt. Gray kam bei seiner Beschreibung fälschlicherweise zu dem Schluß, daß das Tier zu Lebzeiten eine große *(macro-)* Schnauze *(-rhynchus)* gehabt haben müsse. Einige voneinander getrennt lebende Populationen könnten verschiedenen Unterarten angehören. So scheinen z.B. zwei Populationen vor Japan genetisch verschieden zu sein, obwohl sie bisher noch nicht als separate Unterarten anerkannt werden.

Wo & Wann

Kurzflossen-Grindwale bevorzugen die tiefen, tropischen bis warm-gemäßigten Gewässer der offenen See auf beiden Hemisphären. Die Verbreitung der Art liegt etwa zwischen 45° N und 35° S und erstreckt sich durch alle drei großen Ozeane. Das Verbreitungsgebiet im Nordatlantik ist nicht genau abzugrenzen, da die Art dort oft mit dem Gewöhnlichen Grindwal verwechselt wird. Die Verbreitungsgrenze beider Arten dürfte im östlichen Nordatlantik etwas südlich von den Azoren und Madeira verlaufen. Obwohl Kurzflossen-Grindwale tiefe Gewässer an der Kante des Kontinentalschelfs und über tiefen submarinen Schluchten bevorzugen, trifft man sie oft auch in Küstennähe an. Bei Hawaii (Pazifik) und Teneriffa (Kanarische Inseln, Atlantik) gibt es ortstreue Populationen. Die Wanderungen der Tiere sind vermutlich vom Nahrungsangebot und/oder von lokalen warmen Meeresströmungen abhängig.

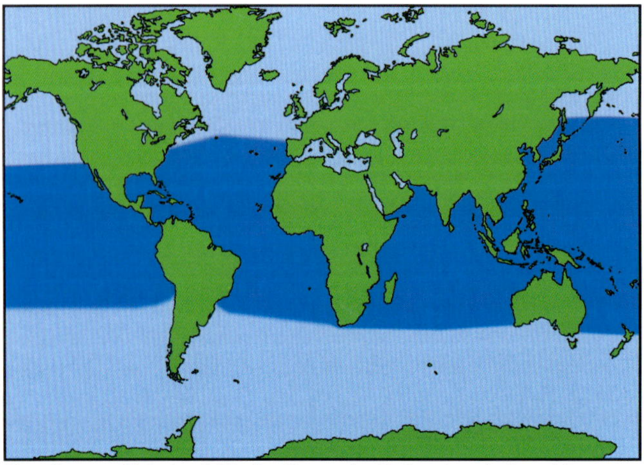

Kurzflossen-Grindwal, Verbreitung: In tiefen, tropischen bis warm-gemäßigten Gewässern aller Weltmeere.

Gewöhnlicher Grindwal, Long-Finned Pilot Whale, *Globicephala melas*

Typisches Merkmal des Gewöhnlichen Grindwals ist seine abgewinkelte Brustflosse. Ralf Kiefner

Besondere Erkennungsmerkmale
Das auffälligste Merkmal der Gewöhnlichen Grindwale ist ihr dunkler, fast einheitlich schwarzer, schlanker, aber kräftiger Körper. Weitere charakteristische Merkmale: Stark gekrümmte Finne deutlich vor der Rückenmitte, fast quadratisch wirkender Kopf mit knolliger Melone. Grindwale leben in oft sehr großen Herden zusammen.

Beschreibung
Gewöhnliche Grindwale erreichen Längen von 4 bis 6 m und ein Gewicht von 1,8 bis 3,5 t. Die Geschlechter sind deutlich verschieden: Männchen werden mit max. 6 m über einen halben Meter länger als Weibchen. Auch ist die Finne der Männchen kolliger, an der Basis länger und insgesamt weiter nach hinten gekrümmt, während die der Weibchen aufrechter und gerader ist. Desweiteren gibt es einen deutlichen Größenunterschied zwischen Individuen aus Populationen von Nord- und Südhemisphäre: Tiere von der Nordhalbkugel werden ungefähr 1 m länger. Die Finne ist relativ niedrig und stark nach hinten gekrümmt. Mit zunehmendem Alter wird sie länger. Die Brustflossen sitzen nahe am Kopf und sind mit 20-25 % der Körperlänge auffallend lang und schmal. Jede Brustflosse ist in sich deutlich nach hinten abgewinkelt ("Ellbogen-Knick"), was im Alter immer ausgeprägter wird und eine gute Unterscheidung vom Kurzflossen-Grindwal ermöglicht. Die fast einheitlich dunkelbraune bis schwarze Körperfärbung wird nur auf der Brust durch einen weißen anker- oder w-förmigen Fleck unterbrochen.

Leicht zu verwechseln mit siehe beim Kurzflossen-Grindwal auf Seite 171-172.

Andere Namen
Langflossen-Grindwal, Schwarzwal, Pilotwal (deutsch); Pothead Whale, Blackfish, Atlantic Pilot Whale, Caaing Whale (engl.); Chaudron, Globicéphale Commun, Globicéphale Noir (franz.); Globicefalo (ital.); Calderón Común (span.); Boca de Panela, Baleia Piloto (port.); Griend (niederl.); Grindhval (norweg.); Grindvalas, Pallopää (finn.); Grindval (schwed.); Langluffet Grindehval (dän.); Calderón, Ballena Piloto (Lateinamerika).

Bedeutung des wissenschaftlichen Namens
Globicephala melas (Traill 1809) – Gattungsname siehe Kurzflossen-Grindwal. Artname von griech. *melanos* für "schwarz". Zweite, noch gebräuchliche Bezeichnung: *G. melaena* (weibliches Pendant).

Verhalten
Gewöhnliche Grindwale leben in sehr enger sozialer Bindung in Herden von 10-200 Tieren. Bei der Jagd oder auf der Wanderung kann eine Gruppe auch bis zu 500, in Ausnahmefällen sogar bis zu mehrere tausend Exemplare umfassen. Auf ihren Wanderungen in großen Herden folgen die Grindwale einem Leittier (Führer, engl. pilot, Name!). Sie schwimmen eng beieinander und atmen dabei fast synchron. Während der Nahrungsaufnahme verteilen sie sich dagegen auf ein großes Gebiet. In Wanderpausen und nach der Jagd können häufig "dösende" oder "schlafende" Schulen beobachtet werden. Dabei treiben alle Tiere einer Gruppe senkrecht oder horizontal träge an der Oberfläche. Gelegentlich zu beobachtende Wanderungen von und zur Küste hängen mit dem Nahrungsangebot zusammen. In Sommer und Herbst wandern die Grindwale eher zur Küste, in Winter und Frühling eher zum offenen Meer.

Grindwale sind polygam. Ein Männchen befruchtet mehrere Weibchen und kämpft oft erbittert mit Rivalen um seinen Harem, wie Narben und andere Kampfspuren belegen. Im Gegensatz zu Pottwalen bleiben die dominanten Männchen auch nach der Paarungszeit bei der Gruppe, um deren Zusammenhalt zu gewährleisten und sie zu führen. Genomanalysen haben ergeben, daß die

Vor Neuseeland gestrandete Gewöhnliche Grindwale. Ingrid Visser/Seapics.com

Männchen einer Herde nicht immer auch die Väter aller Kälber in dieser Herde sind. Fremdpaarungen scheinen demnach häufig vorzukommen, wenn sich verschiedene Herden treffen. Der kanadische Biologe David E. Sergeant hat bei seiner Erforschung von Sommergruppen vor Neufundland herausgefunden, daß in den großen Herden zweimal so viele Bullen wie Kühe leben und diese Herden von dominanten Männchen kontrolliert werden. Gewöhnliche Grindwale werden oft in Gesellschaft von Tümmlern und anderen kleinen Cetaceen gesehen, obwohl sie diese gelegentlich auch angreifen. Sie jagen meist nachts und ruhen oder wandern am Tage. Booten gegenüber sind sie nicht scheu und schwimmen oft neben ihnen her oder reiten kurz auf deren Bugwelle. Auch Flukeschlagen und Umschauen sind häufig zu beobachten. Jungtiere sind springfreudiger als Erwachsene. Die Neugeborenen sind durchschnittlich 1,8-1,9 m lang und wachsen in den ersten 6 Monaten um etwa 0,5 m.

Tauchen

Normalerweise atmen Gewöhnliche Grindwale mehrmals schnell hintereinander, bevor sie für einige Minuten abtauchen. Zum Atmen durchbrechen sie kaum die Oberfläche, und man bekommt selbst dann nur sehr wenig von ihnen zu sehen. Bei der Jagd tauchen sie kaum länger als 5-10 min,

Zahlen & Fakten
Gewöhnlicher Grindwal

Länge: 4-6 m
Gewicht: 1,8-3,5 t
Lebenserwartung: 30-50 Jahre
Geschlechtsreife: Weibchen mit 6-10, Männchen mit 12 Jahren
Paarungszeit: April-Juni
Tragzeit: 15,5-16 Monate
Geburtszyklus: Alle 3,5 Jahre ein Junges
Geburtslänge: 1,8-1,9 m
Geburtsgewicht: 75 kg
Säugezeit: 20,5-22 Monate
Tauchtiefe: Bis 600 m
Tauchzeit: 10 min
Zähne: 16-26 kleine, konische Zähne je Kiefer
Höchstgeschwindigkeit: 30-35 km/h, flüchtend bis zu 46 km/h
Gruppengröße: 10-200, selten Tausende
Population: Unbekannt, vermutlich nicht gefährdet

Schnell-Erkennung
Gewöhnlicher Grindwal

schlanker, aber kräftiger Körper

dunkelbraun oder -grau bis pechschwarz

Unterseite mit hellerer, w-förmiger Zeichnung

rundlicher Kopf mit knolliger Melone

Finne stark nach hinten gekrümmt, sitzt deutlich vor der Rückenmitte

relativ lange Brustflossen (1/5-1/4 Körperlänge), mit "Ellbogen"

an der Oberfläche aktiv, bevorzugt tiefe Gewässer

Booten gegenüber nicht scheu

doch können sie bis in max. 600 m Tiefe vordringen. Auch die Atempausen dazwischen dauern nur wenige Minuten. Auf ihren Wanderungen tauchen Gewöhnliche Grindwale meist 1-2 min dicht unter der Oberfläche, selten 30-60 m tief. Ihr Blas ist zwar nur 1 m hoch, kann aber bei guten Bedingungen deutlich gesehen und gehört werden.

Nahrung

Sie besteht vorwiegend aus schwarmbildenden Cephalopoden, besonders den Arten *Todarodes sagittatus* und *Illex illecebrosus*. Nur wenn diese nicht in ausreichender Menge zur Verfügung stehen, werden gelegentlich auch schwarmbildende Fische erbeutet. Grindwale nehmen täglich etwa 5 % ihres Körpergewichts an Nahrung zu sich. Dies entspricht bei den Männchen einer täglichen Nahrungsmenge von durchschnittlich etwa 100 kg, bei den Weibchen etwa 50 kg.

Allgemeine Info

1809 beschrieb der Naturkundler Thomas Traill den ersten Gewöhnlichen Grindwal anhand eines auf den Orkney-Inseln (Schottland) gestrandeten Exemplars und benannte ihn *Delphinus melaena*. Erst 1828 wurde die Art in die von Lesson neu errichtete Gattung *Globicephala* gestellt und hieß fortan *Globicephala melas*. Dieser Gattungsname wurde damals noch für eine Vielzahl großer Delphinarten benutzt. Manche Autoren verwenden heute statt des ursprünglichen Artnamens *melas* das weibliche Äquivalent *melaena*.

Es gibt zwei Populationen des Gewöhnlichen Grindwals: Eine im Nordatlantik und eine weitere auf der Südhalbkugel. Beide sind durch die Tropen voneinander getrennt und repräsentieren möglicherweise verschiedene Unterarten, deren Anerkennung allerdings noch aussteht. Die nördliche Unterart wäre dann *G. melas melas,* die südliche nach der Beschreibung eines Tieres vor Südafrika *G. m. edwardii* Smith 1984. Diese Unterscheidung wird von einigen Autoren vorwiegend aufgrund geringer Farbunterschiede und der geographischen Trennung empfohlen.

Die Jagd auf Gewöhnliche Grindwale hat eine sehr lange Tradition und wird auch heutzutage noch von vielen Fischereien betrieben. Wenn Grindwale in Küstennähe vorbeiziehen, treiben die Fischer die Tiere mit Booten in flache Buchten, um sie abzuschlachten, oder fahren auf das Meer hinaus, um dort überwiegend große Männchen zu harpunieren. Das bei weitem älteste schriftliche Dokument zur Grindwaljagd in europäischen Gewässern stammt aus dem Jahr 1584 und beschreibt den Grindwalfang auf den Färöer-Inseln (Dänemark). Vermutlich reicht diese Tradition aber noch viel weiter zurück. Grindwalfang wird auch noch zu Beginn des 21. Jahrhunderts aus "traditionellen Gründen" (!) auf den Orkney-, Shetland- und Färöer-Inseln sowie in Norwegen, Grönland und Neufundland betrieben. Die durchschnittliche Fangquote auf den Färöer-Inseln beträgt 1.000-1.500 Grindwale pro Jahr. Da die Tiere mittlerweile jedoch sehr hoch mit Schadstoffen belastet sind, werden die Inselbewohner angehalten, das Fleisch möglichst nicht mehr zu verzehren. Der durchschnittliche PCB-Gehalt im Blubber der Grindwale liegt bei 42-189 mg/kg, der von DDT bei 42-94,2 mg/kg und der des DDT-Derivats DDE bei 7,5-69,9 mg/kg.

Wo & Wann

Gewöhnliche Grindwale leben vorwiegend pelagisch, bevorzugt in tiefen, gemäßigten bis subpolaren Gewässern von 0-25 °C Temperatur, wärmere Gewässer werden gemieden. Nur gelegentlich kommen sie auch an die Küste, wenn diese steil ins Meer abfällt. An der Kontinentalschelfkante und um Inseln, die von tiefen Gewässern umgeben werden, sind sie häufig. Im Atlantik sind die Populationen durch die Tropen getrennt, in denen der sehr ähnliche Kurzflossen- den Gewöhnlichen Grindwal ersetzt. Bei Madeira und den Azoren überlappen sich die Verbreitungsgebiete der beiden Arten. Der Gewöhnliche Grindwal ist gelegentlich auch im Mittelmeer anzutreffen.

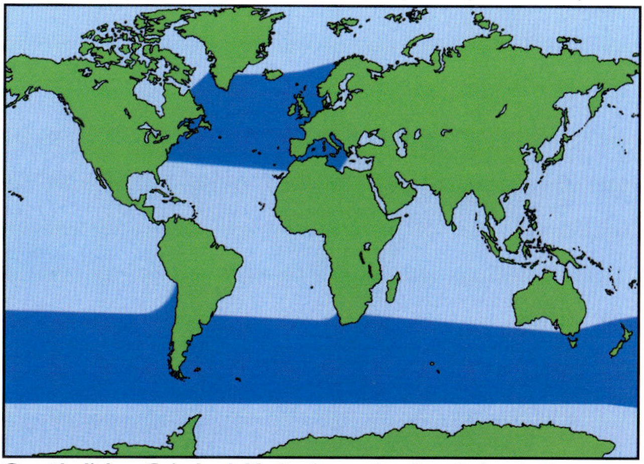

Gewöhnlicher Grindwal, Verbreitung: In allen tiefen, kaltgemäßigten und subpolaren Gewässern der Weltmeere mit Ausnahme des Nordpazifiks.

Schwertwal, Killer Whale, *Orcinus orca*

Schwertwale springen häufig und drehen sich dabei in der Luft. Alaska. Francois Gohier

Besondere Erkennungsmerkmale

Eine charakteristische Schwarz-Weiß-Zeichnung und die bei Männchen senkrecht aufragende, bis zu 1,8 m hohe Finne machen die großen Schwertwale unverwechselbar. Typische Merkmale auf der schwarzen Grundfärbung sind ein elliptischer, weißer Fleck über jedem Auge, ein individuell verschiedener grau-weißlicher Sattel hinter der Finne sowie der weiße Bauchfleck. Er reicht vom Unterkiefer bis zur Analgegend und endet in 3 schwanzwärts gerichteten "Fingern". Zwei davon ziehen hinter der Finne an den hinteren Rumpfseiten hoch, der mittlere umschließt die Genitalregion. Zwischen den Brustflossen ist der weiße Bauchfleck sanduhrartig eingeschnürt.

Beschreibung

Schwertwale sind mit max. 10 m Länge und 9 t Gewicht die größten Vertreter aller Delphine i.w.S. Ihr stämmiger Körper ist sehr kräftig, der relativ kleine, rundliche Kopf ist leicht zugespitzt. Auf der Stirn wölbt sich eine deutlich ausgeprägte Melone. Ein abgesetzter Schnabel fehlt. Die Art zeigt einen deutlichen Geschlechtsdimorphismus in Größe und Gewicht sowie Form der Finne. Männchen sind mit durchschnittlich 7-9 m Länge größer und kräftiger als Weibchen mit nur 7-8 m. Dementsprechend wiegen Weibchen mit 2-3 t auch weniger als Männchen mit durchschnittlich 4,5 t. Das schwerste Männchen brachte 1961 in Newport Beach (Rhode Island, USA) 9 t auf die Waage. Größe und Form der schwertartigen Finne (Name) sind je nach Alter und Geschlecht unterschiedlich ausgeprägt. Bei Männchen ist sie mit durchschnittlich 1,67 m größer als bei Weibchen (90 cm). Sie dient beim Schwimmen als Stabilisator. Von der Seite betrachtet hat sie die Form eines gleichschenkligen Dreiecks, das leicht nach vorne geneigt sein kann. Mit zunehmendem Alter wird die Finne besonders bei Männchen immer größer, sie kann max. 1,8 m Höhe erreichen und von vorne betrachtet leicht wellenförmig sein. Ihre Gesamtform variiert jedoch stark, und häufig weist die Hinterkante Narben oder Kerben auf, wodurch Individuen identifiziert werden können. Die Finne der Kälber beiderlei Geschlechts entspricht in Form und Größe der von Weibchen und ist leicht sichelförmig gebogen. Die Brustflossen sind relativ groß, oval-paddelförmig und beidseitig schwarz. Sie werden mit zunehmendem Alter immer größer und können bei alten Männchen bis zu 20 % der Körperlänge haben. Die Oberseite der Fluke ist schwarz, die Unterseite weiß, die Hinterkante ist leicht konvex und hat eine deutliche mediane Einkerbung. Die je 20-28 großen, konischen Zähne von Ober- und Unterkiefer greifen ineinander und sind leicht nach

Eine matriarchalisch geführte Gruppe an der Küste Neuseelands. Ingrid Visser/Seapics.com

hinten gerichtet. Der Blas des Schwertwals ist relativ niedrig, buschig und besonders bei kalter Luft gut sichtbar. Jungtiere werden mit 1,5-2 m Länge sowie etwa 160 kg Gewicht geboren und sind anfangs noch hellgrau mit dunkelblauen Flecken. Dank der sehr fettreichen Muttermilch verdoppelt sich ihr Gewicht im ersten Lebensmonat. Die Sterblichkeitsrate ist relativ hoch, nur etwa 60 % der Jungtiere überleben das 1. Lebensjahr. Zur charakteristischen Schwarz-Weiß-Zeichnung siehe "Besondere Erkennungsmerkmale" oben. Durch die individuell verschiedenen Sattelflecken und Finnen konnten in den letzten 25 Jahren zahlreiche Individuen auf Fotos identifiziert werden.

Leicht zu verwechseln mit
Schwertwale sind durch ihre Größe, die hohe Finne und besonders durch ihre markante Schwarz-Weiß-Färbung unverwechselbar.

Andere Namen
Orka, Mordwal, Mörderwal, Killerwal, Butzkopf (deutsch); Orca, Killer, Killer Whale, Great Killer Whale, Grampus (engl.); Orque (franz.); Orca (span.); Orca (port.); Épaulard (Quebec, Kanada); Zwaardwalvis (niederl.); Spekkhogger (norweg.); Miekkavalas (finn.); Späckhuggare (schwed.); Spækhugger (dän.); Hahyrna (isländ.); Kosatka (russ.); Sakamata (japan.); Orca (Lateinamerika).

Bedeutung des wissenschaftlichen Namens
Orcinus orca (Linnaeus 1758) – Der wissenschaftliche Name *Orcinus orca* stammt von lat. *orca* ab und steht für "eine Art von Wal". Die lat. Endsilbe *-inus* bedeutet soviel wie "ähnlich, gehörend zu". In einem Teil der Literatur wird *orca* auch mit "wildes Tier mit tonnenförmigem Leib" übersetzt. Nicht unerwähnt bleiben sollte in diesem Zusammenhang, daß im Lateinischen *orc* auch "schreckliches Seeungeheuer" bedeutet und daß *Orcus* für "Herr des Totenreiches" steht (Hoyt). Auch die Thunfischgattung *Grammatorcynus* trägt in ihrem Namen das lat. *orcinus*.

Verhalten
Schwertwale sind sehr neugierig und verspielt. Springen, Fluke- und Brustflossenschlagen sowie Umschauen (Spyhopping) sind häufig zu beobachtende Oberflächenaktivitäten. Sowohl Erwachsene als auch Jungtiere springen sehr oft. Dabei kommen sie meist mit dem ganzen Körper aus dem

Keiko, der bekannteste aller Schwertwale. Oregon Coast Aquarium. Marilyn Kazmers/Seapics.com

Eine Schwertwal-Mutter mit ihrem Kalb vor der Küste Norwegens. Amos Nachoum/Seapics.com

Wasser, drehen sich etwas und landen auf Bauch, Rücken oder Seite. Jungtiere vollführen beim Springen vielfach akrobatische Verrenkungen. Das Reiten auf der Bugwelle von Booten scheint bei Schwertwalen nicht so beliebt zu sein wie bei anderen Delphinen. Doch auch sie können schnell schwimmen und bei kurzen Sprints Geschwindigkeiten von bis zu 55 km/h erreichen, wobei ein Großteil ihres Körpers zum Atmen aus dem Wasser kommt. Ihre Durchschnittsgeschwindigkeit beträgt 15-20 km/h. Beim Umschauen taucht ein Schwertwal langsam und senkrecht aus dem Wasser auf, bis die Hälfte seiner Brustflossen sichtbar wird, und taucht dann langsam wieder ab. Oft schauen sich mehrere Tiere gemeinsam um. Das Sehvermögen der Schwertwale ist auch über Wasser gut, denn sie können Beute wie Robben und Pinguine erspähen, die sich an Land befindet.

Bei Untersuchungen im Nordost-Pazifik vor der Nordwestküste der USA und vor Vancouver (Kanada) wurde durch DNS-Analysen bestätigt, daß es dort drei genetisch verschiedene Populationen gibt, die sich auch im Verhalten unterscheiden. Sie werden (engl.) wie folgt bezeichnet: **Residents** (Ortstreue, Einheimische), **Transients** (Vagabunden, Nichtansässige) und **Offshores** (Hochseetiere). Die **Residents** lassen sich in eine nördliche und eine südliche Fortpflanzungsgemeinschaft unterteilen, die sich beide ganzjährig innerhalb einer etwa 300 Meilen breiten Küstenzone aufhalten. Diese beiden Gruppen sind am besten erforscht. Auf ihren kurzen Streifzügen halten die Residents meist festgelegte Routen ein. Oft leben sie in Schulen von 5-25 Tieren zusammen. Sie geben häufiger Laute von sich als Mitglieder anderer Populationen, ernähren sich hauptsächlich von Fisch, bevorzugt von Lachs, und tauchen selten länger als 4 min. Paarungen finden während eines großen Jahrestreffens auch zwischen Mitgliedern verschiedener Gruppen statt, wodurch die genetische Vielfalt der Nachkommen gewährleistet wird. Die **Transients** bilden kleinere Schulen von 1-7 Tieren und leben in lockeren Verbänden. Ihr Verbreitungsgebiet ist erheblich größer als das der beiden Residents-Gruppen und schließt deren Gebiete mit ein. Sie ernähren sich vorwiegend von Meeressäugern und kommunizieren sehr viel weniger miteinander. Auch tauchen sie meist länger (5-15 min) und ändern dabei oft abrupt ihre Richtung. Mitglieder der beiden Populationen unterscheiden sich auch optisch ein wenig voneinander: Die Finnen der Transients sind etwas spitzer und stehen etwas mehr in der Rückenmitte als die der Residents. Die **Offshore**-Population ist wegen ihres großen Territoriums schwierig zu beobachten. Über sie und ihr Verhalten ist weit weniger bekannt als über die beiden vorher genannten Populationen. Ihre Mitglieder bevorzugen eher Fische als Meeressäuger.

Untersuchungen vor Vancouver haben ergeben, daß zumindest die Residents-Populationen eine besonders feste, matriarchalisch geprägte Sozialstruktur mit einer gemeinsamen Sprache (Dialekt) haben. Dieser Dialekt bleibt über mehrere Jahre hinweg stabil, so daß die Herkunft von verstreut lebenden Tieren eindeutig nachgewiesen werden kann. Jede Schule benutzt einen bestimmten Dialekt, den jedes ihrer Mitglieder kennt. Die Anzahl der Rufe und der Akzent, mit dem jeder Laut abgegeben wird, sind charakteristisch für die Schule und werden von den Müttern an ihren Nachwuchs vermittelt. Schulen, deren Dialekte sich gleichen, bilden sogenannte Sprachgruppen.

Der Wissenschaftler John Ford, der diese Dialekte entdeckt hat, schreibt: "Dialekte, in welcher Form auch immer, kommen bei Säugetieren selten vor, und die der Schwertwale scheinen anders zu sein, als die, die bei irgendeiner nichtmenschlichen Spezies beobachtet wurden." Die Lautäußerungen der Schwertwale lassen sich in verschiedene Kategorien einteilen: Klicks, Pfiffe und getrennte Einzelrufe (Schreie). Die Klicks der Schwertwale unterscheiden sich deutlich von denen anderer Delphine und dienen der Echoortung; sie sind schmalbandig und niederfrequent (250-500 Hz). Die Pfiffe werden zur Kurzstrecken-Kommunikation innerhalb einer Schule ausgesendet. Wenn sich die Individuen weiter voneinander entfernen, z.B. bei der Jagd, werden jedoch vermehrt die Einzelrufe eingesetzt. In der Regel entwickeln Meeressäuger unterschiedliche Dialekte nur bei geographischer Trennung der einzelnen Populationen, wie etwa bei den Buckelwalen. So singt z.B. die Buckelwal-Population im Nordpazifik andere Liebeslieder als ihre Verwandten im Nordatlantik oder auf der Südhemisphäre. Das Vorhandensein verschiedener Dialekte wie bei den Schwertwal-Populationen vor Vancouver, die miteinander Kontakt haben, beweist, daß die Lautäußerungen nicht genetisch vorprogrammiert sind, sondern von Generation zu Generation weitergegeben und neu erlernt werden. Die sozialen Bindungen in der Gruppe oder im Pod (engl., auch Familie, Schule) sind sehr eng und dauerhaft, intraspezifische Aggression gibt es dort kaum. Als Pod bezeichnet man einen dauerhaften Zusammenschluß von 3-20 Individuen, die einen eigenen Laut-Dialekt haben. Miteinander verwandte Pods bilden einen Clan. Gelegentlich treffen mehrere Clans aufeinander und bilden dann Gemeinschaften von 80-100+ Tieren. Die größte Ansammlung an Schwertwalen von schätzungsweise 2.500 Tieren wurde vor einigen Jahren in den Gewässern Alaskas gesichtet.

Man unterscheidet in der heutigen Verhaltensforschung 5 verschiedene Stufen des sozialen Zusammenlebens bei Schwertwalen:

Links: Makohaie sind die schnellsten Haie. Trotzdem gelang es diesem Schwertwal, einen Mako zu erbeuten, wie die Fotografin vor Neuseeland beobachten konnte.

Ingrid Visser/ Seapics.com

Unten: Auch andere Delphinarten gehören zum Beutespektrum des Schwertwals. Der Fotograf wurde Zeuge, wie ein Schwertwal einen Dall-Schweinswal in die Luft schleuderte und danach auffraß.

Robin Baird/ Seapics.com

1) Die **matriarchalische Gruppe** wird von einem Weibchen geleitet. Sie besteht aus 3-9 Tieren und kann bis zu 4 Generationen umfassen.
2) Der **Subpod** setzt sich aus 1-11 matriarchalischen Gruppen zusammen, die fast ständig zusammenleben.
3) Der **Pod** besteht aus 1-4 Subpods, die ihre Wanderungen meist gemeinsam unternehmen. Jeder Pod kann an seinem Dialekt eindeutig identifiziert werden.
4) Der **Clan** umfaßt mehrere Pods. Innerhalb eines Clans kann es je nach der Herkunft der einzelnen Pods geringfügig unterschiedliche Dialekte geben.
5) Die **Gemeinschaft** umfaßt mehrere Clans und kann aus weit über 100 oder gar mehr als 1.000 Tieren bestehen. Die innere soziale Struktur und Zusammensetzung einer Gemeinschaft unterliegt ständigen Veränderungen. So können immer wieder neue Gruppen entstehen oder sich andere Gruppen (mit alten Weibchen an der Spitze) völlig auflösen.

Enge soziale Bindungen drücken sich besonders durch epimelitisches Verhalten (Fürsorgeverhalten) aus. Bei Schwertwalen wird häufig beobachtet, daß sie tote oder verletzte Artgenossen nicht verlassen, sondern ihnen zu Hilfe eilen. Auch wenn sich z.B. ein Jungtier in ein Ringnetz verschwommen hat, schwimmt seine Mutter hinein, um ihm den Weg hinaus zu zeigen. Auch bei Massenstrandungen scheint dieses Verhalten eine große Rolle zu spielen. Wenn man einige gestrandete Tiere zurück in tieferes Wasser geleitet hat, schwimmen sie meist sofort wieder an den Strand zu ihren Artgenossen zurück. Wanderungen und regionales, temporäres Auftreten von Schwertwalen in großer Anzahl, wie z.B. vor Norwegen, hängen mit dem Wanderverhalten ihrer bevorzugten Beute (in diesem Fall Heringe) zusammen. Es konnte nachgewiesen werden, daß die

Rechts: Die Schwertwale vor Norwegen haben sich auf den Heringsfang spezialisiert, treiben diese zu einer "Beutekugel" zusammen, um sie mit ihren Fluken zu betäuben und dann zu fressen. Diese Jagdtechnik wird als "Karussell" bezeichnet.

Amos Nachoum/ Seapics.com

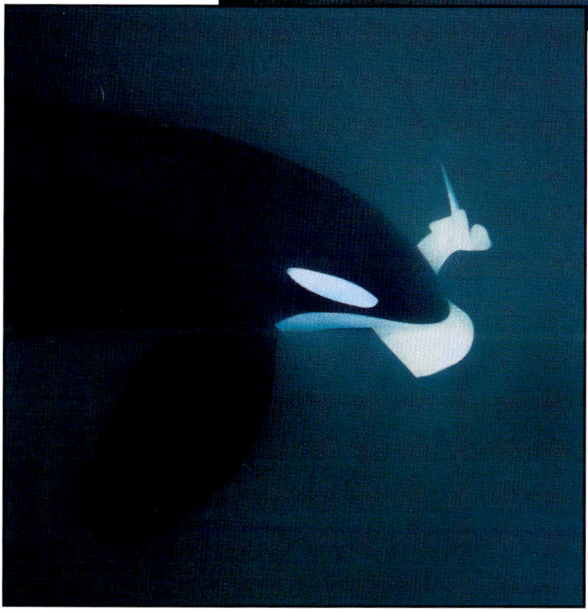

Unten: Ein seltenes Dokument: Ein Schwertwal verschlingt einen Stechrochen vor der Küste Neuseelands.

Ingrid Visser/ Seapics.com

selben Schwertwale, die bei den norwegischen Lofoten in den Wintergebieten der Heringe gesichtet wurden, später im Jahr auch viele hundert Kilometer südlicher an der Küste von Møre (Norwegen) in den Laichgründen der Heringe auftauchten.

Schwertwale können sich wie kaum ein anderer Meeressäuger den unterschiedlichsten Bedingungen anpassen. So haben sie z.B. ein angestammtes Jagdgebiet bei Island verlassen, denn 1970 war ihre bevorzugte Beute, der Atlantische Hering, aus ihren nordatlantischen Winterquartieren vor Island durch Überfischung verschwunden. Seitdem überwintern die Schwertwale regelmäßig nordwestlich von Norwegen: Sie sind den Heringsschwärmen einfach gefolgt und werden nun dort von den norwegischen Fischern als Nahrungskonkurrenten betrachtet. Bis zum Schutz der Schwertwale in diesem Gebiet wurden zwischen 1971 und 1981 allein um die Lofoten und die Vesteralen 369 Schwertwale getötet.

Mit Ausnahme von kurzen, regionalen Wanderungen, die von der Eisgrenze und dem Nahrungsangebot abhängig sind, sind von Schwertwalen keine (regelmäßigen, langen) Wanderungen bekannt. Möglicherweise ist die Art auf der Südhalbkugel zahlreicher vertreten als auf der Nordhalbkugel.

Tauchen

Schwertwale tauchen normalerweise 1-6, max. bis zu 25 min. Möglich wurden solche Erkenntnisse erst, als der kanadische Wissenschaftler Michael Bigg einzelne Individuen anhand der Größe, Form und Vernarbung der Finne sowie der Pigmentierung des Rücken-Sattelflecks eindeutig identifizieren

Aus der Literatur ist kein Beispiel bekannt, daß ein Schwertwal je einen Menschen angegriffen hat. Beispiele für dessen Friedfertigkeit zeigen diese Fotos aus der Cortez-See in Mexiko und einem Schauaquarium.

Foto rechts: Tom Campbell

Foto unten: Helmut Debelius

konnte. Eigentlich gehören Schwertwale nicht zu den tief tauchenden Cetaceen. Aber ein Schwertwal, der sich in 1.000 m in einem Tiefseekabel verfangen hatte, beweist, daß die Art auch in größere Tiefen vordringen kann (Heezen & Johnson, 1969). Ihre Schulen wandern entweder in enger Formation oder ihre Mitglieder verteilen sich bis zu 1 km weit voneinander. Dabei tauchen und atmen sie fast synchron wie nach einer Choreographie. Ortstreue Schulen tauchen meist nach einem festen Muster in Abständen von etwa 10-30 sec 4-5 mal kurz ab, um danach 3-4 min lang zu tauchen. Vagabundierende Schulen dagegen zeigen meist kein einheitliches Tauchverhalten.

Nahrung

Schwertwale sind allgemein für ihre Gefräßigkeit bekannt, ja fast schon berüchtigt, und werden deshalb auch Killer- oder Mörderwale genannt. Sie haben ein sehr breit gefächertes Nahrungsspektrum, das sich deutlich von dem aller anderen Wale unterscheidet und vom Hering bis zu großen Meeressäugern reicht. Neben Fischen wie Lachs, Dorsch und Hering u.a. jagen sie auch Kalmare, Seevögel und Lederschildkröten. Auch marine Säuger wie Seehunde, Seelöwen, Walrosse, diverse andere Robben, Seekühe und mindestens 25 verschiedene Wal- und Delphinarten stehen auf dem Speiseplan der Schwertwale. Siehe auch IHREM NAMEN ALLE EHRE auf den Seiten 160-164.

Wenn Orcas Bartenwale jagen, bilden sie häufig große Gruppen und demonstrieren eine klare Arbeitsteilung. Manche Schwertwale bevorzugen junge Großwale und greifen dann besonders den Kopfbereich dieser Opfer an. Sie beißen und drehen dabei die Zunge und Stücke des Blubbers heraus. Gut dokumentiert ist der Angriff auf einen Blauwal: "Zunächst schwammen einige Schwertwale in geschlossener Front im Wechsel unter den Blauwal, um ihn am Abtauchen zu hindern. Andere bedrängten das Opfer von rechts und links. Zwei weitere Schwertwale schwammen vor ihn, zwei andere blieben dicht hinter ihm und schnitten so auch den letzten Fluchtweg ab. Sobald der Blauwal etwas abtauchte, schwammen einige Schwertwale über ihn und versuchten, ihn am Atmen zu hindern oder sogar zu ersticken. Als alle Fluchtwege abgeschnitten waren, wurden immer wieder die Flossen des Blauwals vorwiegend von hinten attackiert. Dabei wurde Stück für Stück aus ihnen herausgebissen, bis das Opfer schließlich unfähig war, sich voranzubewegen, weil bereits seine Fluke fehlte, und es verblutete." Ein anderes Beispiel beweist die Intelligenz der

Schwertwale und ihr Verständnis des Ursache-Wirkung-Prinzips. So wurden Schwertwale beobachtet, die immer wieder einen aus dem Wasser ragenden Felsen umkreisten, auf dem sich eine Gruppe von Steller-Seelöwen *(Eumetopias jubatus)* ausruhte. Während die Flut immer weiter stieg, umkreisten die Jäger in aller Ruhe den Felsen, so als wüßten sie ganz genau, daß die aufkommende Flut bald den ganzen Felsen überspülen wird. Ihre Ausdauer wurde belohnt, und ein Seelöwe nach dem anderen glitt ins Wasser, in den sicheren Tod.

Wenn Schwarmfische wie z.B. Heringe gejagt werden, treiben mehrere Schwertwale gemeinschaftlich zunächst den verängstigten Fischschwarm nahe der Oberfläche dicht zu einer sogenannten "Beutekugel" (engl. baitball) von etwa 3-4 m Durchmesser zusammen. Diese Jagdtechnik wird als "Karussell" bezeichnet. Jegliche Fluchtversuche der Fische werden durch "Jagdrufe" der Schwertwale, immer engeres Umkreisen und "Luftblasennetze" um den Fischschwarm unterbunden. Die Schwertwale zeigen den Fischen immer wieder ihre helle Bauchseite und versuchen, sie damit noch mehr zu erschrecken und immer dichter zusammenzutreiben. Wenn der Schwarm schließlich genügend dicht zusammengetrieben wurde, schlagen die Schwertwale wahllos mit ihren Fluken hinein. Durch die Wucht der Schläge werden zahllose Fische getötet oder betäubt und können gefressen werden. Bei der Halbinsel

Ein Schwertwal nimmt sich die Zeit, ein Ufer in Alaska nach Robben abzusuchen. Francois Gohier

Zahlen & Fakten Schwertwal

Länge: Männchen 7-9, max. 10 m, Weibchen 6-8 m
Gewicht: Männchen bis 4,5, max. 9 t, Weibchen 2-3 t
Lebenserwartung: Durchschnittlich 50-60, Männchen bis 60, Weibchen max. 90 Jahre
Geschlechtsreife: Weibchen mit 6-10, Männchen mit 12-16 Jahren
Paarungszeit: Frühjahr-Frühsommer
Tragzeit: 12-17 Monate
Geburtszyklus: Stark schwankend, etwa alle 3-5 Jahre ein Kalb
Geburtslänge: 1,5-2 m
Geburtsgewicht: 160 kg
Säugezeit: 15 Monate
Tauchtiefe: Bis 1.000 m
Tauchzeit: 20-25 min
Höchstgeschwindigkeit: 55 km/h
Wandergeschwindigkeit: 5,5-7,5 km/h
Zähne: 20-28 konische Zähne je Kiefer
Finne: Aufrecht, bei Männchen bis max. 1,8 m hoch, bei Weibchen bis 0,9 m
Gruppengröße: 1-5, auch über 100, wenn sich mehrere Gruppen treffen
Population: Auf der Südhemisphäre schätzungsweise etwa 70.000, Gesamtpopulation unbekannt, vermutlich nicht gefährdet

Schnell-Erkennung Schwertwal

auffällige Schwarz-Weiß-Färbung

aufrechte, hohe Finne

weißer Bauchfleck, endet in 3 weißen "Fingern"

grauer Sattelfleck hinter der Finne

elliptischer, weißer Fleck über jedem Auge

große, paddelförmige Brustflossen

wuchtiger, stämmiger Körper

auffallender Geschlechtsdimorphismus (Größe, Finne)

an der Oberfläche sehr aktiv

Schwertwal-Silhouette in der Abendsonne Kaliforniens. H. Debelius

Valdes (Argentinien) und der zu Frankreich gehörenden Crozet-Insel im Süd-Indik gibt es zwei Schwertwal-Populationen, deren Mitglieder das Wasser bei der Jagd sogar verlassen: Sie werfen sich auf den leicht abschüssigen Kiesstrand und holen sich unvorsichtige, junge Seelöwen direkt vom vermeintlich sicheren Ufer. Siehe auch PATAGONIENS JÄGER auf den Seiten 290-296.

Allgemeine Info

1758 benannte Linnaeus den Schwertwal *Delphinus orca.* Wegen ihrer schwertartigen Finne gaben Van Beneden und Gervais der Art später den Namen *Orca gladiator.* Dieser Name setzte sich jedoch nicht durch. Der heutige wissenschaftliche Name *Orcinus orca* wurde erst 1860 von Fitzinger eingeführt. Obwohl in der Vergangenheit einige Wissenschaftler wegen Unterschieden in Körpergröße und Form der Finne immer wieder die Einteilung in mehrere Arten (z.B. *Orcinus gladiator, O. minor* etc.) vorgeschlagen haben, umfaßt die Gattung bis heute nur eine Art.

Eine Geschichte aus der alten Walfängerzeit Südaustraliens belegt, daß Schwertwale mit Menschen kooperieren können: Eine Schwertwalgruppe half den Walfängern der Walfangstation bei Eden in der Nähe der Grenze von New South Wales zu Victoria bei der Jagd auf Südliche Glattwale. Sie trieben die Glattwale in Gruppen zusammen und direkt vor die Harpunen der Jäger. Die Walfänger verwerteten die Knochen und das Fett der erlegten Glattwale, die Abfälle überließen sie zum Dank den Schwertwalen. Diese für beide Seiten fruchtbare Zusammenarbeit dauerte an, bis der Anführer der Schwertwalgruppe starb, wurde aber nicht auf die nächste Generation weitergegeben. Wegen ihrer Lern- und Anpassungsfähigkeit, aber auch wegen ihres Rufs als "Killer" der Meere gehören Schwertwale zu den begehrtesten Cetaceen für Delphinarien. Sie sind sehr gelehrig und erlernen spielerisch und schnell diverse Kunststückchen. Das Verhältnis von Gehirn- zu Körpergewicht ist bei Schwertwalen deutlich größer als bei Bartenwalen und entspricht ungefähr dem von Großen Tümmlern. Die Größe ihres Gehirns deutet auf eine höhere Entwicklung im Vergleich zu vielen anderen Cetaceen hin.

Genaue Bestandszahlen gibt es wegen des weiten Verbreitungsgebietes der Art nicht, vermutlich ist der Bestand jedoch geringer, als früher geschätzt wurde. So wurden z.B. 1993 im Gebiet vor Britisch-Kolumbien und Washington nur 305 "Residents", 170 "Transients" und ungefähr 200 "Offshores" gezählt. Für dieses Gebiet wurde zuvor ein viel höherer Bestand angenommen.

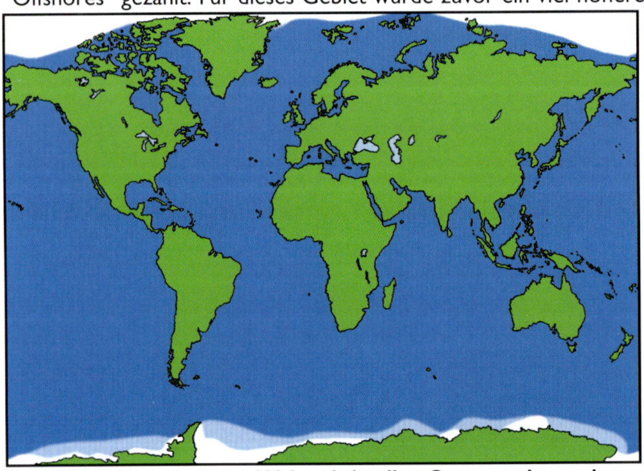

Schwertwal, Verbreitung: Weltweit in allen Ozeanen, besonders in kalten Gewässern in Küstennähe und im Freiwasser.

Wo & Wann

Die Art bewohnt die Regionen von der Küste bis in eine Entfernung von 800 km dazu, wird aber auch regelmäßig bei der Nahrungssuche im offenen Ozean gesichtet. Von Oktober bis Januar versammeln sich viele Schwertwale vor Norwegen. Allein im Tysfjord und im Ofotfjord werden in dieser Zeit bis zu 500 Schwertwale gezählt. Auch um Vancouver Island in West-Kanada sind jedes Jahr regelmäßig die Mitglieder mehrerer verschiedener ortstreuer Populationen anzutreffen.

Breitschnabel-Delphin, Melon-headed Whale, *Peponocephala electra*

Breitschnabel-Delphine vor Hawaii. Doug Perrine/Seapics.com

Besondere Erkennungsmerkmale
Zusammmen mit dem Zwerggrindwal kleinster Vertreter der Unterfamilie. Der einheitlich dunkle Körper ist sehr schlank, eine deutlich sichelförmige Finne sitzt etwa in dessen Mitte. Der spitze Kopf hat keinen erkennbaren Schnabel. Mundregion mit "weißen Lippen".

Beschreibung
Breitschnabel-Delphine erreichen 2,2-2,7 m Länge und 150 kg Gewicht. Der spitze Kopf erinnert ein wenig an die Form einer Melone und hat dieser Art im Englischen den Namen "Melonenkopf" eingebracht. Der Körper ist einheitlich schwarz oder dunkelgrau mit einem noch dunkleren Cape auf dem Rücken, das allerdings auf See kaum zu erkennen ist. Auf der Bauchseite verläuft meist ein hellgrauer oder weißer Streifen von der Brust bis zur Genitalregion. Die Geburtslänge liegt bei 0,8-1 m, das Gewicht eines wenige Tage alten männlichen Kalbes (Thunfischnetz-Beifang!) betrug 15 kg.

Leicht zu verwechseln mit
Selbst auf offener See ist der kleinere Breitschnabel-Delphin gut vom den erheblich größeren Kleinen Schwertwalen und den beiden Grindwalarten zu unterscheiden; außerdem haben letztere eine knolligere Melone. Unterschiede zum Zwerggrindwal siehe Seite 169.

Andere Namen
Melonenkopf (deutsch); Melon-headed Whale, Electra Dolphin, Hawaiian Blackfish, Many-toothed Blackfish, Little Killer Whale (engl.), Dauphin d'Electre, Péponocéphale (franz.); Peponocefalo (ital.); Calderón Pequeño (span.); Roaz-Indiano, Cabeça de Melão (port.); Witlipdolfijn (niederl.); Melonhodedelphin (norweg.); Melonipäävalas (finn.); Melonhuvad Delphin, Brednosdelphin (schwed.); Mangetandet Dværgspækhugger (dän.); Kazuha Gondo Kujira (japan.).

Bedeutung des wissenschaftlichen Namens
Peponocephala electra (Gray 1846) – *Peponocephala* ("melonenköpfig") aus griech. *peponis* für "Melone, Kürbis", *kephalos* für "Kopf"; *electra* von Elektra, eine Nymphe aus der griechischen Mythologie.

Verhalten
Über das Verhalten der sehr scheuen Breitschnabel-Delphine ist nur wenig bekannt. Die Tiere gelten als schnellschwimmende Hochseebewohner mit ausgeprägtem Sozialverhalten, die häufig an Massenstrandungen beteiligt sind. Die meist sehr großen Herden umfassen 100-500, nicht selten aber auch über 1.000 bis max. 2.000 Individuen. In der Gruppe schwimmen die Tiere meist eng beieinander und ändern oft synchron ihren Kurs. Gelegentlich sind Oberflächenaktivitäten wie Springen, Flukeschlagen und Umschauen zu beobachten. Schwimmen die Tiere langsam, wird beim Auftauchen der Kopf aus dem Wasser gehoben.

Die großen Herden der Breitschnabel-Delphine jagen vorwiegend nachts und nahe der Oberfläche. Dann steigen die von ihnen bevorzugten Kalmare aus größeren Tiefen auf, um ihrerseits Fische zu fangen. Einigen Beobachtungen zufolge soll bei der Jagd der Breitschnabel-Delphine die Wasseroberfläche förmlich "kochen".

Zahlen & Fakten Breitschnabel-Delphin

Länge: 2,2-2,5, max. 2,8 m
Gewicht: 160, max. 275 kg
Lebenserwartung: 47 Jahre
Geschlechtsreife: Mit 14 Jahren
Paarungszeit: Juli-August
Tragzeit: 12 Monate
Geburtszyklus: Unbekannt
Geburtslänge: 0,8-1 m
Geburtsgewicht: 15 kg
Tauchzeit: Unbekannt
Zähne: 40-52 kleine, konische Zähne je Kiefer
Gruppengröße: 100-500, bis max. 2.000
Population: Unbekannt

Schnell-Erkennung Breitschnabel-Delphin

dunkler, torpedoförmiger Körper

hohe, deutlich sichelförmige Finne

schlanke, spitze Kopfform, weiße "Lippen"

lange, sehr spitze Brustflossen

krümmt beim Abtauchen die Schwanzwurzel

in großen bis sehr großen Herden

schwimmen in engen Verbänden

ändern häufig den Kurs, meiden Boote

Tauchen

Über das Tauchverhalten der Art ist nicht viel bekannt. Breitschnabel-Delphine sind auffällige Schwimmer, die zum Abtauchen ihre Schwanzwurzel stark krümmen. Wenn sie schnell schwimmen, kommt beim Auftauchen meist ihr ganzer Körper kurz aus dem Wasser. Dabei erzeugen sie so viel Spritzwasser, daß Körperdetails schwer zu erkennen sind.

Nahrung

In den Mägen gestrandeter Tiere wurden Reste pelagischer Kalmare und kleiner Fische gefunden.

Allgemeine Info

1846 benannte der britische Zoologe J. E. Gray diese Art erstmals als *Lagenorhynchus electra* und beschrieb sie nur anhand eines Skeletts. Bis 1963, als in Japan das erste lebende Exemplar gefangen wurde, war die Art ausschließlich durch Skelettfunde bekannt und galt als ausgestorben. Um so größer war die Überraschung, als 1965 eine Herde von 500 Tieren in die Suruga-Bucht der japanischen Hauptinsel Honshu schwamm. Etwa 250 Tiere wurden gefangen und von Wissenschaftlern untersucht, bevor ihr Fleisch gegessen wurde. Nachdem die Zoologen Masaharu Nishiwarki und Kenneth Norris unabhängig die ersten Exemplare untersucht hatten, äußerten sie Zweifel an der Einordnung der Art in *Lagenorhynchus* und stellten 1966 die neue Gattung *Peponocephala* auf.

Wo & Wann

Die Verbreitung des Breitschnabel-Delphins ist fast identisch mit der des Zwerggrindwals. Beide Arten bewohnen die tiefen, tropischen und subtropischen Meere beider Hemisphären. Südliche und nördliche Verbreitungsgrenze sind wahrscheinlich von warmen Meeresströmungen abhängig. Nur selten trifft man die zwei Arten in warm-gemäßigten Gewässern und in Küstennähe an. Im Mittelmeer kommt der Breitschnabel-Delphin nicht vor. Die meisten Sichtungen stammen von ozeanischen Inseln. Besonders im Pazifik um Hawaii (ganzjährig), an der Ostküste Australiens, bei Japan, Französisch-Polynesien, den Philippinen (besonders um Cebu) sowie im Indischen Ozean bei den Malediven ist die Art häufig anzutreffen. Im Atlantik findet man sie am ehesten bei den Antillen.

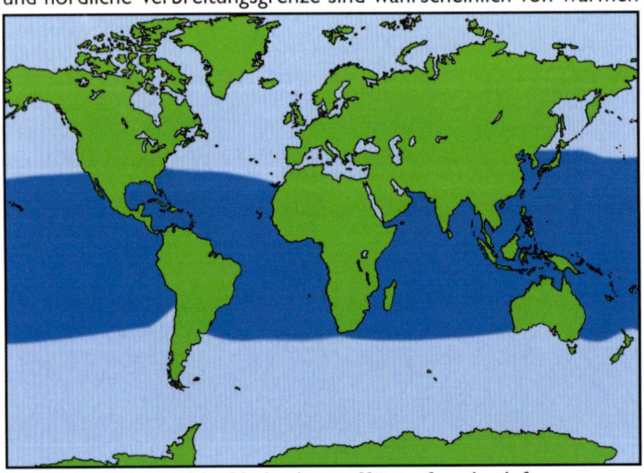

Breitschnabel-Delphin, Verbreitung: Küstenfern in tiefen, tropischen und subtropischen Gewässern aller Weltmeere.

CAPTAIN HOOK

So lange sich die Einwohner der im Ostatlantik gelegenen, spanischen Kanaren-Inseln erinnern können, leben bei Teneriffa Grindwale. Heutzutage darf man mit diesen Tieren nur mit einer Erlaubnis schnorcheln, die gelegentlich einer Tauchbasis erteilt wird. Die UW-Fotografen Peter Verhoog und Georgina Wiersma hatten das Glück, zur rechten Zeit am rechten Ort zu sein: Sie verbrachten mehrere unvergeßliche Stunden mit diesen bemerkenswerten Zahnwalen.

FOTOS: PETER VERHOOG

Da sind die Grindwale! Zur Herde gehören auch ein Muttertier und ihr Kalb.

Die Gesamtzahl der bei Teneriffa lebenden Kurzflossen-Grindwale *(Globicephala macrorhynchus)* wird auf 180 geschätzt. Langzeitstudien von Biologen haben gezeigt, daß etwa 40 % der Wale für einen Teil des Jahres in wärmere Gewässer abwandern, die übrigen 60 % bleiben aber in der Nähe der Insel.

Peter würde gerne den Anführer der Herde fotografieren, der den Spitznamen "Captain Hook" bekommen hat. Er ist diesem nahezu 7 m langen adulten Männchen schon früher begegnet und möchte unbedingt weitere Bilder schießen. Dieser berühmte Grindwal hat einmal eine amerikanische Schnorchlerin bis in 40 m Tiefe mitgenommen. Die Meinungen über die Ursache dafür gehen auseinander, und bis heute ist der Grund für den Vorfall unklar geblieben. Die Frau hatte das große Männchen mehrmals berührt und wollte mit dem Riesen spielen. Vielleicht verursachte dies das Verhalten des Wals. Zum Glück brachte Captain Hook sie wieder zur Oberfläche zurück. Außer Ohrproblemen war sie unverletzt. Sofort nach diesem Ereignis wurde das Schnorcheln mit den Walen damals verboten, denn die große Zahl an Besuchern störte die Tiere zu sehr.

Es ist noch früh am Morgen, als wir aufbrechen, um die Grindwale zu suchen. Die Sonne hat gerade erst begonnen, den Himmel zu färben. Kaum haben wir den Hafen mit einem Schlauchboot verlassen, sucht unser Skipper Claude schon die Meeresoberfläche ab. Plötzlich werden alle ganz aufgeregt: Die Wale sind in Sicht! Ich lege Flossen und Maske an, Peter checkt seine Kamera. Vorsichtig steuert Claude zu den Rückenfinnen, die durch das Wasser pflügen. Auf sein Zeichen hin gleiten wir langsam ins Wasser.

Ich hänge in einem riesigen, azurblauen Aquarium und warte ab, was passiert. Die Wassertiefe hier beträgt etwa 2 km. Dann sehe ich zwei graue Schatten näherkommen, ein Muttertier mit ihrem Kalb. Die Grindwale sind da! Ich schwimme langsam, nicht direkt auf sie zu, sondern versuche, ihren Weg in einem Winkel zu kreuzen. Sie gestatten mir zwar die Annäherung, aber das Muttertier bleibt zwischen mir und ihrem Jungen. Eine große und eine kleine Fluke teilen das Wasser auf höchst elegante Weise. Das Weibchen dreht sich nun auf die Seite und schaut mich an. Wahrscheinlich mag sie mich nicht, denn mit einer schnellen Bewegung gleitet sie in die Tiefe, als wüßte sie, daß ich ihr nicht folgen kann.

Das Boot sammelt mich ein, und wir suchen nach anderen Grindwalen. Dann entdecken wir weitere Rückenfinnen! Wieder gleiten wir sehr vorsichtig ins Wasser. Die blaue Weite ist voll von Geräuschen: Ein entfernter Gesang und unzählige Klicklaute von Echoortung und Kommunikation. Die Klicks entstehen in dem großen, runden Grindwalkopf mit der linsenförmigen Fettansammlung, der Melone. Diesmal zähle ich 12 Wale. Sie könnten einfach davonschwimmen, entscheiden sich aber, bei uns zu bleiben. Schwimmen wir zu langsam, verlangsamen auch sie. Sie durchbrechen oft die

Oberfläche, um Atem zu holen. Wenn sie danach wieder tauchen, quillt aus jedem der Blaslöcher ein Strang winziger Luftblasen. Sonnenstrahlen tanzen auf den grauen Walkörpern, die ein dunkles Muster tragen. Ich schwimme und schwimme... Peter bleibt neben mir und hofft, mich zusammen mit den Grindwalen fotografieren zu können. Ein paar Sekunden später bin ich von riesigen Schatten umringt, ich bin mitten in der Herde! Peter taucht immer wieder ab, um Fotos zu machen. Wir schnorcheln Stunde um Stunde. Nach vier Stunden will Skipper Claude wieder zurück in den Hafen, weil er am Horizont schon die Walbeobachtungsboote voller Touristen nahen sieht. Die übrigen Schnorchler sind erschöpft, wir beiden aber bitten um noch einen Tauchgang mehr! Zum letztenmal sinken wir in den endlos blauen Ozean. Die Walherde ist etwa 10 m von uns entfernt. Plötzlich schwimmt ein Walbaby auf mich zu. Es ist nicht scheu und will uns ganz genau untersuchen. Das Kalb ist nur 1,5 m lang und sicherlich erst vor kurzem geboren. Als es etwa 5 m vor mir ist, nähert sich ein riesiger Schatten. Es ist Captain Hook! Das fast 7 m lange adulte Männchen, ganz klar der Anführer der Herde, kommt mit hoher Geschwindigkeit auf mich zu, seine Fluke bewegt sich kraftvoll und schnell. Er will definitiv verhindern, daß ich mich dem Kalb nähere, und positioniert sich zwischen uns. Für eine lange, aber dennoch zu kurze, tolle, ja phantastische Minute schwimme ich mit Captain Hook, und hoffe insgeheim, daß er sich nicht dafür entscheidet, mit mir "zu spielen". Ich sehe Peter fotografieren... Wie eine Neopren-Meerjungfrau reite ich auf den Wellen. Der Wal schaut mich an, ich ihn. Er ist eines der schönsten Geschöpfe, das ich jemals gesehen habe. Dann entscheidet dieser außergewöhnliche Anführer, daß es genug ist. Er taucht in die Tiefe und nimmt seine Familie mit sich. Peter und ich bleiben an der Oberfläche zurück, halten uns aneinander fest und japsen nach Luft. Die Küste Teneriffas ist verschwunden, das Boot weit entfernt. Aber wir sind glücklich über diese Begegnung in nächster Nähe. Allerdings sieht Peter auch ein bißchen enttäuscht aus. Ich glaube, er hätte sehr gerne Fotos davon gemacht, wie mich der alte Captain Hook in die Tiefe hinunterzieht. Und natürlich auch davon, wie er mich wohlbehalten und sicher wieder an die Oberfläche zurückbringt!

Stunde um Stunde schnorcheln wir mit einer weiteren Grindwal-Gruppe vor Teneriffa...

..deren unbestrittener Anführer der berühmt-berüchtigte Captain Hook ist, ein Bulle von fast 7 m Länge.

Kleiner Schwertwal, False Killer Whale, *Pseudorca crassidens*

Ein Kleiner Schwertwal in einem Delphinarium zeigt seine beachtlichen Zähne. Helmut Debelius

Besondere Erkennungsmerkmale
Der Körper ist sehr schlank und trägt eine deutlich abgesetzte, nach hinten gebogenen Finne. Er ist mit Ausnahme eines blassen, ankerförmigen Flecks zwischen den Brustflossen völlig schwarz. Dieser Fleck ist jedoch nie so deutlich wie beim Gewöhnlichen Grindwal. Der sehr schmale Kopf hat eine leicht abfallende Stirn, aber keinen abgesetzten Schnabel. Die Blasloch-Region ist eingesenkt, was im Profil gut zu sehen und besonders auf hoher See ein gutes Erkennungsmerkmal ist. Die Brustflossen haben auf halber Länge an der Vorderkante einen deutlichen "Ellbogen-Knick".

Beschreibung
Der Kleine Schwertwal erreicht durchschnittlich 4, max. 6,1 m Länge und 1,1-1,4 t Gewicht (Männchen). Weibchen sind mit max. 5 m Länge deutlich kleiner und leichter.

Die langgestreckte Melone überragt den Unterkiefer leicht. Die Mundlinie ist gerade und ohne helle "Lippen". Die Länge der schlanken und relativ weit vorne gelegenen Brustflossen beträgt 1/8 bis 1/10 der Körperlänge. Die Fluke ist in Relation zum Körper klein und hat eine stark konkave Hinterkante mit leichter medianer Einkerbung. Die große, auffällig sichelförmige Finne sitzt etwas hinter der Rückenmitte, ihr Ende ist unterschiedlich stark gerundet bis spitz. Für diese überwiegend schwarze Art wurde bisher noch kein einziger Fall von Albinismus registriert.

Leicht zu verwechseln mit
Zwerggrindwal, Breitschnabel-Delphin, Gewöhnlicher Grindwal und Kurzflossen-Grindwal.

Durch die Größe unterscheidet sich der Kleine Schwertwal deutlich vom kleineren Zwerggrindwal und Breitschnabel-Delphin. Von den beiden Grindwalarten unterscheidet er sich durch den wesentlich schmaleren Kopf und schlankeren Körper, die delphinartig sichelförmige Finne, ein viel aktiveres Verhalten an der Oberfläche und den Schwimmstil: Der Kleine Schwertwal kommt beim schnellen Schwimmen fast mit dem ganzen Körper aus dem Wasser.

Andere Namen
Unechter Schwertwal, Falscher Schwertwal, Schwarzer Schwertwal, Mittlerer Schwertwal, Kleiner Mörder (deutsch); False Killer Whale, False Pilot Whale, Pseudorca (engl.); Pseudorque, Faux-Orque (franz.); Pseudorca (ital.); Orca Falsa (span.); Falsa Orca, Orca Bastarda (port.); Zwarte

Zwaardwalvis (niederl.); Falsk Spekkhogger (norweg.); Pikkumiekkavalas (finn.); Halvspäckhuggare (schwed.); Halvspækhugger (dän.); Oki Gondo Kujira (japan.).

Bedeutung des wissenschaftlichen Namens

Pseudorca crassidens (Owen 1846) – Der Gattungsname besteht aus griech. *pseudes* für "falsch, Nachahmer" und lat. *orca,* der Bezeichnung für einen Wal. Er bezieht sich auf die Ähnlichkeit zum Schwertwal. Der Artname *crassidens* bedeutet "dickzähnig" (lat. *crassus* für "dick", *dens* für "Zahn").

Verhalten

Kleine Schwertwale sind sehr gesellige Tiere, die in Gruppen von 20-50, manchmal sogar von bis zu mehreren hundert Exemplaren auftreten. Nur sehr selten (z.B. im Mittelmeer) trifft man Einzeltiere oder Pärchen an. Die Sozialstruktur einer Gruppe, die sich aus Individuen aller Altersstufen zusammensetzt, ist nicht so stark ausgeprägt wie beim Schwertwal. Erst seit kurzem ist von Kleinen Schwertwalen bekannt, daß sie wie Schwertwale gelegentlich Delphine und andere Wale jagen und fressen. In Hawaii wurde beobachtet, wie sie ein junges Buckelwalkalb angegriffen und getötet haben. Dennoch schwimmen sie oft zusammen mit Großen Tümmlern und anderen Delphinen in der Gruppe. Trotz ihrer vorwiegend pelagischen Lebensweise sind Kleine Schwertwale für spektakuläre Massenstrandungen bekannt. Auf die max. Gruppengröße weist die größte jemals registrierte Massenstrandung von Cetaceen (10. Oktober 1946, Mar del Plata, Argentinien) hin, bei der 835 Kleine Schwertwale starben. Obwohl die Art sehr weit verbreitet ist, scheint sie nicht allzu häufig zu sein. Da in allen Jahreszeiten Geburten erfolgen, dürfte es keine festgelegte Paarungssaison zu geben. Für ihre Größe sind die Tiere sehr verspielt und aktiv. Sie nähern sich Booten und reiten gerne auf deren Bugwelle. Auch springen sie häufig aus dem Wasser, drehen sich in der Luft und landen dann auf der Seite. Sie sind schnelle Schwimmer, die 22-26 km/h erreichen können. Dabei kommen der Kopf und der Körper bis zu den Brustflossen aus dem Wasser. Das schnelle Schwimmen wird oft abrupt unterbrochen, möglicherweise, um Beutetiere zu fangen. Zum Aufspüren der Beute verfügt die Art über ein sehr wirksames Sonarsystem. Andere akustische Signale dienen der Kommunikation. Oft tauchen Kleine Schwertwale mit leicht geöffnetem Maul auf und zeigen dabei ihre Zähne. Dieses Verhalten zeigen sie auch gegenüber Schwimmern und Schnorchlern, vermutlich handelt es sich hierbei um eine Art Drohgebärde. Trotz der Aggressivität, die sie in freier Wildbahn zeigen, ist es möglich, Kleine Schwertwale in Delphinarien zu halten. Sie gewöhnen sich relativ schnell an die Gefangenschaft und sind gut zu dressieren. Siehe auch SCHWERTWAL AUF ANGRIFFSKURS (S. 165-167) & TROPHÄENJÄGER (S. 194-195).

Tauchen

Kleine Schwertwale tauchen und jagen meist in Gruppen, schwimmen dabei sehr schnell und führen häufige, schnelle Kursänderungen aus.

Nahrung

Sie besteht vorwiegend aus Cephalopoden. Oft werden auch größere pelagische Fische wie Gelbflossen-Thune, Segelfische, Stachel- und Goldmakrelen gefressen. Manchmal stehlen Kleine Schwertwale Marline, Thun- und andere Großfische vom Haken. Auch verschiedene Meeressäuger werden erbeutet: In großen Gruppen greifen Kleine Schwertwale gelegentlich Delphine und kranke, verletzte Großwale an.

Zahlen & Fakten Kleiner Schwertwal

Länge: Männchen bis 6,1, Weibchen bis 5 m
Gewicht: 1,1-1,4 t (Männchen)
Lebenserwartung: 20 Jahre
Geschlechtsreife: Weibchen mit etwa 2-4, Männchen mit 8-14 Jahren
Paarungszeit: Ganzjährig
Tragzeit: 11-12, vielleicht bis 15,5 Monate
Geburtslänge: 1,6-1,83 m
Geburtsgewicht: 80 kg
Säugezeit: 12-18 Monate
Höchstgeschwindigkeit: 22-26 km/h
Zähne: 14-24 konische Zähne je Kiefer
Finne: Groß, bis 40 cm hoch, sichelförmig
Gruppengröße: 20-50, manchmal bis zu mehrere hundert Tiere
Population: Unbekannt, vermutlich nicht bedroht

Schnell-Erkennung Kleiner Schwertwal

einheitlich dunkler, langer, schlanker Körper

schmaler, schlanker Kopf mit rundlicher Schnauze

auffällige, delphinartig sichelförmige Finne

Brustflossen mit "Ellbogen-Knick"

kommt beim schnellen Schwimmen fast ganz aus dem Wasser

neugierig, nähert sich Booten

an der Oberfläche sehr aktiv

Ein Kleiner Schwertwal vor den Azoren. Stephen Wong

Allgemeine Info

1846 beschrieb Sir Richard Owen die Art anhand eines Skeletts, das in Lincolnshire (England) gefunden wurde, und gab ihr den Namen *Phocoena crassidens*. Damals hielt er die Art für ausgestorben. Um so größer war die Überraschung, als 1862 eine Gruppe von Kleinen Schwertwalen in der Kieler Bucht in der westlichen Ostsee strandete. Die Tiere wurden von dem dänischen Zoologen Johannes Reinhardt untersucht. Er stellte die Art in eine neue Gattung und nannte diese wegen der großen Ähnlichkeit zum Schwertwal *Pseudorca*. Diese Zuordnung ist bis heute gültig.

In Teilen der Karibik und in Japan werden Kleine Schwertwale bejagt, da sie von den dortigen Fischern für die zurückgehenden Fangerträge verantwortlich gemacht werden. In Japan treibt man sie mit Booten an den Strand, sobald sie in Küstennähe auftauchen. Das Fleisch der Tiere dient dann als Nahrungsmittel.

Wo & Wann

Der Kleine Schwertwal ist weit verbreitet, aber nirgends besonders häufig. Die Art lebt küstenfern in den tiefen, tropischen bis warm-gemäßigten Gewässern aller Weltmeere. Wärmeres Wasser wird bevorzugt, die kältesten Breiten, in denen sie je gesichtet wurde, waren Nordsee und skandinavische Küste sowie bis 40° Süd. Gelegentlich nähern sich Kleine Schwertwale auch Inseln, die von tiefen Gewässern umgeben sind, oder dem Kontinentalschelfrand. Auch in Nebenmeeren (z.B. Mittelmeer, Rotes Meer) kommt die Art vor.

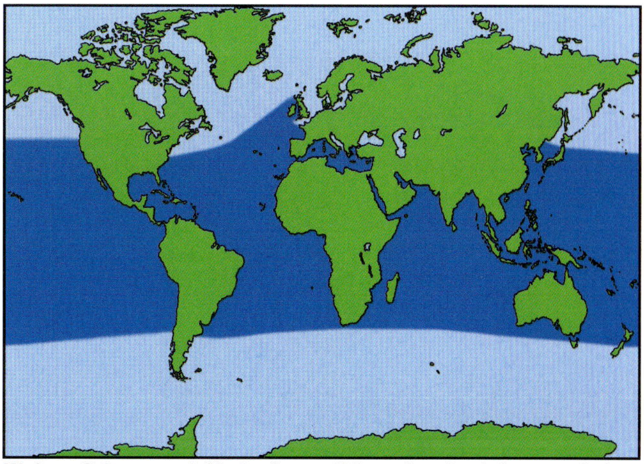

Kleiner Schwertwal, Verbreitung: Küstenfern in tiefen, tropischen bis warm-gemäßigten Gewässern aller Weltmeere.

TROPHÄENJÄGER

Über das Jagdverhalten von Schwertwalen - insbesondere in tropischen Gewässern - weiß man kaum etwas. Manchmal enthüllen Zufallsbegegnungen ein wenig davon. Mark Strickland, Unterwasser-Fotograf und Augenzeuge, berichtet von solch einem dramatischen Erlebnis.

FOTOS: MARK STRICKLAND

Der wundervolle Segelfisch *Istiophorus platypterus,* eines der schnellsten Meerestiere, richtet drohend seine hohe Rückenflosse auf.

Auf unserem Liveaboard sind wir unterwegs zu den Similan-Inseln vor der Küste Thailands. Wie immer beobachten wir während der Fahrt die Meeresoberfläche, als Suzanne auf ein seltsames schwarzes Rechteck deutet, das nur hundert Meter von unserem Schiff im Zickzack herumschwimmt. Ganz in der Nähe taucht plötzlich ein Dutzend großer, delphinähnlicher Rückenflossen auf. Als wir näherkommen, erkennen wir, daß es sich bei dem Rechteck um die aufgerichtete schwarze Rückenflosse eines Segelfisches handelt. Sich den scheuen Hochseejägern als Taucher zu nähern, ist äußerst schwierig, und so nutzen wir schnorchelnd die Gelegenheit, nachdem die Bootsmotoren verstummt sind. Natürlich wollen wir auch ergründen, was die Delphine mit dem Segelfisch zu tun haben.

Im Wasser staunen wir nicht schlecht über die Größe der "Delphine", denn sie sind zwischen drei und fünf Meter lang. Der Kopfform nach muß es sich um Zahnwale handeln. Offensichtlich interessiert an uns, schwimmen sie nicht weg, sondern kreisen unter uns, manchmal sogar bauchoben. Unsere Blicke kreuzen sich. Während wir mit aller Flossenkraft mitzuhalten versuchen, scheint es, als ob sie warten, daß wir näherkommen. Wie amüsant muß es für sie sein, uns schwerfälligen Wesen im Wasser zuzuschauen. Sie schwimmen in Dreiergruppen, manchmal sind auch bis zu 15 Tiere zusammen. Als einer der Wale das Maul aufreißt und ich die mächtigen Zähne sehe, fällt es mir ein: Wir sind von einer Schule Kleiner Schwertwale *Pseudorca crassidens* umgeben. Es sind Jäger, die nicht wie Delphine Sardinen und Füsilieren nachstellen, sondern ihre kräftige Bezahnung nutzen, um große pelagische Fische und sogar andere Meeressäuger zu erbeuten.

Als ob es nicht schon fantastisch genug war, mit diesen im Indik kaum gesichteten Walen zu schwimmen, nähern wir uns dann dem Segelfisch. Die Rückenflosse voll aufgerichtet, will er offensichtlich den Schwertwalen mit seiner "neuen Größe" imponieren. Obwohl die Wale den Fisch jederzeit töten könnten, scheint es sie zu amüsieren, ihn zu terrorisieren. Eine Gruppe von zehn Kleinen Schwertwalen hat den Segelfisch total unter Kontrolle: Immer wenn er beschleunigt, wird er sofort umringt. Ein Segelfisch könnte sicher einem einzelnen Schwertwal davonschwimmen, aber deren Gruppenstrategie ist er hoffnungs-

Von Schwertwalen eingekreist, zeigt der Segelfisch deutliche Anzeichen von Streß: Seine sonst leuchtend blaue Färbung ist auf dem Körper fast weiß und auf der Rückenflosse schwarz geworden.

los unterlegen. Der Fisch zeigt heftige Anzeichen von Streß, denn während der Speerträger sonst schöne Blauschattierungen mit bronzenen Streifen trägt, ist dieser jetzt total blaß. Er sieht aus, als ob er um sein Leben kämpfen würde. Unterwasserfotos von Segelfischen sind ziemlich selten, aber hier gelingen mir einige Fotos des verängstigten Tieres während seines Zickzackkurses.

Außer Atem gibt einer nach dem anderen aus der Schnorchlergruppe auf. Mir tun besonders die Beine weh, denn ich habe zusätzlich noch das schwere Kameragehäuse zu bewegen. Dann ist auch der Segelfisch außer Sicht und ich gebe der mit mir schwimmenden Suzanne das Zeichen, zum Schiff zurückzukehren. Einige Wale schwimmen noch immer um uns herum. Plötzlich kommen acht auf uns zu. Deutlich sehe ich, daß der größte der Gruppe etwas im Maul trägt. Suzanne und ich tauchen in Richtung der Meeressäuger, um genauer hinzuschauen. Verdutzt beobachten wir aus der Entfernung, wie der Wal etwas fallen läßt und ein anderer es sofort wieder ins Maul nimmt. Ich bin gerade zum Luftschnappen an der Oberfläche, als in etwa sechs Meter Tiefe der Schwertwal mit dem Objekt im Maul aus der Gruppe ausschert, geschmeidig auf die in gleicher Tiefe tauchende Suzanne zuschwimmt und das Unbekannte direkt vor ihrem Kopf "ausspuckt". Sie greift instinktiv zu und bringt es mit nach oben: Das Objekt ist die Brustflosse eines Segelfisches, die gerade vom Körper abgetrennt wurde! Die Wale müssen den eingekesselten Speerfisch soeben getötet haben. Was aber sollte diese Geste? War die Flosse ein Geschenk an Suzanne? War es eine Einladung zu spielen? Oder war es nur Zufall? Ich aber bin glücklich, kein Segelfisch in der Gesellschaft von Schwertwalen gewesen zu sein!

Eine Schule Kleiner Schwertwale *Pseudorca crassidens* verfolgt den Segelfisch. Einer dieser Zahnwale alleine hätte keine Chance, den schnellen Segelfisch zu fangen.

Nach dem Mahl: Einer der Kleinen Schwertwale hat eine Jagdtrophäe im Maul. Aus dieser Entfernung ist das Objekt nicht zu erkennen.

Erst nachdem die Wale das Objekt Suzanne 'geschenkt' haben, kann es identifiziert werden: Es ist eine der Brustflossen des Segelfischs!

Die Unterfamilie Delphine i.e.S. ist die größte und artenreichste Unterfamilie der Delphinidae. Sie wurde hier zur einfacheren und eindeutigeren Identifizierung in zwei Gruppen unterteilt:

9 Arten mit langer Schnauze:

- Gewöhnlicher Delphin, *Delphinus delphis*
- Küstendelphin, *Delphinus capensis*
- Pantropischer Fleckendelphin, *Stenella attenuata*
- Atlantischer Fleckendelphin, *Stenella frontalis*
- Clymene-Delphin, *Stenella clymene*
- Streifendelphin, *Stenella coeruleoalba*
- Spinner-Delphin, *Stenella longirostris*
- Großer Tümmler, *Tursiops truncatus*
- Indopazifischer Tümmler, *Tursiops aduncus*

8 Arten mit kurzer Schnauze:

- Weißseitendelphin, *Lagenorhynchus acutus*
- Weißschnauzendelphin, *Lagenorhynchus albirostris*
- Peale-Delphin, *Lagenorhynchus australis*
- Stundenglas-Delphin, *Lagenorhynchus cruciger*
- Schwarzdelphin, *Lagenorhynchus obscurus*
- Weißstreifendelphin, *Lagenorhynchus obliquidens*
- Borneo-Delphin, *Lagenodelphis hosei*
- Irawadi-Delphin, *Orcaella brevirostris*

Besondere Erkennungsmerkmale dieser Unterfamilie

Alle Mitglieder dieser Unterfamilie haben eine ausgeprägte Melone und eine abgesetzte Schnauze (Schnabel), die lang oder kurz sein kann. Mit Ausnahme einiger weniger Arten (z.B. Irawadi-Delphin) sind mindestens 2 oder mehr Halswirbel miteinander verschmolzen. In jedem Kiefer stehen 10-220 Zähne. Der Körper ist kräftig und stromlinienförmig. Die Finne ist sichelförmig und deutlich abgesetzt. Die Längen der Arten reichen von 1,6 bis fast 4 m. Meist leben sie in großen Schulen mit enger sozialer Bindung. Sie gelten allgemein als neugierig und zeigen oft ihre Sprungkünste.

Gewöhnlicher Delphin, Common Dolphin, *Delphinus delphis*

Ein Gewöhnlicher Delphin im Mittelmeer. Ralf Kiefner

Auch durch die Oberfläche fotografiert ist die Art an ihrer kurzen Schnauze zu erkennen. Ralf Kiefner

Besondere Erkennungsmerkmale
Auffälligstes Merkmal: Zickzackmuster auf den Seiten, vorne gelbbraun bis braun, hinten grau. Unterhalb der Finne, wo sich die Zickzacklinien kreuzen, bildet das dunkle Rückencape einen deutlichen v-förmigen Sattel, der auf die Seiten hinunterreicht.

Beschreibung
Länge max. 2,6 m, Männchen etwas größer als Weibchen, geringe Farbunterschiede zwischen den Geschlechtern (Geschlechtsdimorphismus). Die dunkle Schnauze ist durch eine auffällige Falte von der flachen Stirn getrennt und kann in Länge und Färbung etwas variieren. Merkmale und Färbung wie beim Küstendelphin, Unterschiede siehe unten.

Leicht zu verwechseln mit
Besonders leicht kann der Gewöhnliche Delphin mit dem sehr ähnlichen Küstendelphin verwechselt werden. Beide werden erst seit 1995 als getrennte Arten angesehen. Unterschiede: Gewöhnlicher Delphin: Untersetzter, Schnauze kürzer, breiter und komplexer gemustert, Stirn rundlicher, Streifen zwischen Unterkiefer und Brustflossen schmaler, Gesamtfärbung kräftiger, Finne und Brustflossen größer. Der Küstendelphin lebt vorwiegend in Küstennähe, der Gewöhnliche Delphin bevorzugt offene Gewässer. Ansonsten ist eine eindeutige Unterscheidung von allen anderen Delphinen anhand des vorne gelblichbraunen Sanduhr- oder Zickzackmusters möglich.

Andere Namen
Gewöhnlicher Delphin (deutsch); Short-beaked Common Dolphin, Saddleback, White-bellied Porpoise, Criss-cross Dolphin, Hourglass Dolphin, (engl.); Dauphin Commun (franz.); Delphino Comune, Delphino (ital.); Delphin Comun (span.); Golfinho Vulgar, Golfinho Comum (port.); Gewone Dolfijn (niederl.); Delphin (norweg.); Delfiini, Juoksiainen (finn.); Springare (schwed.); Almindelig Delphin (dän.); Tobi Iruka (japan.); Obyknovenny (russ.); Delfín Común (Lateinamerika).

Bedeutung des wissenschaftlichen Namens:
Delphinus delphis Linnaeus 1758 – Lat. *Delphinus* für "Delphin", griech. *delphis* für "Delphin", also "Delphin-Delphin". Diese Verdopplung weist darauf hin, daß dies eine der ältesten bekannten Delphinarten ist und schon die Menschen der Antike mit ihr vertraut waren.

Verhalten

Die Art ist sehr aktiv und lebt in enger sozialer Bindung in Schulen von 10 bis zu mehreren tausend Individuen bevorzugt küstenfern. Die Gruppengröße variiert je nach Jahres-, Tageszeit (Tiere jagen oder ruhen) und Nahrungsangebot. In nahrungsreichen Gebieten schwimmt die Art oft auch mit anderen Delphinen (z.B. Küstendelphin) zusammen. Gewöhnliche Delphine sind sehr schnelle Schwimmer und begeisterte Akrobaten. Oft schnellen sie hoch aus dem Wasser und schlagen mit Kopf, Brustflossen oder Fluke auf das Wasser. Ihre akrobatischen Sprünge mit Saltos sind schon von Weitem zu erkennen. Die Tiere sind sehr neugierig und lassen sich im Gegensatz zu anderen Delphinarten leicht z.B. von der Jagd ablenken. Dann kommen sie mit weiten Sprüngen auch aus großer Entfernung zu Schiffen, um für längere Zeit auf deren Bugwelle zu reiten. Ihre Stimmfreudigkeit begeistert Schwimmer und Schnorchler: Pfiffe und Quietschen sind gut unter und manchmal sogar über Wasser zu hören.

Gruppen sind wahrscheinlich nach Geschlechtern getrennt: Geschlechtsreife Männchen, trächtige und stillende Weibchen mit subadulten Tieren beiderlei Geschlechts, vermischen sich aber zur Jagd, auf der Wanderung und in der Paarungszeit. Größte Gruppen in Herbst und Winter. In Atlantik und Mittelmeer in nahrungsreichen Gebieten auch zusammen mit Großem Tümmler *(Tusiops truncatus)* und Streifendelphin *(Stenella coeruleoalba)*. Im östlichen Nordpazifik beobachtetes Verhalten: Ruhen tagsüber, bilden nachmittags kleinere Gruppen, die nachts jagen und fressen. Am nächsten Morgen wieder in ruhenden Schulen. Die nächtlichen Jagdaktivitäten erklären sich durch das Aufsteigen der "tiefen Streuschicht", die hauptsächlich aus Zooplankton besteht, das tagsüber die lichtdurchfluteten, oberen Wasserschichten meidet und den Tag im Schutz der dunklen Tiefe verbringt. Nachts steigt das Zooplankton auf, um Phytoplankton zu fressen. Diesem Rhythmus passen sich Fische und Kopffüßer an, die vom Zooplankton leben und dann ihrerseits Beute der Delphine werden.

Um möglichst viele Nachkommen zu zeugen, gibt es bei männlichen Walen und Delphinen zwei Strategien: 1. Die Männchen hindern Rivalen daran, sich mit "ihrem" Weibchen zu paaren, und kämpfen mit ihnen (polygynes Paarungsverhalten). 2. Die Männchen versuchen, sich so oft es nur geht, mit möglichst vielen Weibchen zu paaren, ohne sich dabei gegenseitig zu behindern (promiskuitives Paarungsverhalten). Letzteres bedingt "sperm competition" (Wettstreit der Samen), und die Hoden der Männchen erreichen daher ein beeindruckendes Gewicht: Beim Gewöhnlichen Delphin je 4 kg, was auf intensive sexuelle Aktivität bei geringer Rivalität schließen läßt (Kenagy & Trombulak, 1986). Neuere Untersuchungen bestätigten dies: Nur 20 % der untersuchten Tiere hatten gebrochene Rippen oder Wirbelfortsätze (mit Ausnahme des Großen Tümmlers weisen andere Delphinarten mit bis zu 70 % deutlich mehr Rippenbrüche auf). Außerdem waren die Aggressionen häufiger gegen Weibchen (mehr Knochenbrüche) als gegen Rivalen gerichtet. Es gibt eine bestätigte Beobachtung, nach der die sexuellen Aktivitäten eines Pärchens Gewöhnlicher Delphine mehr als 2 Wochen andauerten und erst durch den Tod des Männchens beendet wurden.

Schon in der Antike wird epimelitisches Verhalten von Gewöhnlichen Delphinen beschrieben: Wiederholt sollen sie Schiffbrüchige und Ertrinkende ans rettende Ufer gebracht haben. Tatsächlich ist das Retten und Stützen von hilflosen Artgenossen ein bei den luftatmenden Meeressäugern weit verbreitetes soziales und auch sinnvolles Verhalten. Offensichtlich ist dieser Rettungsdrang so stark, daß sie auch Objekte von ähnlicher Größe und Gestalt eines Artgenossen zur Oberfläche

Zahlen & Fakten
Gewöhnlicher Delphin

Länge: 1,7-2,6 m
Gewicht: 70-135 kg
Lebenserwartung: 25-30 Jahre
Geschlechtsreife: Weibchen mit 6-7, Männchen mit 5-12 Jahren
Paarungszeit: Frühjahr und Herbst, in den Tropen möglicherweise ganzjährig
Tragzeit: 10-11,5 Monate
Geburtszyklus: Jährlich 1 Kalb
Geburtslänge: 0,8-1 m
Geburtsgewicht: 10 kg
Säugezeit: 16-19 Monate
Tauchtiefe: Bis 70, max. 300 m
Tauchzeit: Bis 10 min
Höchstgeschwindigkeit: Etwa 60 km/h
Zähne: 80-120 kleine, konische Zähne je Kiefer
Gruppengröße: 10-2.000 (trop. Ostpazifik)
Population: Unbekannt, vermutlich einige Mio

Schnell-Erkennung
Gewöhnlicher Delphin

sanduhrförmige Flankenzeichnung

vordere Seiten teilweise gelbbraun

dunkler Rücken mit v-förmigem Sattel unter der Finne

deutliche, kurze Schnauze

dunkle Linie von der Schnauze zu den Brustflossen

Brustflossen, Fluke und Finne meist dunkel

Bauch und untere Seiten weiß

an der Oberfläche sehr aktiv

bringen. So lassen sich auch Berichte Schiffbrüchiger erklären, die von Delphinen an der Oberfläche gehalten wurden. Ob dies allerdings mehrere Tage andauerte und den Transport zum rettenden Ufer einschloß, bleibt zweifelhaft.

Tauchen
Tauchzeit meist um 5, max. 10 min. Tauchtiefe selten mehr als 70, max. 300 m.

Nahrung
Wie andere Delphine der offenen See bevorzugen auch Gewöhnliche Delphine pelagische Fische. Je nach Jahreszeit und Region fressen sie im Sommer vorwiegend Schwarmfische (Sardelle, Makrele, Meerhecht, Stint, Sardine, Hering, Blauer Wittling), im Winter Kopffüßer (Sepien, Kalmare). Sie jagen kräftesparend kooperativ, unterschwimmen dabei ihre Beute und treiben sie an der Oberfläche zusammen. Siehe auch FRESS-TANZ auf den Seiten 241-243.

Allgemeine Info
Gewöhnliche Delphine waren bereits den Griechen und Römern der Antike bekannt und spielten in deren Mythen eine wichtige Rolle. Als erster nannte Aristoteles diese Art "Delphin" und erkannte auch, daß sie ein Säugetier ist. 1758 durch Linnaeus *Delphinus delphis* benannt.

Trotz gelegentlicher Aggression von Kleinen Schwertwalen gegen Gewöhnliche Delphine, die in Thunfischnetzen gefangen waren, leben die Arten meist friedlich nebeneinander. Auch Schwertwal-Angriffe sind selten, David H. Brown und Kenneth Norris schreiben: Die Schwertwale umzingelten ihre Opfer ähnlich wie beim Heringsfang und trieben sie immer dichter zusammen. Ein Schwertwal nach dem anderen stieß in die Delphingruppe und holte sich seinen Anteil, während die übrigen weiter kreisten und die Delphine an der Flucht hinderten. Es gibt aber auch den Bericht von Brown & Caldwell (1966), wonach ein Kleiner Schwertwal in Gefangenschaft einem Gewöhnlichen Delphin-Weibchen half, als ein Kurzflossen-Grindwal dessen totgeborenes Baby fressen wollte. Ein weiteres Beispiel von interspezifischem Fürsorgeverhalten beschreiben Logan & Robson (1971): Ein Schwarzdelphin-Weibchen half bei der Geburt eines Gewöhnlichen Delphins.

Der Gewöhnliche Delphin gilt als der häufigste Delphin überhaupt, obwohl der Bestand in Mittelmeer, Schwarzem Meer und tropischem Ostpazifik stark zurückgegangen ist. Die genaue Bestandsgröße ist unbekannt, Schätzungen gehen von einigen Millionen Tieren aus, davon im äquatorialen Ostpazifik über 900.000, im westlichen Nordatlantik etwa 17.000. Trotzdem gilt die Art als durch den Gelbflossen-Thunfischfang gefährdet, denn als Jäger von Schwarmfischen verfangen sich die Delphine oft in Netzen. In den 1960ern wurden von sowjetischen Fischern jährlich etwa 120.000 und noch bis 1988 etwa 100.000 Tiere im Schwarzen Meer getötet. Durch verbesserte Fangtechniken und strengere Gesetze sind diese Zahlen heute deutlich kleiner. Als letztes Glied in der Nahrungskette sind Gewöhnliche Delphine, wie andere Delphine auch, sehr stark durch die Verschmutzung der Meere gefährdet. Besonders die Tiere im Mittelmeer sind extrem mit Quecksilber, Chlorkohlenwasserstoffen und Schwermetallen belastet. Da die Art für eine Haltung in Delphinarien nicht geeignet ist und in Gefangenschaft meist nur wenige Monate überlebt, sieht man sie dort nur sehr selten.

Wo & Wann
Häufig, weit verbreitet in allen küstenfernen, tropischen bis warm-gemäßigten Gewässern der Weltmeere. Atlantik: Südlich von Neufundland bis Argentinien und Südskandinavien bis Südafrika; Pazifik: Japan bis Neuseeland und Kalifornien bis Chile; im Indik selten. Auch in Nebenmeeren (Rotes Meer, Mittelmeer, Schwarzes Meer). Bevorzugt Wassertiefen von 300+ m. Oft über dem Kontinentalsockel sowie in der Nähe von Steilküsten, auch bei Inseln. Bei 10-28 °C, die Wassertemperatur begrenzt die Verbreitung nach Norden und Süden.

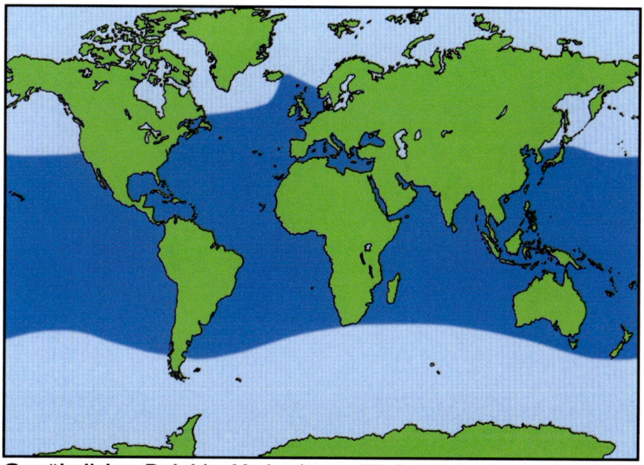

Gewöhnlicher Delphin, Verbreitung: Tiefe, küstenferne, tropische bis warm-gemäßigte Gewässer aller Weltmeere.

Küstendelphin, Long-beaked Common Dolphin, *Delphinus capensis*

Übermütige Küstendelphine vor Südafrika. Rod Haestier

Besondere Erkennungsmerkmale: Siehe Gewöhnlicher Delphin.
Beschreibung: Max. Länge 2,4 m, Männchen größer als Weibchen (Geschlechtsdimorphismus). Dunkle Schnauze durch auffällige Falte von der flachen Stirn getrennt. Rückenflosse groß, dunkel, sichelförmig. Breite Brustflossen und Fluke überwiegend dunkel.
Leicht zu verwechseln mit: Kann leicht mit dem sehr ähnlichen Gewöhnlichen Delphin verwechselt werden. Beide werden erst seit 1995 als getrennte Arten angesehen. Unterschiede: Küstendelphin: Schlanker, Schnauze länger und schmaler, Stirn flacher, Streifen zwischen Unterkiefer und Brustflossen breiter, Gesamtfärbung blasser, Finne und Brustflossen kleiner. Der Küstendelphin lebt vorwiegend in Küstennähe, der Gewöhnliche Delphin bevorzugt offene Gewässer.
Andere Namen: Kap-Delphin, Langschnauziger Delphin (deutsch); Cape Dolphin, Saddleback Dolphin, Criss-cross Dolphin, Hourglass Dolphin (engl.); Dauphin Commun (franz.); Delphin Común Costero (span.); Golfinho Comum Costeiro (port.); Delfín Común Costero (Lat.am.); Delphino (ital.); Tobi Iruka (japan.).
Bedeutung des wissenschaftlichen Namens: *Delphinus capensis* Gray 1828 – Lat. *Delphinus* für "Delphin", *capensis* beschreibt den Ort der Entdeckung, das Kap der Guten Hoffnung in Südafrika.
Verhalten: Gruppengröße, Oberflächenaktivitäten etc. wie beim Gewöhnlichen Delphin, jedoch bevorzugen Küstendelphine küstennahe Gewässer, besonders an Steilküsten. S. a. IN DER FALLE, S. 201-202.
Tauchen: Tauchzeit meist um 5, max. 10 min. Tauchtiefe (bei der Jagd) etwa 50, max. 200 m.
Nahrung: Küstennahe Fische und Kopffüßer. Je nach Jahreszeit und Region fressen sie im Sommer vorwiegend Schwarmfische, im Winter Sepien und Kalmare. Sie jagen immer in Gruppen und treiben dabei Beutefische an der Oberfläche zusammen.
Allgemeine Info: Erstbeschreibung 1828 durch Gray anhand eines Exemplars vom Kap der Guten Hoffnung in Südafrika. Dennoch wurde diese Art lange nur für eine Variante des Gewöhnlichen Delphins (*D. delphis*) gehalten. Erst 1995 erkannte man *D. capensis* aufgrund von Unterschieden in DNA und Morphologie (Größe, Länge und Breite der Schnauze; mehr Zähne und Wirbel als *D. delphis*) als eigenständige Art an. Auch gibt es Unterschiede in der Verbreitung. Trotz gemischter Gruppen sind Kreuzungen zwischen beiden Arten bisher nicht bekannt. Als Jäger von Schwarmfischen verfangen sich diese Delphine oft in Netzen.

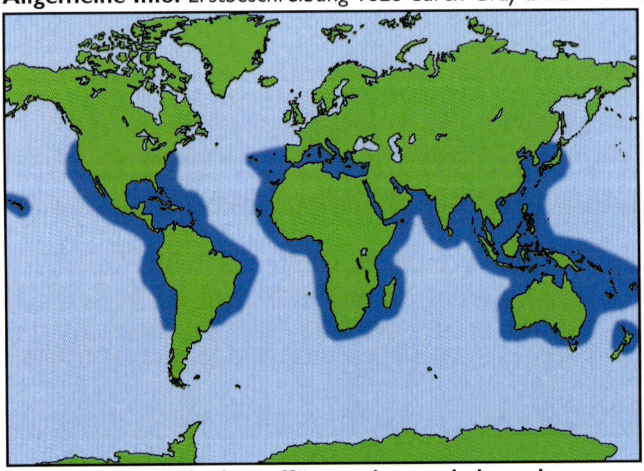

Küstendelphin, Verbreitung: Küstennahe, tropische und warmgemäßigte Gewässer aller Weltmeere.

IN DER FALLE

Anstatt wie üblich einen Nachmittagsspaziergang entlang der Klippen zu machen, ging der Fotograf Rod Haestier eines schönen Januarmorgens 2001 bei De Kelders an der Gaansbaai Südafrikas spazieren. Er wollte nur die atemberaubende Südkapküste sehen, kurz schwimmen gehen und dann ins Büro, als er plötzlich das Quietschen von Delphinen vernahm.

Man kann sich vielleicht meine Überraschung und Verwunderung vorstellen, als ich das Quieken von Delphinen hörte, ohne sie zu sehen. Ein paar Schritte weiter konnte ich über die Klippen schauen: Dort unten in einem Felstümpel schwammen etwa 15 Küstendelphine *(Delphinus capensis)* Runde um Runde, immer gegen den Uhrzeigersinn.

Eine Weile schaute ich zu, dann eilte ich nach Hause, um Kamera und Telefon zu holen. Ich rief meinen Bruder an, der oben in Durban war. Er wiederum kontaktierte Wissenschaftler in Kapstadt und weitere Doktoren in Plettenberg Bay. Mittlerweile schwamm mein Freund Anton durch einen Ablaufkanal aus dem Tümpel in der Hoffnung, die Delphine würden diesen Fluchtweg erkennen und ihr Kreisen aufgeben, doch vergebens.

Auch Fred, ein ortsansässiger Taucher, eilte zu Hilfe und übernahm die Leitung der Rettungsaktion. Schließlich gingen wir drei ins Wasser, um zu testen, ob wir die Tiere in den Kanal treiben könnten. Zu diesem Zeitpunkt kam die Flut und brachte starke Brandung und Strömungen mit sich. Es war offensichtlich, daß noch mehr Helfer benötigt wurden. Der Tümpel hatte etwa 15 m Durchmesser

FOTOS: JOY HAESTIER

In einem Felstümpel schwammen etwa 15 Delphine Runde um Runde, ohne den Ausgang zum offenen Meer zu finden.

Wir bildeten mit Armen und Beinen eine Barriere, um die Delphine zurück ins Meer zu treiben.

und war ungefähr 5 m tief, und die Delphine schwammen unter uns durch, um uns und hinter uns herum, immer im gleichen Muster.

Die Neuigkeiten verbreiteten sich schnell, und mit einigen weiteren Tauchern kehrten wir ins Wasser zurück, um mit Armen und Beinen eine Barriere zu bilden. Langsam näherten wir uns den Delphinen, bis schließlich einige von ihnen die Richtung änderten und seewärts schwammen. Als die Hälfte von ihnen den Tümpel bereits verlassen hatte, kehrten drei Alttiere um, als wollten sie die "Teenager" nicht alleine zurücklassen. Die Flutmarke war erreicht, also entschieden wir, noch einen letzten Versuch zu unternehmen sie hinauszutreiben. Wir blieben jedoch erfolglos und hielten es nun für besser, die Tiere für eine Weile in Ruhe zu lassen und ihnen nicht noch mehr Streß zu bereiten.

Um 6 Uhr abends kehrte unser "Rettungstrupp" zurück. Ich entschied, auf den Klippen zu bleiben, alles zu beobachten und zu fotografieren. Eine schwierige Entscheidung, denn wann bekommt man schon einmal eine Gelegenheit wie diese? Gut und schön. Fred brachte ein Netz als wirksamere Barriere, was auch gut funktionierte. Schon beim ersten Versuch halfen zwei Taucher zwei Delphinen hinaus. Diese blieben an der Mündung, während sich die anderen neu gruppierten.

Einmal dachte ich, sie würden zu den anderen zurückschlüpfen, doch zum Glück änderten die verbliebenen Delphine ihre Richtung und schwammen durch das Kelp zur Mündung. Alle wirbelten ein bißchen durcheinander und schwammen dann schließlich hinaus, um sich an einem Sardinenschwarm gütlich zu tun. Ein Delphin war sehr aufgeregt und zweifellos auch sehr glücklich, denn er machte einige Luftsprünge, sehr zur Freude der Menschenmenge auf den Klippen. Es ist mehr als wahrscheinlich, daß die Nachzügler auf die zuerst befreite Gruppe trafen, denn die ganze Zeit über konnte man in der Bucht etliche Blaswolken und Rückenflossen beobachten.

Ich muß sagen, daß dies eine Ehrfurcht gebietende Erfahrung gewesen war. Weder Tier noch Mensch wurden verletzt, und niemand im Tümpel bei den Delphinen hatte Angst verspürt. Dort hatte ich die Säuger nur selten rufen hören, könnte es ein, daß sie uns vertrauten, sobald die Hilfsaktion angelaufen war?

Schwer zu sagen, wann und warum die Delphine in dem kleinen Tümpel gelandet waren. Es ist mehr als wahrscheinlich, daß sie Sardinen verfolgt hatten. Diese kleinen Fische waren dann ein wenig zu schnell gewesen und hatten die Echoortung der Delphine verwirrt. Nach insgesamt 10 Stunden war an den Klippen alles wieder normal. Alle Retter und Zuschauer waren dankbar und glücklich, daß die Delphine endlich wieder in Freiheit waren.

Jedesmal, wenn ich heute an dem Felstümpel vorbeikomme, sehe ich im Geist diesen einen speziellen Delphin, der seinen Kopf über die anderen herausstreckt, um einen Blick auf die Welt außerhalb des Ozeans zu werfen.

Pantropischer Fleckendelphin, Pantropical Spotted Dolphin, *Stenella attenuata*

Zwei Pantropische Fleckendelphine, perfekt in ihrer Eleganz eingefangen. Hawaii. Chris Newbert

Besondere Erkennungsmerkmale: Besonders Adulte sind anhand ihres auffälligen, individuellen Fleckenmusters leicht zu erkennen, das allerdings in Abhängigkeit von Alter und geographischer Verbreitung stark variiert. Schnauze lang, schmal, mit charakteristischer weißer Spitze und weißen "Lippen".

Beschreibung: Körper kräftig, Länge 2-2,4 m, Gewicht bis 120 kg, Weibchen etwas kleiner als Männchen. Schnauze durch Falte deutlich von der flachen Stirn abgesetzt. Seiten meist mit mittelgrauen Streifen, hellgraue Unterseite mit dunklen Flecken. Mit fortschreitendem Alter nehmen die Flecken an Zahl und Größe zu, können bei älteren Exemplaren die Grundfärbung fast ganz überdecken. Rücken kann auf hoher See/im Sonnenlicht blaß wirken ("Silberrücken"). Brustflossen fleckenlos. Ein auffälliger, dunkler Streifen von den Augen zu den Brustflossen. Pigmentierung in 5 Stufen: 1. Neugeborene noch fleckenlos, Zeichnung sehr schwach. 2. Obere Körperhälfte wird dunkler, untere bleibt hell. 3. Ab 1,5 m Länge erste dunkle Flecken auf dem hellen Bauch. 4. Erste helle Flecken auf dem dunklen Rücken. Flecken auf dem Bauch nehmen zu, verschmelzen. 5. Rückenflecken nehmen in Anzahl und Größe zu. Eine dunkle, zügelartige Zeichnung verbindet die Augen, ein weiterer dunkler Streifen Schnauze und Brustflossen miteinander. Eine größere, kräftigere und

Zahlen & Fakten Pantropischer Fleckendelphin

Länge: 1,6-2,4 m
Gewicht: 90-120 kg
Lebenserwartung: Etwa 45 Jahre
Geschlechtsreife: Weibchen mit 9-11, Männchen mit 12-15 Jahren
Tragzeit: 11,5 Monate
Geburtszyklus: 2-3 Jahre, Geburten in Frühjahr und Herbst
Geburtslänge: 0,8-0,9 m
Tauchtiefe: Etwa 200 m
Höchstgeschwindigkeit: 40 km/h
Zähne: 70-96 konische Zähne je Kiefer
Gruppengröße: 50-1.000, selten bis 3.000
Population: Unbekannt, trop. O-Pazifik ca. 2 Mio

Schnell-Erkennung Pantropischer Fleckendelphin

Körperform schlank, große, sichelförmige Finne

Rücken dunkelgrau, Adulte stark gefleckt

Fleckenmuster individuell verschieden

Schnauze lang, schmal, mit weißen "Lippen"

weiße Schnauzenspitze

dunkler Streifen von Augen zu Brustflossen

an der Oberfläche sehr aktiv

Die weiße Schnauzenspitze ist auch beim Springen weithin sichtbar. Doug Perrine

eine kleinere, schlankere Hochseeform der Art werden anerkannt. Küstenform immer stärker gefleckt als Hochseeform. Tiere einiger Populationen (Golf von Mexiko, Hawaii) nur spärlich gefleckt.

Leicht zu verwechseln mit: Großer Tümmler, Indopazifischer Tümmler und Atlantischer Fleckendelphin.

Verwechslung am ehesten mit Atlantischem Fleckendelphin (besonders im NW-Atlantik, wo beide Verbreitungsgebiete überlappen), dieser jedoch etwas schlanker und mit dunklerem Streifen zwischen Augen und Brustflossen.

Andere Namen: Fleckendelphin (deutsch); Bridled Dolphin, Slender-beaked Dolphin (engl.); Dauphin Tacheté de Pantropical, Dauphin Tropical (franz.); Stenella Maculata Pantropicale (ital.); Estenela Moteada (span.); Golfinho Malhado Pantropical (port.); Slanke Dolfijn (niederl.); Hvitflekkdelphin (norweg.); Trooppinentäplädelfiini (finn.); Stilla Havets Fläckiga Delphin (schwed.); Pantropisk Plettet Delphin (dän.); Arari Iruka (japan.); Delphin Manchado, Delphin Pintado (Lateinamerika).

Bedeutung des wissenschaftlichen Namens: *Stenella attenuata* (Gray 1846) – *Stenella* (J. E. Gray, 1866) von griech. *stenos* für “eng, schmal”, beschreibt die charakteristische lange, schmale Schnauze. Lat. *attenuata* für “verjüngt”, verstärkt diese Beschreibung.

Verhalten: Sehr aktiv, schnellt bei hoher Schwimmgeschwindigkeit wiederholt mit langen, flachen Sprüngen komplett aus dem Wasser (porpoising), große Schulen sind daher schon aus der Entfernung an der Gischt zu erkennen. Auch Flukeschlagen ist häufig. Meidet in Thunfischfanggebieten Boote, anderswo häufiger Bugwellenreiter. Oft mit Spinner-Delphinen, gelegentlich auch mit Seevögeln vergesellschaftet in der Nähe von Thunfisch-Beute. Drei Typen sozialer Gruppen: 1. Weibchen mit Jungen. 2. Unreife Tiere beider Geschlechter. 3. Adulte, geschlechtsreife Männchen. Sehr gesellig, Gruppengröße einige Dutzend (Küstenform, z.B. Zentralamerika) bis mehrere Tausend (Hochseeform).

Tauchen: Die Tauchgänge der in Küstennähe lebenden Tiere sind etwas kürzer als die ihrer Hochsee-Verwandten. Ihre Tauchgänge beschränken sich auf die oberen Wasserschichten bis etwa 200 m.

Nahrung: Jagt oberflächennah auf offener See bevorzugt kleine Schwarmfische, Fliegende Fische und Kalmare, in Küstennähe auch riffbewohnende Fische und Krebstiere am Boden.

Allgemeine Info: Erster Name *Delphinus attenuatus,* später *Steno attenuatus,* schließlich *Stenella attenuata* (alle von Gray). Ursprüngliche Namensvielfalt durch fehlende Homogenität in verschiedenen Populationen, sogar einzelnen Gruppen. William F. Perrin (1987) trennt *S. attenuata* von *S. frontalis.* Noch in den frühen 1970ern starben jährlich mehr als 100.000 Tiere allein durch den Thunfischfang, ist heute aber wieder einer der häufigsten Delphine (neue Fangtechniken und Gesetze haben inzwischen die Zahl der tödlichen Beifänge auf jährlich etwa 20.000 Delphine aller Arten reduziert). Fleisch wird in Japan verzehrt.

Wo & Wann: Weltweit küstennah und -fern in allen tropischen, subtropischen und warm-gemässigten Meeren (25+ °C). Ostpazifik: Kalifornien bis Peru; Westpazifik: Japan bis Australien; Indik: Rotes Meer bis Australien.

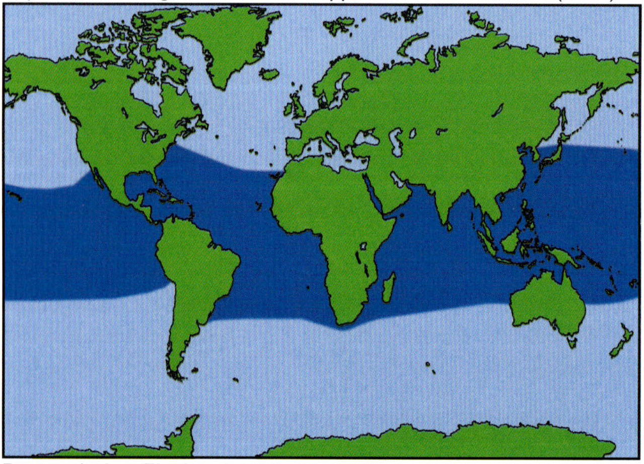

Pantropischer Fleckendelphin, Verbreitung: Weltweit küstennah und -fern in vielen tropischen bis warm-gemäßigten Gewässern.

Atlantischer Fleckendelphin, Atlantic Spotted Dolphin, *Stenella frontalis*

Adulte dieser Art (vorne) haben typische Flecken, Jungtiere (hinten) noch nicht. Azoren. Ralf Kiefner

Besondere Erkennungsmerkmale
Flecken ausgewachsener Tiere sehr deutlich abgegrenzt: Auf hellem Untergrund dunkel und umgekehrt. Können so groß und zahlreich sein, daß sie die Grundfarbe teilweise überdecken.

Beschreibung
Körper relativ kräftig, bis 2,4 m lang und 140 kg schwer. Lange, schmale Schnauze mit einer Falte am Übergang zur ausgeprägten Melone deutlich abgesetzt. Kopfform ähnlich der des Großen Tümmlers, Mundspalt jedoch gerade, Mundwinkel nicht wie bei diesem zu einem "Lächeln" nach oben gezogen. Finne deutlich abgesetzt, mit breiter Basis, hoch, sichelförmig, meist ungefleckt und dunkel. Brustflossen relativ lang, schlank, mit spitzen Enden und ebenfalls ungefleckt. Die konkave Flukenhinterkante hat eine deutliche mediane Einkerbung. Jedes adulte Tier mit individuellem Fleckenmuster (siehe oben), das das ganze Leben lang unverändert bleibt; dient wahrscheinlich der Individualerkennung und sozialen Bindung. Jedoch erhebliche Unterschiede in Fleckenmuster und Färbung bei verschiedenen Populationen, z.B. Hochseeform im Ostatlantik und bei den Azoren mit fast fleckenlosem Bauch. Neugeborene noch ungefleckt, aber mit deutlichem, dunkelgrauem Rückencape, hellgrauen Seiten und hellem Bauch. Nach einem Jahr mit ersten grauweißen Flecken, zuerst an Bauch und Seiten, später auf dem Cape, das dadurch immer undeutlicher wird. Körper ab dem zweiten Lebensjahr überwiegend gefleckt. Mit zunehmendem Alter nehmen die Flecken immer mehr an Intensität, Anzahl und Größe zu.

Leicht zu verwechseln mit
Pantropischer Fleckendelphin, Großer Tümmler, Indopazifischer Tümmler (letzterer ähnlich, aber Verbreitungsgebiete überlappen sich nicht).

Die Art kann am ehesten mit dem Pantropischen Fleckendelphin verwechselt werden, lebt jedoch nur in den Warmwasserregionen des Atlantiks, letzterer auch in denen von Pazifik und Indik. Unterschiede: Art kräftiger, mit deutlicher hellgrauer, flammenförmiger Seitenzeichnung, besonders am Bauch mit deutlicherer Fleckung, wogegen die des Pantropischen Fleckendelphins eher mit der Grundfärbung verschmilzt. Unterschiede zum Großen Tümmler: Schlanker, Adulte am ganzen Körper deutlich gefleckt, Schnauze länger und schlanker. Nur wenige Große Tümmler (Nordatlantik) mit ähnlicher diagonaler Seitenzeichnung.

Atlantische Fleckendelphine suchen im Sand der Bahamas nach eingegrabenen Fischen. Doug Perrine

Andere Namen
Long-snouted Dolphin (engl.); Dauphin Tacheté de l'Atlantique (franz.); Stenella Maculata Atlantica (ital.); Delphin Pintado (span.); Golfinho Malhado do Atlântico, Golfinho Pintado (port.); Gevlekte Dolfijn (niederl.); Flekkdelphin (norweg.); Atlannintäplädelfiini (finn.); Atlantens Fläckiga Delphin (schwed.); Atlantisk Plettet Delphin (dän.); Kasuri Iruka (japan.).

Bedeutung des wissenschaftlichen Namens:
Stenella frontalis (G. Cuvier 1829) – *Stenella* siehe unter *S. attenuata.* Lat. *frontalis* für "vorn, die Stirn betreffend".

Verhalten
Sehr neugierig, zutraulich, an der Oberfläche sehr aktiv. Besonders die Küstenform nähert sich Schwimmern und Schnorchlern oft bis auf wenige Meter. Schneller Schwimmer mit langen, flachen Sprüngen knapp über der Oberfläche (Porpoising), springt beim Jagen häufig. Lebt in enger sozialer Bindung, Gruppengröße in Küstennähe 5-15, im offenen Meer 25-50, max. mehrere hundert (selten). Oft bei Großen Tümmlern oder Thunfischen.

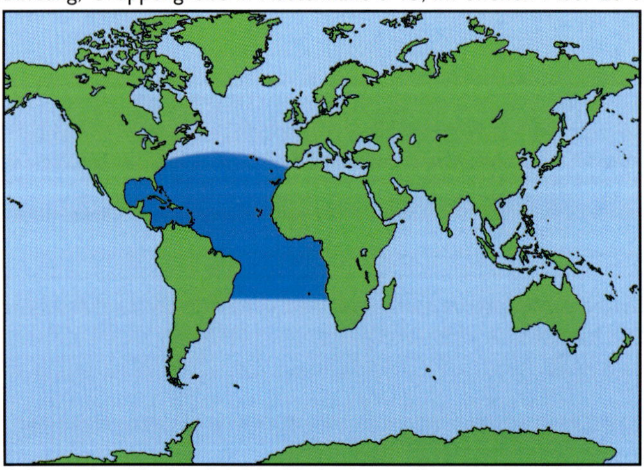

Atlantischer Fleckendelphin, Verbreitung: Küstennah und -fern in den tropischen bis warm-gemäßigten Gewässern des Atlantiks.

Tauchen
Taucht meist in steilem Winkel auf: Schnauzenspitze zuerst, dann Kopf, Rücken, Finne. Küstenform taucht kürzer als Hochseeform. Max. Tauchtiefe etwa 200 m.

Nahrung
Die Hochseeform jagt kleine, pelagische Schwarmfische und Kalmare, die Küstenform (Zähne größer) auch boden- und riffbewohnende Fische sowie Krebstiere und andere Wirbellose im Sand.

Allgemeine Info
Erstbeschreibung 1829 durch Baron Georges Cuvier als *Delphinus frontalis*. Durch Vielfalt in Musterung und Größe (je nach Verbreitungsgebiet stark variabel) große Verwirrung bei der Identifikation dieser Art selbst bei Experten. Seit 1987 werden zwei Fleckendelphin-Arten anerkannt: Atlantischer, Pantropischer (siehe dort). Die Fischer der Kleinen Antillen-Inseln St. Vincent, St. Lucia und Dominica (Karibik) jagen die Art noch bis heute mit Harpunen. Entlang der Westküste Afrikas, vor Brasilien und Venezuela wird sie gelegentlich noch in Stellnetzen und Ringwaden gefangen. Ihr Fleisch wird verzehrt oder zu Ködern für den Haifischfang verwendet.

Wo & Wann
Küstennah und -fern in den tropischen bis warm-gemäßigten Gewässern des Atlantiks beiderseits des Äquators zwischen 48° Nord und 24° Süd. Westatlantik: USA bis Brasilien; Ostatlantik: Westküste Afrikas (Sichtungen relativ selten). Am häufigsten im westlichen Nordatlantik entlang der Küste der USA und im Golf von Mexiko; häufigster Delphin der Bahamas. Relativ häufig auch bei den Kanaren, Azoren (besonders im September) und Sankt Helena. Seltener bei den Antillen, an den Küsten Kolumbiens und Venezuelas.

Oben: Männchen beim gegenseitigen Imponieren um die Vorherrschaft in der Gruppe.

Doug Perrine

Links: Ein Atlantischer Fleckendelphin über karibischen Hornkorallen bei Curaçao, Niederländische Antillen.

Helmut Debelius

Paarung. Der Kopf des Weibchens (oben) zeigt Spuren von Liebesbissen. Steve Drogin

Versuche zum Sozialverhalten von Fleckendelphinen bei den Bahamas. Michele Hall

Clymene-Delphin, Short-snouted Spinner Dolphin, *Stenella clymene*

Der Clymene-Delphin wird selten fotografiert, hier im Golf von Mexiko. Robert Pitman/Seapics.com

Besondere Erkennungsmerkmale
Kleiner, tropischer Delphin mit bis 15 cm hoher, sichelförmiger Finne. Schnauze kurz, deutlich abgesetzt, mit schwarzer Spitze. Stirn leicht gewölbt.

Beschreibung
Körper schlank, Länge 1,6-2 m, Gewicht 60-90 kg. Flukenhinterkante leicht konkav, mit deutlicher medianer Einkerbung. Färbung sehr ähnlich der des Spinner-Delphins. Brustflossen, Fluke und Finne überwiegend dunkel. Bauch weiß. Eine hellgraue Linie von der Schnauze zu den Brustflossen. An den Seiten ein schmaler, hellgrauer Streifen, der nach hinten breiter wird und die Schwanzwurzel ganz umschließt. Dunkelgraues bis schwarzes Cape von Melone zur hellgrauen Schwanzwurzel. Unterkiefer unterschiedlich weiß, Schnauzenspitze und Unterkiefer-"Lippen" immer dunkel.

Zahlen & Fakten Clymene-Delphin

Länge: 1,6-2 m
Gewicht: 60-90 kg
Lebenserwartung: Unbekannt
Geburtszyklus: Unbekannt
Geburtslänge: 80 cm
Geburtsgewicht: Unbekannt
Tauchzeit: Unbekannt
Zähne: 78-98 konische Zähne je Kiefer
Gruppengröße: 5-50, selten auch bis 500
Population: Unbekannt

Schnell-Erkennung Clymene-Delphin

stromlinienförmiger, dreifarbiger Körper

dunkelgraues Rückencape von der hohen, sichelförmigen Finne zum weißen Bauch, dazwischen hellgrauer Streifen

dunkle, schmale, spitze Brustflossen

schlanke, spitze Schnauze mit dunkler Spitze
macht Drehsprünge

Leicht zu verwechseln mit
Spinner-Delphin, Großer Tümmler und Indopazifischer Tümmler. Bis 1981 hielt man die Art für eine der vielen Formen des Spinner-Delphins (siehe auch "Allgemeine Info"), sie unterscheidet sich jedoch wie folgt: Schnauze deutlich kürzer, Kopf kleiner, Brustflossen kürzer, Finne sichelförmig, nicht aufrecht, Körper etwas kürzer und breiter. Das dunkle Rückencape der Art reicht im Gegensatz zu dem des Spinner-Delphins von der Finne fast bis zur weißen Bauchseite. Die Verbreitungsgebiete beider Arten überlappen nur im tropischen Atlantik. Großer Tümmler: Kräftiger und größer, Schnauze weniger spitz. Indopazifischer Tümmler: Kräftiger und größer, anders verbreitet.

Andere Namen
Kurzschnauzen-Spinner-Delphin (deutsch); Clymene Dolphin, Helmet Dolphin, Senegal Dolphin (engl.); Dauphin du Clyméné (franz.); Stenella Clymene (ital.); Delphin Clymene (span.); Golfinho Fiandeiro de Bico Curto (port.); Clymene Dolfijn (niederl.); Clymenedelphin (norweg.); Clymenendelfiini (finn.); Clymene Delphin (schwed.); Clymene-delphin (dän.).

Bedeutung des wissenschaftlichen Namens:
Stenella clymene (Gray 1850) – *Stenella* siehe unter *S. attenuata, clymene* von Klymene, Tochter von Okeanos und Tethys (griech. Mythologie).

Verhalten
Einzige Delphinart, die wie der Spinner-Delphin hohe Drehsprünge ausführt, nähert sich Booten aber nur selten, reitet nur kurz auf deren Bugwelle. Gelegentlich in Gesellschaft von Spinner-, Gewöhnlichen und anderen Delphinen. Gruppengröße 10-50, in ergiebigen Nahrungsgebieten bis einige hundert. Gestrandete Gruppen waren nach Geschlechtern getrennt.

Tauchen
Jagt wie Spinner-Delphin nachts (bis etwa 200 m Tiefe). Taucht auch wie dieser meist in steilem Winkel auf: Schnauzenspitze zuerst, dann Kopf, Rücken, Finne.

Nahrung
In den Mägen gestrandeter Tiere wurden diverse Fische und Kalmare gefunden.

Allgemeine Info
Ein Schädel im Natural History Museum (London) ähnelte nach Gray (1846) dem des Spinner-Delphins, hatte aber weniger Zähne. Er benannte ihn zunächst *Delphinus metis,* hatte diesen Namen aber zuvor bereits für einen anderen Schädel verwendet, der sich später als der eines Großen Tümmlers herausstellte. Darauf wählte Gray den neuen Artnamen *clymene.* Die Beschreibung als eigene Art wurde anfangs von vielen Taxonomen angefochten, und *S. clymene* galt lange Zeit nur als regionale Variante des Spinner-Delphins *S. longirostris.* Erst seit der Arbeit von William Perrin (1981) wird die Art allgemein als eigenständig anerkannt.

Wo & Wann
Verbreitung nicht genau bekannt, aber ausschließlich in tropischen und subtropischen, selten auch in warm-gemäßigten Gewässern des Atlantiks beiderseits des Äquators. Sichtungen meist in tiefen, küstenfernen Regionen des Atlantiks in Äquatornähe. Obwohl die Art tiefe Gewässer bevorzugt, ist sie auch im Golf von Mexiko, in der Karibik, an der NW-Küste Afrikas und entlang der NO-Küste Südamerikas regelmäßig anzutreffen. Nördlichste Meldung: New Jersey (USA), südlichste im Westatlantik vor Santa Catarina (Süd-Brasilien), im Ostatlantik vor Angola.

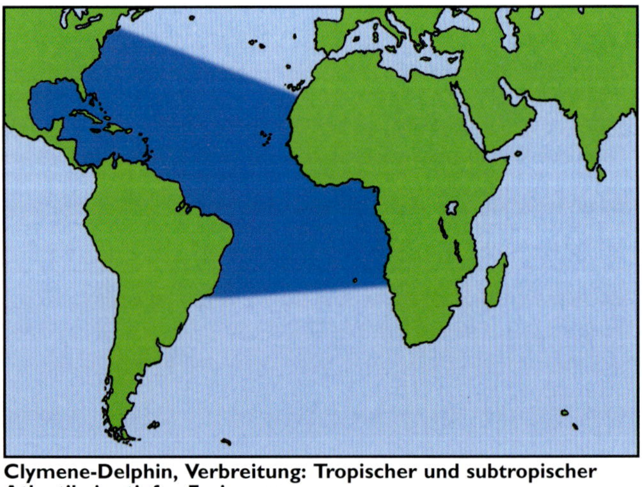

Clymene-Delphin, Verbreitung: Tropischer und subtropischer Atlantik, im tiefen Freiwasser.

Streifendelphin, Striped Dolphin, *Stenella coeruleoalba*

Die typische Zeichnung dieser Art ist am besten über Wasser zu erkennen. Azoren. Ralf Kiefner

Besondere Erkennungsmerkmale
Körper sehr schlank, Finne groß, stark sichelförmig. Auf jeder Seite 2 auffällige schwarze Streifen, einer vom Auge zu den Brustflossen, der andere vom Auge zur Analgegend. Zwischen diesen Haupt-Seitenstreifen oft noch eine oder mehrere kurze, dunkle Linien oberhalb der Brustflossen.

Beschreibung
Männchen bis 2,5 m lang und 150 kg schwer (regional verschieden), etwas größer als Weibchen. Dunkle, relativ kurze Schnauze durch Falte deutlich von der leicht abfallenden Stirn getrennt. Rücken von Schnauze bis Schwanzwurzel dunkelgrau, blaugrau oder bräunlich. Streifenzeichnung (Name) siehe oben, variiert je nach Population, schwarze Augenbinde und die beiden Haupt-Seitenstreifen jedoch relativ konstant. Die hellgrauen Seiten verlaufen von der Stirn nach hinten und teilen sich unterhalb der Finne flammenförmig auf, umfassen jedoch die gesamte Schwanzwurzel.

Leicht zu verwechseln mit
Küstendelphin, Gewöhnlicher Delphin (ähnliche Größe, Körperform, Verbreitungsgebiet). Obwohl alle drei zusammen schwimmen, ist die Art leicht an ihren dunklen Seitenstreifen zu erkennen; die gelbliche, sanduhrförmige Seitenzeichnung der beiden anderen Arten fehlt ihr.

Andere Namen
Blau-Weißer Delphin, Gestreifter Delphin (deutsch); Striped Dolphin, Streaker, Streaker Dolphin, Streaker Porpoise, Whitebelly, Euphrosyne Dolphin, Meyen's Dolphin, Gray's Dolphin (engl.); Dauphin

Zahlen & Fakten Streifendelphin
Länge: 1,8-2,5 m
Gewicht: 75-131 kg
Lebenserwartung: 40-57 Jahre
Geschlechtsreife: Weibchen mit 8,8, Männchen mit 9,8 Jahren
Paarungszeit: Januar-Februar, Mai-Juni, September-Oktober
Tragzeit: 12 Monate
Geburtszyklus: 2-3 Jahre
Geburtslänge: 0,8-1 m
Säugezeit: 15-18 Monate
Tauchtiefe: Bis 200 m
Tauchzeit: Bis zu 15 min
Zähne: 72-98 kleine, konische Zähne im Ober-, 78-110 im Unterkiefer
Gruppengröße: 7-1.000, selten bis 3.000
Population: 2 Mio (geschätzt), gilt als gefährdet

Schnell-Erkennung Streifendelphin
schlanker Körper

3 dunkle Streifen von Auge bis Anus, Brustflosse, oberhalb Brustflosse

dunkler Rücken, weißer Bauch

Finne dunkel, groß, stark sichelförmig, darunter hellgraue, flammenförmige Seitenfärbung

meist in riesigen Schulen

an der Oberfläche sehr aktiv

Bleu-et-Blanc (franz.); Stenella Striata (ital.); Estenella Listada (span.); Golfinho Riscado (port.); Gestreepte Dolfijn (niederl.); Stripedelphin (norweg.); Raitainendelfiini (finn.); Strimmig Delphin (schwed.); Stribet Delphin (dän.); Megane Suji Iruka, Suji Iruka (japan.); Polosatyy Del'fin (russ.); Delfín Listado (Lateinamerika).

Bedeutung des wissenschaftlichen Namens:
Stenella coeruleoalba (Meyen 1833) – *Stenella* siehe unter *S. attenuata, coeruleoalba* für "blau-weiß", aus lat. *coeruleus* für "himmelblau" und *albus* für "weiß".

Verhalten
Sehr neugierig und verspielt, springen häufig bis zu 7 m hoch aus dem Wasser, reiten auf der Bugwelle von Schiffen (besonders in Atlantik und Mittelmeer). Können länger als 30 min bis 30 km/h halten und begleiten sogar sehr schnelle Boote für kurze Zeit mit weiten Sprüngen. Außerdem Rückenschwimmen, Rückwärtssaltos. Wenn eine Schule schnell schwimmt, kommen ca. 30 % aller Tiere zugleich aus dem Wasser. Obwohl an der Oberfläche sehr aktiv, ist die Art Schnorchlern gegenüber sehr viel scheuer als andere Delphine. Sehr gesellig, Gruppengröße meist 100-400, max. etwa 3.000 (saisonale Wanderungen). Oft mit verwandten Arten vergesellschaftet (s.o.). Im tropischen Ostpazifik auch mit Gelbflossen-Thunfischen zusammen, sterben dann oft als "Beifang" in den Ringwaden der Thunfischerei. Drei Paarungszeiten (Januar-Februar, Mai-Juni, September-Oktober), in denen sich "Paarungsschulen" (geschlechtsreife Tiere beiderlei Geschlechts, sehr aktiv) von durchschnittlich 200 und "Nicht-Paarungsschulen" (Mütter mit Nachwuchs und unreife Tiere) von bis zu 700 Individuen bilden. Kälber bleiben 1-2 Jahre bei ihren Müttern in "Kindergartenschulen". Diese verlassen sie nach der Entwöhnung und kommen in "Junggesellenschulen" zusammen. Etwa ab dem 16. Lebensjahr schließen sich gerade geschlechtsreife Tiere den "Paarungsschulen" an. Bevorzugt die offene See, trotzdem einige Massenstrandungen in den letzten Jahren. Wegen der hohen Aktivität nur sehr schwer in Gefangenschaft zu halten. Die mehrfach beschriebene Rivalität zwischen Streifendelphin und Gewöhnlichem Delphin im Mittelmeer ist bislang unbewiesen.

Tauchen
Tauchzeit 5-10, max. 15 min. Jagt meist bis etwa 200 m Tiefe.

Nahrung
In den Mägen gestrandeter Tiere wurden 14 verschiedene Fischarten (meist Kabeljau, außerdem Sandaale, Meeräschen, Makrelen, Laternenfische, Schollen) sowie Krabben und Kalmare gefunden.

Allgemeine Info
Erstfang vor der Ostküste Südamerikas in der Nähe des Rio de la Plata (Argentinien). 1833 durch den deutschen Zoologen Franz Julius Meyen *Delphinus coeruleoalba* benannt. Nach Einführung von *Stenella* (Gray, 1866) dort eingeordnet. Danach noch mehrfach unter anderen Namen beschrieben. Der Populärname "Streifendelphin" ist viel treffender als die Übersetzung des wissenschaftlichen Namens "Blau-Weißer Delphin", denn die blau-weiße Färbung ist im Gegensatz zur braun-ockerfarbenen Streifung selten. Die Art wird in Japan seit Jahrhunderten gejagt, noch heute werden jährlich 5.000-6.000 Tiere wegen ihres Fleisches getötet. Bestandsgröße unbekannt, die Art gilt durch den Gelbflossen-Thunfischfang als gefährdet.

Wo & Wann
In allen tropischen und subtropischen Meeresgewässern, selten in den warm-gemäßigten Zonen. Bevorzugt tiefe, offene Gewässer, kommt der Küste selten näher als 200 m (Ausnahme: Steilküsten). In vielen Gebieten in nur geringer Populationsdichte, im westlichen Mittelmeer aber häufigste Delphinart. Oft um Japan, Hawaii, Papua-Neuguinea, Salomonen.

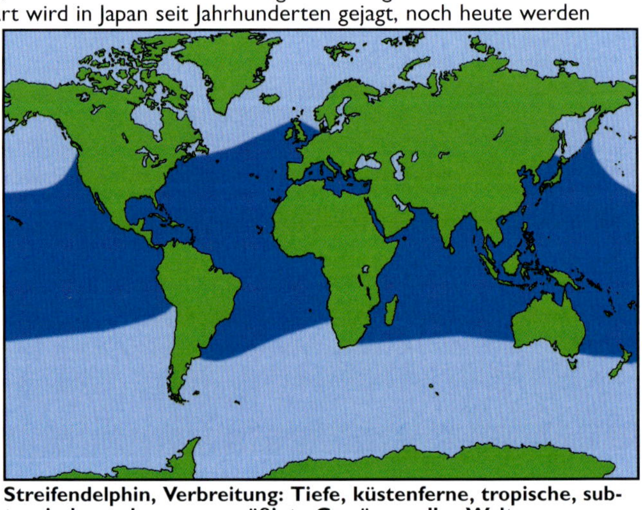

Streifendelphin, Verbreitung: Tiefe, küstenferne, tropische, subtropische und warm-gemäßigte Gewässer aller Weltmeere.

Spinner-Delphin, Long-snouted Spinner Dolphin, *Stenella longirostris*

Eine Gruppe des springfreudigen Spinner-Delphins im Roten Meer. Helmut Debelius

Besondere Erkennungsmerkmale
Die Art vollführt unverwechselbare, akrobatische Dreh- oder Kreiselsprünge (Name, engl. "spinner" für Kreisel), dadurch meist schon aus großer Entfernung gut zu erkennen. Unterschiede zu allen anderen kleinen Delphinarten: Aufrechte, dreieckige Finne und sehr schlanke, deutlich abgesetzte, lange Schnauze mit schwarzer Spitze.

Beschreibung
Sehr schlank, max. 2,5 m lang und 75 kg schwer. Männchen etwas größer als Weibchen. Finne aufrecht, nicht sichelförmig, bei adulten Männchen sogar manchmal etwas nach vorne geneigt. Brustflossen auffallend lang und spitz. Rücken dunkelgrau. Ausdehnung der hellgrauen bis weißen Bauchfläche sehr variabel. Dunkelgrauer Querstreifen bedeckt die Oberseite der Schnauze und verläuft in gerader Linie über die Augen zu den Brustflossen. Brustflossen, Fluke und Finne dunkel. Länge und Farbmuster je nach Verbreitungsgebiet sehr variabel, aber alle Tiere schlank und mit auffallend langer, dünner Schnauze. Allein im Pazifik mehrere geographisch getrennte Formen: Costa-Rica-Spinner, bis 2 m; Ostpazifik-Spinner, bis 1,6 m (kleinste Variante); Hawaii-Spinner, bis 2,5 m (größte Variante), dunkler als Costa-Rica- und Ostpazifik-Spinner, dunkelgrau mit mehreren, unterschiedlich großen Aufhellungen im Bereich der Kehle, Genitalien und hinter den Flossen. Finne der Männchen sehr aufrecht, dreieckig, gelegentlich sogar leicht nach vorne gebogen.

Leicht zu verwechseln mit
Der sehr ähnliche Clymene-Delphin (siehe dort) galt lange nur als Variante des Spinner-Delphins.

Andere Namen
Langschnauzen-Spinner-Delphin, Ostpazifischer Delphin (deutsch); Spinner, Long-beaked Dolphin, Long-snouted Spinner Dolphin, Rollover (engl.); Dauphin Longirostre, Dauphin à Long Bec (franz.); Stenella dal Lungo Rostro (ital.); Estenela Giradora (span.); Golfinho Rotador (port.); Langsnuitdolfijn (niederl.); Skruedelphin (norweg.); Spinnerdelfiini (finn.); Spinnardelphin (schwed.); Langnæbbet Delphin (dän.); Hashinaga Iruka, (japan.); Delphin Tornillón, Delfín Churumbelo (Lateinamerika).

Bedeutung des wissenschaftlichen Namens:
Stenella longirostris (Gray 1828) – *Stenella* siehe unter *S. attenuata*. Lat. *longirostris* für "langschnauzig".

Der weiße Bauch dieser atlantischen Form zieht hoch an den Seiten hinauf. Brasilien. Ralf Kiefner

Verhalten

Gesellig, oft in großen Schulen von mehreren hundert Tieren. Innerhalb der großen Herden kleine Familiengruppen mit sehr enger sozialer Bindung, Kommunikation besonders hoch entwickelt. Im tropischen Ostpazifik häufig mit Pantropischen Fleckendelphinen, Gelbflossen-Thunfischen und jagenden Seevögeln zusammen. Viele tausend Individuen verenden jährlich in Thunfischnetzen. Aus Strandungen läßt sich schließen, daß die Art oft mit Clymene- und anderen Delphinen vergesellschaftet ist. Die Art ist bekannt für ihre akrobatische Drehsprünge. Dabei kommen die Tiere bis zu 3 m hoch aus dem Wasser, drehen sich bis zu 7 mal um die Längsachse und fallen der Länge nach zurück. Diese Drehsprünge sind eine Art "territorialer Kommunikation", die unterschiedlichen Wasserwirbel beim Eintauchen haben verschiedene Bedeutungen. Gelegentlich auch normale Sprünge. Häufiges Bugwellenreiten, kommt dazu mit weiten Sprüngen aus großer Entfernung zum Boot. Bei den östlichen Antillen (Karibik) eher scheu und nur selten bei Booten. Bei der brasilianischen Inselgruppe Fernando de Noronha im tropischen Zentralatlantik leben etwa 300 ortstreue Tiere (Fernando-Spinner), die einen genau festgelegten Tagesablauf haben: Zwischen 5 und 7 Uhr morgens treffen sie in der "Baia dos Golfinhos", einer flachen, geschützten Bucht der Hauptinsel ein. Dort ruhen sie, spielen und paaren sich. Zwischen 14 und 16 Uhr verlassen sie die Bucht wieder und schwimmen zur nächtlichen Jagd auf das offene Meer. Ähnlich bei Hawaii im tropischen Pazifik (Hawaii-Spinner). Siehe auch PIROUETTEN-AKROBATEN auf Seite 216.

Tauchen

Jagt nachts in 60-100 m Tiefe. Taucht meist in steilem Winkel auf, Schnauzenspitze zuerst.

Nahrung

Schwarmfische, Kalmare, auch Angler- und andere kleine bis mittelgroße Fische.

Allgemeine Info

Erstbeschreibung 1828 durch J. E. Gray als *Delphinus longirostris* anhand eines Schädels unbekannter Herkunft. Nach Perrin & Gilpatrick Jr. (1994) 3 geographisch getrennte Unterarten: *S. l. longirostris,* am weitesten verbreitet; *S. l. orientalis,* tropischer Ostpazifik (Mexiko); *S. l. centroamericana,* Westküste Mittelamerikas. Meist im Freiwasser. Genauer Bestand unbekannt, im Ostpazifik vermutlich noch einige hunderttausend Exemplare, aber weltweit durch Thunfischfang bedroht.

Zahlen & Fakten Spinner-Delphin
Länge: 1,4-2,5 m
Gewicht: 45-75 kg
Lebenserwartung: 20 Jahre
Geschlechtsreife: Weibchen mit 4-7, Männchen mit 6-9 Jahren
Tragzeit: 10-11 Monate
Geburtszyklus: 2-3 Jahre
Geburtslänge: 0,7-0,8 m
Tauchtiefe: Bis 100 m
Höchstgeschwindigkeit: Etwa 20 km/h
Zähne: 88-128 kleine, konische Zähne im Ober-, 88-124 im Unterkiefer
Gruppengröße: 5-200, gelegentlich bis 1.000
Population: Unbekannt, weltweit durch den Thunfischfang bedroht

Schnell-Erkennung Spinner-Delphin

hohe Drehsprünge

schlanker Körper

schlanke Schnauze mit dunkler Spitze

hohe, aufrechte, dreieckige Finne

lange, spitze Brustflossen

meist in großen Schulen

Der "Hawaii-Spinner" ist die größte Form des Spinner-Delphins. Helmut Debelius

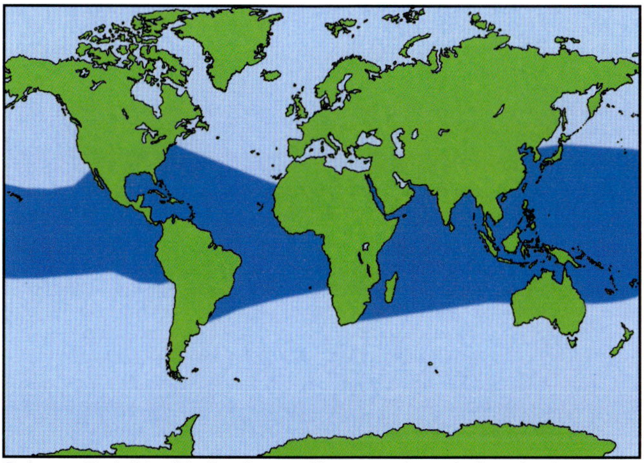

Spinner-Delphin, Verbreitung: Küstennah und -fern in den warm-gemäßigten bis tropischen Gewässern aller Ozeane.

Wo & Wann
Kosmopolit in warm-gemäßigten bis tropischen Gewässern aller Ozeane, küstennah (bevorzugt an Steilküsten) und -fern. In den Subtropen relativ selten. Tropischer Pazifik: Am häufigsten um Hawaii (Hawaii-Spinner), bis 150 km vor der Westküste Mittelamerikas (Costa-Rica-Spinner), südlich von Baja California (Mexiko) bis zum Äquator und im offenen Meer bis 125° W (Ostpazifik-Spinner). Atlantik: Am häufigsten an der Südostküste der USA und um Fernando de Noronha (Fernando-Spinner).

PIROUETTEN-AKROBATEN

Ihr aus dem Englischen übernommener Name führt in die Irre: Spinner-Delphine sind nicht den "spinnenden Galliern" verwandt, sondern ausgezeichnete Akrobaten im Luft-Kreiseln (engl. *to spin* = kreiseln). Die schlank und athletisch wirkenden Spinner-Delphine drehen sich bei ihren hohen Drehsprüngen bis zu siebenmal um die Körperlängsachse. Schon von weitem kann man sie an dieser charakteristischen Sprungtechnik eindeutig erkennen.

FOTO: DOUG PERRINE

Spinner-Delphine verfügen über ein besonders komplexes Kommunikations- und Sozialverhalten. Erst seit kurzem ist bekannt, daß diese besonders lebenslustig wirkenden Sprünge nicht aus reinem Übermut vollführt werden. Sie dienen vielmehr neben den sonst üblichen vokalen Klick- und Pfeiftönen als zusätzliches Verständigungsmittel.

Dieses "Luft-Kommunikations-Verhalten" äußert sich im Besonderen durch ihre Dreh- oder Pirouettensprünge. Wenn sie drehend wieder ins Wasser eintauchen, werden durch diese Sprünge besondere Turbulenzen im Wasser erzeugt. Diese sogenannte "horizontale Luftkommunikation" ist für ihre nähere Umgebung bestimmt und kann bis zu zehnmal kurz hintereinander wiederholt werden. Die "vertikale Luftkommunikation", also das Schlagen mit der Fluke auf das Wasser, demonstriert eine sehr starke Beziehung bei den Delphinversammlungen über kurze Entfernungen. Dieses Kommunikationssystem wird nicht nur von Spinner-Delphinen eingesetzt, sondern auch von allen anderen Walen und Delphinen.

MENSCHENFREUNDE

Sie heißen Freddy, Moses, Yoca und Fungi, sind neugierig, zutraulich und immer zu Späßen aufgelegt. Sie sind beliebt im ganzen Land und locken Touristen von weit her: Menschenfreundliche Delphine. Meist sind es Große Tümmler, Angehörige jener drei bis vier Meter großen Delphinart, die als "Flipper" durch die Fernsehserie zu Weltruhm gelangte und deren Intelligenz mit der von Schimpansen verglichen wird. Der bekannte Tierfotograf und Biologe Armin Maywald berichtet von seinen Erlebnissen mit freundlichen Delphinen.

FOTOS: ARMIN MAYWALD

Für die Einheimischen von Dingle an Irlands Ostküste ist Fungi, ein Großer Tümmler *(Tursiops truncatus)*, Geschenk des Himmels: "Fungi bringt Geld in die Kasse und lockt hübsche Frauen in den Ort".

Yoca begeisterte Anfang der Neunziger Jahre in der Bucht von Kotor südlich von Dubrovnik die Menschen, Freddy spielte im ostenglischen Amble mit seinen Freunden, Moses tauchte erstmals 1988 im Süden Spaniens auf, während Fungi, ein ausgewachsenes Tümmler-Männchen seit 1983 vor Dingle an der Ostküste Irlands lebt.

Von vielen menschenfreundlichen Delphinen wird berichtet, daß sie über mehrere Jahre Kontakt zu Menschen halten. Doch meist sind sie nur wenige Minuten am Tag zu sehen, wie Yoca etwa, der nach Sonnenuntergang das letzte Segelschiff in den Hafen von Kotor begleitete. Wenn er gut aufgelegt war, tobte er im Hafenbecken herum, sprang im Schein der Straßenlaternen und spielte mit den Kindern, die sich zu ihm ins Wasser stürzten. Dann verschwand er wieder.

Ganz anders dagegen Fungi. Jeden Tag, wenn wir in den frühen Morgenstunden mit dem Schlauchboot in sein Revier fuhren, begrüßte er uns mit einem Sprung, schwamm

Beim Erscheinen von Ausflugsbooten schwimmt Fungi zu jedem hin und zeigt sich den Menschen.

Mal springt er über einen Taucher, der ihm ein Paddel als Spielzeug mitgebracht hat...

hinter das Boot und begleitete uns fortan. Erst beim Auftauchen der ersten Ausflugsboote änderte sich Fungis Verhalten. Er schwamm zu jedem Boot, zeigte sich jedem Neuankömmling, ganz gleich ob Paddler, Ruderer oder Schwimmer. Mal sprang er über einen Taucher, der ihm ein Paddel als Spielzeug mitgebracht hatte, dann tauchte er wieder unvermittelt neben unserem Schlauchboot auf.

Fungi scheint unermüdlich. Von morgens früh bis spät in den Abend ist er da, und das jeden Tag seit nunmehr 18 Jahren - ein ungewöhnlicher Rekord. Was aber treibt die sensiblen Tiere dazu, mit Menschen derart auf Tuchfühlung zu gehen, dazu noch über eine so lange Zeit? Im Grund ist das Phänomen auch heute noch ein Rätsel, doch gibt es einige Ansätze für Erklärungen.

Freundschaftsbande zwischen Mensch und Delphin sind uralt, wie Felszeichnungen aus prähistorischer Zeit in Südafrika belegen. Sie zeigen einen Menschen, der zwischen Delphinen schwimmt. In der Kultur vieler Mittelmeervölker spielen Delphine eine herausragende Rolle als Helfer und Retter des Menschen. In den klassischen Sagen des Altertums wimmelt es von Delphin-Geschichten.

...ein anderes Mal wieder taucht er unvermittelt neben einem Boot mit Beobachtern auf.

Plinius erzählt von der Freundschaft zwischen einem Jungen und einem Delphin, der diesen jeden Morgen durch einen See zur Schule nach Pozzuoli bei Neapel trug. Als der Junge plötzlich starb, soll der Delphin am gewohnten Ort

gewartet haben und, weil der Junge nicht kam, vor Kummer gestorben sein. Einzelne oder junge Tiere, die ihre Gruppe verloren haben oder vielleicht sogar verstoßen wurden, suchen in der Not vielleicht die Nähe von Menschen, vermutet die englische Delphin-Expertin Christina Lockyer. Menschen als Ersatzfamilie!

Mit 40 Jahren ist Fungi bereits ein Greis. Warum er Kontakt zu Menschen hält, weiß niemand.

Dazu paßt das Schicksal von Yoca. Die Delphindame verdankt ihr Leben den Kindern von Kotor. Fischer hatten ihre Eltern umgebracht und wollten auch diesen Delphin töten. Da bestürmten die Kinder den Bürgermeister und drohten, die Häuser der Fischer anzuzünden, wenn er nichts unternehme. Ob es stimmt oder nicht, wahr ist: Yoca genoß seit 1987 den Schutz eines Gesetzes. Darin hieß es, es sei verboten, den freundlichen Delphin mit Namen Yoca zu jagen, zu verletzen oder zu töten.

Delphine sind gesellig. Sie leben in Gruppen von zehn bis mehreren Tausend Tieren zusammen. Doch in einer Delphin-Schule herrscht nicht nur Frieden. Ist der soziale Status eines Gruppenmitgliedes unklar, wird es von anderen aggressiv bedrängt und gebissen, bis es womöglich die Gruppe verläßt. Das kann weiblichen Delphinen passieren ebenso wie männlichen Tieren jeden Alters.

Hinter ihrer Vorliebe für Schwimmer und Taucher wird auch sexuelles Interesse vermutet. Zahme männliche Tümmler zum Beispiel rutschen gerne quer über die Kniekehle von Schwimmern, wurde beim "Delphinschwimmen" beobachtet, genau dort, wo weibliche Delphine ihre Geschlechtsöffnung haben. Doch erklärt das nicht, weshalb Delphine wie Fungi über 18 Jahre hinweg den Kontakt zu Menschen pflegen.

Wichtig für einen ersten Kontakt zwischen Mensch und Delphin ist, daß sie regelmäßig das gleiche Meeresgebiet aufsuchen müssen. Meist beginnt eine Beziehung, wenn Delphine Booten folgen, Fischerbooten oder Fähren zum Beispiel. Percy, ein menschenfreundlicher Delphin in Cornwall, folgte immer den Booten von Krabben- und Hummerfischern, stoppte an jeder Boje und beobachtete, wie die Fangkörbe heraufgeholt wurden. Dennoch dauerte es zwei Jahre, bis er die Nähe von Tauchern akzeptierte.

Zwei Dinge müssen offenbar zusammenkommen: Große Neugier auf Seiten der Delphine, Engagement und Ausdauer auf Seiten der Menschen. Auch Fungi brauchte zwei Jahre, bis er sich von seinem Entdecker, einem Taucher, anfassen ließ. Ist der Bann gebrochen, zeigen Delphine häufig eine Vorliebe für bestimmte "Menschenfreunde", die sie jederzeit wiedererkennen, ganz gleich, ob sie im Taucheranzug stecken oder angezogen im Boot sitzen.

Die Souvenirshops in Dingle quellen über von Delphin-Nippes, und auch Kneipen führen ihn im Schild.

Wer zu den "Auserwählten" gehört, ist meist tief beeindruckt. Delphine seien unfaßbar freundlich und sanft, sagen sie. Und wer einem Delphin in die Augen schaut, beschreibt seinen Blick als verständig, neugierig und ein bißchen schelmisch. Experten dagegen sagen, der Mensch neige dazu, dem Großen Tümmler Gefühle zuzuschreiben, nur weil er diese "Lachfalte" besäße. Eine Kerbe, die im Bogen vom Schnabel zum Auge verläuft und den Delphin scheinbar lächeln läßt. Den Delphinen sind die Gefühlsregungen ihrer Menschenfreunde gleichgültig. Wichtiger für sie sind zahlreiche, regelmäßige Kontakte mit

Die Tümmler-Dame Yoca begeisterte Anfang der Neunziger in der Bucht von Kotor südlich Dubrovnik, Kroatien, die Menschen.

Menschen. Sie festigen die Beziehung und halten sie bei Laune.

Über Langeweile kann Fungi jedenfalls nicht klagen. Fast der gesamte Ort hat sich auf den Tümmler eingestellt. Die Fischer haben das Fischen aufgegeben und schippern Touristen im Stundenrhythmus zu Fungi. Wer will, darf zu ihm ins Wasser. Den Gästen wird angeboten, daß sie den Fahrpreis erstattet bekommen, wenn sie Fungi nicht sehen sollten - ein Fall, der in 18 Jahren noch nicht eingetreten sein soll. Jeden Tag halten Dutzende von Menschen Ausschau nach dem Delphin, bereit, sich sofort ins Wasser zu stürzen, wenn er sich der felsigen Küste nähern sollte.

Die Souvenirshops in Dingle quellen über von Delphin-Statuen, entsprechenden Postkarten und Ansteckern. Für die Einheimischen dort ist der Delphin ein Geschenk des Himmels, wie die Fischer betonen: "Fungi bringt Geld in die Kasse und lockt hübsche Frauen in den Ort".

Welchen Nutzen hat nun Fungi von dem täglichen Rummel? Freude am Spiel? Im Spiel junger Tiere werden Verhaltensweisen erprobt und auf neue Situationen angewendet, es werden Erfahrungen gesammelt, die vielleicht einmal nützlich sind. Doch Fungi ist mit knapp 40 Jahren bereits im Greisenalter. Was Fungi und viele seiner Artgenossen auf der ganzen Welt bewegt, den Kontakt zu Menschen zu halten, wird zumindest den Menschen vielleicht immer ein Rätsel bleiben.

Yoca verdankt ihr Leben den Kindern von Kotor, die sie vor dem Tod durch Fischer bewahrten.

Großer Tümmler, Bottlenose Dolphin, *Tursiops truncatus*

Begegnung mit einem Großen Tümmler in einem karibischen Riff bei Belize. Howard Hall

Besondere Erkennungsmerkmale
Körper kräftig, massig. Kurze, spitze Schnauze durch Falte deutlich von der ausgeprägten Melone abgesetzt. Finne sichelförmig, deutlich abgesetzt. Durchgängig grau.

Beschreibung
Bis 3 m, max. knapp 4 m lang und 600 kg schwer; kleinstes bekanntes geschlechtsreifes Tier im Mittelmeer: 1,5 m. Männchen größer als Weibchen (Geschlechtsdimorphismus). Unterkiefer etwas länger als Oberkiefer. Mundwinkel anders als bei den meisten anderen Delphinen zum charakteristischen "ewigen Lächeln" leicht nach oben gezogen. Finne sichelförmig, Basis relativ breit. Brustflossen relativ lang, schlank, mit spitzen Enden. Flukenhinterkante konkav mit deutlicher medianer Einkerbung. Färbung variabel, meist oben grau bis dunkelgrau, unten blaßgrau, verblaßt im Alter. Oft kaum sichtbare, dunkelgraue Streifen von der Melone zu Augen, Brustflossen, Blasloch.

Leicht zu verwechseln mit
Andere graue Delphinarten: Indopazifischer Tümmler, Amazonas-Sotalia, Fleckendelphine, Chinesischer Weißdelphin, Kamerun-Delphin und Rauhzahn-Delphin.

Unterschiede: Fleckendelphine: Art deutlich größer und auch in kalt-gemäßigten Regionen verbreitet. Adulte Fleckendelphine mit markanten Flecken am ganzen Körper. Alle anderen Arten: Siehe Indopazifischer Tümmler.

Andere Namen
Tümmler (deutsch); Common Porpoise, Black Porpoise (engl., in der Thunfischerei), Gray Porpoise, Atlantic/Pacific Bottlenose Dolphin, Grey Dolphin, Cowfish (engl.); Grand Dauphin (franz.); Tursión (span.); Roaz Corvineiro, Nariz de Garrafa, Flipper (port.); Tuimelaar (niederl.); Tumler (norweg.); Pullonokkadelfiini (finn.); Öresvin (schwed.); Öresvin (dän.); Taiseiyo Brando Iruka, Brando Iruka (japan.); Delfín Naríz de Botella (Lateinamerika).

Bedeutung des wissenschaftlichen Namens:
Tursiops truncatus (Montagu 1821) – *Tursiops* von lat. *tursio* für "delphinähnliches Tier/Fisch" und griech. *ops* für "Gesicht, Ähnlichkeit, Aussehen". Lat. *truncatus* für "abgeschnitten" (kurze Schnauze).

Verhalten
An der Oberfläche sehr aktiv, reitet oft auf der Bugwelle von Schiffen, springt viele Meter hoch aus dem Wasser, zeigt Flukeschlagen. Gelegentlich beim Wellenreiten in Brandungszonen zu beobachten. Schwimmern gegenüber meist sehr zutraulich. Gruppengröße 3-150, selten bis 1.000, ändert sich manchmal im Tagesverlauf (früh morgens und spät abends kleiner als tagsüber). Gruppen nach Alter und Geschlecht getrennt, gelegentlich gemischt. Das ganze Jahr über sexuell aktiv, Werbeverhalten sehr variabel, dabei gegenseitige Berührungen mit Brustflossen, Schnauze oder Zähnen begleitet von Klappergeräuschen der Kiefer und verschiedenen Pfeiftönen. Bei der jeweils nur wenige Sekunden dauernden, aber wiederholten Paarung schwimmen beide Partner meist auf der Seite.

Jagt in Gruppen, diese teilen sich auf, Schwarmfische werden durch Warnrufe, Blasennetze und Schwimm-Manöver erschreckt, dicht unter der Oberfläche zu "Beute-Ball" zusammengetrieben und dann durch Flukeschlagen oder gezielte Attacken erbeutet. Belkovitsch und Würsing (1991) beschreiben diese "Karussell"-Jagdtechnik für den Großen Tümmler (Schwarzes Meer), Schwarzdelphin (Argentinien) und Schwertwal (Norwegen). Beute wird optisch oder akustisch aufgespürt, oft auch über Sand- oder Schlickflächen zusammengetrieben. Häufige, nur wenige Minuten lange Ruhephasen über den ganzen Tag verteilt, dabei richten sich die Tiere 0,2-1 m unter der Oberfläche zur Strömung aus und kommen etwa alle 2-3 min zum Atmen hoch. Jagt oft gemeinsam mit Risso-Delphin, Gewöhnlichem Delphin, beiden Grindwalarten und (in Küstenregionen) Gewöhnlichem Schweinswal nach Kalmaren. In jüngster Zeit häufen sich Beobachtungen von meist tödlichen Aggressionen gegen Schweinswale.

Das Zeigen des offenen Mauls mit den kegelförmigen Zähnen ist eine Drohgebärde gegenüber dem Fotografen. Doug Perrine

Epimelitisches Verhalten stark ausgeprägt, gegenseitige Hilfe bei Geburt, Jagd und Verteidigung gegen Angreifer. Verletzte Tiere werden zum Atmen an der Oberfläche gehalten. Bei der Geburt helfen oft mehrere, noch nicht geschlechtsreife Weibchen ("Tanten"). Schwimmt das Neugeborene nicht sofort nach der Geburt aus eigener Kraft zur Oberfläche, wird es von der Mutter oder "Tanten" für den ersten Atemzug zur Oberfläche gebracht. In seinen ersten Tagen hält das Junge ständig Körperkontakt zur Mutter und schwimmt hinten seitlich in ihrem Strömungsschatten. Im Alter von 3-4 Wochen, wenn seine Muskulatur besser ausgebildet ist, löst es sich immer mehr von der Mutter und beginnt, eigenständig zum Atmen hochzuschwimmen und seine Umwelt zu erkunden. Auch in den folgenden Monaten bleibt es noch in der Nähe der Mutter, die seine Bewegungen ständig kontrolliert, und es u.U. auch bestraft, indem sie es gegen den Boden drückt oder heftig an die Oberfläche stupst. Obwohl die Säugezeit 12-18 Monate beträgt, gehören vom 6.-7. Monat an

Die Geduld der Fotografin hat sich gelohnt: Ein ungewöhnlicher Sonnenuntergang. Jasmine Rossi

auch Fische zur regelmäßigen Nahrung der Jungtiere. In den ersten 4 Wochen legt sich die Mutter zum Säugen noch auf die Seite, danach säugt sie in normaler Schwimmlage. Das Junge wird anfangs Tag und Nacht etwa alle 15-30 min gestillt.

Häufig zusammen mit anderen Walen und Delphinen, Meeresschildkröten und sogar Haien, die nur gelegentlich kranke oder verletzte Tiere angreifen. Ob Schwertwale Große Tümmler angreifen, ist unbewiesen. Gruppengröße 1-15, im offenen Meer bis 600, ändert sich im Tagesverlauf (früh morgens und spät abends kleiner als tagsüber), nimmt mit steigender Wassertiefe zu (besserer Schutz). Gruppen nach Alter und Geschlecht getrennt, gelegentlich gemischt. Einige Tiere bleiben nur Stunden in einer Gruppe, andere Tage. Kreuzungen: Mit Risso-Delphin (Strandungsfunde), Rauhzahn-Delphin, Kurzflossen-Grindwal (Beobachtungen in freier Wildbahn). Nachkommen (Hybriden) unfruchtbar.

Gelegentlich trifft man solitäre Große Tümmler, die aus unerklärlichen Gründen den Anschluß an eine Gruppe verloren haben. Ob sie verstoßen wurden oder die Gruppe aus eigenen Stücken verlassen haben, ist unbekannt. Nur in seltenen Fällen schließen sich diese Tiere wieder einer Gruppe an. Diese Einzelgänger, meist ältere Männchen, bleiben oft jahrelang in der gleichen Region und suchen den Kontakt zu Menschen oder Booten. Auch wenn sie nicht angefüttert werden, verlieren sie oft rasch ihre Scheu und lassen sich manchmal sogar berühren. Siehe auch MENSCHENFREUNDE (S. 217-221) & DURCH DONALDS SCHWARZ-WEISS-LINSE GESEHEN (S. 266-272).

Große Tümmler beim Surfen in Südafrika. Rod Haestier

Schwimmern und Schnorchlern gegenüber meist sehr zutraulich, in freier Wildbahn oft neugieriger Bootsbegleiter und Wellenreiter. Der altgriechische Dichter Aelian erzählt in der Sage "Der Delphin von Iassos" von der innigen Freundschaft zwischen einem Jungen und einem Delphin: Nachdem der Junge sich an der Finne des Delphins ersticht, bringt dieser den Jungen zurück zum Strand, um dort neben ihm zu sterben. Studien in Gefangenschaft belegen, daß die Art außerhalb des Wassers sehr gut sehen kann, eine außerordentlich gute Echoortung und ein großes Lautspektrum hat. Strandungen sind sehr selten. Da sie in Gefangenschaft relativ gut überlebt und sehr gut zu dressieren ist, wird sie oft in Delphinarien zur Schau gestellt. Von 1860 bis 1983 sind schätzungsweise 2.800 Tümmler für Delphinarien und Forschungszwecke gefangen worden.

Tauchen
Guter, kräftiger Schwimmer. Zwei Formen: Kräftigere Hochseeform, schlankere Küstenform. Hochseeform hat höhere Konzentration an roten Blutkörperchen und zwei Hämoglobin-Varianten (Küstenform nur eine), kann dadurch deutlich tiefer (max. etwa 500 m) und länger (bis 10 min) tauchen als Küstenform (6-7 min). Normale Schwimmgeschwindigkeit etwa 6, max. bis 30 km/h (kurze Sprints).

Nahrung
Nahrungsopportunist, Beute saisonal und regional verschieden: Diverse Fischarten inklusive Schwarmfische sowie Kopffüßer bis zu 20 cm Länge, Krabben und anderen Krebstiere, die aus dem Boden gewühlt werden. Nimmt auch Fische von Langleinen, Abfälle von Fischerbooten, oder Organismen, die durch Schiffsbewegung an die Oberfläche gebracht werden. Treibt mancherorts sogar Fische auf den Strand und robbt mit Hilfe der Schwanzflosse ins Wasser zurück. Große Tümmler kooperieren bei der Jagd nicht nur miteinander, sondern sogar mit Menschen. In Kamerun (Westafrika) treiben sie den Küstenfischern die Fische direkt in die Netze, dafür erhalten sie einen Teil des Fangs. Wenn im Winter die Meeräschen auf ihrer Südwanderung dicht an der Küste von Mauretanien (Westafrika) am Kap Timiris nördlich von Nouakschott vorbeiziehen, schlagen die dortigen Fischer mit Stöcken auf die Meeresoberfläche. Bald erscheinen Große Tümmler und Kamerun-Delphine und treiben die Fische gemeinsam in deren Netze. Die Delphine holen sich ihren Anteil aus dem Netz oder fangen entwischte Fische. 1840-1860 fingen auch in der Moreton Bay Australiens die Aborigines wandernde Meeräschen mit Hilfe von Großen Tümmlern.

Allgemeine Info
Der britische Naturkundler George Montagu gab der Art 1821 den Namen *Delphinus truncatus* vielleicht wegen ihrer kurzen Schnauze (lat. *truncare* = "abschneiden"). 1843 stellte der britische Naturkundler J. E. Gray für diese Art eine neue Gattung auf, die er *Tursio* für "delphinähnlicher Fisch" nannte. Erst später wurde dieser Name durch Anfügen von *ops* (griech. für "Aussehen") zu *Tursiops* erweitert.

Wilder Tümmler als Spielkamerad der Kinder des Fotografen. Golf von Mexiko. Donald Tipton

Gesamtbestand der Art unbekannt. 1930 auf 1,5-2 Mio geschätzt, durch massiven Fang und Beifang in Thunfischnetzen weltweit auf schätzungsweise 100.000+ reduziert. Große Tümmler sind durch die Fernsehserie "Flipper" und zahllose Freizeitparks die wohl bekanntesten Delphine überhaupt. Für viele Menschen sind sie der Prototyp aller Delphine schlechthin und der Inbegriff eines intelligenten, immer "lächelnden" Wesens, siehe hierzu auch das Foto auf dem Rücktitel, das im Golf von Mexiko gemacht wurde, und die Bildgeschichten HONEY STÖSST ZU und FISCHJAGD IM BRACKWASSER.

Die männlichen Geschlechtsorgane aller Cetaceen verschwanden im Laufe der Evolution zugunsten der Stromlinienform im Hinterleib. Wie männliche Delphine trotz der Körpertemperatur von 37 °C aktive Spermien erzeugen können, wurde zuerst am Großen Tümmler erforscht. Spermien sind sehr temperaturempfindlich. Die Hoden der Landsäuger liegen daher außerhalb des Körpers. Delphine haben deshalb eine Art "Hodenkühler" entwickelt, der nach dem Gegenstrom-

Zahlen & Fakten Großer Tümmler

Länge: 1,5-3,9 m
Gewicht: 150-600 kg
Lebenserwartung: 30-50 Jahre
Geschlechtsreife: Weibchen mit 5-7, Männchen mit 10-15 Jahren
Paarungszeit: Europa: Sommer; Florida: Frühjahr und Herbst
Tragzeit: 12 Monate
Geburtszyklus: 2-3 Jahre
Geburtslänge: 1-1,3 m
Geburtsgewicht: Durchschnittlich 20,4 kg
Säugezeit: 12-18 Monate
Tauchtiefe: Bis 500 m
Tauchzeit: Bis 10 min
Höchstgeschwindigkeit: 30 km/h
Zähne: 40-52 konische Zähne im Ober-, 36-48 im Unterkiefer
Gruppengröße: 1-15, selten 600 (Hochsee)
Population: Unbekannt, auf 100.000+ geschätzt

Schnell-Erkennung Großer Tümmler

massig, kräftig

durchgängig dunkelgraue Färbung

auffällige, sichelförmige Finne

deutliche Falte zwischen Schnauze und Melone

meist in kleineren Gruppen

häufiges Bugwellenreiten

an der Oberfläche sehr aktiv

wenig scheu

Prinzip arbeitet: Warmes, arterielles Blut wird in einem Kapillarnetz von venösem Blut gekühlt, das vorher in der nicht wärmeisolierten Fluke abgekühlt wurde, Hodentemperatur sinkt um bis zu 1,3 °C.

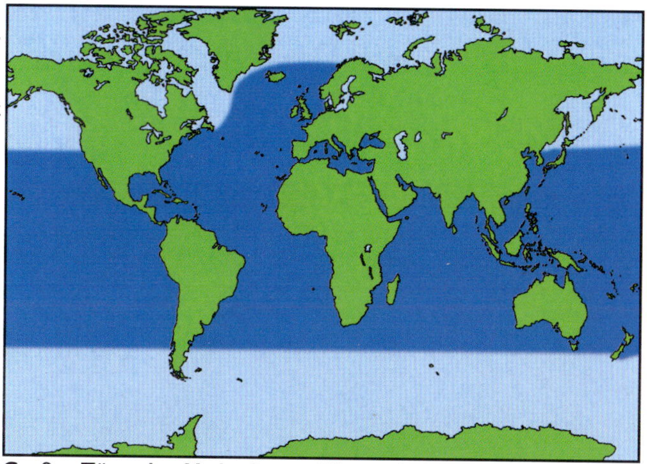

Großer Tümmler, Verbreitung: Alle tropischen bis gemäßigten Weltmeere beider Hemisphären, küstennah und -fern.

Wo & Wann
Kosmopolit in allen tropischen bis gemäßigten Meeren beider Hemisphären. Auch in Nebenmeeren häufig (Nordsee, Mittelmeer, Schwarzes Meer, Rotes Meer, Golf von Oman, Golf von Kalifornien, Golf von Mexiko. Hochsee und Küsten mit starker Brandung bis seichte Lagunen von 1 m Tiefe, auch in großen Flußmündungen, seichten Flußregionen, Häfen. Hochseeform in gemäßigten Gewässern, am Rande des Kontinentalsockels, je nach Nahrungsangebot saisonale Wanderungen im Frühjahr zur Küste, im Herbst zur Hochsee, Küstenform ortstreu.

Indopazifischer Tümmler, Indo-Pacific Bottlenose Dolphin, *Tursiops aduncus*

Eine Gruppe des Indopazifischen Tümmlers an Japans Küste. Kazuaki Ichikawa

Besondere Erkennungsmerkmale: Schnauze kurz, verjüngt sich stark, etwas abgewinkelt, durch Falte deutlich von der ausgeprägten Melone abgesetzt. Oberseite durchgängig grau bis dunkelgrau, Unterseite blaßgrau mit arttypischem dunklen Fleckenmuster. Hauptverbreitung küstennah in Indik und tropischem Westpazifik.

Deutlich zu sehen: Das arttypische Fleckenmuster. K. Ichikawa

Beschreibung: Körper schlank, dem nächsten Verwandten (Großer Tümmler) sehr ähnlich, aber mit max. 2,6 m Länge deutlich kleiner. Männchen etwas größer als Weibchen. Mundwinkel anders als bei den meisten anderen Delphinen zum charakteristischen "ewigen Lächeln" leicht nach oben gezogen. Finne groß, sichelförmig. Brustflossen relativ lang, schlank, mit spitzen Enden. Flukenhinterkante konkav mit Einkerbung. Fleckenmuster der Unterseite fehlt Jungtieren noch, wird bei Adulten deutlich. Die meisten Tiere mit grauem Band vom Schnauzenansatz zum Auge, ein weiteres median vom Schnauzenansatz zum Blasloch.

Leicht zu verwechseln mit: Andere graue Delphinarten: Grosser Tümmler: Kaum zu unterscheiden (bis 2000 galten beide als eine Art), Art jedoch dunkler, kleiner, Kopf schlanker mit sich stark verjüngender, leicht abgewinkelter Schnauze, dunkle Bauchflecken, nur küstennah, vorwiegend im trop. Westpazifik und Indik; Fleckendelphine: Adulte mit markanter Fleckenzeichnung am ganzen Körper, nicht nur am Bauch, Verbreitung meist verschieden; Kamerun-Delphin: Auffälliger Buckel, Finne kleiner, Verbreitung begrenzt.

Andere Namen: Indopazifischer Küstendelphin (deutsch); Indian Ocean Bottlenose Dolphin (engl.); Daupin á gros nez de l' océan Indien (franz.).

Bedeutung des wissenschaftlichen Namens: *Tursiops aduncus* Ehrenberg 1832 – *Tursiops* siehe *T. truncatus*. Lat. *aduncus* für "gekrümmt", bezieht sich auf die Form der Schnauze.

Verhalten: Siehe Großer Tümmler und SINAI-MÄRCHEN, S. 229-232.

Tauchen: Tauchtiefe mit weniger als 200 m deutlich geringer als beim Großen Tümmler. Taucht in flachem Winkel zur Oberfläche auf, meist Stirn, selten Schnauzenspitze zuerst. Tauchzeit 3-4 min.

Nahrung: Nahrungsopportunist wie Großer Tümmler, Beute saisonal verschieden: Diverse Fischarten, Kopffüßer, Krabben und anderen Krebstiere, die aus dem Boden gewühlt werden.

Allgemeine Info: Erstbeschreibung 1832 (Rotes Meer) durch Ehrenberg. Erst 2000 wurde *T. aduncus* aufgrund von DNA-Analysen auf Anregung der *Scientific Comission* als Art anerkannt. Dabei wurden neben zahlreichen genetischen auch viele anatomische Unterschiede zu *T. truncatus* nachgewiesen: *T. aduncus* ist kleiner, schlanker, zeigt etliche Abweichungen im Schädelbau (z.B. schmaler), hat eine geringere Zahnanzahl, die Schnauze ist schmaler und mehr abgeknickt, die Rückenfärbung dunkler, der Bauch weist dunkle Flecken auf.

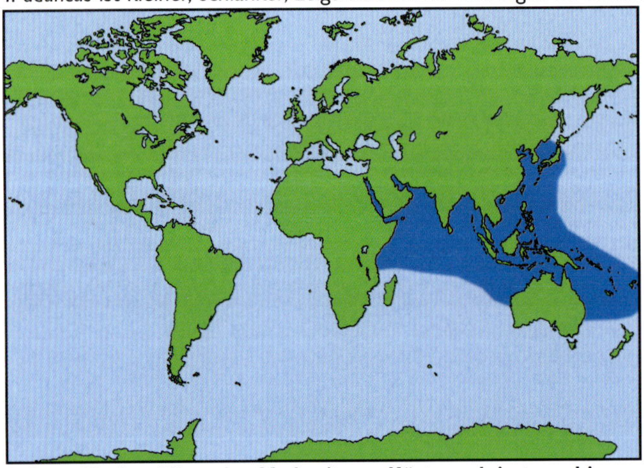

Indopazifischer Tümmler, Verbreitung: Küstennah in trop. bis gemäßigten Gewässern des Indopazifiks und dessen Nebenmeeren.

Wo & Wann: Küstennah in den tropischen bis gemäßigten Gewässern von Indik (einschließlich Rotes Meer und Golf von Oman), Südpazifik und NW-Pazifik. Besonders häufig in den Küstengewässern des Indiks, Indonesiens, Chinas, bei Mikura Island in der Nähe von Tokio, Japan, und vielleicht an der SO-Küste Australiens. Saisonale Wanderungen nicht bekannt, die meisten Populationen sind ortstreu.

SINAI-MÄRCHEN

Die Oase und Siedlung Nuweiba liegt an der Ostküste der Halbinsel Sinai, am Golf von Aqaba, dem nordöstlichen Teil des Roten Meeres, das vielen Reisenden, Tauchern und natürlich Unterwasserfotografen bekannt ist. All jene Menschen kommen in diese verzauberte Wüste, um die Wunder des Sinai zu erfahren, der außergewöhnlich ist, weil er von mehr oder weniger tiefen tropischen Gewässern umgeben ist und sowohl unzählige Korallenriff- als auch ozeanische Lebensformen birgt. Dies ist die ungewöhnliche Geschichte von Menschen und einem der Meeresbewohner, der sonst nur selten solchen Kontakt sucht. Der Meeresbiologe Ralf Hennemann, der rund zwei Jahre an der Sinaiküste verbracht hat, um die dortige Fülle der UW-Welt zu studieren, erzählt die Geschichte nach.

FOTOS: HELMUT DEBELIUS

Abdullas Freundin Olline, ein weiblicher Indopazifischer Tümmler *(Tursiops aduncus)*, den er vor Jahren bei Nuweiba im Sinai traf.

Alles begann vor vielen Jahren, als Abdulla noch ein Kind war. Abdulla ist ein Beduine, der in der Gegend von Nuweiba als Sohn eines Fischers geboren wurde. Weil er damals noch sehr jung war, mußte sein Vater viele Details der Geschichte beisteuern. Und das hatte der alte Mann zu berichten:

"Als Abdulla ein kleiner Junge war, spielte er eines Tages mit seinen Freunden bei einigen alten Häusern in dem Dorf El Mouzina, das zur Oase Nuweiba gehört. Zusammen kletterten die Jungs auf das Dach eines der verlassenen Gebäude. Dann aber, aus Gründen, die man nur in der Kindheit verstehen kann, ließen die anderen Abdulla allein und einsam auf dem alten Dach zurück. Lange rief er um Hilfe, weinte und schrie, so laut er konnte, aber niemand antwortete seinem verzweifelten Rufen und kam, um ihm vom Dach und zurück nach Hause zu helfen."

Abdulla war um die Mittagszeit von seinen Spielkameraden verlassen worden, aber erst als die Sonne bereits hinter den wild zerklüfteten Bergen am westlichen Horizont des Sinai unterging, fand ihn sein Vater, der inzwischen schon eine ganze Weile nach ihm gesucht hatte, auf dem Hausdach. Klein-Abdulla war sehr erschöpft und konnte angeblich weder sprechen noch verstehen, was sein Vater zu ihm sagte. "Das einzige von diesem Vorfall, an das sich Abdulla noch heute erinnert, ist, daß er bis zur einbrechenden Dunkelheit auf dem Dach geweint hat," berichtete sein Vater.

Dann begann Abdulla selbst zu sprechen und setzte die Erzählung der Geschehnisse während seiner darauffolgenden Kinderjahre fort: "Nur wenige Tage, nachdem meine Mutter gestorben war, verlor ich auch einen lieben Onkel. Natürlich war die Trauer in meinem Herzen damals sehr groß, und meine Augen flossen vor Tränen über. Aber das Leben ging weiter, und ich mußte zum Fischen aufs Meer hinaus." Als er sein einfaches Fanggerät vorbereitete, bemerkte er im Wasser plötzlich einen

Bald wurde am Strand von Nuweiba eine Plastik als Zeichen für jedermann aufgestellt, wo die freilebende Olline zu finden sei.

Tümmler, der sich ganz und gar nicht normal verhielt. Er berichtete: "Bald fand ich heraus, warum der Tümmler nicht davonschwamm. Er war in etwas gefangen, das wie ein verbogener, steifer Draht aussah. Das Tier wurde ihn nicht los und war wie angekettet. Es war ein Weibchen, und ich versuchte sofort alles, um das Wesen zu befreien. Es war sehr schwierig, den Draht von der weichen und sensiblen Haut des Tümmlers zu entfernen, aber schließlich hatte ich es geschafft, ohne das Tier zu verletzen. Als das Weibchen wieder frei umherschwamm, war ich sehr glücklich, hatte ich doch ein lebendes Wesen gerettet, schon bald, nachdem ich zwei geliebte Familienmitglieder verloren hatte."

Jung und Alt kommen in Massen, um die Delphindame zu sehen. Man darf sich ihr jedoch nur schnorchelnd nähern.

Die Sensation war perfekt, als Olline ein Junges gebar. Diese Geburt förderte nur Ollines Ruf als Wildtier, das die Gesellschaft des Menschen sucht.

"Nur zwei Tage später, als ich wieder beim Fischen war, bemerkte ich erneut eine Unruhe im Wasser, wenige Meter unter der Oberfläche. Ohne zu zögern, sprang ich hinein und tauchte, um zu sehen, was da vor sich ging. Zu meinem großen Erstaunen fand ich einen anderen Tümmler, diesmal ein Männchen. Auch dieser war gefangen wie das Weibchen, das ich nur kurz zuvor befreit hatte. Aber dieses Männchen hing zu tief unter der Oberfläche fest und konnte zum Atmen nicht mehr auftauchen. Ich sah bald, daß es schon sehr erschöpft und dem Tode nahe war, da es offensichtlich schon lange keine frische Luft mehr bekommen hatte.

Verzweifelt versuchte ich das Leben des Meeresbewohners zu retten, indem ich ihm meinen Atem spendete, bis ich vor Sauerstoffmangel fast bewußtlos wurde. Derart geschwächt, bemerkte ich plötzlich einen zweiten Tümmler, der sich näherte, mich vorsichtig wegschob und an das sichere Ufer brachte. In diesem Moment glaubte ich den Tümmler, der mich gerettet hatte, weinen zu sehen."

Abdulla hielt inne, und Tränen traten in seinen Augen. Nach einer kurzen Weile fuhr er fort: "Der zweite Tümmler war in meinen Armen gestorben. Und nach meiner Rettung durch den anderen

Die Sensation war perfekt, als Olline ein Junges gebar. Diese Geburt förderte nur Ollines Ruf als Wildtier, das die Gesellschaft des Menschen sucht.

Tümmler glaubte ich, das jener das Weibchen war, welches ich vor kurzem aus seiner Falle befreit hatte. Das Tier, das erstickt war, war wahrscheinlich der Partner dieses Weibchens gewesen, aber weder ich noch das Weibchen waren in der Lage gewesen, sein Leben zu retten."

So traurig dies alles war, gibt es doch seit damals eine enge Beziehung, ja sogar so etwas wie eine echte Freundschaft zwischen Abdulla und dem weiblichen Tümmler. Das Tümmlerweibchen wurde 'Olline' getauft, und immer wenn Abdulla in Nuweiba zum Strand geht und auf das Wasser schlägt, schwimmt Olline schon bald herbei, um mit ihm zu spielen. Mit den Jahren wurde sie weltberühmt, und unzählige Menschen kamen, um den zahmen Großen Tümmler und den Beduinen-Fischer zusammen zu sehen.

"Leider sind manchmal soviele Besucher hier, daß ich befürchte, Olline schwimmt für immer davon," sagt Abdulla. Inzwischen hat Olline jedoch Nachwuchs, hat sich also gepaart. Natürlich ist der Kleine der Liebling der Kinder und aller anderen, die in Nuweiba leben oder die Wüstenoase neben den tropischen Korallenriffen besuchen. Und wenn dieser Tümmler einmal groß ist, kann auch er ins Meer hinausschwimmen und die unvergleichliche Art und Weise seiner Sippe weitertragen...

Nun muß Olline ihrem Kleinen zeigen, wie man mit dem schmackhaften Happen umgeht, den Abdulla gebracht hat.

Sandskulpturen sind nichts Neues - das Modell ist es schon: Seit Ollines Erscheinen ist Delphin-Formen Hauptbeschäftigung vieler.

Weißseitendelphin, Atlantic White-sided Dolphin, *Lagenorhynchus acutus*

The Gully, Nova Scotia, Kanada. Sascha Hooker/Seapics.com

Besondere Erkennungsmerkmale: Seiten hellgrau. Weißer Seitenstreifen beginnt unter Finne, wird weiter hinten auffällig gelb oder hellbraun. Schnauze sehr kurz (5 cm), oben dunkelgrau bis schwarz, unten hellgrau bis weiß, deutlich von der flachen Stirn abgesetzt.

Beschreibung: Kräftig gebaut, Länge max. 2,7 m. Geschlechtsdimorphismus: Männchen größer als Weibchen. Finne groß, sichelförmig. Brustflossen am Ansatz breit, Spitzen abgerundet. Flukenhinterkante konkav mit deutlicher medianer Einkerbung. Rücken, Schnauzenoberseite, Fluke, Brustflossen und Finne schwarz bis dunkelgrau. Bauch und Schnauzenunterseite weiß oder hellgrau. Dünner, dunkelgrauer Streifen vom Mundwinkel zur Brustflosse. Augen schwarz umrandet.

Leicht zu verwechseln mit: Weißschnauzendelphin, Gewöhnlicher Delphin und Küstendelphin. Weißschnauzendelphin in Größe und Körperbau ähnlich, jedoch größer und kräftiger, Schnauze einheitlich hell, Rumpf ohne zweifarbigen Seitenstreifen. Gewöhnlicher Delphin und Küstendelphin schlanker, Schnauze viel länger, Seitenzeichnung sanduhrähnlich, gelber Teil zwischen Kopf und Finne.

Andere Namen: Atlantischer Weißseitendelphin, Nordischer Delphin, Springer (deutsch); Atlantic White-sided Porpoise, Jumper (engl.); Dauphin à Flancs Blancs, Dauphin à Flancs Blancs de l'Atlantique (Frankreich und Québec, Kanada); Lagenorinco Acuto (ital.); Delphin de Flancos Blancos (span.); Golfinho Branco do Atlântico, Roaz Malhado (port.); Witflankdolfijn (niederl.); Kvitkjeving, Springhval (norweg.); Valkokuvedelfiini (finn.); Vitsiding (schwed.); Hvitskæving (dän.); Taiseiyo Kama Iruka (jap.); Lag, Jumper (Neufundland, Kanada).

Bedeutung des wissenschaftlichen Namens: *Lagenorhynchus acutus* (Gray 1828) – *Lagenorhynchus* von griech. *lagenos* für "Flasche", *rhynchos* für"Schnauze". Lat. *acutus* für "spitz, scharf".

Verhalten: Meist küstenfern auf offener See, dennoch Strandungen relativ häufig. Sehr gesellig, meist in Gruppen von 10-50 Tieren, selten (auf Wanderung, wegen Nahrungsangebot) 100-1.000. Gruppen auf offener See größer als in Küstennähe (besserer Schutz). Schneller Schwimmer, Sprünge, Flukeschlagen. Vor Ostkanada bis Neuengland bei der Jagd oft zusammen mit Gewöhnlichem Grindwal und Weißschnauzendelphin. Auch regelmäßig bei Finn- und Buckelwal, reitet oft auf deren Bugwelle. Säugezeit 18 Monate, Jungtiere etwa 2 Jahre lang bei der Mutter in den Fortpflanzungsgruppen, dann in Junggesellengruppen, geschlechtsreif (ab 6 Jahren) in Paarungsgruppen. Ungewöhnlich für Delphine: Epimelitisches Verhalten bisher nur einmal beobachtet (ein Tier wurde zum Atmen an der Oberfläche gestützt), sonst eher gleichgültig gegenüber Artgenossen in Not. Auch wenn Schulen verfolgt und nacheinander viele Tiere harpuniert werden, zeigt die Art keine Panik.

Tauchen: Taucht vermutlich max. 200 m tief und meist 10-20 sec, in Bedrängnis deutlich länger.

Nahrung: Schwarmfische (Hering, Wittling, Kabeljau, Makrele, Stint, Seehecht), Kopffüßer, Garnelen.

Allgemeine Info: Erstbeschreibung 1828 durch J. E. Gray als *Delphinus acutus*. 1846 zur Gattung *Lagenorhynchus*. Erzeugt Pfeiftöne, Klicks (1-24 kHz). Natürliche Feinde: Haie, Schwertwal. Im 18. und 19. Jhdt. bei der Grindwaljagd zu Hunderten an die Küste von Cape Cod (Massachusetts, USA) und in die Trinity Bay (Neufundland) getrieben, noch heute gelegentlich erlegt. Genauer Bestand unbekannt, wird insgesamt auf etwa 30.000-50.000 geschätzt (davon etwa 24.000 im Nordwest-Atlantik).

Wo & Wann: Nur im Nordatlantik, genaue Verbreitung unbekannt, teils wie Weißschnauzendelphin.

Weißschnauzendelphin, White-beaked Dolphin, *Lagenorhynchus albirostris*

Pieter Arend Folkens

Besondere Erkennungsmerkmale: Schnauze sehr kurz (5 cm), dick, kaum abgesetzt, weiß, auch dunkelgrau, braun gesprenkelt. Rücken und Seiten schwarz bis dunkelgrau, auffälliger, weißer oder hellgrauer Sattelfleck.
Beschreibung: Robust, kräftig gebaut, Länge max. 3,1 m, größte Art der Gattung. Finne auffällig groß, sichelförmig, mit breiter Basis. Schnauzenfärbung individuell verschieden. Sattelfleck vom Rücken oberhalb der Brustflossen bis auf Seiten. Weißer oder hellgrauer Streifen von oberhalb der Augen bis vor Schwanzwurzel. Bauchseite weiß. Brustflossen, Finne und Fluke schwarz, Rand der Flukenunterseite nur gelegentlich mit dichten weißen Flecken. Flukenenden spitz, Flukenhinterkante konkav mit deutlicher medianer Einkerbung. Geschlechtsdimorphismus oder altersbedingte Farbvariationen unbekannt. Dickste Fettschicht aller Gattungsmitglieder (Verbreitung bis Packeisgrenze).
Leicht zu verwechseln mit: Weißseitendelphin in Verbreitung, Größe und Körperbau ähnlich, jedoch kleiner und schlanker, Rumpf mit zweifarbigem Seitenstreifen; beide Arten oft in Gruppen zusammen.
Andere Namen: Weißschnauziger Springer (deutsch); White-nosed Dolphin, Squidhound, White-beaked Porpoise (engl.); Dauphin à Nez Blanc (Frankreich und Québec, Kanada); Dauphin á Bec Blanc (franz.); Lagenorinco dal Rostro Bianco (ital.); Delphin de Hocico Blanco (span.); Golfinho de Focinho Branco, Roaz de Bico Branco (port.); Witsnuitdolfijn (niederl.); Kvitnos, Hvidnaese (norweg.); Valkonokkadelfiini (finn.); Vitnos (schwed.); Hvidnæse (dän.); Lag, Squid-hound (Neufundland).
Bedeutung des wissenschaftlichen Namens: *Lagenorhynchus albirostris* (Gray 1846) – Gattung s. *L. acutus, albus* für "weiß", *rostrum* für "Schnabel".
Verhalten: Bleibt Booten meist fern, reitet nur gelegentlich kurz auf der Bugwelle großer Schiffe. Meist in Gruppen von 2-25, nur bei reichem Nahrungsangebot oder auf langen Wanderungen100-1.000+, besonders vor Neufundland und im St. Lorenz-Golf häufiger Gruppen von etwa 1.500 Tieren. Im Westen des Verbreitungsgebiets in größeren Gruppen als im Osten. Hinterläßt beim schnellen Schwimmen einen Spritzwasserschweif, springt zum Atmen meist ganz aus dem Wasser. Besonders bei der Jagd und dem Fressen sehr lebhaft, springt oft hoch aus dem Wasser. Mit Großem Tümmler, Weißseitendelphin, auch Finn-, Schwertwal und anderen Cetaceen zusammen zu sehen.
Tauchen: Taucht vermutlich nicht länger als 6 min, Tauchtiefe max. um 200 m.
Nahrung: Fische (Hering, Lodde, Makrele, Wittling, Kabeljau, Scholle), Kalmare, Krebse. Jagt oberflächennah.
Allgemeine Info: 1846 strandete bei Great Yarmouth (England) ein Exemplar, das J. E. Gray *Delphinus albirostris* benannte. Später wurde die Art zur Gattung *Lagenorhynchus* gestellt. Der deutsche Populärname ist irreführend, die Schnauze ist im Westen der Verbreitung auch dunkelgrau oder braun gesprenkelt, nur im Osten ist sie weiß (dort auch in kleineren Schulen).
Wo & Wann: Nördlichster Vertreter der Gattung, nur im kalten (ab Packeisgrenze) bis kaltgemäßigten Nordatlantik, küstenfern und -nah. Verbreitungsgebiet überlappt mit dem des Weißseitendelphins. Im Westen von Cape Cod (Massachusetts, USA) nördlich bis Grönland und Davis Strait; im Osten im Winter bis Nord-Portugal, im Sommer bis Grönland und Lofoten (Norwegen). Über dem Kontinentalschelf, besonders entlang dessen Kante häufig. In Frühjahr und Sommer bei Grönland, Neufundland, Labrador und in der Davis Strait, in Herbst und Winter bei Cape Cod häufig. Mancherorts (z.B. Britische Inseln) eher ortstreu, anderswo saisonale Wanderungen in Nord-Süd-Richtung oder in Abhängigkeit vom Nahrungsangebot zur Küste bzw. zum offenen Meer hin.

Peale-Delphin, Peale's Dolphin, *Lagenorhynchus australis*

Besondere Erkennungsmerkmale
Seiten hellgrau bis grauweiß, durch dunkle Linie vom weißen Bauch getrennt. Sich verjüngender, grauweißer Streifen von der Schwanzwurzel zum Blasloch. Auffälliger, grau umrandeter weißer Fleck ("Achselhöhlenfleck") am oberen Ansatz einer jeden Brustflosse.

Beschreibung
Länge 1,8-2,1 m, Gewicht bis 120 kg. Größtes, exakt vermessenes Exemplar 2,16 m. Körper für die Länge relativ kräftig. Rücken überwiegend dunkelgrau bis schwarz. Finne sehr groß, sichelförmig, ebenso wie Fluke, kleine, spitze Brustflossen und kurze, dicke Schnauze einheitlich dunkelgrau bis schwarz.

Leicht zu verwechseln mit
Schwarzdelphin. Verbreitungsgebiete beider überlappen um Südspitze Südamerikas und Falkland-Inseln, Art hat aber dunkle Schnauze und Augenpartie sowie grau umrandeten weißen "Achselhöhlenfleck".

Falkland-Inseln, Südatlantik. Todd Pusser/Seapics.com

Andere Namen
Süddelphin, Schwarzkinn-Delphin, Peales Tümmler (deutsch); Blackchin Dolphin, Peale's Dolphin, Peale's Porpoise, Southern Dolphin (engl.); Dauphin de Peale, Dauphin à Menton Noir (franz.); Lagenorinco di Peale (ital.); Delphin Austral (span.); Golfinho de Peale, Roaz Austral (port.); Dolfijn van Peale (niederl.); Pealedelphin (norweg.); Pealendelfiini (finn.); Pealesdelphin (schwed.); Sydlig Hvidskæving (dän.); Delfín Austral (Lateinamerika).

Bedeutung des wissenschaftlichen Namens
Lagenorhynchus australis (Peale 1848) – Gattung s. *L. acutus*. Lat. *australis* für "südlich" (Verbreitung).

Verhalten
Meist in kleinen Gruppen von 3-10, selten auch bis zu 30 Tieren. Schwimmt sehr schnell und kraftvoll, oft mit flachen, weiten Sprüngen (Porpoising). Springt viele Male hintereinander hoch in die Luft, landet auf der Seite. Reitet gerne auf der Bugwelle großer Schiffe oder begleitet kleinere Boote. Vermutlich überwiegend ortstreu. In Brandungszonen oft in der Gesellschaft von Risso-Delphinen zu beobachten.

Tauchen: Unbekannt.

Nahrung: Weitgehend unbekannt, vermutlich Fische, Kalmare (Reste aus gestrandeten Tieren).

Allgemeine Info
Erstbeschreibung durch Titian Peale 1848 als *Phocoena australis*. Das Exemplar wurde während der "United States Exploring Expedition" am 12. Februar 1839 an der Küste Patagoniens (Argentinien) harpuniert. Bis zum Fang des zweiten Exemplars 1941 keine weiteren Sichtungen, Art galt als ausgestorben. Dieses Tier wurde vom amerikanischen Zoologen Remington Kellogg vom Smithsonian Institute in Washington untersucht, der die Art in die Gattung *Lagenorhynchus* stellte.

Wo & Wann
Verbreitungsgebiet relativ klein: Hauptsächlich Küstengewässer um die Südspitze Südamerikas, Golfo San Matías, Halbinsel Valdés (Argentinien) bis Valparaíso (Chile), meist in Fjorden und Buchten, aber auch über dem Kontinentalschelf von Argentinien bis zu den Falkland-Inseln. Am häufigsten etwas südlich von Puerto Montt in Chile, um die Falkland-Inseln, vor Feuerland und im Beagle-Kanal. In der Magellan-Straße einer der häufigsten Delphine. Südlichste Sichtung bei 57° Süd. In Krabbenfischerei-Gebieten sehr selten, wird dort oft in Fischnetzen gefangen oder harpuniert (Fleisch als Köder für Krabbenfallen).

Stundenglas-Delphin, Hourglass Dolphin, *Lagenorhynchus cruciger*

Drake-Passage, südlich von Kap Hoorn. Robin Baird/Seapics.com

Besondere Erkennungsmerkmale
Seiten mit Schwarz-Weiß-Muster in Sanduhrform. Seltene Hochseeart, in antarktischen und subantarktischen Meeren der einzige Delphin mit Finne.

Beschreibung
Länge 1,5-1,8 m, Gewicht 90-120 kg. Körper für die Länge relativ kräftig. Finne sehr groß, extrem sichelförmig. Flukenhinterkante konkav mit deutlicher medianer Einkerbung. Finne, Fluke, Brustflossen und kurze, dicke Schnauze einheitlich dunkelgrau bis schwarz. Dunkle Seite vorne und hinten mit je einem auffälligen weissen Fleck, unterhalb der Finne sind diese Flecken durch eine schmale Linie miteinander verbunden, daraus resultiert ein Schwarz-Weiß-Muster in Sanduhrform (Stundenglas, Doppelparabel). Weißer Ring um dunklen Augenfleck. Bauch weiß. Gestrandete, tote Tiere rasch einheitlich dunkel.

Leicht zu verwechseln mit
Schwarzdelphin und Peale-Delphin. Schwarzdelphin in Größe und Statur ähnlich, aber Finne zweifarbig (vorne dunkel, hinten heller), ohne Sanduhr-Zeichnung; Verbreitungsgebiete überlappen nur an der Südspitze Südamerikas, bei den Kerguelen-Inseln, Neuseeland und der südlichsten Spitze Australiens. Peale-Delphin (Südspitze Südamerikas, Falkland Inseln) ohne Sanduhr-Zeichnung.

Andere Namen
Sanduhr-Delphin, Kreuzdelphin, Kreuzbanddelphin (deutsch); Southern White-sided Dolphin (engl.); Dauphin Crucigère, Dauphin Sablier (franz.); Lagenorinco dalla Croce (ital.); Delphin Cruzado (span.); Golfinho Ampulheta, Golfinho Cruzado, Roaz Cruzado (port.); Zandloperdolfijn (niederl.); Korsdelphin (norweg.); Tiimalasidelfiini (finn.); Timglasdelphin (schwed.); Kors-hvidskæving (dän.); Dandara Kama Iruka (japan.); Delfín Cruzado (Lateinamerika).

Bedeutung des wissenschaftlichen Namens
Lagenorhynchus cruciger (Quoy und Gaimard 1824) – Gattungsname siehe unter *L. acutus*. Lat. *cruciger* aus *crux* für "Kreuz" und *gero* für "ich trage" (Kreuzträger, Kreuz; bezieht sich auf die Sanduhr-Zeichnung an den Seiten).

Verhalten
Wegen ihres entlegenen Verbreitungsgebietes eine der am wenigsten bekannten Delphinarten. Einzeln oder in kleinen Gruppen (2-10), selten bis 40, sehr selten bis 100 Tiere. Die große Finne verrät den sehr schnellen Schwimmer: Kurze Sprints von 40+ km/h. Reitet oft auf den Bug- oder Heckwellen schneller Boote, macht dabei weite, flache Sprünge (Porpoising). Schwimmt schnell dicht unter der Oberfläche, ohne diese zu durchbrechen. Macht zum Atmen flache, weite Sätze dicht über der Oberfläche, erzeugt dabei viel Spritzwasser. Hochseebewohner, nur selten in Küstennähe (weniger als 200 m Wassertiefe). Sichtungen selten, oft bei anderen Cetaceen.

Tauchen: Unbekannt.

Nahrung: Nach Magenanalysen Kalmare und pelagische Schwarmfische.

Allgemeine Info: Erstbeschreibung 1824 durch die französischen Zoologen Jean René Quoy und Jean-Paul Gaimard als *Delphinus cruciger*. Nach 1846 Einordnung in Grays Gattung *Lagenorhynchus*.

Wo & Wann
Genaue Verbreitung unbekannt. Bevorzugt kalte Hochseegewässer von 1-10 °C. Zirkumpolar von 45-65° Süd. Südlichste Sichtung dicht an der antarktischen Eisgrenze, nördlichste vor Valparaíso (Chile). Gelegentlich nahe der Antarktischen Halbinsel und vor Südamerika bei weniger als 200 m Wassertiefe, sonst nur im offenen Meer. Von allen Delphinen am besten an die Hochsee angepaßt.

Schwarzdelphin, Dusky Dolphin, *Lagenorhynchus obscurus*

Südatlantik. Jasmine Rossi

Besondere Erkennungsmerkmale: Dunkler Schwanzstiel seitlich mit je 2 weißen bis hellgrauen, keilförmig nach vorne weisenden Flecken ("Zügel"). Finne groß, sichelförmig, Vorderkante dunkelgrau bis schwarz, Rest hellgrau. Bauch und vorne bis über Augen und Stirn weiß.
Beschreibung: Länge 1,6-2,1 m. Körper gedrungen, kräftig. Rücken, Brustflossen und Fluke dunkelgrau bis schwarz. Schnauze kurz, nicht abgesetzt, dunkel. Flache Stirn, Augen- und Halsregion weiß. Augen dunkel umrandet. Übrige Färbung s.o.
Leicht zu verwechseln mit: In ihrem Verbreitungsgebiet einzige Art der Gattung, nur um Südspitze Südamerikas zusammen mit Peale-Delphin, dieser hat dunkle Schnauze und Augenpartie, grau umrandeten weißen "Achselhöhlenfleck" und einfarbige Finne. Burmeister-Schweinswal fast komplett dunkel, Finne kleiner, weniger sichelförmig, schwimmt deutlich langsamer. Weißstreifendelphin der Art in Statur und Färbung sehr ähnlich, aber Verbreitungsgebiete überlappen nicht.
Andere Namen: Dunkler Delphin, Dusky Delphin, Dunkeldelphin (deutsch); Fitzroy's Dolphin (engl.); Dauphin Sombre, Dauphin Obscur (franz.); Lagenorinco Scuro (ital.); Delphin Obscuro (span.); Golfinho Cinzento, Roaz Negro (port.); Donkergestreepte Dolfijn (niederl.); Mørkdelphin (norweg.); Eteläinenjuovadelfiini (finn.); Mörkdelphin (schwed.); Mørk Hvidskæving (dän.); Harajiro Kama Iruka (japan.).
Bedeutung des wissenschaftlichen Namens: *Lagenorhynchus obscurus* (Gray 1828) – Gattungsname siehe unter *L. acutus*. Lat. *obscurus* = "dunkel" (Seiten und Rücken überwiegend dunkel).
Verhalten: Sehr gesellig, oft zusammen mit anderen Cetaceen, Seelöwen und Seevögeln, auch häufig bei Booten (Bugwellenreiten). Gruppengröße je nach Nahrungsangebot und Jahreszeit 6-1.000 Tiere (max. im Sommer). Jagdverhalten und Sozialstruktur wurden in den 1970er Jahren von den Biologen Melany und Bernd Würsing auf der Halbinsel Valdés in Argentinien studiert, wobei erstmals Fotoidentifikation eingesetzt wurde: Gruppengröße meist 6-15, bei der Jagd 300+. Während des Tages werden die Gruppen größer und orientieren sich mehr zum offenen Meer hin. Bei der Nahrungsaufnahme bis zu 15 km schnell, sonst 6,5 km. Belkovitsch und Würsing (1991) beschreiben "Karussell"-Jagdtechnik der Art in Argentinien, siehe dazu Indopazifischer Tümmler, "Verhalten". Dieses Zusammentreiben von Beutefischen dicht unter der Oberfläche lockt viele Seevögel an und wird dadurch ein weithin sichtbares Spektakel. Bekannt für sehr hohe, spektakuläre Sprünge, Drehsprünge, Saltos und Rückwärtssaltos, oft mehrmals hintereinander, häufig nach dem Fressen. Sobald ein Tier anfängt, folgen andere. Beim schnellen Schwimmen weite Bogensprünge.
Tauchen: Taucht relativ kurz, max. 200 m tief.
Nahrung: Kalmare, Schwarmfische (Sardine, Sardelle), erbeutet in Küstennähe auch riffbewohnende Fische und Krebstiere am Boden. Jagt meist nachts von der Oberfläche bis 200 m Tiefe.
Allgemeine Info: Erstbeschreibung 1828 als *Delphinus obscurus* durch J. E. Gray (Schädel vom Kap der Guten Hoffnung, Südafrika). Im gleichen Jahr auch Erstbeschreibung des Weißseitendelphins. Nach 1846 *Lagenorhynchus obscurus*. Individuen bei Peru deutlich größer als bei Neuseeland.
Wo & Wann: Gemäßigte Zonen der Südhemisphäre, relativ häufig, vorwiegend in Küstennähe. Drei vermutlich voneinander isolierte Hauptpopulationen: Größte an der Pazifikküste von Peru bis Chile, im Atlantik von der Südspitze Südamerikas bis zur Halbinsel Valdés (Argentinien) und den Falkland-Inseln. Zweite im Atlantik an der Westküste Südafrikas. Dritte im Südpazifik um Neuseeland sowie die Campbell-, Chatham- und Auckland-Inseln. Vierte, kleine Population um die Kerguelen-Inseln (franz.) im Südindik. Im April 2000 erste bestätigte Sichtung vor Südaustralien.

Weißstreifendelphin, Pacific White-sided Dolphin, *Lagenorhynchus obliquidens*

Kalifornien, USA. Michele Hall

Besondere Erkennungsmerkmale: Große Finne und Brustflossen mit markanter Färbung: Vorderkanten dunkel, zur Hinterkante hin heller. Hellgrauer Seitenfleck von Finne bis Kopf, durch dunklen Streifen vom weißen Bauch abgegrenzt. Rücken und obere Seiten dunkel, mit einem/mehreren hellgrauen bis weissen Streifen ("Hosenträger"), die sich vor der Schwanzwurzel verbreitern und in einem seitlichen Fleck enden.

Beschreibung: Länge bis 2,4 m, Gewicht bis 140 kg. Vorderkörper sehr kräftig. Flukenhinterkante leicht konkav mit undeutlicher medianer Einkerbung. Fluke und Rücken dunkelgrau bis schwarz. Dunkle Schnauze nicht deutlich abgesetzt. Augen dunkel umrandet. Übrige Färbung siehe oben.
Leicht zu verwechseln mit: Die Art (Nordpazifik) ähnelt Weißseitendelphin (Nordatlantik) und Schwarzdelphin, ist aber anders verbreitet. Art auch Küstendelphin und Gewöhnlichem Delphin ähnlich, aber ohne deutlich abgesetzte Schnauze und sanduhrförmige, gelbe Seitenzeichnung. Zieht wie Dall-Schweinswal beim schnellen Schwimmen oft einen Spritzwasserschweif hinter sich her, Körperstatur, Färbung, Finne und Sprungverhalten jedoch verschieden (Dall-Schweinswal: Finne sehr klein, dreieckig; sehr scheu, springt so gut wie nie in Gegenwart von Schiffen).
Andere Namen: Gestreifter Pazifikdelphin (deutsch); Lag, Hookfin Porpoise, Hook-finned Porpoise, White-striped Dolphin, Pacific Striped Dolphin (engl.); Dauphin à Flancs Blancs du Pacifique (franz.); Lagenorinco dai Denti Obliqui (ital.); Delphin de Costados Blancos del Pacifico (span.); Golfinho do Pacífico, Roaz Listado (port.); Witgestreepte dolfijn (niederl.); Kortsnutedelphin (norweg.); Juovadelfiini (finn.); Västamerikansk Vitsiding (schwed.); Stillehavs-hvidskæving (dän.); Kama Iruka (japan.); Tikhookaen Skiy (russ.); Delfín Lagenorringo (Lateinamerika).
Bedeutung des wissenschaftlichen Namens: *Lagenorhynchus obliquidens* Gill 1865 – Gattungsname siehe unter *L. acutus*. Lat. *obliquidens* für "mit schiefen Zähnen", von *obliquus* für "schräg, schief" und *dens* für "Zahn" (Zähne leicht gebogen).
Verhalten: Sehr lebhaft, besonders große Schulen fallen schon von Weitem durch Spritzwasser auf. Kurzzeitig bis 40 km/h schnell. Sehr neugierig, reitet sehr oft auf der Bugwelle von Booten oder im Kielwasser größerer Schiffe. Springt oft, dreht sich dabei um die eigene Achse, schlägt Saltos. Sehr gesellig, in Gruppen von 10-100, selten einigen tausend Tieren. Gruppen auf offener See meist größer als in Küstennähe (besserer Schutz). Zur Jagd in kleinere Gruppen aufgeteilt, in Ruhe oder auf der Wanderung wieder in großen. Sozialstruktur aber kaum bekannt. Jagt oft mit anderen Cetaceen (Schwertwal, Dall-Schweinswal, Risso-Delphin, Nördlicher Glattdelphin), auch Robben (z.B. Stellerscher Seelöwe, *Eumetopias jubatus)* zusammen.
Tauchen: Tauchverhalten kaum bekannt. Schwimmt oft dicht unter der Oberfläche, Finne ragt ähnlich wie bei manchen Haien aus dem Wasser. Mageninhaltsanalysen beweisen Tauchtiefen bis 1.000 m.
Nahrung: Schneller, wendiger Jäger, bevorzugt Kalmare und Schwarmfische (Hering, Sardelle, Seehecht). Jagt in der Dämmerung und nachts von der Oberfläche bis 1.000 m Tiefe. Schwarmfische werden von Gruppen von 10-20 Delphinen gejagt und durch Schlagen mit Kopf oder Fluke auf das Wasser an der Oberfläche zusammengetrieben. Folgt vor Kalifornien den Sardellenschwärmen in Sommer und Herbst in Richtung Küste, in Frühjahr und Winter in tiefere Gewässer.
Allgemeine Info: Erstfund (3 Schädel) 1855 bei San Francisco (USA), wurden 1865 von dem Taxonomen Th. N. Gill benannt. Vielleicht zwei Populationen in NO- und NW-Pazifik, dazwischen nur wenige Sichtungen. Gerät beim Verfolgen von Beutefischen oft in Fischernetze. Gilt Fischern in

Nordamerika und Japan als Konkurrenz. Fleisch wird in Japan verzehrt. Früher häufig für Delphinarien gefangen. Gesamtbestand unbekannt. Im NO-Pazifik 30.000-50.000 (geschätzt).
Wo & Wann: Kalter bis gemäßigter Nordpazifik. Im Osten von Niederkalifornien (Mexiko) bis Alaska, im Westen von Taiwan bis Aleuten (nördliche Verbreitungsgrenze). Nördlich von 20° Nord von Alaska bis zur Halbinsel Kamtschatka (Sibirien). In der Beringsee noch nie gesichtet. Meist auf offener See oder über dem Kontinentalsockel, auch vor tiefen Küsten. Einige Populationen machen vermutlich je nach Nahrungsangebot saisonale Nord-Süd-Wanderungen, andere sind scheinbar ortstreu.

Weißstreifendelphin im Delphinarium. Ralf Kiefner

Borneo-Delphin, Fraser's Dolphin, *Lagenodelphis hosei*

Beschreibung: Spitze Brustflossen, Finne (kaum sichelförmig) und Fluke relativ kleiner als bei verwandten Arten. Schnauze kurz, dick, deutlich abgesetzt. Brustflossen, Fluke, Unterkieferspitze, Oberkiefer, Rücken und Seiten schwarz, blaugrau, graubraun. Restlicher Unterkiefer, Kehle und Bauch cremefarben bis rosaweiß. Hellgrauer bis cremefarbener Streifen variabler Breite über die dunkle Seite von der Basis der Melone in leichtem Bogen über das Auge bis zur Analregion, nahe der Schwanzwurzel heller. Parallel direkt darunter ein schwarzer Streifen variabler Breite. Ein dünnerer dunkler Streifen vom Mundwinkel zu den Brustflossen. Kräftig gebaut, Länge 2,3-2,6 m, Gewicht 150-200 kg. Flukenhinterkante konkav mit undeutlicher medianer Einkerbung. Färbung siehe oben. Gesichtsfarbmuster komplex. Kälber oft blasser als Erwachsene. **Leicht zu verwechseln mit:** Streifendelphin. Beide mit auffälligen Seitenstreifen, Schnauze der Art kürzer, Finne kleiner und meist weniger sichelförmig, Brustflossen kleiner, Farbmuster anders. **Andere Namen:** Kurzschnabeldelphin, Frasers Delphin (deutsch); Sarawak Dolphin (engl.); Dauphin de Fraser (franz.); Lagenodelphino (ital.); Delphin de Fraser (span.); Golfinho do Bornéu, Roaz Malaio (port.); Dolfijn van Fraser (niederl.); Borneodelphin, Sarawakdelphin (norweg.); Fraserindelfiini (finn.); Frasers Delphin (schwed.); Hvidskæving-delphin (dän.); Sarawaku Iruka (japan.). **Verhalten:** Verhalten der scheuen Art kaum bekannt. Meist auf offener See in Gruppen von etwa 100, in ergiebigen Nahrungsgründen und auf der Wanderung auch 500-1.000 Tieren. Nur selten küstennah. An der Oberfläche sehr aktiv. Booten gegenüber scheu, schwimmt bei Annäherung schnell weg und sucht engen Kontakt zu Artgenossen. Oft bei anderen Cetaceen der Hochsee. **Tauchen:** Jagt nach der bei Mageninhaltsanalysen gefundenen Beute in 200-1.000 m Tiefe. **Nahrung:** Aus Mägen gestrandeter Tiere: Fische, Krabben, Kalmare und Isopoden (Meerasseln). **Allgemeine Info:** Erstfund eines toten Exemplars 1895 durch den Naturkundler Dr. Charles Hose am Strand von Sarawak (Borneo), wissenschaftliche Beschreibung erst 1956 durch den Briten F. C. Fraser. Das Skelett war lange Zeit einziger Nachweis für die Art, die als ausgestorben galt. Erst Anfang der 1970er wurden die ersten lebenden Tiere gesichtet. **Wo & Wann:** Verbreitungsgebiet noch nicht genau bekannt. Vermutlich in allen tropischen und warm-gemässigten Meeren (40°N - 40°S), bevorzugt die Hochsee (1.000+ m) und Inseln mit Steilküsten, nur selten im Seichten und küstennah.

Pieter Arend Folkens

Irawadi-Delphin, Irrawaddy Dolphin, *Orcaella brevirostris*

Irawadi-Delphin im Jakarta-Aquarium, Indonesien. Helmut Debelius

Besondere Erkennungsmerkmale: Körper oben dunkel- bis mittelgrau, unten heller. Kopf gedrungen, rundlich, ohne abgesetzte Schnauze, Melone groß. Kopf und Hals wie beim Beluga beweglich (nur 2 Halswirbel miteinander verwachsen). Finne sehr klein, fast dreieckig, mit abgerundeter Spitze, sitzt auffällig weit hinten auf dem Rücken. **Beschreibung:** Länge 2-2,5 m, Gewicht 100-150 kg. Kopf durch Falte oder kleine Vertiefung im Nacken deutlich vom Körper absetzt. Brustflossen lang, breit, spatelförmig, stark gebogen. **Leicht zu verwechseln mit:** Die tropische Art ähnelt dem arktischen Beluga in Körper- und Kopfform sowie durch den beweglichen Hals sehr und wurde früher von einigen Taxonomen zur Familie Monodontidae gezählt. Beluga aber weiß statt grau, deutlich größer, ohne Finne, Verbreitung anders. Art in Färbung, Körper- und rundlicher Kopfform dem Indischen Schweinswal sehr ähnlich, Verbreitungsgebiete überlappen in manchen Regionen, Indischer Schweinswal aber kleiner, ohne Finne. Rundliche Kopfform der Art ähnelt der der Rundkopfdelphine, diese jedoch deutlich größer, meist dunkler (mit vielen hellen Kratzern), Finne sehr hoch. Im Verbreitungsgebiet der Art sind u.U. Verwechslungen mit dem Dugong *(Dugong dugong)* möglich, der ebenfalls sehr langsam schwimmt, aber keine Finne hat. **Andere Namen:** Snubfin Dolphin (engl.); Orcelle (franz.); Orcella (ital.); Delphin del Irrawaddy (span.); Golfinho do Irrawaddy, Boto de Bengala (port.); Irrawady-dolfijn (niederl.); Irrawadydelphin (norweg.); Iravadinvalas (finn.); Iravadidelphin (schwed.); Irrawady-delphin (dän.); Mahakam River Dolphin, Pesut Mahakam (Indonesien); Lumba Lumba (Malaysia). **Bedeutung des wissenschaftlichen Namens:** *Orcaella brevirostris* (Gray 1866) – *Orcaella* von lat. *orca* für "eine Art von Wal", *brevirostris* für "kurzschnäblig" von lat. *brevis* für "kurz" und *rostrum* für "Schnabel, Schnauze". **Verhalten:** Wegen Scheu und schlechter Sichtverhältnisse im Habitat kaum bekannt, nur in Gefangenschaft (siehe Foto) gut zu beobachten. In kleinen Gruppen (2-15 Tiere) ohne Geschlechtertrennung in Flüssen und Küstengewässern Südostasiens, Papua-Neuguineas und Nordaustraliens. In grossen Flußsystemen bis zu 1.300 km flußaufwärts. Einige Populationen in Indien, Kambodscha und Borneo ausschließlich in Süßwasserseen. Sehr langsamer, ruhiger Schwimmer, kaum an der Oberfläche zu sehen, Blas an windstillen Tagen jedoch weithin zu hören. Spuckt oft Wasser (wie undressierte Zoo-Belugas!), was vielleicht dazu dient, kleinere Beutetiere von Baumästen ins Wasser zu spülen. **Tauchen:** Taucht meist nur kurz, auf der Jagd bis 10 min. Krümmt Schwanzwurzel beim Abtauchen stark. **Nahrung:** Fische, Kopffüßer und Krabben, die im Freiwasser oder am Boden gefangen werden. Treibt gelegentlich Fischschwärme in flache Uferzonen, um die Jagd zu vereinfachen. **Allgemeine Info:** Benennung durch John E. Gray 1866 anhand eines Schädels, den Sir Walter Elliot im Hafen von Vishakhapatnam am Golf von Bengalen (Indien) gefunden hatte und der vorher von Owen als *Phocoena brevirostris* beschrieben worden war. Erst 1948 Entdeckung einer weiteren Population bei Papua-Neuguinea. Durch Barnes (1984) zu Monodontidae; Gen-Analysen widerlegten jedoch Verwandtschaft zum Beluga. Gilt vietnamesischen Fischern als heilig (sie befreien versehentlich gefangene Delphine aus Netzen, die Tiere sollen Fische in Reusen und Netze treiben), sind in der Seenregion Borneos wiedergeborene Vorfahren. Aber: Natürlicher Lebensraum der Art (tropische Flüsse, Flußmündungen, flache Küstengebiete) durch Dammbauten, Industrie sehr stark gefährdet. **Wo & Wann:** Indo-Pazifische Region: Warme, flache Küstengewässer, Seen und Süßwasserflüsse vom Golf von Bengalen (Ostküste Indiens) bis zur Westküste Papua-Neuguineas und Nordküste Australiens. Flache, geschützte Buchten, schlammige Flußmündungen und Mangrovensümpfe, nie weit von der Küste. Häufig in den großen Flußsystemen von Ganges und Brahmaputra (Indien) sowie in Flüssen in Burma (Irawadi), Laos, Kambodscha, Vietnam (Mekong) und Borneo (Mahakam).

FRESS-TANZ

Anders als der berühmte "Flipper" spielen wilde Delphine nur selten mit Tauchern. Aber auf der ganzen Welt gibt es doch ein paar Delphine, die die Gesellschaft der Menschen suchen. 'Normale' Delphine nähern sich manchmal Tauchern, um einen Blick zu riskieren, oder sie reiten auf den Wellen schneller Boote, aber mehr auch nicht. Die Unterwasserfotografen Peter Verhoog und Georgina Wiersma hatten allerdings das Privileg, mit Delphinen 'zu tanzen'.

FOTOS: PETER VERHOOG

Ein großartiger Anblick unter der Oberfläche: Delphine haben einen Sardinenschwarm zur Oberfläche getrieben.

Wir kreuzen mit hoher Geschwindigkeit in den Gewässern um die portugiesische Azoreninsel Pico im Atlantik. Heute morgen haben wir einige Delphine gesehen, als wir aber vorsichtig ins Wasser glitten, waren sie innerhalb von Sekunden verschwunden. Die Tiere betrachteten uns kurz, doch wir hatten kaum eine Chance für eine gute Beobachtung, geschweige denn zum Fotografieren dieser schönen Geschöpfe.

Jetzt hat unser Skipper einen großen Vogelschwarm auf der Meeresoberfläche ausgemacht. Wir steuern darauf zu, um genauer nachzusehen. Seevögel jagen oft Schwarmfische, die von Delphinen an der Oberfläche zusammengetrieben wurden. Dort könnte eine jagende Delphingruppe sein! Kaum angekommen, sehen wir atlantische Gewöhnliche Delphine *(Delphinus delphis)* aus dem Wasser springen. Sorgfältig wählen wir unsere Position, legen Maske und Flossen an, nehmen die Kameras und gleiten so langsam und leise wie möglich ins Wasser. Jede falsche Bewegung oder Lärm können das natürliche Verhalten der Delphine stören. Die UW-Fotografen dürfen zuerst ins Wasser. Wir entscheiden, uns zu trennen, denn Delphine als Gruppe anzuschwimmen, ist keine gute Idee! Peter schwimmt ruhig in Richtung Delphine, und ich folge ihm ein paar Minuten später, atme ein und tauche ab. Wir schnorcheln, denn Luftblasen aus Lungenautomaten verjagen Delphine. Unter der Oberfläche bietet sich uns ein großartiger Anblick: Die Delphine haben einen riesigen Sardinenschwarm zur Oberfläche getrieben. Sie haben das natürliche Schwarmverhalten der Fische perfekt ausgenutzt. Die Oberfläche dient als natürliche

Dieser wird von den Delphinen in handlichere "Bälle" geteilt.

Es ist angerichtet! Nun passen die Delphine einen günstigen Moment ab, um in die Kugel zu schießen und einen Fisch zu packen.

Die silberne Fischkugel kocht: Bis 4 m tief tauchen jetzt auch Seevögel von der Oberfläche ein und holen sich ihren Anteil.

Nach dem Dinner ist Spielen angesagt. Wie inmitten einer Tanzaufführung nähern sich uns kleine Delphin-Gruppen.

Barriere, die den Fischschwarm auf einer Seite zusammenhält. Die Delphine schwimmen den Schwarm von allen anderen Seiten an, was die Fische zwingt, eine dichte Schule zu bilden, in der sie normalerweise sicher wären, die jetzt aber zur tödliche Falle wird. Ein echter Fall von "fatal attraction"...

Überall jagen Delphine wie graue Schatten vor dem weiten Blau des Wassers an mir vorbei. Das Meer ist voll von ihren quietschenden Lauten. Offensichtlich kommunizieren sie intensiv miteinander, um ihre Jagd zu koordinieren. Sie schwimmen schnell und schießen alle 20 bis 30 Sekunden zum Atmen zur Oberfläche hoch. Beim Abtauchen ziehen sie eine lange Spur kleiner Luftblasen hinter sich durchs Wasser.

Etwa 300 bis 400 Delphine müssen um uns herum im Wasser sein! Jetzt trennen sie sich, um den Sardinenschwarm in kleinere "Bälle" von etwa 1,5 m Durchmesser zu teilen. Diese können von den kleineren Freßgruppen der Delphine besser kontrolliert werden. Die silberne Fischkugel unmittelbar vor mir kocht: Es ist angerichtet! Delphin um Delphin schießt in die Kugel, packt einen Fisch und schwimmt davon. An der Oberfläche tauchen die Vögel in die Schule ein, manchmal 3 bis 4 m tief, und holen sich ihren Anteil. Anschließend kehren sie mit ausgebreiteten Beinen zur Oberfläche zurück, die Flügel dicht an den Körper gelegt. Ein Delphin erwischt einen Vogel statt einer Sardine und schleudert das arme Tier mit einer eleganten Bewegung wieder weg. Das ganze Spektakel dauert etwa 5 Minuten und endet erst, als nur noch eine kleine Fischkugel übrig ist.

Im Wasser kehrt etwas Ruhe ein. Doch nach dem Dinner ist nun Spielen angesagt! Diesmal gehört das Betrachten ungelenker Schnorchler dazu. Kleine Gruppen von 2 bis 4 Delphinen nähern sich schnell, die Tiere kommen fast zum Stillstand und schauen mich aus der Entfernung mit einem neugierigen Ausdruck in ihren schwarz umrandeten Augen an. Ich fühle mich wie Teil eines Tanzes, bei dem ich mich im Mittelpunkt einer sorgfältig choreographierten Aufführung befinde. Näher als ein paar Meter kommen die Delphine nicht heran. Plötzlich entdecke ich eine Mutter mit Kind. Das Kleine ist nur 70 cm lang und scheinbar erst vor kurzem geboren. Die Mutter manövriert sich zwischen mich und ihren Nachwuchs. Ein anderer Delphin wirft noch einen letzten Blick auf uns, dann sind alle verschwunden. Im Wasser herrscht wieder Ruhe, die Quietschlaute haben aufgehört, das Meer scheint verlassen. Als wir ins Boot zurückklettern, realisieren wir, daß wir nun zu einer sehr kleinen Gruppe privilegierter Menschen gehören, die die wundervolle Gelegenheit hatten, wilde Delphine bei der Jagd zu beobachten.

DELPHINE, DIE IM TRÜBEN FISCHEN

Es regnet wie aus Kübeln. Wir tauchen im Rio Negro, einem Seitenarm des Amazonas. Denn nur in der Regenzeit und bei Hochwasser kann man dort Sichtweiten bis zu 2 m erwarten. Sonst ist "der" Fluß Südamerikas so reich an Sedimenten, daß man nicht mal die Taucheruhr ablesen kann. Um Unterwasserfotos der einheimischen Flußfauna zu machen, haben sich der Autor und der UW-Fotograf Scott Frier zu Kaimanen und Piranhas gewagt.

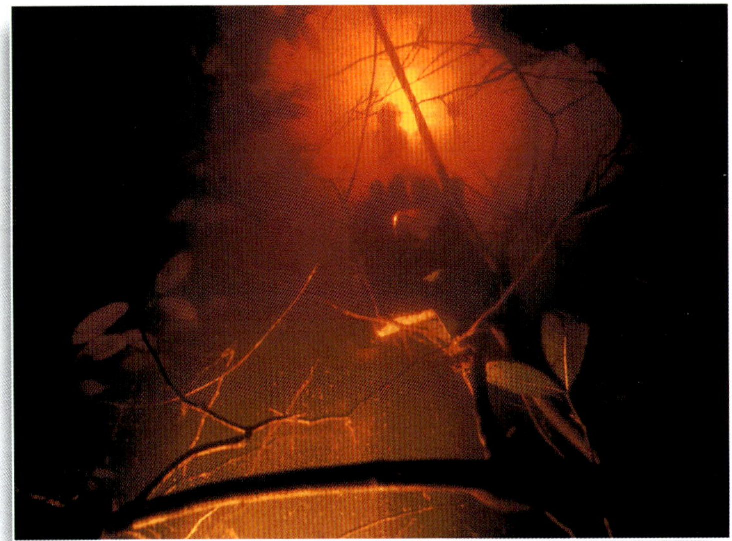

FOTOS: SCOTT FRIER

Durch den Zerfall organischer Substanzen ist das Wasser im Rio Negro rötlich gefärbt, was dann unter Wasser nur eine geringe Sicht erlaubt.

In der Trockenzeit macht es keinen Sinn, im Rio Negro (wörtl. Schwarzer Fluß = Schwarzwasser-Fluß) zu tauchen. Sein Wasser sieht dann aus wie schwarzer Kaffee. Jetzt in der Regenzeit ist der Fluß um etwa 20 m angestiegen und weit über seine Ufer getreten. Er überflutet viele Quadratkilometer Regenwald. Durch den starken Regenfall verbessert sich allerdings die Sichtweite im Rio Negro erheblich. Das Wasser hat durch den raschen Zerfall organischer Substanzen eine rötliche Farbe angenommen. Dieser Zerfall ist ein wichtiger Vorgang im Ökosystem Regenwald und bringt viele wertvolle Nährstoffe in den kargen Boden ein.

Langsam tuckert unser Boot über den See. Einige 4-5 m große Flußkaimane liegen faul auf ihren Sandbänken und dösen träge vor sich hin. Ich bin mächtig beeindruckt. Gespannt halten wir Ausschau nach der Urform aller Delphine. Entstehungsgeschichtlich sind Flußdelphine viel älter als ihre bekannteren Artgenossen im Meer. Flußdelphine haben sich ganz auf ihr Leben im trüben, sedimentreichen Wasser eingestellt. Sie sind fast blind, haben dafür aber ein sehr hochentwickeltes Sonar-System ausgebildet, um sich in dieser "trüben Brühe" zurechtzufinden. Mit ihrem sehr langen Schnabel und ihrem beweglichen Hals können sie selbst die kleineren Fische, die im dichten Wurzelwerk Schutz suchen, erbeuten.

Am 4 m tiefen Grund des Rio Negro wartet eine Anaconda auf Beute.

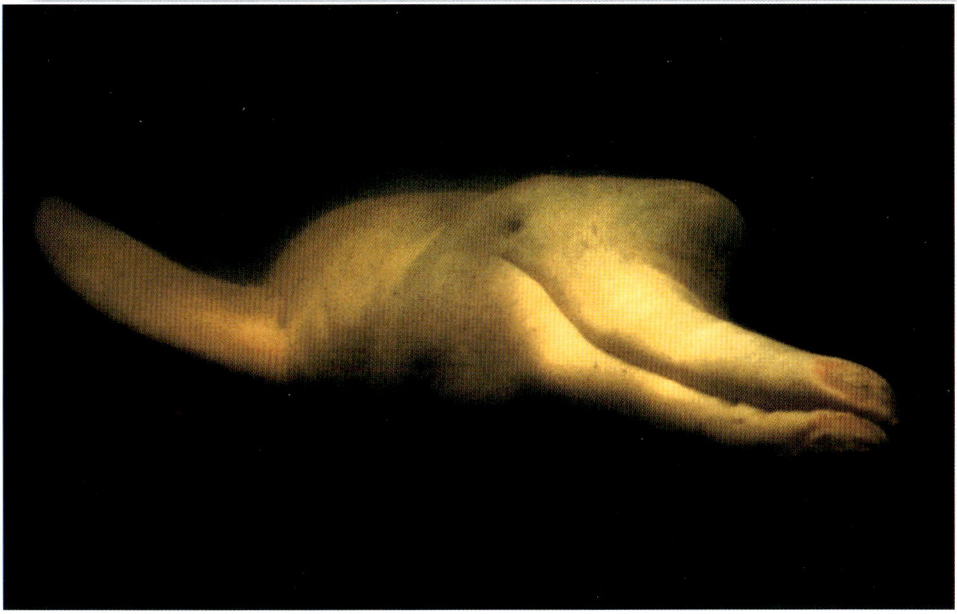

Ein neugieriger Amazonas-Delphin *(Inia geoffrensis)* scannt uns mit seinem Sonar.

Plötzlich hören wir ein leises Schnaufen. Nicht weit vom Boot entfernt tauchen vier rosafarbene Rücken aus dem Wasser. An ihren kleinen Rückenfinnen sowie an ihren kürzeren Schnauzen und an der geringen Größe erkennen wir, daß es sich nur um Amazonas-Sotalien *(Sotalia fluviatilis)* handeln kann. Unbeeindruckt von unserem Boot ziehen sie ihres Weges. Egal was wir auch anstellen, ob wir schnell fahren oder den Motor ausschalten und uns treiben lassen, sie halten immer peinlich genau einen Mindestabstand von 20 m ein. Sobald wir uns ihnen nähern, tauchen sie ab und erscheinen in sicherer Entfernung wieder an der Oberfläche. Nach vielen vergeblichen Versuchen, beschließen wir, unser Glück mit Schnorcheln zu versuchen. Leise gleiten Scott und ich in das trübe Wasser und schwimmen in die Richtung, wo wir die Delphine zuletzt gesehen haben.

Wir schwimmen an umgestürzten Bäumen vorbei und sehen eine Anaconda unter uns am Boden auf Beute lauern. Ich bin begeistert von der Vielzahl an Fischen, die wir in diesem trüben Wasser sehen können. "Wie sehen eigentlich Piranhas aus?" durchzuckt es meine Gedanken. Plötzlich fällt mir die ganze Palette der Horrorbilder von in Sekunden abgenagten Skeletten ein. "Wenn du nicht blutest und keine offene Wunde hast, kannst du hier beruhigt ins Wasser gehen", rufe ich mir die Worte unseres Tourguides zur Beruhigung in Erinnerung. "Hoffentlich wissen das auch die Piranhas...", denke ich.

Neugierig beobachtet auch ein Kaiman jede unserer Bewegungen.

Noch bevor ich diesen Gedanken zu Ende denken kann, taucht plötzlich ein Amazonas-Delphin direkt vor Scott auf. Wenn ich nicht genau wüßte, daß diese Delphine fast völlig blind

Amazonas-Sotalien oder Tucuxis sind die einzigen flußbewohnenden Delphine mit einer Rückenfinne.

sind, würde ich sagen, er betrachtet uns genau. Langsam bewegt er seinen Kopf und "scannt" uns beide mit seinem Sonar. Sein überlanger Schnabel und seine sehr breiten Brustflossen geben ihm ein etwas merkwürdiges Aussehen. Der Boto, wie der Amazonas-Delphin hier auch genannt wird, dreht seinen Kopf etwas zur Seite, so als würde er überlegen, was er von uns halten soll. Offensichtlich sind wir ihm nicht ganz geheuer, und er verschwindet mit einigen Schlägen seiner Schwanzflosse auf Nimmerwiedersehen im trüben Wasser.

In den nächsten Tagen halten wir vergeblich Ausschau nach "unseren" rosafarbenen Delphinen. Ohne vorherige Ankündigung springt plötzlich ein kleiner Delphin vor dem Boot aus dem Wasser. Erst als er wieder an der Oberfläche erscheint, erkennen wir, daß es zwei Tiere sind, vermutlich eine Mutter mit ihrem Baby. Das Kleine schwimmt dicht an seine Mutter gedrängt und reitet dabei fast auf ihrem Rücken. Tucuxi, wie diese Delphine hier auch genannt werden, gehören zu den kleinsten Delphinen und sind gut von anderen Flußdelphinen zu unterscheiden. Sie sind die einzigen flußbewohnenden Delphine mit einer Rückenfinne. Sie sind auch die einzigen Flußdelphine, von denen einige Populationen ausschließlich in Küstengewässern leben.

Leise gleiten wir ins Wasser und nähern uns vorsichtig den beiden Delphinen. Normalerweise ist der Amazonas-Sotalia sehr scheu, aber wir deuten den Sprung direkt vor unserem Boot als Einladung zum Spielen. Kaum sind wir im Wasser, schwimmen auch schon beide direkt an uns vorbei. Die Mutter verlangsamt die Geschwindigkeit und bleibt kurz neben uns stehen. Es kommt mir vor, als würde sie stolz ihren Nachwuchs präsentieren. Scott und ich versuchen, jede unnötige Bewegung zu vermeiden. Das Baby schmiegt sich ganz eng an seine Mutter. Nach kurzer Zeit scheint es unsicher zu werden und sucht Schutz auf der uns abgewandten Seite der Mutter. Sie interpretiert dieses Manöver ihres Sprößlings wohl als Zeichen zum Aufbruch. Langsam, mit gleichmäßigen Schwimmbewegungen verschwinden beide im trüben Wasser.

Vermutlich schwimmt hier eine Tucuxi-Delphinmutter *(Sotalia fluviatilis)* mit Kind.

Die **Unterfamilie Langschnauzendelphine** umfaßt 4 Arten:
Amazonas-Sotalia, *Sotalia fluviatilis*
Chinesischer Weißdelphin, *Sousa chinensis*
Kamerun-Delphin, *Sousa teuszii*
Rauhzahn-Delphin, *Steno bredanensis*

Besondere Erkennungsmerkmale dieser Unterfamilie
Schnauze aller Arten sehr lang und schmal, Rückenflosse deutlich ausgeprägt und sichelförmig.

Amazonas-Sotalia, Tucuxi, *Sotalia fluviatilis*

NSG Anhatomirim, Baia Norte, Südbrasilien. Paulo Flores/Seapics.com

Besondere Erkennungsmerkmale
Klein, kräftig. Melone rundlich. Finne klein, dreieckig, Basis breit.
Beschreibung
Länge 1,3-1,8 m, Gewicht 35-45 kg. Brustflossen breit. Oben grau, Seiten und unten grau, weiß, rosa. Dunkler Streifen vom Auge zur Brustflosse, zweiter unter Finne nach hinten.
Leicht zu verwechseln mit
Amazonas-Delphin ist weniger scheu, heller, Schnauze länger, Finne kleiner. In Küstennähe: Großer Tümmler größer, Finne größer, sichelförmiger, Schnauze kürzer. An der Südgrenze der Verbreitung: La-Plata-Delphin, juvenil: Augen sehr klein, immer in Begleitung der Mutter; adult: dunkler, Schnauze länger, spitzer, Brustflossen runder.
Andere Namen: Tucuxi, Brackwasserdelphin (deutsch); Estuarine Dolphin, Tookashee (engl.); Sotalie (franz.); Sotalia (ital.); Bufeo Negro (span.); Tucuxi (port., dän., schwed.); Amazonedolfijn (niederl.); Brasildeltadelphin (norweg.); Amazoninvalkodelfiini (finn.); Pirayaguara (Tupi- & Yagua-Indianer); Boto Negro, Boto, Tucuxi (Brasilien).
Bedeutung des wissenschaftlichen Namens
Sotalia fluviatilis (Gervais 1853) – Ursprung von *Sotalia* unbekannt. Lat. *fluviatilis* für "flußbewohnend".
Verhalten
Aktiv, schnell, Gruppengröße 2-30, sehr enge soziale Bindung (Körperkontakt), Booten gegenüber sehr scheu. Fluke-, Brustflossenschlagen, Umschauen häufig. Springt oft und hoch. Flußform kleiner, heller, kommt beim Auftauchen mit Vorderkörper hoch aus dem Wasser, jagt im Amazonas-Gebiet oft mit Flußdelphinen (Platanistidae). Küstenform im Meer größer, dunkler, Verhalten unbekannt. Taucht meist flach und unter 1,5 min, bei Bedrohung länger. Frißt Garnelen, Krebse, Fische.
Allgemeine Info
Erstbeschreibung eines Exemplars aus dem Amazonas 1853 durch den französischen Zoologen und Arzt Paul Gervais als *Delphinus fluviatilis*. 1884 zur Gattung *Sotalia* (1866 von Gray aufgestellt). *S. brasiliensis, S. tucuxi, S. pallida* und *S. guianensis* sind nur Farb- und Altersformen von *S. fluviatilis*. Aber: Vergleich von 22 Merkmalen an 104 Schädeln (92 von der Küste Brasiliens, 12 vom Amazonas). Resultat: Keine geschlechtsspezifischen Unterschiede, jedoch in der Form. Daher vielleicht Unterteilung in eine küstennah lebende *(S. guianensis)* und eine Amazonas-Art *(S. fluviatilis)*. "Tucuxi" = der andere Delphin, kommt in Orinoko, Amazonas zusammen mit (nicht verwandtem) Amazonas-Delphin vor. Siehe auch DELPHINE, DIE IM TRÜBEN FISCHEN auf den Seiten 244-246.
Wo & Wann
NO-Südamerika bis O-Mittelamerika (Atlantik, Karibik, Flüsse). Küstenform küstennah im Meer von Florianopolis (Brasilien) bis Leimus-Lagune (Nicaragua), auch bei einigen südlichen Karibikinseln. Flußform im Orinoko bis 250, im Amazonas bis 2.500 km flußaufwärts. Am besten an der Einmündung von Nebenflüssen zu beobachten. Auch im Maracaibo-See (Venezuela).

Chinesischer Weißdelphin, Indo-Pacific Hump-backed Dolpin, *Sousa chinensis*

Küste von Queensland, Australien. Doug Perrine/Seapics.com

Besondere Erkennungsmerkmale
Hell, Schnauze sehr lang, breiter Rückenbuckel (bis etwa 30 % Gesamtlänge) mit kleiner Finne.

Beschreibung
Länge 2-2,8 m, Gewicht 150-240 kg. Stirn deutlich, ohne Falte von Schnauze abgesetzt. Brustflossen breit, dreieckig, Spitzen rund. Schwanzstiel oben und unten gekielt. Färbung nach Population, Alter, individuell variabel. Oben braungrau bis rosaweiß, unten heller. Manche Adulte gefleckt.

Leicht zu verwechseln mit
Großer Tümmler in Größe und Statur ähnlich, aber Schnauze kürzer, kein Rückenbuckel, Finne größer. Kamerun-Delphin sehr ähnlich (anatomisch nur durch Zahn- und Wirbelzahl verschieden), aber anders verbreitet.

Andere Namen: Chinesischer Buckeldelphin, Indopazifischer Buckeldelphin (deutsch); Chinese White Dolphin, Bornean White Dolphin, Speckled Dolphin (engl.); Sousa de Pacifique, Dauphin à Bosse du Pacifique, Dauphin à Bosse de l'Indo-Pacifique (franz.); Susa Indopacifica (ital.); Delphin Jorobado del Pacifico Negro (span.); Golfinho Branco Oriental, Golfinho Corcunda do Indo Pacífico (port.); Chinese Witte Dolfijn (niederl.); Kinesisk Hvitdelphin (norweg.); Kiinanvalkodelfiini (finn.); Osbecks Näbbdelphin (schwed.); Indopacifisk Pukkeldelphin (dän.); *Sousa plumbea* (wissenschaftliche Bezeichnung für die Form westlich von Sumatra).

Bedeutung des wissenschaftlichen Namens
Sousa chinensis (Ostbeck 1765) – Ursprung des Gattungsnamens (Gray) unbekannt, vielleicht für Delphin (Indien); *chinensis:* Teil der Verbreitung.

Verhalten
Gruppengröße bis 7, selten bis 25. Habitat meist sehr trüb, daher rege Kommunikation durch Pfeiftöne, hoch entwickelte Echoortung. Sehr scheu. Häufiges Spyhopping. Langsamer Schwimmer, oft träge an der Oberfläche mit einer Brustflosse über Wasser, aber Jungtiere springen häufig. Schlägt bei der Jagd mit Fluke auf das Wasser. Balz: Schnelles Kreisschwimmen. Zusammen mit: Großer Tümmler, Indischer Schweinswal, Spinner-Delphin.

Tauchen
Auffälliges Auf- (45°, Schnauze voran) und Abtauchverhalten (Rücken stark gekrümmt, manchmal Fluke sichtbar). Taucht etwa 1 min, bei Bedrohung länger, max. 50 m tief.

Nahrung
Schwarmfische (Sardinen, Brassen, Süßlippen, Heringe, Meeräschen, Meerbarben), im Fluß Krebse.

Allgemeine Info
Erstbeschreibung 1765 als *Delphinus chinensis* durch den Schweden Per Ostbeck, der die Art 1757 im Chinesischen Meer beobachtet hatte. Genauer Bestand unbekannt, vermutlich relativ klein.

Wo & Wann
Tropische und subtropische Küstengewässer von etwa 20 m Tiefe. An tieferen Küstenabschnitten in der flachen Brandungszone. Selten küstenfern, gelegentlich einige km flußaufwärts. Gerne in Mangroven, Lagunen, Flußmündungen, bei Riffen, Sandbänken. Indik und Westpazifik (Südafrika bis Nord-Australien, Borneo, Sumatra bis Nord-Japan). Es gibt drei geographische Formen, von diesen ist der bleigraue *S. plumbea* (Südafrika bis Süd-China) vielleicht eine eigenständige Art.

Kamerun-Delphin, Atlantic Hump-backed Dolphin, *Sousa teuszii*

Pieter Arend Folkens

Beschreibung
Länge 2-2,7 m, Gewicht 100-150 kg, schiefergrau, unten heller; Melone der Jungtiere weniger ausgeprägt, Finne sichelförmiger, ohne Buckel, im Alter dunkler. Sonst wie *Sousa chinensis.*

Leicht zu verwechseln mit
Großer Tümmler in Größe und Statur ähnlich, aber Schnauze kürzer, kein Rückenbuckel, Finne größer. Chinesischer Weißdelphin sehr ähnlich (anatomisch nur durch Zahn- und Wirbelzahl verschieden), aber anders verbreitet.

Andere Namen
Atlantischer Buckeldelphin (deutsch); Cameroon Dolphin (engl.); Sousa de l'Atlantique, Dauphin à Bosse de l'Atlantique (franz.); Susa Atlantica (ital.); Delphin Jorobado del Atlantico (span.); Golfinho de Bossa do Atlântico, Golfinho Branco Africano (port.); Kameroendolfijn (niederl.); Kamerundelphin (norweg.); Atlanninvalkodelfiini (finn.); Kamerundelphin (schwed.); Atlanterhavs-pukkeldelphin (dän.).

Bedeutung des wissenschaftlichen Namens
Sousa teuszii (Kükenthal 1892) – Ursprung des Gattungsnamens (Gray) unbekannt, bedeutet vielleicht Delphin in Indien; *teuszii* zu Ehren von Edward Teusz, dem Entdecker der Art.

Verhalten
Die Art lebt meist in kleineren Gruppen von 2-10 Individuen zusammen, Gruppengröße nur selten bis etwa 25. Innerhalb der Gruppe herrscht eine sehr rege Kommunikation über Pfeiftöne. Die Echoortung ist für ein Überleben in den teilweise trüben, sedimentbeladenen Gewässern im Habitat sehr wichtig und folglich hoch entwickelt. Die Art ist sehr scheu und daher nur schwer zu beobachten. Bei der Annäherung von Booten tauchen die Tiere meist sofort in verschiedene Richtungen ab, um in sicherer Entfernung wieder zusammen an der Oberfläche zu erscheinen. Obwohl ein eher langsamer Schwimmer, der oft träge an der Oberfläche verweilt, kann die Art sehr akrobatisch sein, besonders Jungtiere springen häufig. Oft in Begleitung von Großen Tümmlern. Verhalten ansonsten wie bei *Sousa chinensis.*

Bei der Winterwanderung der Meeräschen nach Süden schlagen die Fischer an der Küste von Mauretanien (Westafrika) am Kap Timiris, nördlich von Nouakschott, mit Stöcken auf das Wasser. Dann erscheinen Große Tümmler und Kamerun-Delphine und treiben die Fische direkt hinein in die Netze der Fischer. Die Delphine profitieren von im Netz gefangenen oder auch entwischten Meeräschen.

Tauchen siehe *Sousa chinensis.*

Nahrung
Schwarmfische (siehe *Sousa chinensis*), selten Kopffüßer.

Allgemeine Info
Erstbeschreibung 1892 durch W. Kükenthal (Naturkunde-Museum Jena) anhand eines Schädels, den E. Teusz aus Kamerun (Westafrika) geschickt hatte. Wurde lange als einziger vegetarischer Delphin angesehen (bei der Mageninhaltsanalyse wurde versehentlich ein Seekuh-Magen untersucht, der nur Mangrovenkeimlinge, Seegras und Blätter enthielt). Genauer Bestand unbekannt, regional relativ häufig.

Wo & Wann
Tropische Atlantikküste Westafrikas von Mauretanien über Senegal bis Kamerun, vielleicht bis Angola und noch weiter südlich. Besonders häufig im Süden Senegals und im Nordwesten Mauretaniens. Bevorzugt in flachen, sedimentreichen Küstengewässern bis max. 20 m Tiefe. An tieferen Küstenabschnitten in der flachen Brandungszone. Selten küstenfern, gelegentlich einige km flußaufwärts (Niger, Bandiala). Gerne in Mangroven, Lagunen, Flußmündungen, bei Riffen, Sandbänken.

Rauhzahn-Delphin, Rough-toothed Dolphin, *Steno bredanensis*

Maui, Hawaii. Jim Watt

Besondere Erkennungsmerkmale: Kopf konisch, Schnauze sehr lang und schmal, geht ohne Absatz in die flache Stirn über. Augen tiefschwarz. Bauch weiß oder rosa mit auffälligen, kreisrunden, rosaweißen oder gelbweißen Flecken.
Beschreibung: Schlank, Länge 2,1-2,5, max. 2,75 m, Gewicht 130-160 kg. Weibchen kleiner als Männchen. Brustflossen lang, spitz, Vorderkante sichelförmig. Finne sichelförmig. Schmaler Sattelfleck, meist nur wenig dunkler als die dunkelgrauen Seiten. Brustflossen, Finne und Fluke schwarz. Färbung sehr variabel. Die typischen Flecken (s.o.) wurden früher für Bißnarben von Plätzchenstecher-Leuchthaien gehalten, heute wird vermutet, daß sie von Parasiten stammen. Unter Cetaceen einzigartiger Zahnschmelz mit feinen Längsfalten (Name).
Leicht zu verwechseln mit: In Größe und Statur ähnlich: Großer Tümmler, Fleckendelphin, Spinner-Delphin, Clymene-Delphin. Art wird nur selten gesichtet, durch Kopfform, schwarze Augen und typische Flecken aber unverwechselbar.
Andere Namen: Furchenzahndelphin, Langschnabeldelphin (deutsch); Slopehead (engl.); Dauphin à Long Bec, Sténo (franz.); Steno (ital.); Esteno (span.); Caldeirão (port.); Snaveldolfijn (niederl.); Nebbdelphin (norweg.); Rosohammasdelfiini (finn.); Näbbdelphin (schwed.); Rutandet Delphin (dän.).
Bedeutung des wissenschaftlichen Namens: *Steno bredanensis* (Lesson 1828) – *Steno* von griech. *stenos* für "schmal" oder zu Ehren des dänischen Anatomen Dr. Nikolaus Steno (17. Jhdt.); *bredanensis* zu Ehren des Künstlers Van Breda.
Verhalten: Kaum bekannt. Gruppengröße 10-20, selten 100+ (saisonale Wanderungen). Pelagisch in der Hochsee, über Schelf, nur selten küstennah (z.B. in Mauretanien). Schwimmt schnell, haiartig knapp unter Oberfläche, springt selten. Zusammen mit: Großer Tümmler, Grindwale, Clymene-, Spinner-Delphin, Gelbflossen-Thun. Biologe Fabian Ritter beobachtete Fürsorgeverhalten (La Gomera, Kanaren, Atlantik): Weibchen hielt über 5 Tage lang ihr totes Neugeborenes an der Oberfläche, wurde dabei von anderen Delphinen unterstützt. Gut dressierbar, gewöhnt sich gut in Delphinarien ein, dort Hybriden mit dem Großen Tümmler.
Tauchen: Bis 15 min, 80 m. Tauchen oft in entgegengesetzter Richtung auf, als sie abgetaucht sind.
Nahrung: Pelagische Fische, Kalmare und andere Weichtiere.
Allgemeine Info: Lange nur durch Schädelfunde bekannt. 1817 erstmals von Desmarest als *Delphinus rostratus* beschrieben (ungültig). 1828 als *Delphinus bredanensis* durch Lesson, der sich auf Arbeiten Cuviers und die Zeichnungen Van Bredas stützte. Nach 1846 in Grays Gattung *Steno*. Fraser und Purves (1960) stellen *Steno, Sousa* und *Sotalia* in eine eigene Familie Stenidae. Heute werden sie jedoch als Unterfamilie Langschnauzendelphine (Steninae) in der Familie Delphinidae betrachtet. Kommunikation durch Pfeiftöne von 4-7 kHz (ähnlich Tümmler und Gewöhnlichem Delphin). Echoortung durch Klicks (14-25 kHz). Häufig an Massenstrandungen beteiligt.
Wo & Wann: Hochsee-Kosmopolit tropischer bis warm-gemäßigter Gewässer aller Ozeane (22-25+ °C). Von etwa 40° N - 40° S. Sichtungen: Indik: Südafrika-Indonesien; Pazifik: Ogasawara (Japan), Hawaii, Galapagos; Westatlantik: Virginia, Georgia, Florida, Karibische Inseln (Bahamas), Golf v. Mexiko; Ostatlantik: Elfenbeinküste, Senegal, Mauretanien; ortstreue Population im Mittelmeer.

Die **Unterfamilie Glattdelphine** umfaßt 2 Arten:
Nördlicher Glattdelphin, *Lissodelphis borealis*
Südlicher Glattdelphin, *Lissodelphis peronii*

Besondere Erkennungsmerkmale dieser Unterfamilie
Die beiden einzigen Delphinarten ohne Finne. In kalten bis gemäßigten Gewässern der Nord- bzw. Südhalbkugel.

Nördlicher Glattdelphin, Northern Rightwhale Dolphin, *Lissodelphis borealis*

Der finnenlose Rücken ist gut zu sehen. Ostpazifik vor Kalifornien. Todd Pusser/Seapics.com

Besondere Erkennungsmerkmale: Im Verbreitungsgebiet unverwechselbar: Keine Finne (Populärname), schlank, stromlinienförmig, typische Schwarz-Weiß-Färbung.
Beschreibung: Adulte 2-3 m lang, 50-100 kg schwer. Männchen größer als Weibchen (max. 2,3 m). Kurze, spitze Schnauze deutlich durch Furche von Stirn abgesetzt. Unterkiefer länger als Oberkiefer. Größtenteils schwarz, weißer Brustfleck durch dünnen Streifen mit weißem Bauchfleck verbunden, letzterer in Größe sehr variabel, bei Männchen meist breiter als bei Weibchen. Kinn und Flukenunterseite weiß. Erscheint im Wasser oft einheitlich schwarz. Kälber bei Geburt graubraun oder cremefarben, endgültige Färbung nach einem Jahr.
Leicht zu verwechseln mit: Südlicher Glattdelphin ähnlich, aber anders verbreitet.
Andere Namen: Nördlicher Glattwaldelphin (deutsch); Pacific Rightwhale Porpoise (engl.); Lissodelphe Boréal, Dauphin á dos Lisse Boréal (franz.); Lissodelphino Boreale (ital.); Delphin Liso del Norte (span.); Roaz Baleeiro Boreal, Golfinho Setentrional (port.); Noordelijke Gladde Dolfijn (niederl.); Nordlig Slettdelphin (norweg.); Pohjoinenvalasdelfiini (finn.); Nordlig Rätvalsdelphin (schwed.); Nordlig Rethvalsdelphin (dän.); Kiti Demi Iruka (japan.); Delfín Liso (Lateinamerika).
Bedeutung des wissenschaftlichen Namens: *Lissodelphis borealis* (Peale 1848) – Griech. *lissos* = "glatt" (Rücken ohne Finne) und *delphis* = "Delphin". Lat. *borealis* = "nördlich" (Verbreitung).
Verhalten: Schneller (bis 40 km/h), ausdauernder Schwimmer. Gruppengröße 100-200, gelegentlich bis 3.000. Tiere schwimmen meist hintereinander, machen dabei fast synchron flache, bis 7 m weite Sprünge, tauchen ohne Spritzen ein. Springen, Brustflossen- und Flukeschlagen häufig. Relativ scheu. Oft zusammen mit Weißstreifen-, Risso-Delphin, Kurzflossen-Grindwal, Großwalen (Finn-, Grauwal, reitet in deren Bugwelle). Folgt auf saisonalen Wanderungen der Lieblingsbeute (Kopffüßer), von Oktober bis Juni küsten- und südwärts.
Tauchen: Tauchtiefe bis 200 m, Tauchzeit bis 10 min.
Nahrung: Jagt oberflächennah vorwiegend Kalmare und Laternenfische.
Allgemeine Info: Erstbeschreibung eines Exemplars von der Nordwestküste Nordamerikas 1848 durch Titian Peale als *Delphinapterus borealis*. Artname als Unterscheidung zum damals schon seit 44 Jahren bekannten Südlichen Glattdelphin. Später in die Gattung *Lissodelphis* gestellt.
Wo & Wann: Tiefe, kalte bis gemäßigte Gewässer des Nordpazifiks. Bevorzugt tiefe Regionen über dem Kontinentalschelf und auf offener See zwischen 30 und 50° Nord. Küstennah nur in tiefen Gewässern entlang von Steilküsten zu finden. Nordwestpazifik: Kamtschatka (Ostsibirien) bis Japan; Nordostpazifik: Britisch-Kolumbien (Kanada) bis Baja California (Mexiko).

Südlicher Glattdelphin, Southern Rightwhale Dolphin, *Lissodelphis peronii*

Kaikoura, Neuseeland. Ingrid Visser/Seapics.com

Besondere Erkennungsmerkmale: Im Verbreitungsgebiet (kalte bis gemäßigte Gewässer der Südhemisphäre) unverwechselbar: Keine Finne (Name), schlank, stromlinienförmig, typische Schwarz-Weiß-Färbung.
Beschreibung: Adulte 1,8-2,9 m lang, 60-100 kg schwer. Männchen größer als Weibchen (max. 2,3 m). Kurze, spitze Schnauze deutlich durch Furche von Stirn abgesetzt. Unter- länger als Oberkiefer. Rücken ab Augen schwarz, Flukenoberseite grau. Schnauze, Stirn, Brustflossen, Unterseite (einschließlich Fluke) und Seiten weiß. Vorder- oder Hinterkante der Brustflossen kann dunkel sein. Kälber grau oder gefleckt. Die Unterscheidung von einzelnen Tieren ist durch individuelle Flossen-, Kopf- und Körperfärbung (Cruickshank und Brown, Südafrika) möglich.
Leicht zu verwechseln mit: Nördlicher Glattdelphin ähnlich, aber anders verbreitet.
Andere Namen: Südlicher Glattwaldelphin (deutsch); Mealy-mouthed Porpoise (engl.); Lissodelphe Austral, Dauphin Aptère Austral (franz.); Lissodelphino Australe (ital.); Delphin Liso Austral (span.); Roaz Baleeiro Austral, Golfinho do Perú, Golfinho Austral (port.); Zuidelijke Gladde Dolfijn (niederl.); Sørlig Slettdelphin (norweg.); Eteläinenvalasdelfiini (finn.); Sydlig Rätvalsdelphin (schwed.); Sydlig Rethvalsdelphin (dän.); Delfín Liso (Lateinamerika).
Bedeutung des wissenschaftlichen Namens: *Lissodelphis peronii* Lacépède 1804 – Gattungsname siehe *L. borealis; peronii* zu Ehren von Francois Peron (s.u.).
Verhalten: Wegen des entlegenen Habitats kaum bekannt. Gruppengröße 2-200, selten bis 1.000. Oft zusammen mit Schwarz-, Stundenglas-Delphin und Grindwalen. Schwimmverhalten wie *L. borealis*. Meist sehr scheu, meidet Schiffe, nur gelegentlich Bugwellenreiten.
Tauchen: Siehe *L. borealis*.
Nahrung: Fängt vorwiegend oberflächennah Fische und Kalmare.
Allgemeine Info: Der französische Naturforscher Francois Peron fand auf einer Expedition (1800-1804) mit dem Schiff "Géographe" südlich von Tasmanien diese Art, die nach ihm benannt wurde.
Wo & Wann: Zirkumpolar, tiefe, kalte bis gemäßigte Gewässer der Südhemisphäre. Verbreitungsgrenze im Norden bei 19° Süd, variiert im Süden mit Wassertemperatur und Jahreszeit, reicht aber nicht bis in die antarktischen Kaltgewässer. Bevorzugt tiefe Hochsee, küstennah nur in tiefen Gewässern entlang Steilküsten (200+ m, Vulkaninseln). Häufige Sichtungen: Chile, im Falkland-Strom zwischen Patagonien und Falkland-Inseln, Südafrika, Australien, Neuseeland.

Die **Unterfamilie Schwarz-Weiß-Delphine** umfaßt 5 Arten:

Commerson-Delphin, *Cephalorhynchus commersonii*
Weißbauchdelphin, *Cephalorhynchus eutropia*
Heaviside-Delphin, *Cephalorhynchus heavisidii*
Hector-Delphin, *Cephalorhynchus hectori*
Risso-Delphin, *Grampus griseus*

Besondere Erkennungsmerkmale dieser Unterfamilie
Alle Arten stämmig, Kopf konisch (rund bei *G. griseus),* Schnauzenspitze nicht deutlich abgesetzt. Finne gerundet, Fluke konkav mit medianer Einkerbung. Färbung schwarz und/oder weiß.

Commerson-Delphin, Commerson's Dolphin, *Cephalorhynchus commersonii*

Besondere Erkennungsmerkmale: Typische S/W-Färbung. Vorderrand der Brustflosse gezackt (s.u.).
Beschreibung: Länge bis 1,5 m, ähnelt Schweinswal. Unter- überragt Oberkiefer. Brustflossen oval. Vorderrand der linken Brustflosse bei über 50 % der adulten Männchen sägezahnartig gezackt, bei etwa 80 % der Weibchen und nur 5 % der Männchen auch rechts. Ursache unbekannt, vielleicht durchpflügen die Tiere damit auf Beutesuche den Boden. Finne klein, in der Rückenmitte. Kopf, Unterkiefer, Brustflossen, Finne, Fluke und Schwanzwurzel schwarz. Schwarze Flächen auf Kopf und Brustflossen miteinander verbunden, umschließen großen, weißen Kehlfleck. Fluke und Finne durch schwarzen Streifen verbunden. Kehle und Rest des Körpers weiß. Genitalbereich der Weibchen mit hufeisen-, der Männchen mit tropfenförmigem schwarzem Fleck (Geschlechtsdimorphismus). Bei Geburt schwarz, grau und braun.
Leicht zu verwechseln mit: Ähnelt Dall-Schweinswal, Verbreitung aber anders.

Im Delphinarium Duisburg. Ralf Kiefner

Andere Namen: Jacobiter (deutsch); Piebald Porpoise, Jacobite, Skunk Dolphin, Black and White Dolphin, Puffing Pig (engl.); Jacobite (franz.); Cefalorinco di Commerson (ital.); Tonina Overa (span.); Jacobita (port.); Commerson-dolfijn (niederl.); Commersondelphin (norweg.); Commersonindelfiini (finn.); Commersons Delphin (dän., schwed.); Delfín de Magellanes (Lateinamerika).
Bedeutung des wissenschaftlichen Namens: *Cephalorhynchus commersonii* Lacépède 1804 – Griech. *cephalos* für "Kopf", *rhynchos* für "Nase"; *commersonii* nach Philibert Commerson (s.u.).
Verhalten: Ausgiebige Beobachtungen durch Natalie Goodall (1970er) bei Feuerland: Gruppengröße 2-15, selten 100+. Sehr schneller, wendiger, aktiver Schwimmer, rollt um eigene Achse, springt oft mehrmals hintereinander, Bugwellenreiten häufig, surft in Brandungswellen.
Tauchen: Taucht kurz und nicht tief, ändert unter Wasser häufig die Richtung.
Nahrung: Schwarmfische, Kalmare, Krebse am durch Gezeitenströmung aufgewühlten Grund.
Allgemeine Info: 1787 entdeckte der französische Arzt Philibert Commerson bei seiner Weltumsegelung mit Louis Bougainville die Art in der Magellan-Straße bei Feuerland, als einige Tiere auf der Bugwelle des Schiffes ritten. Er nannte sie wegen ihrer Schwarz-Weiß-Färbung "Le Jacobin" (der Jakobiner). Erstbeschreibung 1804 durch den französischen Naturforscher Lacépède nach der Beschreibung Commersons. Gesamtbestand unbekannt. Regional häufig, anderswo gefährdet. Population (Unterart?) bei den Kerguélen (Südindik), Tiere bis 1,74 m, 86 kg, schwarz, grau, weiß.
Wo & Wann: Kalte und gemäßigte Küstengewässer der Südhalbkugel, bevorzugt in starkem Tidenhub, Häfen, Naturschutzgebiete, Seetangfelder. Atlantik: Golfo San Mathias (Argentinien) bis Feuerland, Magellan-Straße, Falkland-Inseln, Kerguelen (S-Indik). Auch tiefe Fjorde, Buchten, Flüsse. Vielleicht Südafrika.

Weißbauchdelphin, Black Dolphin, *Cephalorhynchus eutropia*

Pieter Arend Folkens

Besondere Erkennungsmerkmale: Rücken, Seiten dunkelgrau-schwarz. Finne sehr groß, stark gerundet. Bauch, Kehle, weißer "Achselfleck". Melone mit hellgrauer "Kappe".
Beschreibung: Eine der am wenigsten bekannten und kleinsten Cetaceenarten. Genauere Beschreibung lebender Tiere erst durch Natalie Goodall (1970er). Länge 1,2-1,7 m, Gewicht 40-60 kg. Weibchen vielleicht kleiner als Männchen. Unter- überragt Oberkiefer. Brustflossen (klein mit runden Spitzen, dazwischen dunkles Band), Fluke, Finne dunkelgrau bis schwarz.
Leicht zu verwechseln mit: Brillenschweinswal (gesamtes Verbreitungsgebiet) mit brillenartigen, schwarzen Augenringen, Brustflossen weiß. Burmeister-Schweinswal (Süden der Verbreitung) fast völlig dunkelgrau bis schwarz, heller Bauchfleck. Beide größer, ohne Achselfleck, Fluke anders.
Andere Namen: Flachkopfdelphin, Chile-Delphin (deutsch); Chilean Dolphin (engl.); Dauphin Noir, Dauphin du Chili (franz.); Cefalorinco Nero (ital.); Delphin Chileno (span.); Golfinho Negro do Chile, Toninha Oveira Negra (port.); Witbuikdolfijn (niederl.); Chiledelphin (norweg.); Chilendelfiini (finn.); Vitbukig Delphin (schwed.); Chilensk Delphin, Sort Delphin (dän.).
Bedeutung des wissenschaftlichen Namens: *Cephalorhynchus eutropia* (Gray 1846) – Gattungsname siehe *C. commersonii; eutropia* von griech. *eu* = "schön", *tropidos* = "Kiel" (Kopfform).
Verhalten: Kaum bekannt. Nur wenige Sichtungen, Strandungen. Scheint gerne in Brandungszonen zu surfen, springt selten. Im Süden der Verbreitung extrem scheu, lebend bisher nur von Fischern gesehen; im Norden zugänglicher, gelegentliches Bugwellenreiten. Gruppengröße im Süden 2-8, selten bis 50, im Norden bis 400, max. 4.000 (geschätzt, unbestätigt). Oft bei großen Seevogelschwärmen. Saisonale Wanderungen sind nicht bekannt.
Nahrung: Fische, Kopffüßer, Krebse (Mageninhalt gestrandeter Tiere).
Allgemeine Info: Beschreibung 1846 durch Gray als *Delphinus eutropia,* 1874 durch Dall *Cephalorhynchus* zugeordnet. Frisch tote Tiere werden sehr schnell dunkel, was vielleicht zu falschen Identifikationen geführt hat. Wird in Chile noch immer illegal als Krabbenköder gefangen, dadurch vielleicht gefährdet. Schon in früherer Zeit von den Indianern Feuerlands bejagt.
Wo & Wann: Südamerika: Flache Küstengewässer, Fjorde, Buchten, Flußmündungen und Regionen mit starkem Tidenhub Chiles von 33-55° Süd (Valparaiso bis Feuerland), auch in der Magellan-Straße. Regional häufig, z.B. Playa Frailes (Golf von Arauco), Insel Chiloe. U.a. auch im Valdivia-Fluß.

Heaviside-Delphin, Heaviside's Dolphin, *Cephalorhynchus heavisidii*

Besondere Erkennungsmerkmale: Klein, auffällige Färbung.
Beschreibung: Länge 1,6-1,7 m, Gewicht 40-80 kg. Färbung erst seit 1969 bekannt: 3 Zufallsfänge und

Südafrika.
Rod Haestier

Fund frisch gestrandeter Tiere, die noch nicht völlig dunkel geworden waren. Brustflossen klein, dunkel, Spitzen gerundet, nach hinten gebogen. Vorderrand der Brustflossen meist gezackt. Finne klein, dunkel, dreieckig. Hinterkörper, Fluke dunkelgrau bis blauschwarz. Vorderkörper grau, 3 dunkle, ovale Flecken um Augen und Blasloch. Flanken mit weißer, fingerförmiger Zeichnung als Fortsetzung des weißen Bauches zur Fluke. 3. weiße Fläche tropfenförmig vom Bauch schwanzwärts, bei Weibchen bis zum After, bei Männchen etwas weiter. Rhombischer, weißer Brustfleck, durch graues Band zwischen den Brustflossen vom weißen Bauch getrennt. Weiße "Achselflecken". **Andere Namen:** South African Dolphin, Benguela Dolphin (engl.); Dauphin d'Heaviside, Dauphin du Cap (franz.); Cefalorinco de Heaviside (ital.); Delphin de Heaviside (span.); Golfinho de Heaviside, Toninha Oveira (port.); Heaviside-dolfijn (niederl.); Heavisidedelphin (norweg.); Heavisidendelfiini (finn.); Heavisides Delphin (schwed.); Sydafrikansk Delphin, Heavisided Delphin (dän.). **Bedeutung des wissenschaftlichen Namens:** *Cephalorhynchus heavisidii* Gray 1828 – Gattungsname siehe *C. commersonii; heavisidii* nach Kapitän Haviside (nicht Heaviside, s.u.). **Verhalten:** Kaum bekannt, da selten. Meist paarweise, in kleinen Gruppen, selten bis 20 Tiere. Scheu, springt selten (bis 2+ m hoch), macht auch schnelle Vorwärtssaltos, die mit Flukenschlag auf das Wasser enden, und Porpoising. Die meisten Tiere sind sehr scheu, andere wiederum reiten auf der Bugwelle von Schiffen. **Nahrung:** Kalmare, pelagische und Bodenfische (Mageninhalt gestrandeter Tiere). **Allgemeine Info:** Art bis heute kaum bekannt. Wissenschaftlicher Artname beruht auf Irrtum: Man glaubte, daß das erste Exemplar (s.o.) aus der anatomischen Sammlung des prominenten Flottenarztes Heaviside stammte, die 1827 gerade versteigert worden war. Wie sich später jedoch herausstellte, stammte der beschriebene Schädel tatsächlich von Kapitän Haviside, einem Angestellten der British East India Company, der Schädel und Haut 1827 von einer Seereise nach England mitgebracht hatte. Beim Zufallsfang 1969 (s.o.) auch Aufzeichnung der Laute: Nur Klicks, keine delphintypischen Pfiffe. Bestand vermutlich sehr klein, die Art wird gelegentlich in den Netzen und Reusen südafrikanischer und namibischer Fischer gefangen. **Wo & Wann:** Nur entlang von etwa 1.600 km der Westküste Afrikas: Kap der Guten Hoffnung (Südafrika) bis Cape Cross (Namibia), vielleicht bis Süd-Angola. Wenige Sichtungen in 10 km breitem Streifen vor der Küste, Wassertiefe max. 150 m. Verbreitung wahrscheinlich an den kalten, nordwärts fließenden Benguela-Strom gekoppelt. Einige Populationen sind vermutlich ortstreu.

Hector-Delphin, Hector's Dolphin, *Cephalorhynchus hectori*

Besondere Erkennungsmerkmale: Großer, runder, blaßgrauer Stirnfleck, dunkel umrandet. Finne dunkelgrau bis schwarz, sehr groß, stark gerundet ("Micky-Maus-Delphin"). **Beschreibung:** Einer der kleinsten Delphine, Länge 1,2-1,67 m, Gewicht 35-60 kg. Brustflossen groß, dunkel, Spitzen stark gerundet. Fluke dunkelgrau. Schnauzenspitze schwarz, langgezogener schwarzer Fleck vom Auge zum Brustflossenende. Flanke mit weißer, fingerförmiger Zeichnung vom weißen Bauch zur Fluke. Geschlechtsdimorphismus: Männchen kleiner als Weibchen, um Genitalschlitz mit großem, dunkelgrauem Fleck. Beide Geschlechter mit weißer, tropfenförmiger Fläche vom Bauch über den After hinaus schwanzwärts. Weißer

Kaikoura, Neuseeland.
Ingrid Visser/Seapics.com

Bauch durch graues Band zwischen den Brustflossen von weißer Kehle getrennt. Kleiner, weißer "Achselfleck". Rücken und Seiten dunkelgrau. Kälber blasser.
Leicht zu verwechseln mit: Durch Stirnfleck und Finne im Verbreitungsgebiet unverwechselbar.
Andere Namen: Little Pied Dolphin, New Zealand Dolphin, White-front Dolphin (engl.); Dauphin d'Hector (franz.); Cefalorinco di Hector (ital.); Delphin de Hector (span.); Golfinho da Nova Zelândia (port.); Hector-dolfijn (niederl.); Hektordelphin (norweg.); Hectorindelfiini (finn.); Hectors Delphin (schwed.); Hectors Delphin (dän.).
Bedeutung des wissenschaftlichen Namens: *Cephalorhynchus hectori* (van Beneden 1881) – Gattungsname siehe *C. commersonii; hectori* nach dem neuseeländischen Zoologen Sir James Hector, der 1869 das erste Exemplar sammelte (s.u.).
Verhalten: Bekannteste Art der Gattung. Sehr neugierig, sehr aktiv an der Oberfläche (Springen, Flukeschlagen, Umschauen), Wellenreiten in Brandung und bei langsameren (weniger als 10 Knoten schnellen) Booten häufig. Gruppengröße meist 2-8, selten bis 100+. Ruhen parallel ausgerichtet bewegungslos an der Oberfläche.
Tauchen: Schlechter Taucher: Tauchzeit nur 1-2 min, wenn länger als 1 min, dann etwa die gleiche Zeit zur Erholung an der Oberfläche. Gelegentlich tauchen mehrere Tiere synchron.
Nahrung: Schwarmfische (Thun, Dorsch), Himmelsgucker (Bodenfisch), Kalmare.
Allgemeine Info: Weltweit einer der seltensten Delphine. Bestand nicht unmittelbar bedroht, aber viele versehentliche Fänge, 1984-1988 starben fast 30 % der ursprünglich auf 760 Tiere geschätzten "Banks-Population" (Banks-Halbinsel, Neuseeland) in Netzen. Region wurde danach Naturschutzgebiet. Auch Pestizide bedrohen die küstennah lebende Art. Häufig in Ozeanarien.
Wo & Wann: Bevorzugt die flachen Küstengewässer Neuseelands (max. Tiefe < 300 m). Regional häufig, fehlt andernorts. Im Sommer küstennah (bis 1 km), im Winter küstenferner (bis 10 km). Felsküsten, flache Buchten, schlammige Flußmündungen, schwimmt auch in Flüsse hinein. Nur sehr selten auf hoher See zu sehen. Sehr häufig um die Banks-Halbinsel (Südinsel Neuseelands), dort Beobachtungstouren. Regelmäßig in der Cloudy Bay sowie zwischen Kawhia und Manukau Harbour. Beobachtungstouren auch ab Kaikoura (Nordinsel).

Neuseeland. Todd Pusser

Risso-Delphin, Risso's Dolphin, *Grampus griseus*

Besondere Erkennungsmerkmale: Grau, ältere Tiere durch zahlreiche lange Narben fast weiß (s.u.). Kopf rund, aber Stirn steil, wirkt von der Seite wie "abgehackt". Finne dunkel, leicht gekrümmt, bis 50 cm hoch!
Beschreibung: Länge 2,5-4 m, Gewicht bis 650 kg. Mundlinie hinten nach oben geschwungen. Brustflossen lang, schmal, sichelförmig, mit spitzen Enden. Flukenspitzen pfeilförmig nach hinten gebogen. Einzige Art der Familie ohne Oberkieferzähne, nur 4-14 Zähne vorne im Unterkiefer, im Alter auch zahnlos (typischer Kalmarfresser). Färbung variiert mit Alter und Geschlecht: Dunkelgrau bis grauschwarz, Bauch heller. Mit dem Alter nimmt die Menge an Kratzern und Narben zu, die Tiere werden dadurch immer heller, bis weiß. Nur die Finne (bis 50 cm hoch), Fluke und die Brustflossenoberseiten bleiben dunkel. Brust mit weißer, ankerförmiger Zeichnung. Männchen sind stärker vernarbt als Weibchen. Narben durch Zähne von Rivalen (innerartlicher Aggression), aber auch von den Schnäbeln der Cephalopodenbeute. Das Narbenmuster wird zur Identifikation von Individuen benutzt. Bei Geburt dunkelgrau, noch ohne Narben.

Azoren, Atlantik. Doug Perrine/Seapics.com

Leicht zu verwechseln mit: Beluga ähnlich, aber ohne hohe Finne, Verbreitung anders. Großer Tümmler mit abgesetzter Schnauze, ohne Narben.
Andere Namen: Rundkopfdelphin, Gramper (deutsch); Grey Dolphin, White-head Dolphin, Grey Grampus (engl.); Dauphin de Risso, Grampus (franz.); Golfinho de Risso (port.); Grijze Dolfijn, Gramper (niederl.); Rissodelphin (norweg.); Rissondelfiini (finn.); Rissos Delphin (schwed.); Rissos-delphin, Halvgrindehval (dän.); Hana Gondo Kujira (japan.); Delfín de Risso (Lateinamerika).
Bedeutung des wissenschaftlichen Namens: *Grampus griseus* (G. Cuvier 1812) – Lat. *grampus* für "groß", *griseus* für "grau", also "Grauer Großer". *Grampus* auch Abwandlung des altfranz. "graspeis", aus lat. *crassus piscis* für "großer Fisch".
Verhalten: Von sehr scheu bis Schiffe begleitend. Nicht selten einzeln, aber auch gesellig, Gruppengröße 20-50, auch einige 100; die größte, bestätigte Gruppe zählte 4.000 Tiere. Beim schnellen Schwimmen flache Sprünge. Gelegentlich Fluke- und Brustflossenschlagen, Umschauen, Wellenreiten. Ruhen parallel ausgerichtet bewegungslos an der Oberfläche. Sehr oft an Massenstrandungen beteiligt. Bevorzugt tiefe Gewässer, auch an Steilküsten.
Tauchen: Tauchzeit meist 2-3 min, aber auch bis zu 30 min und in größere Tiefen.
Nahrung: Diverse Kopffüßer, sehr selten auch Fisch.
Allgemeine Info: Erstbeschreibung eines Exemplars aus der Nähe von Brest (Frankreich) 1812 durch den französischen Anatomen Baron Georges Cuvier als *Delphinus griseus* (Skelett heute im Naturhistorischen Museum in Paris). 1837 durch Hamilton in die Gattung *Grampus* (Gray 1828) eingeordnet. Der italienische Amateurnaturkundler Risso entdeckte 1811 das erste, bei Nizza gestrandete Exemplar (daher auch Rissos Delphin) und schickte Zeichnungen und Beschreibung an Cuvier. In Südamerika, Sri Lanka, Indonesien, Japan, Philippinen bejagt, Bestand aber ungefährdet.
Wo & Wann: Kosmopolit in allen tropischen bis gemäßigten Meeren wie Mittelmeer, Rotes Meer, Nordsee, Ostsee. Atlantik: Verbreitungsgrenze im Norden Neufundland bis Britische Inseln, im Süden Feuerland bis Südafrika. Pazifik: Im Norden bei den Kurilen, im Süden um Australien und Neuseeland. Im Indik: Von Südafrika bis Australien.

Sinai, Rotes Meer.

Helmut Debelius

HONEY STÖSST ZU

An den Küsten fast aller Weltmeere gibt es immer wieder solitär lebende Zahnwale, die sich eng mit Menschen anfreunden und sich dann über lange Zeit in einer bestimmten Region aufhalten. Dort kann man sie regelmäßig sehen, und oft werden sie auch zu einer weithin bekannten Attraktion. Am Lighthouse Reef vor der Küste des mittelamerikanischen Karibikstaates Belize durfte der Autor ein Beispiel der scheinbar zutraulichen Verspieltheit menschenfreundlicher Delphine erleben.

FOTOS: RALF KIEFNER

Die Delphindame Honey sucht engen Kontakt zu Menschen...

In der weiten, türkisfarbenen Lagune des Lighthouse Reefs gehen wir mit unserer gecharterten Segeljacht vor Anker. Das Wasser scheint hier noch durchsichtiger und blauer zu sein als anderswo in der Karibik. Wie ein Magnet zieht uns dieses kristallklare Element an und verleitet meine Begleiterin und mich zu einer Schnorcheltour. Die Wassertiefe beträgt über 10 Meter, und so haben wir von hier oben einen herrlichen Panoramablick auf den Grund und seine Korallenwelt.

Auf unserer Schnorcheltour kommen wir an einer kleinen Boje vorbei, an der über Nacht die Tauchboote festgemacht werden. Wir wollen uns an dieser Boje etwas ausruhen und halten uns an einem Seil fest. Doch offensichtlich scheint dieser Platz schon reserviert, sozusagen Privatbesitz zu sein. Von einem riesigen Platscher direkt neben uns werden wir erschreckt und in einen Schwall von Luftblasen eingehüllt. Erst als sich der Blasenvorhang gelichtet hat, erkenne ich den Verursacher dieser Wasserbewegung. Es ist ein Delphin!

Vor uns schwimmt die Tümmlerdame Honey, die seit Jahren am Lighthouse Reef lebt. Sie bleibt aus freien Stücken hier und ist weder dressiert noch angefüttert. Oft begleitet sie ihren Freund, den alten Leuchtturmwärter Pete vom benachbarten Sandbourne Caye, zum Angeln an die vorgelagerten Riffe. Manchmal schließt sie sich auch Delphinschulen an, um dann nach einigen Tagen wieder zu ihrer Lagune im Northern Caye zurückzukehren.

Wir spielen mit der Boje und versuchen, ihre Aufmerksamkeit zu wecken. Immer wieder nimmt Honey das Seil und zieht damit die Boje unter Wasser, wobei sie uns ihre kegelförmigen Zähne zeigt. Plötzlich, ganz ohne Vorwarnung, stößt Honey ihre Schnauze ziemlich heftig auf den Brustkorb meiner Begleiterin. Eigentlich rammen Delphine auf diese Weise Angreifer und potentielle Feinde wie etwa Haie, die dadurch getötet oder in die Flucht geschlagen werden. Aus Spiel scheint nun Ernst geworden zu sein. Eindeutig zeigt sie, wem diese Boje gehört und daß wir sie nicht berühren dürfen. Also verzichten wir auf das Ausruhen an dieser Stelle.

... und wartet ungeduldig auf ihre "Spielgefährten".

Wir verlassen die Boje, schnorcheln weiter und simulieren Gelassenheit. Honey scheint zu begreifen, daß wir verstanden haben. Erst umkreist sie uns mehrere Male neugierig und will dann offensichtlich erneut mit uns spielen. Immer wieder jagt sie neben uns her und zwischen uns hindurch. Aber beim Fangen-Spielen haben wir natürlich keine Chance gegen sie. Sie scheint unsere unbeholfenen Bewegungen mit einem milden Lächeln zu quittieren.

Stundenlang könnte ich mit Honey im Wasser umhertollen. Auch für sie scheinen wir willkommene Spielkameraden zu sein, solange wir ihre Boje in Ruhe lassen. Nur mit List und Tücke gelingt es uns schließlich nach etlichen vergeblichen Versuchen, das Wasser zu verlassen. Oder war Honey nur

Diese Boje ist "Privatbesitz" von Honey, und kein anderer darf damit spielen.

Geduldig spielt Honey das Modell für den Fotografen.

einsichtig? Immer wenn wir das Spiel beenden und über die Leiter zurück ins Boot klettern wollen, drängt sie uns regelrecht ab und versperrt uns den Weg zur Leiter. Erst als wir an den nahen Strand schwimmen und der Delphindame allmählich das Wasser zu flach wird, können wir uns am Strand von den Anstrengungen etwas ausruhen.

Fast den ganzen Tag verbringen wir mit Honey im Wasser. Auch abends nach Sonnenuntergang umkreist sie noch unser Boot, so als hätte sie noch immer nicht genug gespielt. Einige Taucher berichten uns später, daß sie sich einen besonderen Spaß daraus macht, ihnen bei Nachttauchgängen die Leuchtstäbe zu stibitzen.

Vor kurzem erhielt ich die Nachricht, daß sich Honey nach vielen Jahren "als Single" nun einer Schule von vorbeiziehenden Tümmlern angeschlossen hat.

Weltweite Liste menschenfreundlicher Delphine

Name	**Gebiet**
Große Tümmler:	
Percy	Cornwall, Südwest-England
Donald & Beaky	Isle of Man, Wales
Nina	La Coruna, Spanien
Simo	Solva, Wales
Fungi	Dingle, Ostküste Irlands
Jean-Louis	Bretagne, Frankreich
Charlie	Ostküste Englands bis Northumberland, Schottland
Yoka	Kotor, südlich von Dubrovnik, Kroatien
Honey	Belize, Karibik
Freddy	Amble, Ostküste Englands
Moses	Süd-Spanien
Opo	Opononi, Neuseeland
Dolly	Key West, Florida
Carolina & Snowball	South Carolina bis Georgia, Ostküste der USA
Nudgy	Philip's Inlet, Florida
Georgy Girl	Florida
Horace	Neuseeland
Dobbie	Eilat, Israel (Rotes Meer)
Andere Arten:	
Tammy (Schwarzdelphin)	Tamaki, Neuseeland
Sandy (Spinner-Delphin)	San Salvador, Bahamas
Pelorus Jack (Risso-Delphin)	Cook Strait, Neuseeland
Old Tom (Schwertwal)	Twofold Bay, Ost-Australien

Die **Familie Schweinswale** umfaßt 6 Arten:
Brillenschweinswal, *Australophocaena dioptrica*
Indischer Schweinswal, *Neophocaena phocaenoides*
Gewöhnlicher Schweinswal, *Phocoena phocoena*
Kalifornischer Schweinswal, *Phocoena sinus*
Burmeister-Schweinswal, *Phocoena spinipinnis*
Dall-Schweinswal, *Phocoenoides dalli*

Besondere Erkennungsmerkmale dieser Familie
Länge max. 2,2 m. Schnauze nicht abgesetzt. Zähne spatelförmig (bei Delphinen konisch), Querschnitt oval. Finne ausgeprägt, Ausnahme Indischer Schweinswal. Klein, schnelle Schwimmer. Sehr scheu, Sichtungen selten, Verhalten kaum bekannt (nur Dall-Schweinswal und Indischer Schweinswals tauchen bei Annäherung nicht sofort ab). Verbreitungsgebiete der Arten überlappen kaum, Bestimmung einfach. Wegen ihrer Lebensweise in küstennahen Gewässern sammeln sich hohe Schadstoffwerte in den Geweben aller Arten an, daher alarmierender Populationsrückgang!

Brillenschweinswal, Spectacled Porpoise, *Australophocaena dioptrica*

Pieter Arend Folkens

Besondere Erkennungsmerkmale: Einer der größten Schweinswale, auffallend gefärbt, s.u. In extrem abgelegenen südlichen Regionen.
Beschreibung: Länge 1,3-2,2 m. Gewicht 60-85 kg. Geschlechtsdimorphismus: Weibchen max. 2, Männchen 2,2 m. Finne der Männchen sehr groß, stark gerundet, fast oval, die der Weibchen kleiner, fast dreieckig. Rücken schwarz, scharf von weißen Seiten und Bauch abgesetzt. Brustflossen weiß, Finne schwarz, Fluke oben schwarz, unten weiß. Schwarzer Augenfleck, brillenartig weiß umrandet (Name). Dünne, schwarze "Lippen" auf weißem Grund. Ein bis zwei dünne, dunkle Linien vom Mundwinkel über Brustflossenvorderkante zur Flossenspitze.
Leicht zu verwechseln mit: Burmeister-Schweinswal ähnlich, Verbreitungsgebiete überlappen nur entlang der Küste von Uruguay bis Argentinien, Brustflossen und Bauch jedoch nicht weiß.
Andere Namen: Brillentümmler (deutsch); Marsouin à Lunettes (franz.); Focena dagli Occhiali (ital.); Marsopa de Anteojos (span.); Boto de Lunetas (port.); Brilbruinvis (niederl.); Brillenise (norweg.); Silmälasipyöriäinen (finn.); Glasögontumlare (schwed.); Brillemarsvin (dän.).
Bedeutung des wissenschaftlichen Namens: *Australophocaena dioptrica* (Lahille 1912) – Griech. *phokaino* = "Tümmler", lat. *australis* = "südlich"; griech. *dioptra* = "Brille" (Augenringe).
Verhalten: Die meisten Beschreibungen von gestrandeten Exemplaren. Lebendsichtungen sind Ausnahmen, Natalie Goodall (Feuerland): Scheu, sehr schneller Schwimmer, meidet Boote, weiße Seiten dicht unter der Wasseroberfläche sichtbar. Einzeln, paarweise oder in kleinen Gruppen. Springen noch nie beobachtet. Lebt laut Mageninhaltsanalyse auch küstenfern. Die Anzahl der Populationen, deren Vermischung und ihre Wanderungen sind noch unbekannt.
Nahrung: Fische, Kalmare von Küste, Hochsee (Mageninhalt gestrandeter Tiere).
Allgemeine Info: Erstfund (gestrandet) 1912 bei Punta Colares am Rio de la Plata (Argentinien). Erstbeschreibung ebenfalls 1912 durch den argentinischen Zoologen Fernando Lahille (Buenos Aires) als *Phocaena dioptrica.* 1985 durch Barnes zu *Australophocaena.* Galt als ausgestorben, weitere Funde erst Mitte der 1970er (10 Exemplare). Untersuchung 112 gestrandeter Exemplare durch Natalie Goodall. Bestandsgröße unbekannt, vermutlich aber größer, als bisher angenommen.
Wo & Wann: Südatlantik: Küste Südamerikas von Uruguay bis Feuerland und Falkland-Inseln, vielleicht zirkumpolar in der Antarktis und auch küstenfern, Strandungen/Sichtungen: Süd-Georgien, Kerguélen-, Macquarie-, McDonald-Inseln, Südküste Tasmaniens, Auckland-, Champbell-Inseln.

Indischer Schweinswal, Finless Porpoise, *Neophocaena phocaenoides*

Pieter Arend Folkens

Besondere Erkennungsmerkmale: Einziger Schweinswal ohne Finne, hellgrau bis weiß. **Beschreibung:** Länge 1,2-1,8 m, Gewicht 30-50 kg. Weibchen kleiner. Hals beweglich. Keine Finne, niedrige Rückenleiste mit warzenartigen Tuberkeln. Hintere Zähne breiter als vordere. Tote Tieren werden rasch schwarz. Augen oft hellrosa. **Leicht zu verwechseln mit:** Beluga anders verbreitet. Irawadi-Delphin mit Finne. Flußdelphin mit langer Schnauze. **Andere Namen:** Glatt-Tümmler, Neutümmler (deutsch); Black Finless Porpoise, Jiangzhu (engl.); Marsouin de Aptère, Marsouin de Cuvier (franz.); Neofocena (ital.); Marsopa Lisa, Marsopa sin Aleta (span.); Boto do Indico (port.); Indische Bruinvis (niederl.); Indianise (norweg.); Rosopyöriäinen (finn.); Indisk Tumlare (schwed.); Finneløst Marsvin (dän.); Sunameri (japan.); Haichu (chinesisch); Bhulga (indisch); Tabi (pakistanisch). **Bedeutung des wissenschaftlichen Namens:** *Neophocaena phocaenoides* (G. Cuvier 1829) – *Phocaena* siehe *A. dioptrica*, griech. *neos* = neu, *oides* = "ähnlich", Schweinswalähnl. Neutümmler. **Verhalten:** Gruppengröße 1-10, max. 50. Sehr aktiv, springen selten, scheu. Der Schweizer Biologe Pilleri: In Flüssen Chinas oft mit Chinesischem Flußdelphin. Saisonale Wanderungen nach Nahrungsangebot, Wassertemperatur. Warzige Rückenleiste ermöglicht es Kälbern, in den ersten Lebensmonaten auf der Mutter zu "reiten". **Tauchen:** Tauchzeit 1-2 min. In dieser Zeit legen die Tiere große Strecken zurück. **Nahrung:** Bodennahe Kalmare, Krabben, Garnelen, kleine Fische. **Allgemeine Info:** Erstbeschreibung 1829 durch Georges Cuvier als *Delphinus phocaenoides*. 1899 durch Theodore Palmer (USA) zu *Neophocaena*. Vielleicht 2 Arten (Pilleri & Gihr, 1971). Drei Unterarten: 1. Yang Tse, China, 2. Küsten Japans, Koreas, 3. übriges Asien. In Pakistan, Indien, China gejagt, in China seit 1980 geschützt. In Japan an Delphinarien.
Wo & Wann: Flache, warme Küstengewässer, Flußmündungen des Indo-Pazifiks von Kuwait am Arabischen Golf über Südostasien bis Japan. Im Süden: Sunda-Inseln bis Neuguinea und N-Australien. Noch nie weiter als 5 km von der Küste entfernt gesichtet. Auch in warmen Flüssen, Seen und brackigen Mangroven-Sümpfen, vom Meer bis ins Süßwasser, auch in sehr trüben Gewässern.

Gewöhnlicher Schweinswal, Harbour Porpoise, *Phocoena phocoena*

Nordsee. Florian Graner

Besondere Erkennungsmerkmale: Unverwechselbar, im Verbreitungsgebiet der kleinste Wal. Finne klein, dreieckig, Schnauze kurz. **Beschreibung:** Länge 1,3-1,8, max. 2 m, Gewicht 25-90, max. 100+ kg. Im Schwarzen Meer kleiner als in Ostsee. Weibchen bis 20 cm länger. Finnenvorderrand mit Tuberkeln. Rücken dunkelgrau bis schwarz, Bauch weiß, Übergang vorne fließend, hinten abgegrenzt. Unterkiefer weiß mit dunkler "Lippe", Oberkiefer schwarz. 1-3 dunkle Streifen vom Mundwinkel zum Brustflossenansatz. Seiten individuell, asymmetrisch gefärbt. Alle Flossen dunkel. Albinismus selten. **Andere Namen:** Kleiner Tümmler, Braunfisch, Meerschwein (deutsch); Common Porpoise, Puffing Pig (engl.); Marsouin, Marsuin Commun (franz.); Focene

Sognefjord, Norwegen. Florian Graner

Comune (ital.); Marsopa Comun (span.); Boto (port.); Gewone Bruinvis (niederl.); Nise (norweg.); Pyöriäinen (finn.); Vanlig Tumlare (schwed.); Almindeligt Marsvin (dän.); Nezumi Iruka (japan.); Morskaya Svin'ya (russ.). **Bedeutung des wissenschaftlichen Namens:** *Phocoena phocoena* (Linnaeus 1758) - Siehe *A. dioptrica.* **Verhalten:** Am besten erforschte Art der Familie. Einzeln, paarweise, selten 5, max. 100+. Junge Männchen in "Halbstarkengruppen", geschlechtsreife in "Junggesellengruppen", Weibchen mit Nachwuchs in "Kinderstubengruppen" in flachen "Kinderstubengewässern". Mutter-Kind-Beziehung sehr eng, Schutzverhalten, bei Trennung Streßlaute. Innerartliche Konflikte: Flukenschläge aufs Wasser, Kopfnicken, offenes Maul, kurze Klicklaute. Paarung: Männchen "jagt" Weibchen, gegenseitiges "Streicheln", Bisse in die Finne. Paarung senkrecht an der Oberfläche in wenigen Sekunden. Von Mai-Juni schwellen Hoden von 400 auf fast 2.000 g an. Sehr aktiv, schnell (22+ km/h). Springt in flachen Bögen, selten hoch. Kein Bugwellenreiten. Blas nur selten zu sehen, aber gut hörbar. In Ruhe (1-2 min) parallel an Oberfläche. Sehr scheu. Klicklaute um 2 und 110-150 kHz. (Verständigung, Orientierung). Hörbereich 1-150 kHz, doppelt so hoch wie der von Schwertwalen, die nicht in der Lage sind, alle (hochfrequenten) Ortungslaute von Schweinswalen wahrzunehmen. Saisonale Wanderungen von und zur Küste, der Beute nach. Manche Populationen ortstreu. **Tauchen:** 2-6 min bis 100 m. **Nahrung:** Schwarmfische (Dorsch, Hering, Sardine, Makrele), Seezungen, Kalmare, Krebse, Würmer, Schnecken, die in Bodennähe erbeutet werden. Jungtiere werden 8-9 Monate lang gesäugt. Bereits ab dem 5. Monat werden kleinere Fische an den Nachwuchs verfüttert, und ab dem 7. Monat ist das Gebiß schon voll entwickelt. **Allgemeine Info:** Im antiken Rom *porcus piscus* = Schweinefisch genannt. Erste wissenschaftliche Benennung durch Linnaeus 1758 als *Delphinus phocoena.* 1817 durch Cuvier zu *Phocoena.* Drei Unterarten werden vorgeschlagen: Nordatlantik: *P. p. phocoena;* Nordpazifik: *P. p. vomerina;* Schwarzes Meer: *P. p. relicta* (kleinste Unterart, schwimmt nicht ins Mittelmeer). Wegen des küstennahen Lebensraumes und der zunehmenden industriellen Entwicklung und Nutzung der küstennahen Gebiete durch den Menschen wurde trotz des insgesamt großen Verbreitungsgebiets der Art ein deutlicher Populationsrückgang registriert. Immer wieder werden Tiere in Fischernetzen gefangen und getötet, und durch die Fischerei wird ihnen immer mehr die Nahrungsgrundlage entzogen. In der Fundy Bay (Ost-Kanada) wurden besonders hohe PCB- und DDT-Werte in der Fettschicht von Schweinswalen gemessen, auch Schwermetalle wie Blei, Cadmium und Quecksilber in hohen Dosen in Muskeln, Leber und anderen inneren Organen. Für Tiere, die in Küstennähe leben, sind Schweinswale außerordentlich häufig an Strandungen beteiligt. Der tatsächliche Bestand dieser Art ist unbekannt, gilt aber aufgrund der zunehmenden Verschmutzung der Meere als bedroht. Die Schätzungen schwanken erheblich, so wird z.B. der europäische Bestand auf 20.000-95.000 Tiere geschätzt. **Wo & Wann:** Ausschließlich küstennah in den gemäßigten bis kalten, eisfreien, subarktischen Gewässern der Nordhemisphäre. Selten weiter als 10 km von der Küste entfernt und in Gewässern mit mehr als 200 m Tiefe. Oft in flachen Buchten, Flußmündungen, Gezeitenkanälen, manchmal sogar weite Strecken flußaufwärts, auch in Fjorden (siehe Foto). Im östlichen Nordpazifik erstreckt sich das Verbreitungsgebiet entlang der Küste von Los Angeles (Kalifornien) bis zur Mündung des McKenzie River in die Beaufort-See, im westlichen Nordpazifik vom Gelben Meer bis zur Tschuktschen-See. Im östlichen Nordatlantik in den Küstengewässern von Westafrika bis Island, im westlichen Nordatlantik von Cape Cod bis zur Davis Strait und zur Südspitze Grönlands. Gelegentlich auch bei den Azoren, Madeira, den Kapverden und Kanaren. Auch in Nordsee, Ostsee (dort gibt es derzeit etwa 600 Tiere, Quelle: www.ascobans.org), Mittelmeer und Schwarzem Meer (siehe oben). Im Mittelmeer entlang der Küsten Marokkos, Algeriens und Tunesiens sowie Spaniens.

Kalifornischer Schweinswal, Vaquita, *Phocoena sinus*

Pieter Arend Folkens

Besondere Erkennungsmerkmale: Unverwechselbar, Verbreitung begrenzt: Ausschließlich und als einzige Art der Familie küstennah am Nordende des Golfs von Kalifornien = Cortez-See (Mexiko). Geringe Größe und scheues Verhalten erleichtern Identifikation. **Beschreibung:** Klein, sehr stämmig, Länge 1,2-1,5 m, Gewicht 30-50 kg. Einer der kleinsten Wale. Kopfform rundlicher als bei den anderen Familienmitgliedern, aber ebenfalls ohne deutlich abgesetzte Schnauze. Weibchen größer als Männchen. Finne leicht gekrümmt, im Vergleich zu anderen Schweinswalen sehr groß und von fast "haiähnlicher" Form, Vorderrand bei Adulten mit Tuberkeln, bei Jungtieren nur als weiße Punkte zu erkennen. Brustflossen kurz, breit. Bauch grau-weiß, Rücken, Finne, Fluke und Brustflossen hell- bis dunkelgrau. Auffällige dunkle "Lippen", dunkler Augenring. Je ein hellgrauer Streifen vom Kinn zu den Brustflossen. Jungtiere ähnlich, aber dunkler. **Andere Namen:** Pazifischer Hafenschweinswal, Golftümmler (deutsch); Gulf of California Porpoise, Cochito (engl.); Marsouin de Californie, Cochito, Marsouin du Golfe de Californie (franz.); Focene del Golfo della California (ital.); Vaquita (= kleine Kuh, span., auch Mexiko); Boto do Pacífico (port.); Californische Bruinvis (niederl.); Kalifornianise (norweg.); Kalifornianpyöriäinen (finn.); Kalifornisk Tumlare (schwed.); Golfmarsvin (dän.); Cochita (Lateinamerika). **Bedeutung des wissenschaftlichen Namens:** *Phocoena sinus* Norris und McFarland 1958 – Gattungsname siehe *A. dioptrica*. Lat. *sinus* für "Bucht, Meerbusen" (Verbreitungsgebiet). **Verhalten:** In kleinen Gruppen von nicht mehr als 4 Tieren. Im Gegensatz zu anderen Schweinswalen ruhiger, langsamer Schwimmer, kaum an der Oberfläche zu entdecken. Wie Verwandte sehr scheu, meidet Boote, Verhalten kaum bekannt. Sprünge bisher nicht beobachtet. **Tauchen:** Blas kaum zu sehen, aber deutlich zu hören (scharfes Schnauben). Abtauchen mit Rolle vorwärts. Zum Atmen nur kurz an Oberfläche, taucht meist sofort wieder ab. **Nahrung:** Kleine Fische (z.B. Umberfische), Kalmare. **Allgemeine Info:** Der Wissenschaftler Ken Norris entdeckte 1950 an einem Strand Mexikos im Nordteil des Golfs von Kalifornien den Schädel einer neuen Tümmlerart. Nachdem weitere, gleichartige Schädel aufgetaucht waren, Erstbeschreibung 1958 durch Norris und William McFarland. Bestand (auf wenige 100 Tiere geschätzt) im sehr kleinen Verbreitungsgebiet (erst seit 1993 Schutzgebiet) durch das Aufstauen des Rio Colorado, starke Pestizidbelastung und bis zu 30 Tiere pro Jahr ungewollt tot in Fischernetzen extrem gefährdet, vermutlich die am stärksten bedrohte Walart.
Wo & Wann: Kleinstes Verbreitungsgebiet (Radius 50 km) aller Walarten: Heute nur noch am Nordende des Golfs von Kalifornien, im Mündungsgebiet des Rio Colorado. Früher vermutlich auch weiter südlich entlang der mexikanischen Küste. Die Art bevorzugt flache Gewässer von nicht mehr als 30 m Tiefe. Gelegentlich schwimmt sie auch in seichte, trübe, stark gezeitenbeeinflusste Küstenlagunen. Bei Ebbe kann es vorkommen, daß einige Tiere bis zur nächsten Flut in kleinen Gezeitentümpeln gefangen sind, ihr Rücken ragt dann oft aus dem Wasser heraus.

Burmeister-Schweinswal, Burmeister's Porpoise, *Phocoena spinipinnis*

Im Fischernetz gestorben. Peru. Robert Pitman/Seapics.com

Besondere Erkennungsmerkmale: Unverwechselbar, im Verbreitungsgebiet die kleinste Walart. Bis auf einen grauen Fleck am Bauch dunkelgrau-schwarz, Unterseite heller. Finne klein, dreieckig, nach hinten gerichtet, Vorderrand mit 2-4 Reihen kleiner Tuberkeln. Extrem schneller Schwimmer. **Beschreibung:** Länge 1,4-1,8 m, Gewicht 40-70 kg. Brustflossen groß, breit. Finne deutlich weiter hinten als bei den anderen Familienmitgliedern, Vorderrand gerade, Hinterrand sichelförmig. Tiere im südamerikanischen Atlantik größer als im Pazifik. **Andere Namen:** Spitzflossen-Schweinswal (deutsch); Black Porpoise (engl.); Marsouin de Burmeister (franz.); Focena di Burmeister (ital.); Marsopa Espinosa (span.); Boto de Burmeister (port.); Bruinvis van Burmeister (niederl.); Svartnise (norweg.); Burmeisterinpyöriäinen (finn.); Burmeisters Tumlare (schwed.); Pigfinnemarsvin (dän.); Marsopa Espinosa (Lateinamerika). **Bedeutung des wissenschaftlichen Namens:** *Phocoena spinipinnis* Burmeister 1865 – Gattungsname siehe *A. dioptrica.* Lat. *spina* für "Dorn, Stachel", *pinna* für "Feder, Flosse" (stachelflossig, Finnenvorderrand). **Verhalten:** Kaum bekannt, da sehr scheu. Vermutlich der häufigste kleine Wal in Südamerikas Küstengewässern. Gruppengröße 2-5, selten bis 8. Springt selten. **Tauchen:** Unbekannt. **Nahrung:** Kleine Schwarmfische (Sardellen), Kalmare, Krebse. **Allgemeine Info:** Um 1860 baute der deutsche Forscher Herman Karl Conrad Burmeister als Direktor am "Museo Argentino di Ciencias Naturales" in Buenos Aires ein großes Walforschungszentrum auf. Erstbeschreibung 1865, Exemplar von Fischern nahe der Mündung des Rio de la Plata lebend gefangen. Die Finnentuberkeln geben möglicherweise den Jungtieren besseren Halt, wenn sie im Strömungsschatten auf dem Rücken der Mutter "reiten". Peruanische und chilenische Fischer verkaufen gelegentlich das Fleisch dieser Art auf lokalen Märkten. **Wo & Wann:** In den flachen, kalt gemäßigten bis subpolaren Küstengewässern und Flußmündungen Südamerikas. Das Verbreitungsgebiet reicht von Peru im Pazifik bis nach Südbrasilien im Atlantik und umfaßt auch die Falkland-Inseln. Es scheint, daß die Art im Pazifik häufiger ist als im Atlantik. Die Tiere entfernen sich selten weit von der Küste. Über saisonale Wanderungen ist nichts bekannt.

Dall-Schweinswal, Dall Porpoise, *Phocoenoides dalli*

Im Nordpazifik. Robert Pitman/Seapics.com

Besondere Erkennungsmerkmale: Verhalten unüblich: Sehr aktiv, Bugwellenreiten, schwimmt schnell mit "Hahnenschwanz" (s.u.). **Beschreibung:** Länge 2 m, Gewicht 220+ kg. Weibchen kleiner. Ausdauernder Schwimmer. Schwarz, weißer, variabler Bauchfleck (Harlekinzeichnung). Völlig weiße/schwarze Tiere selten. Brustflossen klein, auffällig nahe am Kopf. Finne dreieckig, aufrecht, Basis dunkel, oben grau, weiß. Fluke klein, Hinterkante konvex, oben dunkel, Hinterkante und Spitzen weiß gerandet. **Leicht zu verwechseln mit:** Oft zusammen mit Weißstreifendelphin, der erzeugt auch "Hahnenschwanz", springt jedoch häufig, Färbung und Finne anders. **Andere Namen:** Dall-Hafenschweinswal (deutsch); True's Porpoise, Spray Porpoise, White-flanked Porpoise (engl.); Marsouin de Dall (franz.); Focenoide (ital.); Marsopa de Dall (span.); Marsopa de Porto Dall (port.); Dall-bruinvis (niederl.); Stillehavsnise (norweg.); Dallinpyöriäinen (finn.); Stillahavstumlare (schwed.); Hvidsidemarsvin (dän.); Delfín de Dall (Lateinamerika). **Bedeutung des wissenschaftlichen Namens:** *Phocoenoides dalli* (True 1885) – *Phocoena* siehe *A. dioptrica; oides* von griech. *eides* für "ähnlich wie". Artname nach dem US-Zoologen William Healey Dall, der das erste Exemplar auf der "Humboldt"-Expedition in Alaska entdeckte. **Verhalten:** Gruppengröße 10 bis einige 100. Max. 65 km/h dicht unter Oberfläche, Spritzwasser fließt als "Hahnenschwanz" (rooster tail) beim Durchbrechen vom Kopf ab. Beute von Schwertwalen und Haien. Begleitet Weißstreifendelphin (südlich 50° Nord), Gewöhnlichen Grindwal (südl. 40° N). **Tauchen:** Jagt bis 100+ m. **Nahrung:** Schwarmfische (Lodde, Makrele, Hering, Sardelle, Laternenfische), Krebse, Kalmare. **Allgemeine Info:** Erstbeschreibung 1885 durch Frederick True (American Museum of Natural History). 1909 in Japan von Roy Chapman gefunden und fälschlicherweise für neue Art gehalten. Später zur Gattung *Phocoenoides* Andrews. Zwei Unterarten: *P. d. dalli* auch in der Hochsee, weißer Fleck beginnt hinter Brustflossen, der grössere, schlankere *P. d. truei* nur küstennah, weißer Fleck größer, beginnt vor Brustflossen. Bestand unbekannt, geschätzt 900.000-2.000.000. Jährlich werden einige 1.000 Tiere ungewollt von japanischen Hochseefischern gefangen, werden als Nahrungsmittel genutzt. **Wo & Wann:** Kalter und kalt gemäßigter (3-20 °C) Nordpazifik: *P. d. dalli:* Ochotskisches Meer, Bering-See bis Süd-Japan, Süd-Kalifornien; *P. d. truei:* Küstengewässer Nord-Japans, Kurilen. Unternimmt, abhängig von der Temperatur, kleine saisonale Nord-Süd-Wanderungen, außerdem von und zu der Küste, was mit dem schwankenden Nahrungsangebot zusammenhängt. Einige Tiere im Sommer weit nördlich in der Bering-Straße.

DURCH DONALDS SCHWARZ-WEISS-LINSE GESEHEN

Donald Tipton lebt für den Moment. Er glaubt, daß sich alles von selbst regelt. Manch einer würde ihn naiv nennen, aber er sieht die Welt in einem anderen Licht und hört die feinen Töne im Lärm. Dieser Mann kombiniert seinen starken Glauben an Gottes geschriebenes Wort mit seinem Verständnis vom wissenschaftlichen Beweis einer natürlichen Selektion und erklärt jedem ausführlich, warum dies für ihn kein Gegensatz ist. Sein Freund Joe Cocozza schreibt über ihn.

FOTOS: DONALD TIPTON

Dieser Mann, der unter Wasser fotografiert, hat einen eindrucksvollen Hintergrund. Seine Wurzeln liegen im Süden der USA. Donalds Passion war und ist die klassische Musik. Er hat Abschlüsse in Musik und Kunst an der Universität von Georgia gemacht. Da das Schicksal aber oft die Pläne der Sterblichen vereitelt, wurde Donald kein Konzertpianist, sondern tauchte in die faszinierende Welt der Fotografie ein. In der gleichen Weise wie die Akkordfolge einer Beethoven-Sonate ein Bild hervorrufen kann, kann die tonale Abstufung einer Fotografie eine Melodie erzeugen. Donald hat die Fähigkeit, mit Licht Musik zu machen.

Im Gegensatz dazu ist er streng gläubig. Zitat von ihm: "Das Leben, das wir führen, ist eine Wanderung zwischen dem Heiligen und dem Profanen." Diesen Kontrast verbindet er durch Licht und Schatten. Im Reich der Ozeane ist der Kontrast oft reduziert, aber gerade dies macht eine feine Abstufung der Grauskala um so wichtiger. Sowohl in der Musik als auch in der Fotografie ist es Donalds feinsinniger Gebrauch der Tonabstufung, der seine Sichtweise ausdrückt und seine Realität wiedergibt.

Im Jahr 1986 entdeckte Donald das Tauchen. Der Tauchsport vervollständigte seine persönliche Dreifaltigkeit: Musik, Licht und Meer. Er ging im Tauchen völlig auf und war nach zwei Jahren Tauchlehrer und Höhlentaucher. Dank seiner Passion für das Meer und seine Bewohner war die UW-Fotografie für ihn die logische Folge. Bald und sehr schnell stieg sein Stern in der Konstellation der bekannten UW-Fotografen.

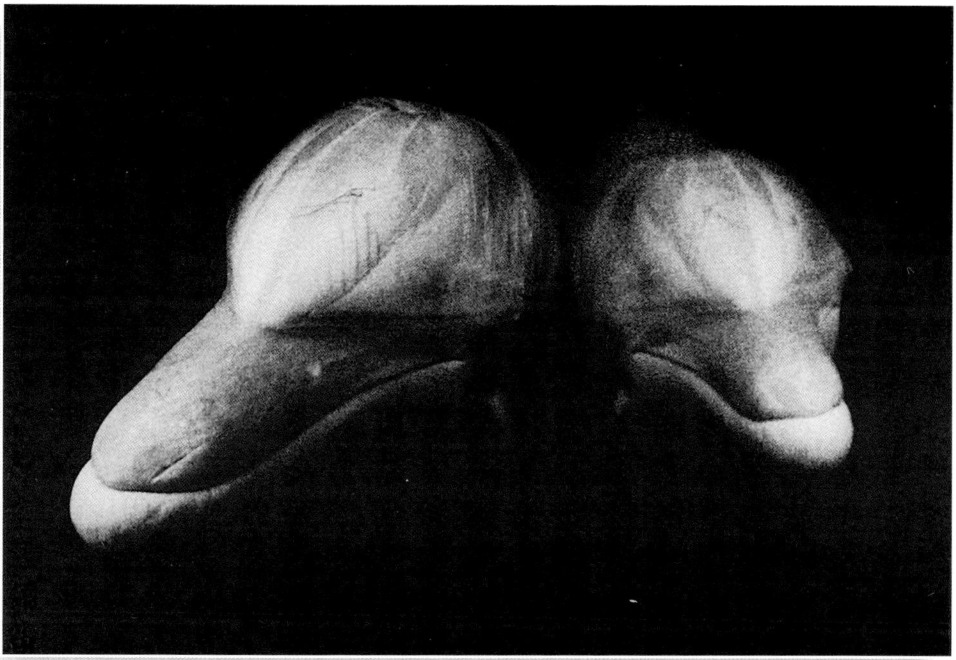

Heutzutage, nach einer explosionsartigen Entwicklung des Tauchsports und der Einführung billiger UW-Kameras, werden die Standards großer UW-Fotografie nicht länger von der Technologie definiert. Heute ist Talent der Faktor, der das künstlerische Verdienst eines UW-Fotografen bestimmt. Was Donalds Fotos so speziell macht, ist die Fülle seiner Erfahrungen, sein Glaube und die Passionen, die er auf seine fotografischen Leinwände miteinbringt.

Manchmal findet er es angemessen, seine Sichtweise durch auffällige und gegensätzliche Farben auszudrücken, doch zumeist macht er es genau umgekehrt und greift auf die weichen, unterschwelligen Töne der Schwarzweißfotografie zurück. Mit Hilfe der Schlichtheit dieses Vorgehens drückt er seine einzigartigen Ansichten von Delphinen in Bildern aus, die Stimmungen erzeugen und Gefühle wecken, die ich kaum in Prosa oder Reim ausdrücken kann.

Ich war bei Donald, als er diese Fotos machte, kann sie aber immer noch nicht ganz mit Worten beschreiben. Seine Bilder sind wie die beim Aufwachen am Morgen, kurz vor der Dämmerung, wenn sich die Träume gerade auflösen. In diesem kurzen Moment vor dem endgültigen Wachwerden kann man das Universum selbst verstehen. Dieses Verstehen ist flüchtig, weil der Geist in die wirkliche Welt zurückkehrt und die Filter der Erfahrung das Verstehen trüben. Und so sind Donald Tiptons Fotografien Grenzgänge zwischen den Welten, sie haben das Zwielicht in den Tiefen des Ozeans eingefangen.

Besondere Erkennungsmerkmale dieser Familie
Die am wenigsten bekannte Cetaceen-Familie, Systematik im Fluß, mit etwa 20 Arten, einige nur durch Schädelfunde, andere (unbeschriebene) nur durch Sichtungen bekannt. Spindelförmig, Länge 4-12,8 m. Schnauze lang, schmal. Unter- länger als Oberkiefer. Kehle mit 2 separaten, v-förmigen Furchen. Fluke meist ohne mediane Einkerbung. Finne weit hinten, wenn vorhanden. Halswirbel verwachsen. Schädel asymmetrisch außer bei *Berardius* spp. Form und Position der Zähne arttypisch, meist nur beim Männchen ausgebildet, im Unterkiefer 2 *(Mesoplodon, Ziphius, Hyperoodon)* oder 4 *(Berardius),* Oberkiefer zahnlos, Bezahnung typisch für Kalmar-Fresser. Aber beide Geschlechter von *Mesoplodon grayi* und *Tasmacetus shepherdi* mit Reihen kleiner, dünner Zähne. Manche *Mesoplodon* spp. mit "Brustflossentaschen" (flipperpockets), in denen die Brustflossen beim Schwimmen zur Verringerung des Strömungswiderstandes geborgen werden. Kreisrunde Narben von Plätzchenstecher-Leuchthaien oder Parasiten. Bullen oft mit paarigen Narben (Vorderzahnmuster) von Dominanzkämpfen. Individualfärbung variabel, wenig hilfreich zur Artbestimmung.

Nördlicher Entenwal, Northern Bottlenose Whale, *Hyperoodon ampullatus*

The Gully, Nova Scotia, Kanada. Boris Paulmann

Besondere Erkennungsmerkmale: Kopfform der Gattung einzigartig: Männchen: Schnauze deutlich ausgeprägt, Stirn stark gewölbt, Melone (älterer Tiere) kann Schnauze überragen; beides bei Weibchen und Jungtieren weniger ausgeprägt. **Beschreibung:** Körper zylindrisch, sehr kräftig. Geschlechtsdimorphismus in Größe und Kopfform (s.o.): Länge adulter Männchen bis 9,8 m, Gewicht 6,5-7,5 t; Weibchen bis 8,7 m. Weibchen und Jungtiere zahnlos. Männchen: 2-4 konische, überstehende Zähne an Unterkieferspitze, brechen im Alter von 15-17 Jahren durch, lange nach Erreichen der Geschlechtsreife, selten überhaupt nicht. Manchmal zahnstocherähnliche, rudimentäre Zähne in beiden Kiefern bei beiden Geschlechtern. Brustflossen klein, spitz, Finne bis 30 cm hoch. Braun bis schwarz (im Alter heller), Stirn, Schnauze meist heller; unten cremefarben bis hellgrau. Kopf älterer Männchen hellgrau bis weiß (in Norwegen: Grauköpfe). Manchmal heller Steifen von Melone zum Hals. Jungtiere schwarz bis schokoladenbraun, unten gräulichweiß. **Leicht zu verwechseln mit:** Im Verbreitungsgebiet durch stark gewölbte Stirn unverwechselbar. **Andere Namen:** Dögling (deutsch); Bottlehead, Steephead, Northern Atlantic Bottlenose Whale, (engl.); Grand Souffleur á Bec d'Oie, Hyperoodon Boréal (franz.); Iperodonte Boreale (ital.); Ballena Nariz de Botella del Norte (span.); Bico de Garrafa (port.); Butskop (niederl.); Bottlenosen, Nebbhval

The Gully. Sascha Hooker

(norweg.); Pohjoinennokkavalas (finn.); Vanlig Näbbval, Dögling (schwed.); Nordlig Døgling (dän.); Andhvaler (isländ.); Ballena Nariz (Lateinamerika). **Bedeutung des wissenschaftlichen Namens:** *Hyperoodon ampullatus* (Forster 1770) – Gattungsname = "Zähne im Oberkiefer" (Fehler von Lacépède 1804, Oberkiefer ist zahnlos!) von griech. *hyper* für "oben", *odon* für "Zahn"; lat. *ampullatus* für "mit einer Flasche versehen" (Schnauze). **Verhalten:** In Gewässern von 1.000+ m Tiefe (-2-17 °C). Wanderungen, Gruppengröße bis mehrere 100, saisonal 2-10, nach Alter und Geschlecht getrennt. Stillende Mütter oft allein mit Nachwuchs. Unüblich für Schnabelwale: Jungtiere nähern sich lauten Schiffen. Ausgeprägtes Fürsorgeverhalten. Seit 1977 geschützt. **Tauchen:** Tiefste, längste Tauchgänge aller Schnabelwale (1.000 m). Dauer 14-70 min, max. 2 Std., Oberflächenpause 10+ min., atmet 1-2 mal pro Minute. Taucht senkrecht ab und auf. Blas buschig, 1-2 m hoch, etwas nach vorne gerichtet, bei wenig Wind gut sichtbar. **Nahrung:** Tiefseekalmare, selten Fische (Heringe), auch Seesterne, Seegurken, Muscheln u.a. Bodenwirbellose. **Allgemeine Info:** Erstbeschreibung 1770 durch Forster als *Balaena ampullatus*. Müller 1776: *B. rostrata.* 1804 durch Lacépède zu *Hyperoodon*. Bestand durch Walfang vor 1970 stark reduziert. Strandet oft. Feind: Schwertwal. **Wo & Wann:** In tiefen, kalten und gemäßigten Gewässern des Nordatlantiks und der Arktis: Nordeuropa über Grönland bis Davis Strait. Eine der größten Populationen ganzjährig im Tiefseecanyon The Gully nördlich der Sable-Insel vor Nova Scotia, Kanada (siehe Fotos). Auch häufig im Nordpolarmeer zwischen Island und Jan Mayen sowie in der Davis Strait. Südlich bis Azoren. Siehe auch Foto auf Seite 9 (The Gully, von Boris Paulmann).

Südlicher Entenwal, Southern Bottlenose Whale, *Hyperoodon planifrons*

Südwest-Indik. Robert Pitman/Seapics.com

Länge 6-7,2 (Männchen), 7,8 (Weibchen) m, Gewicht 6-8 t. Sonst wie *H. ampullatus*. Gelegentlich zusammen mit Arnoux-Schnabelwal, Gewöhnlichem Grindwal, aber durch Schnauze, Melone unverwechselbar. **Andere Namen:** Flathead Bottlenose Whale, Antarctic Bottlenose Whale (engl.); Hypérodon Austral (franz.); Iperodonte Australe (ital.); Ballena Nariz de Botella del Sur (span.); Baleia Focinho de Garrafa da Antártica, Boto Gladiador (port.); Zuidelijke Butskop (niederl.); Sørnebbhval (norweg.); Eteläinennokkavalas (finn.); Sydlig Näbbval (schwed.); Sydlig Døgling (dän.); Gran Calderón (Lat.am.). **Bed. des wiss. Namens:** *Hyperoodon planifrons* Flower 1882. Lat. *planifrons* = "mit flacher Stirn". **Verhalten:** Sehr scheu, Verhalten kaum bekannt. **Tauchen, Nahrung** wie *H. ampullatus*. Zirkumpolar in tiefen, kalten und gemäßigten, küstenfernen Gewässern der Südhemisphäre von der Antarktis bis 29° Süd.

Arnoux-Schnabelwal, Arnoux's Beaked Whale, *Berardius arnuxii*

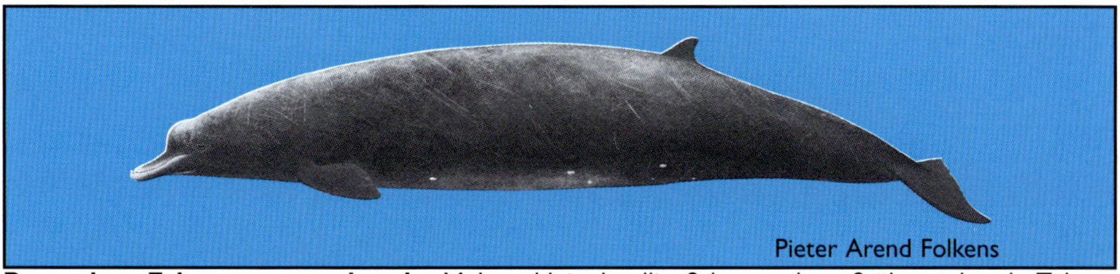

Pieter Arend Folkens

Besondere Erkennungsmerkmale: Melone klein, knollig, Schnauze lang, 2 überstehende Zähne an Unterkieferspitze. Dunkelgrau-blauschwarz. **Beschreibung:** Länge 8-10 m, Gewicht 7-10 t. Beide Geschlechter haben 2 weitere Zähne bis 20 cm hinter den vorderen, in der Familie eine Ausnahme (nur noch beim Baird-Schnabelwal). Vorderzähne auch bei geschlossenem Maul deutlich sichtbar, oft mit Seepocken bewachsen (geringer Gebrauch), Hinterzähne im Alter oft bis zum Zahnfleisch abgenutzt. Brustflossen kurz, breit, Vorder- und Hinterkanten fast parallel. Finne klein, leicht sichelförmig. Haut kann durch Algen hellbraun schimmern. Unterseite wenig zerkratzt, blaßgrau oder weiß gefleckt. Ältere Tiere auch hellgrau oder schmutzigweiß. Jungtiere schiefergrau, kaum zerkratzt. Blas niedrig, buschig, unscheinbar. **Leicht zu verwechseln mit:** Junge Südliche Entenwale ähnlich dunkel, aber immer in Begleitung der anders gefärbten Erwachsenen. **Andere Namen:** Südlicher Schwarzwal (deutsch); Large Beaked Whale, Southern Giant Bottlenose Whale, New Zealand Beaked Whale, Southern Four-toothed Whale, Southern Beaked Whale, Southern Porpoise Whale (engl.); Bérardien d'Arnoux, Bérardie Australe (franz.); Berardio di Arnoux (ital.); Ballenato de Arnoux (span., Lat.am.); Baleia de Bico de Arnoux (port.); Zuidelijke Zwarte Dolfijn (niederl.); Arnouxnebbhval (norweg.); Arnouxinvalas (finn.); Arnuxis Näbbval (schwed.); Arnouxs Næbhval (dän.). **Bedeutung des wissenschaftlichen Namens:** *Berardius arnuxii* Duvernoy 1851 – Gattungsname nach einem Schiff, das zwischen Frankreich und Neuseeland verkehrte. Artname nach dem Arzt Arnoux, dem Entdecker der Art (Schädelfund). **Verhalten:** Kaum bekannt. Gruppengröße 6-10, max. 80, schwimmen eng zusammen, atmen synchron, tauchen gemeinsam. Langsamer Schwimmer, sehr scheu. **Tauchen:** Tauchzeit 15-25, max. 60 min. Tauchtiefe max. etwa 1.000 m. **Nahrung:** Kalmare, gelegentlich Tiefseefische (Magenanalyse gestrandeter Tiere).
Allgemeine Info: Erste Lebendbeobachtung im antarktischen Sommer 1956/57: Einzeltier, mit 120 Zwerg- und 60 Schwertwalen vom Eis eingeschlossen. **Wo & Wann:** Zirkumpolar in allen tiefen, kalten, küstenfernen Gewässern der Südhemisphäre südlich 30° Süd. Die meisten Sichtungen im Tasmanischen Meer, im Südfrühling/-sommer häufig in der Cook Strait (Südpazifik); auch vor Süd-Georgien (Südatlantik) und Südafrika. Strandungen um Neuseeland. Südlichste Sichtung bei 64° S, nahe antarktischer Halbinsel. Im Sommer vermutlich nahe der Eisgrenze, im Winter nördlicher.

Baird-Schnabelwal, Baird's Beaked Whale, *Berardius bairdii*

In Japan gehört der Baird-Schnabelwal zum Speiseplan. Boso-Halbinsel. Mako Hirose/Seapics.com

Eine Schule des Baird-Schnabelwals. Baja California, Mexiko. Todd Pusser/Seapics.com

Besondere Erkennungsmerkmale: Siehe *B. arnuxii*. Schiefergrau bis braun.
Beschreibung: Länge 11-13 m, Gewicht 11-14 t. Stirn des Männchens breiter, knolliger. Im Profil kleine Delle um Blasloch sichtbar. Brustflossen und Finne klein, gerundet. Sonst wie *B. arnuxii*.
Leicht zu verwechseln mit: Im Verbreitungsgebiet unverwechselbar.
Andere Namen: Nördlicher Schwarzwal (deutsch); Northern Giant Bottlenose Whale, North Pacific Four-toothed Whale (engl.); Baleine a' Bec de Baird, Bérardie Boréale (franz.); Berardio di Baird (ital.); Zifio de Baird (span., Lat. am.); Baleia de Bico de Baird (port.); Zwarte Dolfijn (niederl.); Bairdnebbhval (norweg.); Berardinvalas (finn.); Bairds Näbbval (schwed.); Bairds Næbhval (dän.); Tsuchi Kujira, Tsuchimbo (japan.).
Bedeutung des wissenschaftlichen Namens: *Berardius bairdii* Stejneger 1883 – Gattungsname siehe *B. arnuxii*. Artname nach dem Kollegen Stejnegers, dem Naturforscher Spencer Baird (Smithsonian Institution, Washington, USA).
Verhalten: Getrenntgeschlechtliche Gruppen, Größe 3-50, eng zusammen in offenen Gewässern von 1.000-2.000 m Tiefe. Annäherung schwierig. Blas siehe *B. arnuxii*. Gelegentlich Umschauen, Flukeschlagen, Springen. Auf- und Abtauchen, Ausruhen synchron.
Tauchen: Tauchzeit 20-35, max. 60 min. Tauchtiefe 1.000-2.000 m. Meist nur wenige Minuten an der Oberfläche.
Nahrung: Kalmare, andere Tiefseekopffüßer, Tiefseefische, Krebstiere vom Grund (Magenanalyse).
Allgemeine Info: 1882 entdeckte der Forscher Leonhard Stejneger am Ufer der Beringinsel (Alaska) einen Schädel, Erstbeschreibung s.o. Schon lange davor in Japan küstennah mit Handharpunen bejagt. Fangquote heute: 40-60 pro Jahr, Bestand stark reduziert. Tragzeit möglicherweise bis 17 Monate (Boso-Halbinsel, Japan), Maximum für Wale!
Wo & Wann: Küstenferne, tiefe (1.000-3.000 m) Gewässer der gemäßigten und subarktischen Breiten im Nordpazifik (30° Nord bis südliche Beringsee), selten auch küstennah. Häufig bei: Aleuten (Alaska); Kalifornien (USA); Emperor Seamount (NW von Hawaii); Vancouver Island (Kanada); Boso-Halbinsel, SW von Hokkaido- und Tobayama-Bucht (Japan); Ochotskisches Meer (Russland).

Indopazifischer Schnabelwal, Tropical Bottlenose Whale, *Indopacetus pacificus*

Pieter Arend Folkens

Beschreibung: Die Art gehört zu den unbekanntesten Walen überhaupt. Bisher ist sie nur durch 2 Schädel und wenige gestrandete Exemplare bekannt. Länge bis 7,6 m. Schädel familientypisch, mit zwei kleinen Löchern an der Unterkieferspitze für 2 kleine, ovale Zähne. Im Jahre 1980 wurden zwei unbekannte, hellgraue Wale in der Nähe der Seychellen gesichtet, auf die die vorstehende Beschreibung zutreffen könnte. Die Wale hatten eine Länge von ungefähr 7,5 m und 4,5 m, lange Schnäbel und breite Fluken mit geraden Hinterkanten. Die Finne war klein und saß weit hinter der Körpermitte.
Bedeutung des wissenschaftlichen Namens: *Indopacetus pacificus* (Longman 1926) – Der Gattungsname bedeutet "Wal im Indopazifik".
Allgemeine Info: Der erste Schädel (1,2 m) dieser Art wurde 1882 in Australien am Strand von Mackay (Nordost-Queensland) gefunden. Anhand dieses Schädels beschrieb Longman die Art 1926 als *Mesoplodon pacificus*. Ein weiterer Schädel (1,1 m) wurde 1955 von Fischern am Strand von Danane (Nordost-Somalia) entdeckt. Nachdem kürzlich mehrere frisch gestrandete Exemplare aus dem Indik im DNA-Labor untersucht wurden, geht man davon aus, daß es sich bei diesen Tieren um *Indopacetus* handelt. Danach ist die Gattung *Indopacetus* nicht mit *Mesoplodon,* sondern mit *Hyperoodon* näher verwandt.
Wo & Wann: Vermutlich in tiefen, küstenfernen Gewässern des Indo-Pazifiks. Sehr scheu.

Sowerby-Schnabelwal, Sowerby's Beaked Whale, *Mesoplodon bidens*

Azoren. Ralf Kiefner

Beschreibung: Schlanker als andere Schnabelwale. Länge 4-5 m, Gewicht 800-1.000 kg. Männchen wahrscheinlich größer als Weibchen. Oberseite schiefergrau, Unterseite und Seiten blaugrau bis weiß, Jungtiere heller. **Bedeutung des wissenschaftlichen Namens:** *Mesoplodon bidens* (Sowerby 1804) – Griech. *mesos, hopla* und *odon* = "Zahn inmitten des Maules". Lat. *bidens* = "zweizähnig" (bezieht sich auf die beiden seitlichen Unterkieferzähne der Männchen). **Verhalten:** Kaum bekannt, nur wenige Sichtungen, bevorzugter Lebensraum ist wahrscheinlich das offene Meer. Weltweit sind knapp 100 Strandungen bekannt (die meisten von allen Schnabelwalarten), jedoch nie mehr als zwei Tiere, die Art lebt wahrscheinlich einzeln oder paarweise. **Allgemeine Info:** 1800 wurde am Moray Firth (Nordküste Schottlands) ein gestrandetes männliches Tier als erster Schnabelwal überhaupt entdeckt, Schädel heute im Universitätsmuseum Oxford. **Wo & Wann:** Östlicher Nordatlantik: Finnland bis Biskaya und Azoren; westlicher Nordatlantik: Neufundland (Kanada) bis Cape Hatteras (USA), gelegentlich auch südlich bis Florida (eine Strandung im Golf von Mexiko). Am häufigsten in der nördlichen Nordsee und um Norwegen, dort auch die meisten Strandungen. **Anmerkung:** Der **Bahamonde-Schnabelwal** *(M. bahamondi)* ist bisher nur durch einen einzigen Schädelfund aus dem Juan-Fernandez-Archipel (Chile) bekannt und wurde erst 1995 durch Mead & van Waerebeek beschrieben.

Andrews-Schnabelwal, Andrews' Beaked Whale, *Mesoplodon bowdoini*

Pieter Arend Folkens

Beschreibung: Spindelförmig. Länge 4-4,7 m, Gewicht 1-2.5 t. Durchgehend dunkelgrau bis blauschwarz, nur die kurze, dicke Schnauze ist weiß. Die beiden Unterkieferzähne des Männchens sitzen auf der höchsten Erhebung des gewölbten Unterkiefers.
Bedeutung des wissenschaftlichen Namens: *Mesoplodon bowdoini* Andrews 1908 – Gattungsname siehe *M. bidens*. Artname zu Ehren von Bowdoin, der das erste Exemplar fand.
Verhalten: Unbekannt, keine bestätigten Sichtungen auf See, bisher nur etwa 20 Strandungen.
Nahrung: Die wenigen Magenanalysen und die für Schnabelwale typische Bezahnung lassen auf Kalmare als bevorzugte Hauptnahrung schließen.
Allgemeine Info: Der Amerikaner Roy Chapman Andrews, der mit der Erstbeschreibung dieser Art seine Karriere als Naturwissenschaftler begann, untersuchte und identifizierte das erste Skelett dieser bis heute kaum bekannten Art. Eine eindeutige Identifizierung auf See ist sehr schwierig, sogar einige gestrandete Tiere wurden in der Vergangenheit selbst von Fachleuten falsch bestimmt. Wegen vieler Gemeinsamkeiten in Bezug auf Schädel- und Unterkieferform sowie in der Position der beiden Unterkieferzähne und der Färbung wird die Art von manchen für eine südliche Variante des Hubbs-Schnabelwals gehalten.
Wo & Wann: Vermutlich in den kalt-gemäßigten bis warmen Gewässern des Indo-Pazifiks. Wenige Strandungen entlang der Südküste von Australien, in Neuseeland und Tasmanien. Die Strandung eines Exemplars 1973 auf den Kerguelen-Inseln (Südindik) konnte nicht bestätigt werden.

Hubbs-Schnabelwal, Hubbs' Beaked Whale, *Mesoplodon carlhubbsi*

Pieter Arend Folkens

Beschreibung: Länge 5-5,3 m, Gewicht 1.000-2.000 kg. Dunkelgrau bis schwarz, Männchen mit kleinen, hellen Flecken, weißer "Kappe" um das Blasloch sowie weißer Schnauze, daher auf See gut zu erkennen. Weibchen und Jungtiere: Rücken mittelgrau, Seiten hellgrau, Unterseite weiß, ohne weiße "Kappe". 2 abgeflachte Zähne seitlich im stark gewölbten Unterkiefer des Männchens.
Bedeutung des wissenschaftlichen Namens: *Mesoplodon carlhubbsi* Moore 1963 – Gattungsname siehe *M. bidens*. Artname zu Ehren des Entdeckers der Art, dem Biologen und Pionier der Grauwalbeobachtung Carl Hubbs.
Verhalten: Unbekannt, die Art ist nur durch wenige Strandungen und eine einzige zuverlässige Sichtung auf See bekannt.
Nahrung: Einige wenige Magenanalysen brachten Kalmare und Tiefseefische zutage.
Allgemeine Info: Der Fischereibiologe Carl Hubbs fand 1945 am Strand bei La Jolla in Kalifornien (USA) das erste vollständig erhaltene Exemplar dieser Art. Wegen der ähnlichen Färbung und Schädelform vermuteten einige Wissenschaftler früher, daß es sich nur um eine Unterart des Andrew-Schnabelwals handeln könnte. Nach heutigem Wissen leben beide Arten völlig isoliert voneinander und gelten als eigenständig.
Wo & Wann: Küstenfern in den kalt-gemäßigten Gewässern des Nordpazifiks zwischen 30 und 50° Nord. Östlicher Nordpazifik: Kalifornien (die meisten Strandungen) bis Queen Charlotte Islands (Britisch-Kolumbien, Kanada). Westlicher Nordpazifik: Nur wenige Strandungen in Ayukawa und Honshu (Japan).

Blainville-Schnabelwal, Blainville's Beaked Whale, *Mesoplodon densirostris*

Big Island, Hawaii. Jim Watt

Beschreibung: Länge 4,5-5,8 m, Gewicht 2.000-3.500 kg. Aschgrau bis dunkelgrau, neben den Narben von Rivalenkämpfen auch unregelmäßige hellbraune oder grauweiße Narben vermutlich von Plätzchenstecher-Leuchthaien, vorwiegend am Bauch und in der Genitalregion, bei Weibchen häufiger. Weibchen bleiben etwa einen Meter kleiner als Männchen. Kälber mit blaugrauem Rücken und cremeweißem Bauch. Zwei große, nach vorne geneigte Zähne seitlich im stark gewölbten Unterkiefer des Männchens. **Bedeutung des wissenschaftlichen Namens:** *Mesoplodon densirostris* (de Blainville 1817) – Gattungsname siehe *M. bidens*. Artname = "dichte Schnauze", bezieht sich auf den extrem dichten Oberkieferknochen (s.u.).
Verhalten: Kaum bekannt, obwohl einer der häufigsten Schnabelwale mit großem Verbreitungsgebiet. Strandungen nur von Einzeltieren, Sichtungen in tropischen Gewässern meist von Gruppen mit 3-7 Individuen. Beobachtungen um Hawaii lassen vermuten, daß sich die Art bevorzugt küstenfern in Meeresgebieten von 700-1.000 m Tiefe aufhält.
Nahrung: In den meisten Mägen wurden Kalmare und andere Cephalopoden gefunden, nur bei einem in Südafrika gestrandeten Tier fand man auch Reste von Fischen.
Allgemeine Info: Erstbeschreibung 1817 durch Henri de Blainville anhand eines Schnauzenvorderteils als *Delphinus densirostris*. Die Art hat die spezifisch dichtesten Knochen aller Wirbeltiere (Artname). 1846 beschrieb Gray einen Schädel von den Seychellen als *Ziphius seychellis*, Flower fand 1875 heraus, daß es sich um dieselbe Art handelte. 1972 strandete ein noch lebendes männliches Exemplar bei Philadelphia (New Jersey, USA). James G. Mead von der Smithsonian Institution in Washington versuchte vergeblich, dieses Tier zu retten, das drei Tage lang überlebte.
Wo & Wann: Weit verbreitet in den tiefen, tropischen bis gemäßigten Zonen aller Weltmeere zwischen 60 ° Nord und 50 ° Süd. Häufigste Sichtungen an der Atlantikküste der USA und um Hawaii (besonders Waianae-Küste im Südwesten von Oahu), gelegentlich auch bei Südafrika.

Gervais-Schnabelwal, Gervais' Beaked Whale, *Mesoplodon europaeus*

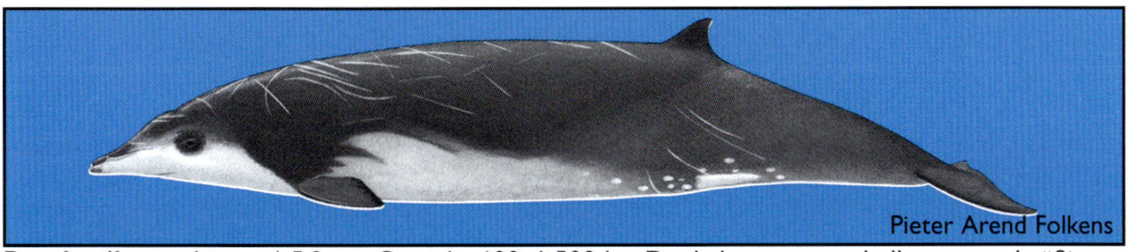

Pieter Arend Folkens

Beschreibung: Länge 4-5,2 m, Gewicht 600–1.500 kg. Dunkelgrau, unten heller, unregelmäßige weiße Flecken um Nabel. Weibchen 0,5 m größer als Männchen. Bauch der Kälber weiß.
Bedeutung des wissenschaftlichen Namens: *Mesoplodon europaeus* (Gervais 1855) – Gattungsname siehe *M. bidens*. Artname nach dem Kontinent der ersten Sichtung.
Verhalten: Kaum bekannt. Vermutlich bevorzugt in tiefen, tropischen bis subtropischen Meeren.
Nahrung: In den Mägen von drei Exemplaren wurden nur Cephalopodenreste gefunden.
Allgemeine Info: Erstfund eines toten Exemplars 1840 im Ärmelkanal vor England, Beschreibung durch Gervais als *Dioplodon europaeus*. Zweites Exemplar 1889 bei Atlantik City an der Ostküste der USA gestrandet, dort bis 1989 weitere 54 Strandungen, nur eine in Irland (1980).
Wo & Wann: Küstenferne, tiefe Gewässer der warm-gemäßigten und tropischen Breiten des Atlantiks (New York bis Florida und Karibik), mit Golfstrom bis Nordeuropa, südlich bis Kanaren.

Japanischer Schnabelwal, Ginkgo-toothed Beaked Whale, *Mesoplodon ginkgodens*

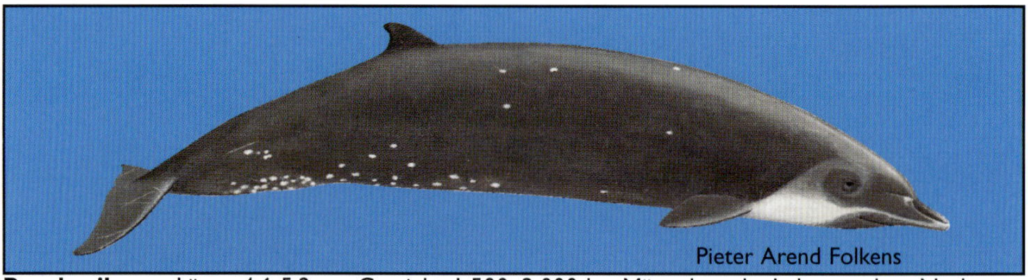

Pieter Arend Folkens

Beschreibung: Länge 4,6-5,2 m, Gewicht 1.500–2.000 kg. Männchen dunkelgrau, ohne Narben, Schnabel vorne hell, Genitalregion mit weißen, etwa 3-4 cm großen Flecken. Weibchen mit hellerem Kopf und mittelgrauer Oberseite, Bauch hellgrau. **Bedeutung des wissenschaftlichen Namens:** *Mesoplodon ginkgodens* Nishawaki & Kamiya 1958 – Gattungsname siehe *M. bidens*. Artname nach den Ginkgo-Blatt-förmigen Zähnen. **Verhalten:** Unbekannt, nur von 13 Strandungen bekannt, noch nie auf See beobachtet. **Nahrung:** Kalmare und Tiefseefische. **Allgemeine Info:** 1957 wurde das erste Exemplar von den japanischen Wissenschaftlern Nishiwaki und Kamiya in Japan entdeckt und beschrieben. **Wo & Wann:** Vermutlich tiefe, küstenferne, warm-gemäßigte bis tropische Gewässer des Indo-Pazifiks. Strandungen: 10 N-Pazifik, 2 Indik, 1 Chatham-Inseln (s.u.).

Camperdown-Schnabelwal, Gray's Beaked Whale, *Mesoplodon grayi*

Gestrandete Camperdown-Schnabelwale in Whangarei, Neuseeland. Ingrid Visser/Seapics.com

Beschreibung: Länge 4,5-5,6 m, Gewicht 1.000–1.500 kg. Weibchen größer als Männchen, diese mit 2 charakteristischen, dreieckigen Unterkieferzähnen (auch bei geschlossenem Maul sichtbar). Oberkiefer beider Geschlechter mit 34-44 rudimentären Zähnen (siehe auch Shepherd-Schnabelwal). Oben blaugrau, braungrau bis schwarz, Bauch hellgrau, Schnauze weiß, lang, Mundlinie gerade. **Bedeutung des wissenschaftlichen Namens:** *Mesoplodon grayi* Haast 1876 – Gattungsname siehe *M. bidens*. Artname zu Ehren von Gray. **Verhalten:** Deutlich zugänglicher als andere Schnabelwale, einmal beim Springen beobachtet. Gruppengröße 1-5, selten mehr. Eine Massenstrandung von 28 Tieren 1874 auf den Chatham-Inseln östlich von Neuseeland. **Nahrung:** Vorwiegend Kalmare. **Allgemeine Info:** Camperdown- und Shepherd-Schnabelwal wurden wegen ihrer Oberkieferzähne auch schon in die gemeinsame Gattung *Oulodon* gestellt. Bisher einzige Strandung eines sicherlich verirrten Tieres auf der Nordhalbkugel 1927 an der Nordseeküste von Holland. **Wo & Wann:** Vermutlich küstenferne, tiefe, kalte und gemäßigte Gewässer auf der Südhemisphäre südlich von 30° Süd. Nur wenige bestätigte Sichtungen im südlichen Indischen Ozean, die meisten südlich von Madagaskar. Die meisten Strandungen bei Neuseeland und den Chatham-Inseln, einige weitere bei den Falkland-Inseln, Feuerland (Argentinien), Chile, Südafrika und Australien.

Hector-Schnabelwal, Hector's Beaked Whale, *Mesoplodon hectori*

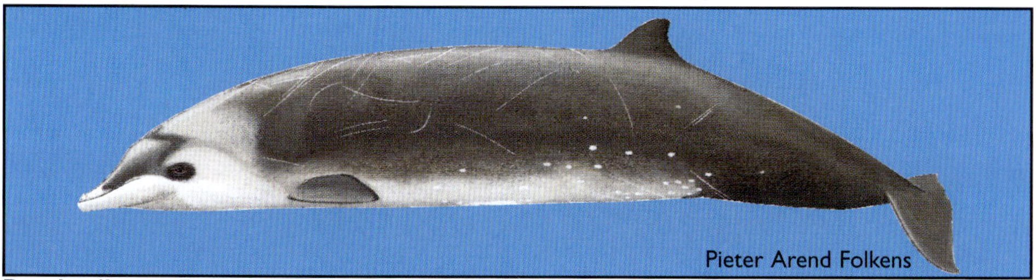

Beschreibung: Einer der kleinsten Schnabelwale, Länge 4-4,5 m, Gewicht 1.000–2.000 kg. Blasloch nicht rund, leicht sichelförmig. Schnauze relativ kurz, hellgrau bis weiß. Oben dunkel- bis braungrau, Bauch hellgrau, bei Männchen (mit 2 dreieckigen Zähnen nahe der Unterkieferspitze) gelegentlich weiß. **Bedeutung des wissenschaftlichen Namens:** *Mesoplodon hectori* Gray 1871 – Gattungsname siehe *M. bidens*. Artname zu Ehren von Hector, der das erste Exemplar entdeckte. **Verhalten:** Kaum bekannt, seltene Hochseeart, nur zwei bestätigte Sichtungen 1976 und 1978 vor Kalifornien bei Catalina Island und westlich von San Diego. In beiden Fällen handelte es sich um ein Pärchen. Die Tiere zeigten sich als leicht zugänglich und näherten sich sogar neugierig dem Boot, ein für Schnabelwale völlig untypisches Verhalten. **Nahrung:** Vorwiegend Kalmare. **Allgemeine Info:** Erstfund 1866, danach nur 7 weitere Schädelfunde bzw. Kadaver auf der Südhalbkugel. 1978 Strandung einer Kuh mit Kalb und eines Bullen an der Küste Südkaliforniens, erste Erkenntnisse durch diese gut erhaltenen Exemplare. Im März 2001 Strandung eines 4,5 m langen Weibchens mit ihrem 2 m langen Kalb an der Ostküste Tasmaniens. Beide waren in sehr gutem Zustand und werden im Hobart's Tasmanian Museum untersucht, die Skelette werden ausgestellt. **Wo & Wann:** Vermutlich küstenferne, tiefe, kalt-gemäßigte Gewässer der Südhemisphäre. Die meisten Strandungen wurden aus Neuseeland, Tasmanien, Südafrika, Südamerika um Feuerland und von den Falkland-Inseln gemeldet. Da es zwischen 1975 und 1979 vier Strandungen und zwei Sichtungen bei Kalifornien gab, könnte die Art auch im Nordpazifik verbreitet sein.

Layard-Schnabelwal, Strap-toothed Whale, *Mesoplodon layardii*

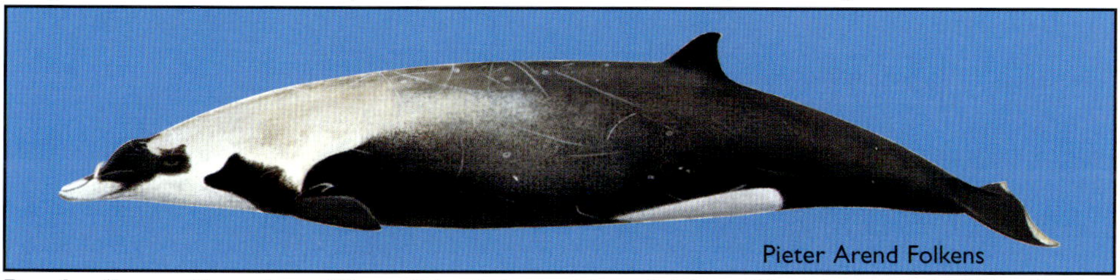

Beschreibung: Einer der größeren Schnabelwale, Länge 5-6,2 m, Gewicht 1.500–3.000 kg. Weibchen größer als Männchen, letztere mit 2 einzigartigen, bis 30 cm langen, bügelartig gebogenen Unterkieferzähnen, umschließen diesen oft ganz. Dunkelgrau bis blauschwarz, Unterkiefer und Oberkieferspitze weiß, Melone und Augen mit dunkler "Räubermaske", Rücken ab Melone bis fast zur Finne hellgrau, Hals unten und Genitalgegend hell. **Bedeutung des wissenschaftlichen Namens:** *Mesoplodon layardii* Gray 1865 – Gattungsname siehe *M. bidens*. Artname zu Ehren von Layard, der das erste Exemplar entdeckte. **Verhalten:** Kaum bekannt, Hochseeart, sehr scheu, ruht unauffällig wie sonnenbadend an der Oberfläche. **Nahrung:** Vorwiegend Kalmare. **Allgemeine Info:** Rätselhaft sind die Unterkieferzähne älterer Männchen, sie umschließen den Oberkiefer ringförmig, so daß sich dieser kaum noch öffnen läßt; möglicherweise wird die Tintenfisch-Beute wie mit einem Staubsauger aus engen Schlupfwinkeln herausgesaugt. Sicher sind sie ein sekundäres Geschlechtsmerkmal, daß bei der Partnerwahl von Nutzen ist. Die Variabilität der Zähne führte früher zur Unterteilung in 4 Arten, heute wird nur eine anerkannt, die mit über 150 Strandungen und Sichtungen zu den am häufigsten gemeldeten Schnabelwalen der Südhemisphäre gehört. **Wo & Wann:** Nach Strandungen und Sichtungen zu urteilen, bewohnt die Art küstenferne, tiefe, kalt-gemäßigte Gewässer der Südhemisphäre. Die Südgrenze ihrer Verbreitung liegt bei etwa 55° südlicher Breite, die nördlichste Sichtung bei etwa 30° südlicher Breite. Die meisten Strandungen und Sichtungen werden aus Neuseeland, Australien und Tasmanien gemeldet, aber auch Südafrika und Namibia sowie Argentinien, Chile, Uruguay und die Falkland-Inseln zählen zu den Fundorten.

Peruanischer Schnabelwal, Pygmy Beaked Whale, *Mesoplodon peruvianus*

Beschreibung: Mit Abstand der kleinste Schnabelwal, Länge 3,4-3,7 m, Gewicht unbekannt. Weibchen kleiner als Männchen, beide Geschlechter ohne vorstehende Unterkieferzähne (Männchen mit 2 sehr kleinen, konischen Zähnen). Schnauze kurz, schmal, mit dunkler Spitze, Oberkiefer dunkel, Hals hellgrau. Oberseite dunkelgrau, geht fließend in hellgraue bis weiße Unterseite über. Bullen haben nur sehr wenige Kratzer und Narben, also vermutlich kaum Dominanzkämpfe.
Bedeutung des wissenschaftlichen Namens: *Mesoplodon peruvianus* Reyes, Mead und Waerebeek 1991 – Gattungsname siehe *M. bidens*. Artname nach dem Fundort des ersten Schädels in Peru.
Verhalten: Kaum bekannt, die Art ist bisher nur durch 5 Sichtungen auf See (Zweiergruppen, einmal mit Kalb) und 10 Strandungen (ausschließlich Einzeltiere) bekannt. **Nahrung:** Vorwiegend Kalmare aus mittleren Tiefen (Magenanalyse). **Allgemeine Info:** 1976 entdeckten Wissenschaftler den ersten Schädel dieser Art zufällig auf dem Fischmarkt von San Andrés in Peru. 1985 wurde das erste komplette (weibliche) Tier auf einem Fischmarkt südlich von Lima (Peru) entdeckt, 1988 das zur Artbeschreibung wichtige erste (gestrandete) Männchen nördlich von Lima. **Wo & Wann:** Vermutlich küstenfern und -nah in mitteltiefen bis tiefen tropischen Gewässern des Pazifiks beiderseits des Äquators zwischen 25° N und 20° S. Die meisten Strandungen entlang der etwa 400 km Küste von Ica bis Lima (10-15° S), die beiden nördlichsten 1990 bei La Paz (Cortez-See, Mexiko).

True-Schnabelwal, True's Beaked Whale, *Mesoplodon mirus*

Beschreibung: Bisher auf See noch nie eindeutig identifiziert. Länge bis etwa 5 m, Gewicht 1.000-1.500 kg. Weibchen kaum kleiner als Männchen, letztere mit 2 kleinen, vorstehenden Zähnen an Unterkieferspitze. Lebendfärbung bisher nur von 1 Weibchen bekannt (Strandung 1984 östlich Kap der Guten Hoffnung, Südafrika; 15 Std. nach Strandung einheitlich dunkel): Hals, Finne, hintere Körperhälfte, Unterseite der Schwanzflosse und Genitalregion weiß. Unterkieferseiten und Kehle blaßgrau, schwarz-bläulich gesprenkelt. Rücken, Seiten und Bauch in der vorderen Körperhälfte dunkel blau-schwarz. **Bedeutung des wissenschaftlichen Namens:** *Mesoplodon mirus* True 1913 – Gattungsname siehe *M. bidens*. Lat. *mirus* = "wunderbar". **Verhalten:** Unbekannt, die Art ist noch nie auf See beobachtet worden. Vermutlich Hochseebewohner, denn keinerlei Beobachtungen in Küstennähe und nur wenige Strandungen sind bekannt. **Nahrung:** Kalmare (einzige Magenanalyse: Weibchen aus Südafrika, s.o.). **Allgemeine Info:** Der amerikanische Biologe Frederick True fand am 26. Juni 1912 auf Bird Island (Beaufort Harbor, North Carolina, USA) ein gestrandetes Weibchen (4,87 m) der bis dahin unbeschriebenen Art, Erstbeschreibung anhand des Skeletts. Vermutlich 2 verschiedene Formen: Nordatlantik (Golfstromregion) und Südhemisphäre, geringe Unterschiede in Schädelform, Brustflossengröße und Färbung der Männchen. **Wo & Wann:** Vermutlich küstenfern, tiefe, gemäßigte Gewässer von Nordatlantik und Südhemisphäre (Südafrika, Australien, Neuseeland).

Stejneger-Schnabelwal, Stejneger's Beaked Whale, *Mesoplodon stejnegeri*

Beschreibung: Mundlinie stark gebogen, zwei hauerartige, immer sichtbare Zähne etwa 20 cm von der Unterkieferspitze der Männchen. Länge 5-5,3 m, Gewicht 1.000-1.500 kg. Weibchen und Männchen gleichgroß. Oberseite fast durchgängig dunkelgrau, braun oder schwarz, Unterseite heller, fleckig vernarbt. Kehle und Unterkiefer weiß. Lange Kratzer deuten auf Dominanzkämpfe zwischen Männchen hin. Jungtiere können am Hals helle Streifen haben. **Bedeutung des wissenschaftlichen Namens:** *Mesoplodon stejnegeri* True 1885 – Gattungsname siehe *M. bidens*. Artname zu Ehren von Stejneger, der das erste Exemplar fand. **Verhalten:** Wie die meisten Schnabelwale scheu und schwer zugänglich, bisher nur sehr selten gesichtet. Verhalten an der Oberfläche unauffällig. Schwimmt meist in kleinen Gruppen aus Tieren unterschiedlicher Größe, Alters und beiderlei Geschlechts eng zusammen, schwimmen und tauchen synchron. **Tauchen:** Taucht mit langsamer Rollbewegung nach vorne ab. Tauchzeit etwa 10-15 min, Tauchtiefe bis zu 1.600 m. **Nahrung:** Magenanalysen gestrandeter Tiere: Kalmare aus größerer Tiefe. Beobachtungen japanische Fischer: Lachse. **Allgemeine Info:** Hauptsächlich durch Strandungen bekannt. Die Art gehört zu den Schnabelwalen, bei denen sich viele Sichtungen im Nachhinein als Irrtum herausstellten. Genaues Verbreitungsgebiet daher noch immer unbekannt. **Wo & Wann:** Verbreitung im Nordpazifik wahrscheinlich auf 30-60° N beschränkt, vermutlich in tieferen Gewässern über dem Kontinentalsockel. Die meisten Meldungen aus Alaska und entlang der Aleuten. Vielleicht kleinere Populationen vor Honshu und S-Hokkaido im Japanischen Meer. Auch in der südlichen Beringsee.

Shepherd-Schnabelwal, Shepherd's Beaked Whale, *Tasmacetus shepherdi*

Beschreibung: Die meisten Erkenntnisse stammen von gestrandeten Tieren, daher kaum gesicherte Informationen über das tatsächliche Aussehen. Weibchen max. 6,6, Männchen 7 m lang, Gewicht 2.000-3.000 kg. Schnauze lang, schmal, spitz, Melone steil, rundlich, etwas heller. Die einzigen Schnabelwalart mit voller Bezahnung in Ober- und Unterkiefer bei beiden Geschlechtern. Adulte Männchen mit 2 großen Zähnen an der Spitze des Unterkiefers. Rücken dunkelgraubraun bis schwarz, Unterseite weiß. Seiten mit hellen, diagonalen Feldern, die einem 1951 in Neuseeland gestrandeten Tier fehlten (Jungtier?). **Bedeutung des wissenschaftlichen Namens:** *Tasmacetus shepherdi* Oliver 1937 – Gattungsname = "Wal aus der Tasmanischen See". Artname zu Ehren von G. Shephard, Verwalter des New Zealand Museum, der die Art 1933 erstmals beschrieb. **Verhalten:** Weitgehend unbekannt. Der Grund für die wenigen Sichtungen könnte das sehr unauffällige Verhalten oder ein extrem scheues Verhalten Booten gegenüber sein. Aufgrund einer Sichtung vor

Neuseeland vermutet man einen eher unauffälligen Blas. **Tauchen:** Unbekannt. **Nahrung:** Die Magenanalyse an einem Exemplar läßt vermuten, daß sich die Art wahrscheinlich eher von Fischen als von Kalmaren oder Krebsen ernährt. Dies würde auch die für Schnabelwale unübliche komplette Bezahnung in Ober- und Unterkiefer bei beiden Geschlechtern erklären. Alle im Magen gefundenen Fische stammten aus tiefen Wasserschichten. **Allgemeine Info:** 1937 beschrieb Oliver diese Art erstmals anhand eines vollständigen Skeletts, das im Wanganui Alexander Museum konserviert war. Sie gehört zu den unbekannteren und am wenigsten erforschten Cetaceen. Es wurden bisher nur etwa 20 Strandungen und eine Sichtung auf See registriert. Früher wegen der Bezahnung zusammen mit Camperdown-Schnabelwal in eigener Gattung *Oulodon*. **Wo & Wann:** Vermutlich tiefe, kalt-gemäßigte Gewässer der Südhemisphäre. Die meisten Strandungen in Neuseeland, erst ab 1970 auch um Chile (Juan Fernandez-Archipel), Australien, Argentinien, Feuerland.

Cuvier-Schnabelwal, Cuvier's Beaked Whale, *Ziphius cavirostris*

Im Atlantik vor Cape Hatteras, North Carolina, USA. Todd Pusser/Seapics.com

Beschreibung: Adulte Männchen mit weißem Kopf, an Unterkieferspitze auch bei geschlossenem Maul zwei konische, 4-6 cm lange Zähne sichtbar. Im Gegensatz zu anderen Schnabelwalen sehr lang und kräftig, beide Geschlechter 5-7,5 m lang, Gewicht 2.000-3.000 kg. Schnauze kurz, nicht deutlich von der Stirnwölbung abgegrenzt. Mundlinie kurz, am Mundwinkel etwas nach oben gebogen. Finne sichelförmig bis dreieckig, 30-40 cm hoch. Brustflossen klein, mit "Brustflossentaschen". Fluke untypisch, konkave Hinterkante mit leichter medianer Einkerbung. Adulte beiderlei Geschlechts an Kopf und Rücken bis zur Fluke weiß, Bauch und Seiten dunkel. Jungtiere einheitlich hellgrau bis hellbraun, Rücken etwas dunkler als Bauch. Färbung je nach Geschlecht und Alter variabel, grau, braun, weiß, blaugrau bis schwarz. Weißfärbung des Rückens beginnt am Kopf mit Einsetzen der Geschlechtsreife. Sehr alte Tiere können gelegentlich fast völlig weiß sein. Männchen mit Narben von Dominanzkämpfen. **Bedeutung des wissenschaftlichen Namens:** *Ziphius cavirostris* Cuvier 1823 – Gattungsname von griech. *xiphia* für schwertförmig. Lat. *cavirostris* für "hohle Schnauze" (Vertiefung an der Schnauzenbasis). **Verhalten:** Wird relativ häufig auf offener See gesichtet. Trotz des Lebens in der Hochsee sehr viele Strandungen. Größte Verbreitung aller Schnabelwale, vermutlich auch größte Population. Unauffällig, scheu, aber vor Hawaii (ortstreue Population) neugierig, beim Springen beobachtet. In offenen Gewässern (1.000-3.000 m), Gruppengröße 2-5, selten bis 25. Selten solitär (ältere Männchen). **Tauchen:** Tauchzeit 20-40 min, Tauchtiefe bis 1.000+ m. **Nahrung:** Tiefseekalmare und -fische. **Allgemeine Info:** Erstbeschreibung 1823 durch Georges Cuvier (Schädel, Strandfund 1804 am französischen Mittelmeer; erst 1850 2. Exemplar bei Les Aresquires, französ. Mittelmeerküste). Schädelknochen adulter Männchen extrem dicht. Englisch auch "Goose-beaked Whale" = Gänseschnabelwal (Kopfform), japanisch "Akabo Kujira" = babygesichtiger Wal (weißer Kopf). **Wo & Wann:** Weltweit küstenfern in allen tiefen Gewässern mit Ausnahme der Polarregionen. Häufige Strandungen: NW-Atlantik: Massachusetts, Rhode-Island; Europa: Westseite Schottlands, Englands und Irlands sowie franz. Mittelmeerküste.

JAGD IM BRACKWASSER

Der ursprüngliche Grund für einen Besuch des Fotografen Patrick Kelly am Homosassa-Fluß in Florida war, die bedrohten Manati-Seekühe zu fotografieren, die im Winter von den Warmwasserquellen in dieser Gegend profitieren. Die Sache mit den Manatis ist spannend, und jeder Interessierte sollte ihr weiter nachgehen. Hier geht es jedoch um einen außergewöhnlichen Vorfall, dessen Zeuge der Autor bei seinem Besuch am Homosassa wurde.

Es geschah auf meiner zweiten Reise zum Homosassa-Fluß. Tatsächlich ist Homosassa eine Stadt und ein Fluß, die beide ihren Namen von den Homosassa-Quellen haben, die etwa 100 km nördlich von Tampa an der Golfküste Floridas liegen. Wie viele andere berühmte Quellen in Florida wird auch Homosassa von einer tief in der Erde liegenden Wasserader gespeist. Die Quellen liefern viele Millionen Liter Wasser von konstanten 22,2 Grad Celsius und bilden einen Fluß, der etwa 8 km stromabwärts in das Salzwasser des Golfes an der Westküste Floridas mündet.

Eines Nachmittags, während ich mich nach einer erfolgreichen Manati-Fotosession den Fluß hinunterarbeitete, bemerkte ich 20 m vor dem Boot eine Unruhe im Wasser. Zuerst dachte ich, es wäre einen Manati-Mutter mit ihrem Kind, bemerkte dann aber schnell, daß sich dieses Tier für einen Manati zu schnell bewegte. Ich fragte mich, welches andere Tier dieser Größe in jenem Wasserweg zur Küste vorkommen könnte. Da durchbrach plötzlich die unverkennbare Finne eines Tümmlers die Wasseroberfläche. Schnell zählte ich vier Große Tümmler *(Tursiops truncatus)*. Wir alle hatten schon von Süßwasserdelphinen und auch von seltenen Tümmler-Sichtungen im Süßwasser gehört.

Meine Sichtung war jedoch nur der Anfang. Erstaunt beobachtete ich, wie sich die vier Tiere wie beiläufig trennten, umkehrten und dann nach einer Choreographie, die olympische Synchronschwimmer vor Neid erblassen lassen würde, auf das Ufer zu beschleunigten. Teamwork vom Feinsten!

Für einen Sekundenbruchteil verschwanden alle vier unter der Oberfläche. Nun begann das Wasser vor ihnen zu kochen, und der Grund ihres Manövers wurde ersichtlich. Etwa 20 Meeräschen sprangen in die Luft, während sie ins Seichte getrieben wurden, ihre einzige Alternative war das sichere Verderben in den Mäulern der jagenden Tümmler. Ihr Springen war jedoch genau das, was die Tümmler erreichen wollten. Einmal in der Luft, waren die Fische hilflos, da auch die Tümmler die Oberfläche durchbrachen und sich die Meeräschen einfach vor dem Zurückfallen ins Wasser schnappten.

Dies wiederholte sich mehrmals, und mein Problem dabei war vorherzusagen, wohin die Meeräschen schwimmen und an welches Ufer die Tümmler sie treiben würden. Obwohl ich 20 Jagdsequenzen beobachtete, kam ich nur bei dreien nahe genug, um zu fotografieren.

Später erfuhr ich, daß Tümmler im Homosassa so selten nicht sind. Ihre Jagd zu beobachten, war jedoch aussergewöhnlich. Auf der Rückfahrt dankte ich meinem Glück, Zeuge dieses Naturschauspiels geworden zu sein. Aber bevor ich die Fotos sah, war ich unsicher, ob etwas Brauchbares darauf sei. Wie das Sprichwort sagt: Glück ist oft besser als Können...

FOTOS: PATRICK KELLY

Große Tümmler auf der Jagd nach Meeräschen im Homosassa-Fluß in Florida.

Die Tümmler bewegen sich nach einer Choreographie, die olympische Synchronschwimmer vor Neid erblassen lassen würde.

HIROYA MINAKUCHI/SEAPICS.COM

Diese Tümmler werfen sich auf eine Schlammbank, um Fische zu fressen, die sie dorthin getrieben haben. South Carolina, USA.

Besondere Erkennungsmerkmale dieser Familie
Diese Familie umfaßt vier Arten, die reine Fluß- und Brackwasserbewohner sind. Eine weitere Art (La-Plata-Delphin) lebt auch in küstennahen Meeresgewässern. Sie wird wegen ihrer stammesgeschichtlichen Verbindung zusammen mit den anderen, "echten" Flußdelphinen in einer Familie behandelt. Durch ihre geographische Isolation sind die Arten sehr leicht zu identifizieren. Durch das Leben im trüben Wasser von Flüssen Augen winzig klein, Schnabel sehr lang mit vielen, kleinen Zähnen, Echoortung hochentwickelt. Die Halswirbel sind nicht miteinander verschmolzen, die Körperfärbung ist hell, gelegentlich auch rosa. Alle sind relativ langsame Schwimmer.

Amazonas-Delphin, **Boto,** ***Inia geoffrensis***

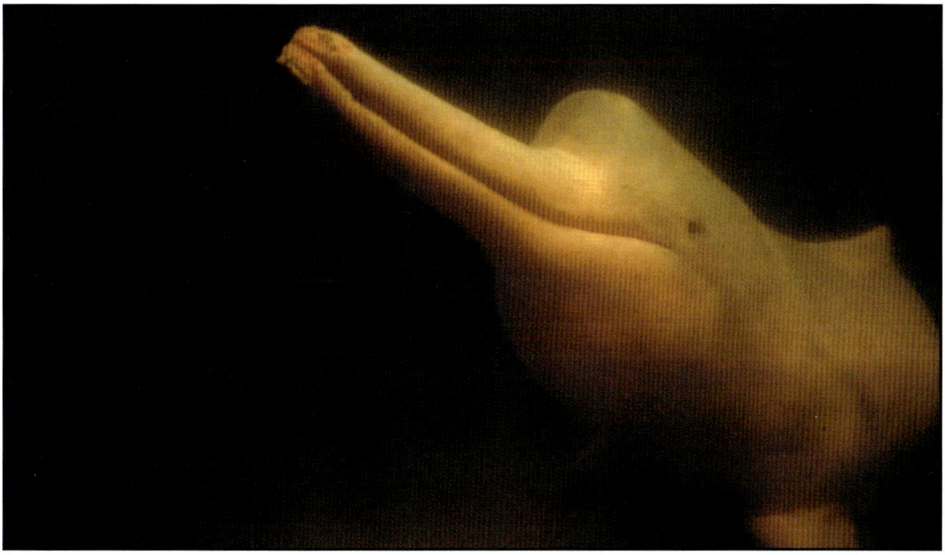

Amazonas. Scott Frier

Beschreibung: Größter aller Flußdelphine, Länge 1,8-2,8 (Weibchen bis 2,3) m, Gewicht 80-160 (Weibchen bis 100) kg. Schnauze sehr lang, röhrenförmig, leicht abwärts gebogen, Blasloch sichelförmig, niedriger Rückenkamm (ohne Finne), durchgängig blaugrau, weiß oder rosa. 46-70 Zähne je Kiefer, vorne konische Fangzähne, hinten backenzahnartig abgeflachte Kauzähne. Ober- und Unterkiefer außen mit je 50 steifen Borstenhaaren (Vibrissen = Tast- und Spürhaare, wie Schnurrhaare der Katze). Unterhalb der Augen sogenannte "Backen", die die Sicht nach unten einschränken, schwimmt daher oft in Rücken- und Seitenlage. **Bedeutung des wissenschaftlichen Namens:** *Inia geoffrensis* (de Blainville 1817) – Gattungsname: Die Guarayo-Indianer Boliviens nennen diesen Delphin am San Miguel-Fluß "Inia". Artname nach dem französischen Biologen Etienne Geoffrey Saint-Hilaire. **Verhalten:** Einzeln oder paarweise, Gruppengröße selten bis 15. Je nach Region mehr oder weniger scheu. Langsamer Schwimmer, aber auch schnelle, kurze Sprints. In der Dämmerung am aktivsten. Schwimmt wegen der durch die "Backen" nach unten eingeschränkten Sicht oft in Rücken- und Seitenlage, um den Boden nach Beute abzusuchen. In guten Nahrungsgebieten gelegentlich mit Amazonas-Sotalia oder Riesenotter zusammen. **Nahrung:** Mindestens 50 verschiedene Fischarten einschließlich Welse, aber auch Weichtiere und Krebse, die mit Hilfe der Vibrissen im Bodenschlamm aufgespürt werden. **Allgemeine Info:** Erstbeschreibung 1817 durch de Blainville als *Delphinus geoffrensis*. Heute von einigen Systematikern in drei Unterarten eingeteilt: *I. g. humboldtiana* im Orinoko-Becken, *I. g. geoffrensis* im Amazonas-Becken, *I. g. boliviensis* im oberen Madeira-Fluß in Bolivien. Genaue Bestandsgröße wegen des sehr weiten und unüberschaubaren Lebensraums nicht feststellbar. Einige Indios und Siedler machen heute noch Jagd auf Amazonas-Delphine, obwohl eine alte Überlieferung der Indios besagt: "...daß mit Blindheit bestraft wird, der das Öl dieser Delphine zur Beleuchtung verwendet". **Wo & Wann:** Größte Verbreitung aller Flußdelphine, ausschließlich im Süßwasser, in ruhigen, langsam fließenden, braunen oder schwarzen Haupt- und Nebenflüssen des Orinoko-Systems und in weiten Teilen des Amazonas-Beckens. Das Verbreitungsgebiet erstreckt sich über Venezuela, Ecuador, Kolumbien, Peru, Bolivien, Guayana und Brasilien. Kommt in einigen Flußläufen über 3.000 km vom Meer entfernt vor.

Yang-Tse-Delphin, Yangtze River Dolphin, *Lipotes vexillifer*

Yang Tse, China. John Wong

Beschreibung: Länge 1,5-2,5 m (Männchen bis 2) m, Gewicht 100-150 kg. Schnauze sehr lang, nicht spatelförmig wie bei anderen Flußdelphinen, sondern leicht zugespitzt. Finne dreieckig, auf einer sehr breiten Basis. Augen winzig klein, seitlich weit oben am Kopf, wie bei allen Flußdelphinen fast völlig funktionslos. 62-68 konische Zähne im Oberkiefer und 64-72 im Unterkiefer. Rücken und Seiten hell- bis blaugrau, Unterseite grauweiß bis weiß. Hellgrauer Oberkiefer beidseitig mit weißem Rand, Unterkiefer weiß. **Bedeutung des wissenschaftlichen Namens:** *Lipotes vexillifer* Miller 1918 – Gattungsname von griech. *leipo* für "alleingelassen, verlassen" (Verbreitungsgebiet sehr klein, extrem isolierte Art). Lat. *vexillifer* für "Fahnenträger" (Rückenfinne). **Verhalten:** Kaum bekannt, da in freier Wildbahn sehr schwer zu beobachten, scheu. Einzeln oder paarweise, Gruppengröße selten bis 6. Langsamer Schwimmer, zum Ausruhen oft 5-6 Std in Tiefwasserstrudeln. Vom frühen Abend bis zum frühen Morgen am aktivsten. Schwimmt abwechselnd auf Rücken oder Seite, um den Boden besser nach Beute absuchen zu können. Blas einem Nieser ähnlich. **Nahrung:** Viele verschiedene Fischarten, Welse bevorzugt. Gelegentlich auch Krebse und Weichtiere aus Bodenschlamm. **Allgemeine Info:** In China lange als Wiedergeburt einer ertrunkenen Prinzessin verehrt, vor mehr als 2.000 Jahren "Baiji" (weißer Delphin) genannt. Erstbeschreibung 1918 durch Gerrit Smith Miller. Obwohl seit 1949 geschützt und 1975 in China zum Nationalerbe erklärt, nimmt der Bestand durch den Bau neuer Wasserkraftwerke, zunehmenden Schiffsverkehr, intensive Flußfischerei weiter ab: Weltweit eine der 12 bedrohtesten Tierarten! **Wo & Wann:** Nur in China im Unterlauf des Yang Tse-Flusses bis Yichang, häufiger in den etwa 1.700 km von Zicheng (flußauf-) bis Nanjing (flußabwärts).

Aquarium Shanghai, China. Scott Frier

Ganges-Delphin, Ganges River Dolphin, *Platanista gangetica* & Indus-Delphin *P. minor*

Beschreibung: Länge 1,5-2,6 m (Männchen bis 2) m, Gewicht 70-90 kg. Schnauze schmal, sehr lang, bis zu 20 % der Körperlänge. Brustflossen breit, mit wellenförmigem Rand und fingerförmiger Unterteilung. Statt Finne niedriger Rückenkamm oder "Buckel". Blasloch länglich, wegen der Asymmetrie des Schädels etwas nach links versetzt. Hals beweglich, Halswirbel wie bei allen Flußdelphinen nicht verschmolzen. 52-78 lange, scharfe Zähne im Oberkiefer, 52-70 im Unterkiefer, auch bei geschlossenem Maul sichtbar. Rücken und Seiten einheitlich hellblau, graublau bis mittelgrau, Bauch heller. **Bedeutung des wissenschaftlichen Namens:** *Platanista gangetica* Roxburgh 1801 – Herkunft des Gattungsnamens unbekannt. Schon im 1. Jahrhundert unserer Zeitrechnung beschrieb der lateinische Autor Plinius der Ältere in seiner Naturgeschichte einen "Fisch mit Delphinschnabel" aus dem indischen Ganges als "Platanistes". Artname nach der Verbreitung im Ganges. **Verhalten:** Einzeln oder paarweise, Gruppengröße selten bis 10. Tagsüber wenig aktiv.

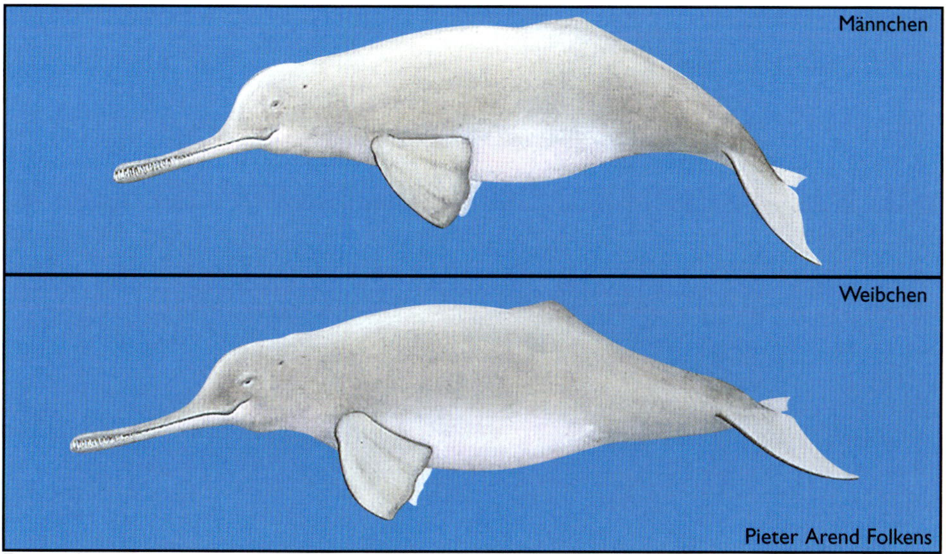

Pieter Arend Folkens

Erzeugt beim Schwimmen ständig Ortungslaute, um sich im trüben Flußwasser zu orientieren. Jagt abends oder nachts, schwimmt oft auf der Seite direkt am Grund des Flusses, wobei die untere Brustflosse durch den Schlamm schleift, um Beute aufzuspüren. **Nahrung:** Welse, Elritzen, Karpfen und Grundeln, aber auch Krabben und Weichtiere aus Bodenschlamm. **Allgemeine Info:** Erstbeschreibung 1801 durch den englischen Arzt und Botaniker William Roxburgh und unabhängig davon durch den Niederländer Heinrich Julius Lebeck als *Delphinus gangeticus.* 1830 durch Johann Wagler zu *Platanista.* Der sehr ähnliche, geographisch isolierte (Indus zwischen Kotri-Damm, Provinz Sind, und Jinnah-Damm, NW-Punjab, Pakistan), stark bedrohte **Indus-Delphin** *(P. minor)* wird inzwischen wegen Unterschieden im Bluteiweiß (und im Schädelbau) als eigenständige Art anerkannt. **Wo & Wann:** Ganges, Brahmaputra und Meghna in Indien, Bangladesh, Nepal und Bhutan sowie Karnaphali in Bangladesh.

La-Plata-Delphin, Franciscana, *Pontoporia blainvillei*

Pieter Arend Folkens

Beschreibung: Länge 1,2-1,7 m, Gewicht 30-50 kg (Männchen bis 1,6 m, 45 kg). In der Familie einzigartig hohe Rückenflosse. Augen klein, aber untypisch für Flußdelphine sehr gut entwickelt. Oberseite graubraun, an Seiten und Bauch heller; im Alter manchmal fast weiß. **Bedeutung des wissenschaftlichen Namens:** *Pontoporia blainvillei* (Gervais & d'Orbigny 1844) – Griech. *pontos* = "Meer", *poros*= "Passage" (erster Flußdelphin, der im Meer gefunden wurde). Artname nach dem französischen Naturforscher Henri de Blainville. **Verhalten:** Kaum bekannt, sehr scheu, einzeln oder in Gruppen bis 5 Tiere. "Bewegungsstarre" gegenüber Feinden (Haie). **Nahrung:** Verschiedene Fische (Umberfische, Sardellen), Kalmare, Kraken, Krabben. **Allgemeine Info:** Erstbeschreibung 1844 durch Gervais und d'Orbigny als *Delphinus blainvillei,* später als *Stenodelphis blainvillei.* 1846 durch J. E. Gray in *Pontoporia.* Bestand durch Fischernetze stark gefährdet. **Wo & Wann:** Atlantik: Flache Küstengewässer Brasiliens, Uruguays, Argentiniens sowie im La-Plata-Mündungsgebiet, zwischen 19-42° Süd: Halbinsel Valdes (Argentinien) bis zur Mündung des Doce (Brasilien).

PATAGONIENS JÄGER

Wenn die Seelöwen der argentinischen Halbinsel Valdes zu nahe am Wasser ruhen, werden sie gelegentlich von Orcas direkt vom Strand geholt. Aber wenn die Jäger ihre schweren Körper zu weit auf den steilen Kiesstrand werfen, riskieren sie ihr Leben, da sie mit einer der nächsten Wellen das Wasser wieder erreichen müssen. Die amerikanische Tier-Fotografin Jasmine Rossi hat diese riskante und spektakuläre Jagdtechnik dokumentiert.

FOTOS: JASMINE ROSSI

Die Orcas von Valdes gehören zu den wenigen Walen, die ihre Robben-Beute direkt am Strand schlagen.

Die Seelöwen sehen ihr Verderben kommen, wenden sich aber nur zögernd zum rettenden Strand.

Sanft schlägt die Brandung gegen den Kiesstrand. Das Bellen aus der quirligen Seelöwenkolonie schallt die Küste entlang. An Patagoniens Atlantikküste ist Sommer, und die zwei Monate alten Jungen lernen gerade schwimmen. Neugierig und sorglos verschwinden sie in der Brandung, um von ihr herumgeworfen und wieder ausgespuckt zu werden, schnaufend und japsend krabbeln sie den Strand hoch. Aber nach ein paar Minuten sind sie erneut an der Wasserlinie, ohne zu ahnen, daß die smaragdene Dünung etwas Sinisteres verbirgt: Ein massiver Orca versteckt sich darin, aufmerksam den tolpatschigen Jungrobben lauschend.

Die meisten Seelöwenkolonien der Halbinsel Valdes werden von langen, grünen Riffen geschützt, die weit in den Ozean hinausreichen. Aber bei Punta Norte ermöglicht ein breiter Kanal den lokalen Orcas bei Flut direkt bis auf den Strand zu schwimmen. Die älteren Robben kennen die Gefahr nur zu gut: Hier und da sieht man naßglänzende Köpfe an der Oberfläche, die mit gerecktem Hals das Wasser nervös nach den unverkennbaren Flossen absuchen, bevor sie rasch durch den Kanal sprinten. Um sich durch seine riesige Rückenflosse nicht zu verraten, schwimmt der Orca seitwärts. Es ist der große Einzelgänger Mel, ein erfahrener Jäger. Ab und an kommt er zum Atmen hoch, schwimmt täuschend in Richtung Meer. Bald schon scheinen die älteren Robben darauf hereinzufallen und werden wieder ruhig.

Der Seelöwe flüchtet zu spät. Wenn die Brandung günstig ist, wird der Orca sein Opfer angreifen.

Entspannt schwimmen zwei gelbliche Weibchen die Küste entlang, ihre länglichen, dunklen Umrisse schimmern durch das glasgrüne Wasser. Aber da ist noch etwas anderes, ein Schatten, so groß wie ein Boot, der ihrem Kurs folgt. Der Orca schwimmt parallel zu ihnen, nur ein paar Meter entfernt. Ahnungslos erreichen die beiden Robben die Sicherheit des seichten Riffs, und der Orca dreht mit einer scharfen Kurve ab. Wieder und wieder folgt Mel einer unwissenden Robbe, bricht den Angriff aber aus unbekannten Gründen ab. Als er zum Atmen hochkommt, entdeckt ihn eine Robbengruppe und flüchtet

Mit der nächsten Welle überbrückt der Orca den Abstand zur Beute in kürzester Zeit - und schlägt zu.

Auf einer Welle reitend packt der Orca seine hilflose Beute im unnachgiebigen Griff seiner bis zu 28 Zähne.

quer durch den Kanal aufs Trockene. Ein kleines schwarzes Jungtier hoppelt unbeholfen und nach seiner Mutter rufend hinterher. Plötzlich scheint sich das Wasser zu verbiegen, und eine massive Wellenwand donnert vom Ozean heran. Mit voller Wucht auf den Strand krachend teilt sie sich und enthüllt Mels enormen schwarz-weißen Körper. Hilflos baumelt das winzige Junge zwischen seinen riesigen Kegelzähnen. Mels hohe Rückenflosse wackelt heftig, als er das Baby gegen den Kies schlägt, es von einer Seite auf die andere wirft, um Fleisch und Haut zu trennen. Dann krümmt er seinen Körper und dreht sich seitwärts. Mit kraftvollen Schwanzschlägen arbeitet er sich langsam durchs Seichte, bis ihn eine anrollende Welle wieder ins offene Wasser trägt. Lange kreist Mel weit draußen im tieferen Wasser, wo er seine Beute vertilgt, begleitet von Scharen hungriger Möwen und Sturmvögel, die über ihm flattern und gierig auf die Reste warten.

Ein so winziges Jungtier im richtigen Moment am richtigen Ort zu erbeuten, setzt perfektes Timing und Koordination voraus, und nur jeder dritte von Mels Angriffen ist erfolgreich. Nichts ist für einen Schwertwal schwieriger oder gefährlicher, als sich gegen allen Überlebensinstinkt auf den Strand zu werfen, denn hat er erst einmal seinen Auftrieb verloren, riskiert der Orca eine tödliche Strandung. Nur zwei Orca-Gruppen auf der ganzen Welt haben gelernt, diese tödliche Jagdtechnik zu meistern: Die 19 Wale von Valdes und eine kleine Herde bei den Crozet-Inseln im Südpazifik, 8.000 km östlicher. Aber der Strand der Crozet-Inseln ist nicht so steil wie der von Valdes, daher können auch nur die kleineren Weibchen auf ihn hinaufschwimmen, und selbst dabei kommen sie nicht ganz aus dem Wasser heraus wie in Patagonien.

Orcas werden spät geschlechtsreif. Sie leben in engen Familiengruppen, und viele ihrer Verhaltensmuster sind nicht genetisch festgelegt, sondern müssen im Lauf der Zeit erlernt werden, vom einzig-

Das Stranden kann für solch schwere Tiere zu einem ernsten Problem werden, nur erfahrene Orcas jagen mit dieser Technik.

Oft ist die Beute nicht ernstlich verwundet, und der Orca wirbelt sie herum, ähnlich wie Katzen es spielerisch mit Mäusen tun.

artigen Lautrepertoire oder "Dialekt", an dem man jede Orca-Familie unterscheiden kann, bis hin zu allen Jagdtechniken, die von einer Generation an die nächste weitergegeben werden.

Schwertwale sind agil wie Delphine, können beißen wie Haie und gehören mit bis zu 55 km/h zu den schnellsten Meeresbewohnern. Aber nur durch seine Intelligenz und Schläue kann der Orca viel größere Tiere und auch gefährliche Beute überwältigen. Orcas kooperieren sehr ähnlich einem Wolfsrudel und greifen sogar die riesigen Blauwale an, die bis zu 30 m Länge erreichen. Aber auch ein einzelner Orca kann ein formidabler Gegner sein: Vor der Küste Kaliforniens wurde vor kurzem ein Weibchen beobachtet, das einen Weißen Hai an seinen Nachwuchs verfütterte.

Bei Valdes wurde ich Zeuge, wie drei Schwertwale einen viel größeren Glattwal angriffen, groß genug, ihre Knochen mit einem einzigen Schlag seiner massiven Fluke zu zertrümmern. Durch Zickzack-Schwimmen vor ihm schnitten die Orcas dem Glattwal den Weg ab. An Flossenform und Rücken-Sattelfleck erkannte ich bald Ishtar, ein adultes Weibchen aus der lokalen Gruppe. Begleitet wurde sie von zwei jungen Orcas, Jasmine und der winzigen Tania. Mit einer scharfen Kurve manövrierte sich Ishtar auf den Kopf des Wals. Erschreckt hob dieser den Schwanz und tauchte ab, um erst Minuten später wieder zu erscheinen. Sofort schwamm Ishtar auf seinen Kopf zurück. Ganz klar, sie versuchte, das Blasloch des viel größeren Wals zu blockieren, um ihn am Atmen zu hindern, vielleicht sogar, um ihn durch Ersticken zu töten. Als geborene Nachahmer imitierten die beiden Junioren dieses Verhalten bald. Abwechselnd ritten und rollten sie auf dem Wal, als würden sie ihre Bäuche an seinen Kallositäten scheuern. Kaum tauchte der Wal auf, lag schon ein Orca wie ein Kopfband quer über dem enormen Schädel - es war ein trauriger Anblick. Schließlich ließen die Orcas von dem Wal ab, doch es ist diese Art einfallsreicher Techniken, die das größte Mitglied der Familie Delphine an die Spitze der Nahrungskette im Meer setzt.

Junge Orcas testen, ob sie einen gewaltigen See-Elefantenbullen beeindrucken können, der fast genauso groß ist wie sie selbst.

Bei der Jagd in Paaren oder Gruppen koordinierten die Valdes-Orcas ihre Angriffe immer, wobei jedes Mitglied eine spezifische Aufgabe hatte. Eine bevorzugte Jagdstrategie war, einen großen Orca als Ablenkung an den Seelöwen vorbeischwimmen zu lassen, während die übrigen einen Überraschungsangriff starteten. Eine andere Taktik: Kleinere Orcas patrouillierten entlang der Riffe beiderseits des Angriffswegs, was den Seelöwen den Fluchtweg ins Seichte abschnitt. Andere bildeten dabei im Tiefen eine Sperre, um die Flucht ins offene Meer zu verhindern. Eine dritte Gruppe schwamm seitwärts und zeigte die weißen Bäuche, um die Seelöwen zusammenzutreiben. Derart in einen Kanal oder gegen den Strand gedrängt, wurden die Robben dann meist von ein oder zwei älteren, erfahrenen Jägern erbeutet.

Schon früh wird den Valdes-Schwertwalen beigebracht, wie man absichtlich strandet. An ruhigen Morgen kann man mehrere Gruppenmitglieder beim Üben am steilen Strand der Bucht von Medina beobachten. Dort stranden sie simultan, biegen ihre Rücken durch und heben die Fluken, bevor sie sich mit kräftigen Schwanzschlägen wieder in Richtung Meer zurückschlängeln.

Da der See-Elefant zu groß und weit weniger verwundbar als Seelöwenjunge ist, drehen die Orcas schließlich vom Strand ab.

In anderen Regionen, zum Beispiel im Nordwest-Pazifik, erbeuten die Orcas große Fische wie diesen pazifischen Lachs.

Sogar erfahrene Jäger wie Mel kommen regelmäßig dorthin, um ihre Künste zu verbessern, ähnlich einem Athleten, der für den Wettkampf trainiert. Doch trotz allen Übens gibt es Unfälle: 1989 blieben Sparky und Nadia bei der Jagd auf Seelöwen am Punta Norte-Riff an Land, und im letzten Dezember strandete das große Weibchen Maga bei der Jagd in unvertrautem Territorium im Golf von San Jose. Beide Male wurden die Tiere von Rangern und Fischern bis zur rettenden Flut naß gehalten.

Was Orcas so erfolgreich macht, ist ihre unglaubliche Adaptationsfähigkeit an verschiedene marine Habitate und ein breites Beutespektrum, denn sie können ihre Jagdstrategie dem Beutetyp anpassen. Wie auch anderswo sind viele der Aktivitäten der Orcas bei Valdes an das jahreszeitliche Auftreten und die Wanderungen ihrer Beute geknüpft. Im Südfrühling suchen sie die Strände des Caleta Valdes-Inlets nach kürzlich geborenen See-Elefantenbabys und Jährlingen ab. Wie bei Punta Norte fehlen dort schützende Riffe, und die Orcas können bei Flut direkt auf den Strand schwimmen. In den Sommermonaten, wenn die Seelöwen Junge haben, wandern sie dann 50 km entlang der Küste bis nach Punta Norte.

Orcas sind hoch spezialisiert. Im pazifischen Nordwesten z. B. konzentrieren sich zwei separate Gruppen im gleichen Gebiet auf verschiedene Beutetypen. Die "ortsansässigen" Wale haben sich auf Fisch spezialisiert und fangen laichende Lachse, indem sie diese in Buchten, gegen Felsen oder andere Barrieren drängen. Die "durchreisende" Gruppe andererseits spezialisiert sich auf warmblütige Meeressäuger wie Robben und Delphine, darunter auch den unglaublich schnellen Dall-Schweinswal, den die Orcas nach einer Hetzjagd mit zahlreichen aufeinanderfolgenden Luftsprüngen erbeuten.

Die Unterschiede im Jagdverhalten der Orcas spiegeln nicht nur die Anpassung an vorhandene Nahrungsressourcen wider, sondern beeinflussen auch den Wettbewerb in der Gruppe und die Geburtenrate. Zum Beispiel kommunizieren die "Durchreisenden" kaum, da Meeressäuger sehr gut hören und leise "angeschlichen" werden müssen, während die "Ortsansässigen" ihre Jagdmanöver durch ein elaborates Vokabular aus Pfiffen, Quiekern und Schreien abstimmen, da Fische diese nicht hören können. Meeressäuger-Jäger sind bei der Kooperation enger Gruppen aus 2 bis 7 Tieren erfolgreich. Sie haben weniger Junge als ihre fischfressenden Cousins, die in engen Familiengruppen aus bis zu mehreren Dutzend Individuen bestehen. Die Valdes-Orcas verhalten sich sehr wie "Durchreisende". Sie wandern allein oder in kleinen Gruppen unterschiedlicher Größe und Zusammensetzung. Manchmal jagen bis zu 9 Orcas zusammen, häufig sind aber Gruppen von 5 bis 7 mit Kälbern. Um die Beute nicht zu warnen, rufen sie selten und verlassen sich auf ihre Sonar-Klicks, um die Position der anderen zu erfahren. Nur unmittelbar nach einem erfolgreichen Angriff hallen ihre Triumphschreie durchs Meer.

Manchmal - wie um ihren Erfolg zu feiern - spielen die Orcas mit ihrer Beute. Eines Nachmittags beobachtete ich Sparky beim Wegschleppen eines plumpen Jährlings. In einer Explosion aus Schaum sprang sie triumphierend aus dem Wasser, das hilflose Opfer zwischen ihren Kiefern. Dann ließ sie die Robbe los. Als diese zu flüchten versuchte, schwamm Sparky hin und gab ihr mit der Flosse einen Klaps,

An der Spitze der Nahrungskette der kälteren Meere und größtes Mitglied der Familie Delphine: Schwertwal bei Sonnenuntergang.

der die Robbe durch eine Gischtwolke fliegen ließ. Ein zweiter Schlag mit dem Schwanz katapultierte die Robbe so hoch in die Luft, daß sie mit gestreckten Flossen zwischen die wartenden Seevögel flog. Kaum zurückgefallen, packte der Orca die Robbe wieder und zog sie von der Küste weg, wo die Beute schließlich mit dem Rest der Gruppe geteilt wurde. Das mag grausam und sinnlos wirken, aber diese "Spiele" helfen zu überleben und das Erlernte zu verbessern. Oft fangen adulte Wale eine Robbe und überlassen sie dann den jüngeren Gruppenmitgliedern zum Wiederfang. Einmal beobachtete ich eine wilde, spielerische Jagd aller Jüngeren auf den Hauptjäger mit der Beute im Maul und wie sie versuchten, ihm diese abzunehmen. Schließlich schleuderte der adulte Schwertwal die Robbe wie bei einem Ballspiel zu einem der Kälber. Am nächsten Tag wurde ein nichtsahnender Pinguin als lebendes Trainingsobjekt gefangen und entlassen. Doch obgleich jedes fünfte der rund 400 Robbenjungen jeder Saison in Punta Norte Beute von Orcas wird, sind die 19 Valdes-Orcas keine Gefahr für die wachsende Population der 19.000 Seelöwen und 43.000 See-Elefanten. Im Gegenteil, womöglich ist die Orca-Gruppe mit ihrer ungewöhnlichen Jagdtechnik bedroht: In den letzten drei Jahren wurden die Attacken bei Punta Norte immer seltener. An zwei Walen, Ruby und Bernd, wurden vor ihrem Verschwinden Tumore beobachtet, und Mel, Punta Nortes Hauptjäger, leidet an Kieferentzündung und Unterernährung. Letztes Jahr wurde er in 6 Monaten nur einmal gesichtet. Forscher fürchten, daß auch er bald ausbleibt und stirbt.

Eines Tages machte ich eine unvergeßliche Erfahrung. Die Sonne war noch nicht aufgegangen, aber ihre ersten Strahlen tauchten den Himmel bereits in blasses Rosa. Mel schwamm im Angriffskanal hin und her. Bei Sonnenaufgang hopsten drei Seelöwenjunge schwerfällig zum Wasser und paddelten durch die Brandung. Wie ein Schnellboot surfte Mel auf einer Welle heran und packte eines der Jungen. Es war so klein, daß es komplett in Mels Maul verschwand. Wie immer schaffte sich Mel seitwärts zum Meer zurück. Nach kurzem Kreisen kam er jedoch langsam zum Strand zurück. Dort öffnete er sein Maul, und das Robbenjunge fiel in den Sand. Unglaublich vorsichtig stupste der riesige, furchteinflößende Mel den Winzling mit der Schnauze den Strand hinauf, bis der Kleine endlich in der Morgensonne davonhoppelte. Er schien unverletzt zu sein. Wir können andere Arten nicht nach menschlichen Maßstäben messen und werden ihre Aktionen nie völlig verstehen. Dennoch fragte ich mich lange Zeit, ob Mel gespielt oder seine Jagdkünste trainiert hatte oder ob dies ein echter Gnadenakt gewesen war...

DIE LEGENDE LEBT

Der deutsche Unterwasser-Filmer Dieter Paulmann hatte bereits zweieinhalb Monate auf seinem Schiff 'Foftein' vor Madeira verbracht, weil es dort früher viele Pottwale gegeben hatte. Diese waren zwar noch in diesem Jahrhundert von den einheimischen Walfängern relativ stark dezimiert worden, jedoch ist Madeira der nächst gelegene Platz für Europäer, um Pottwale zu sichten. 1990 segelte der Walforscher dorthin, glaubt aber heute, daß Moby Dick sich nur aus Mitleid zeigte, um ihn für sein langes Warten zu entschädigen.

ALLE FOTOS DES WEISSEN WALS ENTSTAMMEN DEM FILM VON DIETER PAULMANN

Im Vergleich zu einem normal gefärbten Pottwal ist Moby Dick deutlich erkennbar.

Um erst einmal Erfahrungen zu sammeln, hatte ich den früheren Chef der Walfänger, Eleuterio Riis, an Bord genommen, der in seinem Leben über 5.000 Pottwale erlegt hatte. Mehr oder weniger gezwungen, hatte er unter dem Walimportverbot der EU 1984 die Waljagd aufgegeben, und wurde zum Direktor des ersten Walmuseums von Madeira ernannt. Mit ihm habe ich drei Wochen die Küsten von Madeira umsegelt und von ihm sehr viel gelernt, unter anderem, wie man sich als Filmer und Betrachter Pottwalen **nicht** nähern kann. Walfänger haben eben nur eine Sichtweise, sich leise von hinten anzuschleichen und die Harpune in den Nacken zu stoßen. Immerhin hat er mir sehr viel vom Verhalten und von den Nahrungswanderungen erzählt, so daß die Madeira-Reise sehr produktiv genutzt wurde. Aber wir hatten keinen Pottwal aus der Nähe gesehen, geschweige denn unter Wasser. Und wie auch bei anderen Segelreisen zuvor spürte ich plötzlich einen Ruf. Mitten in den Dreharbeiten im Hafen von Funchal beschloß ich plötzlich, die Filmarbeiten einzustellen, das Schiff zu beladen und zu den Azoren abzusegeln.

Ich weiß bis heute nicht, was mich zu diesem Entschluß gebracht hat. Mit mir waren ein Bootsmann, ein mitsegelnder Freund und zwei Patenjungen. Wir alle waren auf den Ausflug zu den Azoren

Ein extrem seltenes UW-Fotodokument eines weißen Pottwals vor den Azoren.

nicht vorbereitet, aber hatten großen Spaß, diesen Trip 700 Meilen nach Westen in den Atlantik zu wagen. Als wir die zweite, große Azoreninsel Pico noch ungefähr 30 Meilen voraus hatten, sahen wir bereits die ersten Pottwale. Diese ließen uns nach dem von uns erdachten und trainierten Verfahren nicht nur einige hundert Meter herankommen, sondern schwammen neugierig auf uns zu, als wir im Ozean treibend auf sie warteten. Dies machte uns glücklich, hatten wir doch jetzt eine Möglichkeit gefunden, wie man sich Pottwalen nähern kann. Sich ihnen mit einem Schiff in üblicher Weise zu nähern, ist praktisch unmöglich. Ihre Sinne befähigen sie, jede Bewegung im Wasser genau zu kontrollieren. Unmerklich halten sie immer einen Sicherheitsabstand von normalerweise 300-500 m ein.

Am nächsten Morgen um 6 Uhr - wir hatten noch nicht mal im nächstgelegenen Hafen einklariert - hörte ich bereits die ersten Klicks in unserem Unterwasserhydrophon und schloss daraus, daß sich im Umkreis von 5 km viele Pottwale aufhalten würden. Und bereits nach einer Stunde hatten wir eine Pottwalschule gefunden und trieben mit der 'Foftein' ganz ruhig auf dem Meer, um die Pottwale an uns zu gewöhnen. Plötzlich fragte mein Freund, ob es denn treibende weiße Container gebe, was ich natürlich bejahte, weil diese leider ab und zu von Schiffen verloren werden. Aber er meinte, ob es auch Container gebe, die einen Walblas haben, was natürlich zu einem Aufschrei aller Beteiligten führte, denn wir sahen in einiger Entfernung einen riesigen weißen Wal an der Oberfläche, der einen großen Blas ausstieß. Ich wußte sofort, das ist ein großer Walbulle, der so aussieht, wie man sich Moby Dick immer erträumt hatte. Sicherlich ist der gleichnamige berühmte Roman von Herman Melville noch heute der beste Leitfaden für jemanden ist, der Pottwale beobachten will. Alle dort

Moby Dicks "Tanzgruppe": Die Kälber drehen sich und reiben ihre Körper aneinander.

gemachten Angaben haben sich für mich bestätigt und mir unglaublich geholfen. Aber nie im Leben hätte ich bei all diesem Studium geglaubt, daß ich je einen weißen Wal sehen würde. Hierzu muß man wissen, daß nur ein großer weißer Pottwal je historisch erwähnt wurde, mit Namen Mocha Dick. Dieser versenkte nachweislich (siehe das berühmte Buch von Owens) den englischen Walfänger 'Essex', indem er das Boot mit seinem Kopf rammte. Das Schicksal der Mannschaft wurde durch das Buch eines der wenigen Überlebenden weltbekannt: Von der gesamten Besatzung überlebten nach 104 Tagen und einer Irrfahrt von 4.000 Seemeilen nur vier, weil sie unterwegs ihre Mannschaftskameraden aufgegessen hatten, um am Leben zu bleiben. Dies war der erste belegte Fall von Kannibalismus auf See.

Jener berühmte Mocha Dick hatte wahrscheinlich etwa 36 Seeleute getötet, an seinem Lebensende zig Harpunen in seinem Leib und wurde erst nach ca. 1840 uralt und halbblind von skandinavischen Walfängern erlegt. Herman Melville war als Walfänger auf amerikanischen Schiffen gefahren, hatte von dieser Geschichte gehört und sie als Grundlage für seinen Roman Moby Dick verwendet. Seitdem ist niemals wieder ein weißer Pottwalbulle gesehen, fotografiert, geschweige denn erlegt worden. Dieser alte, große Pottwalbulle war also nach Einschätzung aller Walkenner eine einmalige Erscheinung. Nur Albinokälber wurden hin und wieder beobachtet.

'Mein' Moby Dick kam sofort auf unser Schiff zu, tauchte als erstes darunter durch, betrachtete sich alles und schwamm dann in ungefähr 2 m Tiefe

BORIS PAULMANN

Der deutsche Unterwasserfilmer Dieter Paulmann war auf der Suche nach Moby Dick erfolgreich.

BORIS PAULMANN

Auch nachts wird die 'Foftein' im Atlantik von Walen umlagert.

um uns her. Nun muß man wissen, daß Pottwale eine besondere Fluchttechnik haben: Bei Gefahr können sie in etwa 2-5 m Tiefe sehr schnell schwimmen und dabei große Distanzen zurücklegen. Sie schwimmen bis zu 5 km weit, bevor sie wieder auftauchen und blasen, und gelangen so immer außer Reichweite aller Walfänger. Es ist auch uns passiert, daß Pottwale, die eben noch in unserer Nähe waren, plötzlich spurlos verschwanden. Moby Dick zeigte dieses Verhalten auch, aber er schwamm so langsam, daß wir mit dem Schiff mithalten konnten. Und immer schwamm er so flach unter der Wasseroberfläche, daß wir seinen weißen Körper im Wasser leuchten sahen. Manchmal bog er ab und wartete dann aber an dieser Stelle, ob auch wir abbiegen würden, bevor er weiterschwamm. Ich hatte also das deutliche Gefühl, daß er uns zu einem ganz bestimmten Platz bringen wollte, und so war es auch. Denn nach einer knappen halben Stunde tauchten plötzlich neben ihm 30 bis 50 Pottwale auf. Hierbei handelte es sich um eine große Pottwalschule, wie immer von einem Weibchen geführt und grundsätzlich nur aus Weibchen, Jungtieren und Kälbern bestehend. Die Pottwalbullen schließen nur zeitweise zu diesen Schulen auf, verlassen sie später aber wieder und ziehen alleine ihres Weges. Warum führte uns Moby Dick aber zu dieser Schule? Und nun begann das Unvorstellbare: Die ganze Schule blieb mit uns zusammen an diesem Fleck des Meeres und ermöglichte es uns nicht nur, sie über und unter Wasser zu filmen, sondern auch alle möglichen Verhaltensweisen zu beobachten. Wie zum Beispiel das "Unterwassertanzen" der Kälber, bei dem sie sich umeinander drehen und ihre Körper aneinander reiben, das Spyhopping und das Breaching. Erst als es wirklich dunkel wurde, verließen sie uns wieder, um zu fressen.

Ich bin noch heute der Meinung, daß mich der weiße Moby Dick von Madeira zu den Azoren gerufen hat, um mir seine Familie vorzuführen und uns für drei Monate frustrierendes Suchen zu entschädigen. Denn obgleich wir noch zwei Jahre lang auch in anderen Gegenden Pottwale beobachteten, habe ich nie wieder so viele Pottwale so lange, friedlich und schön erleben dürfen. Vielleicht wußte Moby Dick, daß wir für eine richtige Begegnung mit ihm noch gar nicht vorbereitet waren: Wir hatten keinen zweiten Mittaucher, noch nicht einmal einen Fotografen an Bord, der mit einer vernünftigen UW-Fotokamera Aufnahmen hätte machen können. Ich glaube aber, die gescannten Fotos von Moby Dick aus meinem Film verdeutlichen das unglaubliche Erlebnis ebenso gut. Aber es war auch mein Glück, daß kein zweiter Mensch im Wasser war, denn sonst wären uns all diese ungewöhnlichen Dokumente nicht gelungen. Damals wußte ich noch nicht, daß die Pottwale einen Taucher, der alleine im Meer treibt und von ihnen wie ein kleines Stück Holz betrachtet wird, akzeptieren. Aber sobald es zwei oder mehr Taucher sind, sehen die Pottwale dies als Bedrohung an und drehen sofort ab. Denn sie sind nicht nur sehr schlau, sondern auch sehr vorsichtig. Ich selbst lag alleine im Meer, und der weiße Bulle und die anderen Pottwale schwammen auf mich zu, so daß mein Herz vor Angst mit 200 Schlägen galoppierte. Aber sie kamen, sahen mich an und blieben. Mein Film beweist, daß die Legende lebt.

Aus der Nähe nicht mit einem Schiffscontainer zu verwechseln: Moby Dick vor den Azoren.

INDEX: WISSENSCHAFTLICHE & POPULÄRNAMEN

QUELLENVERZEICHNIS

Cafiero, G. & M. Jahoda (o.J.) Giganten der Meere. Wale und Delphine. Karl Müller Verlag, Erlagen.
Carroll, R.L. 1988 Vertebrate paleontology and evolution. W. H. Freeman and Company, New York.
Carwardine, M. 1995 Eyewitness Handbooks: Whales, Dolphins & Porpoises. Dorling Kindersley Ltd, London.
Carwardine, M., E. Hoyt, R.E. Fordyce & P. Gill 2000 Wale, Delphine & Tümmler. Könemann, Köln.
Deimer, P. 1990 Das Buch der Wale. Wilhelm Heyne Verlag, München.
Dizon, A., C.S. Baker, F. Cipriano, G. Lento, Palsbøll, R. Reeves 1999 Molecular Genetic Identification of Whales, Dolphins and Porpoises: Proceedings of a Workshop on the Forensic Use of Molecular Techniques to Identify Wildlife Products in the Marketplace. NOAA, La Jolla, California.
D'Vincent, C. 1990 Reisen mit den Walen. Wilhelm Heyne Verlag, München.
Ellis, R. 1996 The Book of Whales. Alfred A. Knopf, New York.
Evans, P.G. 1987 The Natural History of Whales & Dolphins. Facts on File Publications, New York.
FAO/UNEP 1981 General Papers and Large Cetaceans. Mammals in the Seas, vol. 3, FAO Fisheries Ser. N° 5.
Figueiredo, J.M. 1996 Introdução ao estudo da indústria baleeira insular. Museu dos Beleeiros, Pico, Açores.
Flindt, R. 2000 Biologie in Zahlen. Spektrum Akademischer Verlag, Heidelberg, Berlin.
Gohier, F. 1999 A pod of gray whales. EZ Nature Books, California.
Hetzel, B. & L. Lodi 1993 Baleias, Botos & Golfinhos. Nova Fronteira, Rio de Janeiro.
Jefferson, T., S. Leatherwood & M. Webber 1993 Marine Mammals of the World. FAO Species Identification Guide. FAO, U.N. Environment Program, Rom.
Keller, J. (Hrsg.) 1988 Wale und Delphine. Jahr-Verlag, Hamburg.
Klinowksa, M. 1991 Dolphins, Porpoises and Whales of the World - The IUCN Red Data Book. IUCN, Gland, Switzerland and Cambridge, UK.
Leatherwood, S. & R. Reeves 1983 The Sierra Club Handbook of Whales and Dolphins. Sierra Club Books, San Francisco.
May, J. 1990 Das Greenpeace Buch der Delphine. Interbook, Hamburg.
McKenna, V. 1992 Into The Blue. Harper Colllins, New York.
Melville, H. 1999 Moby Dick. Manesse Verlag, Zürich.
Milinkovitch, M.C. 1995 Molecular phylogeny of cetaceans prompts revision of morphological transformations. Trends in Ecology and Evolution 10(8):305-345.
Norris, K.S. 1977 Whales, Dolphins & Porpoises. University of California Press, Los Angeles, CA.
Pack, A.A. & K. Basin 1998 Male humpback whale dies in competitive group. Marine Mammal Science, 14(4):873-881 (October 1998).
Reyes, J.C., K. Van Waerebeek, J.C. Cardenas & J. Yañez 1995 A new species of beaked whale, *Mesoplodon bahamondi,* of Juan Fernández islands. Bol. Mus. Nac. Hist. Nat. (Chile) 45:31-34.
Rice, D.W. 1999 Marine Mammals of the World - Systematics and Distribution. Society for Marine Mammalogy, Special publication Number 4, 231 pp. SMM, Lawrence, Kansas.
Robineau, D., R. Duguy & M. Klima 1994 Handbuch der Säugetiere Europas. Meeressäuger Teil IA: Wale und Delphine 1. Aula-Verlag, Wiesbaden.
Robineau, D., R. Duguy & M. Klima 1994 Handbuch der Säugetiere Europas. Meeressäuger Teil IB: Wale und Delphine 2. Aula-Verlag, Wiesbaden.
Slijper, E.J. 1962 Whales. Hutchinson, London.
Soury, G. 1997 Das große Buch der Delphine. Delius Klasing, Stuttgart.
Viallelle, S. 1997 Golfinhos e baleias dos Açores. Espaço Talassa, Pico, Açores.
Wandrey, R. 1997 Die Wale und Robben der Welt: Vorkommen, Gefährdung, Schutz. Kosmos, Stuttgart.
Wilson, D.E. & D. Reeder 1982 Mammal species of the world. A taxonomic and geographic reference. Smithsonian Series in Comparative Evolutionary Biology. Allen Press Inc & The Association of Systematics Collections. Lawrence, Kansas.
Winn, H.E. & B.L. Olla 1978 Behaviour of Marine Animals. Current Perspectives in Research, vol. 3, Cetaceans. Plenum Press, New York.
Würtz, M. & N. Repetto 1998 Wale & Delphine. Biografie der Meeressäuger. Jahr-Verlag, Hamburg.

WEBSITES

ACCOBAMS - Agreement on the Conservation of Cetaceans of the Black Sea, Mediterranean Sea and Contiguous Atlantic Area - www.dainet.de/cms/abkommen.htm
American Cetacean Society - www.acsonline.org/links.htm
ASCOBANS - Agreement on the Conservation of Small Cetaceans of the Baltic and North Seas - www.ascobans.org, www.ascobans.mc
Atlantic Whale Foundation - www.whalefoundation.f2s.com
BBC - www.bbc.co.uk
Biosis - Zoological Record - Biological Abstract - www.biosis.org.uk
Cascadia Research for the Protection of Marine Mammals - www.cascadiaresearch.org
Center for Marine Mammals Research/Leviathan - www.leviathan.cl
Cetacea - www.cetacea.org, www.cetacea.de
CITES - Convention on International Trade in Endangered Species - www.cites.org
Delphin-Institut - www.delphin-institut.de

QUELLENVERZEICHNIS

Espacotalassa - www.espacotalassa.com
Greenpeace - www.greenpeace.org, www.greenpeace.de
GSM - www.gsm-ev.de
IFAW - International Fund for Animal Welfare - www.ifaw.org
IUCN - International Union for the Conservation of Nature - www.iucn.org
IWC - International Whaling Commission - www.ourworl.compuserve.com/homepages/iwcoffice/iwc.htm
Marine Mammal Research and Conservation - www.sdgateway.net/mailinglist/list37.htm, www.marine-mammals.de, www.Ozeane.de
Marine Mammalogy Reference Website - www.wiu.edu/users/mibiol/facstaff/thomas/marmamm.htm
Museu Nacional de Historia Natural - www.mnhn.cl
NOAA - National Oceanic and Atmospheric Administration - www.noaa.org
Smithsonian Institute/MSW - www.nmnh.si.edu/msw
Society for Marine Mammalogy - www.pegasus.cc.ucf.edu/˜smm/mms.htm
University of Michigan - Museum of Zoology - www.animaldiversity
WDCS - www.WDCS.org
Whales in Danger Information Service - www.whales.magna.com.au
Yaqupacha - www.yaqupacha.de

Magazine und Zeitschriften

Marine Mammal Science, Cetology Behaviour, Journal of Zoology, Journal of Mammalogy, Canadian Journal of Zoology, Report of the International Whaling Commission, Scientific American, American Scientist, Nature, Zoologica, Greenpeace Magazin, WWF Magazine, GSM (Gesellschaft zum Schutz der Meeressäugetiere), Geo.

MENSCH UND WAL

LIONEL POZZOLI

DOUG PERRINE

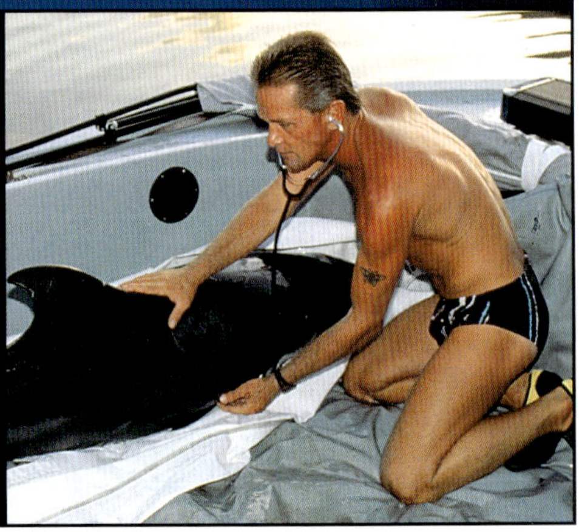

HOWARD HALL

LIONEL POZZOLI

ROD HAESTIER

KENNEN SIE SCHON DIE ANDEREN TITEL DIESER SERIE?

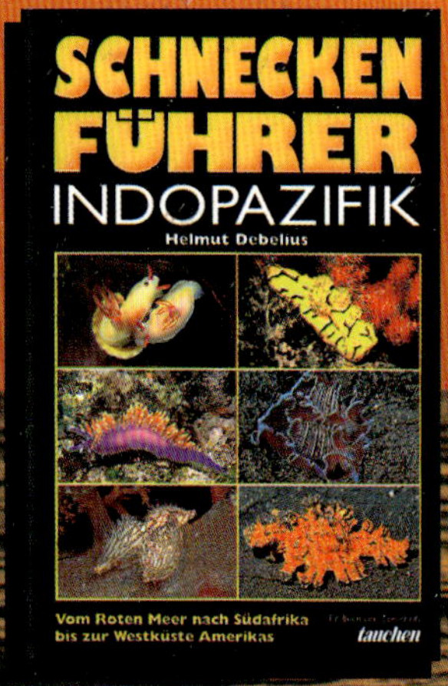

ISBN 3-86132-203-X

ISBN 3-86132-504-7

ISBN 3-86132-506-3

ISBN 3-86132-584-5